U0308468

龚俊波　天津大学，教授

贺高红　大连理工大学，教授

胡 杰　中国石油天然气股份有限公司石油化工研究院，教授级高工

胡迁林　中国石油和化学工业联合会，教授级高工

胡曙光　武汉理工大学，教授

华 炜　中国化工学会，教授级高工

黄玉东　哈尔滨工业大学，教授

蹇锡高　大连理工大学，中国工程院院士

金万勤　南京工业大学，教授

李春忠　华东理工大学，教授

李群生　北京化工大学，教授

李小年　浙江工业大学，教授

李仲平　中国运载火箭技术研究院，中国工程院院士

梁爱民　中国石油化工股份有限公司北京化工研究院，教授级高工

刘忠范　北京大学，中国科学院院士

路建美　苏州大学，教授

马 安　中国石油天然气股份有限公司规划总院，教授级高工

马光辉　中国科学院过程工程研究所，中国科学院院士

马紫峰　上海交通大学，教授

聂 红　中国石油化工股份有限公司石油化工科学研究院，教授级高工

彭孝军　大连理工大学，中国科学院院士

钱 锋　华东理工大学，中国工程院院士

乔金樑　中国石油化工股份有限公司北京化工研究院，教授级高工

邱学青　华南理工大学 / 广东工业大学，教授

瞿金平　华南理工大学，中国工程院院士

沈晓冬　南京工业大学，教授

史玉升　华中科技大学，教授

孙克宁　北京理工大学，教授

谭天伟　北京化工大学，中国工程院院士

汪传生　青岛科技大学，教授

王海辉　清华大学，教授

王静康　天津大学，中国工程院院士

王 琪　四川大学，中国工程院院士

王献红　中国科学院长春应用化学研究所，研究员

国家出版基金项目
NATIONAL PUBLICATION FOUNDATION

中国化工学会成立100周年纪念精品专著
The 100th Anniversary of the Founding of CIESC

先进化工材料关键技术丛书

中国化工学会 组织编写

高性能气凝胶材料

High Performance Aerogels

沈晓冬　崔　升　等著

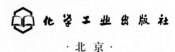

·北京·

内容简介

《高性能气凝胶材料》是"先进化工材料关键技术丛书"的一个分册。

本书是南京工业大学气凝胶纳米材料研究团队二十年部分研究成果的总结性专著,详细介绍了与高性能气凝胶纳米材料基础理论、关键核心技术、主要生产工艺和重点应用等密切相关的研究成果,包括:气凝胶基本原理;氧化硅气凝胶及其复合材料的制备和性能;氧化硅气凝胶的功能化改性及吸附性能;稻壳为原料制备氧化硅气凝胶的方法及吸附性能;氧化铝和氧化钛气凝胶的制备;载紫杉醇磁靶向四氧化三铁气凝胶的制备及性能;炭/氧化铝复合气凝胶的制备和表征;碳化硅气凝胶的制备、结构和性能;聚酰亚胺气凝胶的制备、改性、结构和性能;石墨烯基气凝胶的制备及催化和气体传感性能等。

本书内容代表了国内外近年来在气凝胶材料领域的研究水平,对于气凝胶及其复合材料的科学技术研究具有重要的参考价值,对气凝胶材料生产和应用具有实际指导作用。

本书适合材料、化工领域,尤其是从事气凝胶材料科研、开发和生产工作的科技人员阅读,也可供高等院校无机非金属材料、功能材料、化学、化工及相关专业师生参考。

图书在版编目(CIP)数据

高性能气凝胶材料/中国化工学会组织编写;沈晓冬等著. —北京:化学工业出版社,2022.5
(先进化工材料关键技术丛书)
国家出版基金项目
ISBN 978-7-122-40945-4

Ⅰ.①高… Ⅱ.①中… ②沈… Ⅲ.①气凝胶–研究
Ⅳ.①TQ427.2

中国版本图书馆 CIP 数据核字(2022)第 042518 号

责任编辑:马泽林 杜进祥 陶艳玲
责任校对:宋 夏
装帧设计:关 飞

出版发行:化学工业出版社(北京市东城区青年湖南街13号 邮政编码100011)
印 装:中煤(北京)印务有限公司
710mm×1000mm 1/16 印张25 字数530千字
2022年6月北京第1版第1次印刷

购书咨询:010-64518888 售后服务:010-64518899
网 址:http://www.cip.com.cn
凡购买本书,如有缺损质量问题,本社销售中心负责调换。

定 价:198.00元

作者简介

沈晓冬，南京工业大学教授，"973 计划"项目首席科学家、教育部"无机非金属材料及应用"创新团队带头人。兼任国家新材料产业发展战略咨询委员会委员，中国海洋材料产业技术创新联盟副理事长，中国建材联合会科技教育委员会副主任，教育部高等学校材料类专业教学指导委员会委员、中国绝热节能材料协会副会长、首席专家兼气凝胶材料分会会长、中国硅酸盐学会绝热分会副理事长、水泥分会副理事长，江苏省硅酸盐学会副理事长，江苏省复合材料学会监事长等职务。获江苏省十大杰出专利发明人和南京市十大科技之星等称号。

三十多年来一直从事硅酸盐材料基础研究、技术开发、成果转化与新材料产业化工作。在气凝胶纳米材料、高性能低碳水泥以及先进电池材料等方面取得了众多创新成果。攻克了耐高温气凝胶网络结构调控与低成本制备关键技术，实现了产业化和工程应用。创办中国气凝胶材料国际学术研讨会，创建中国气凝胶材料行业协会组织，建立中国气凝胶材料产业体系。作为"水泥低能耗制备与高效应用的基础研究"（"973 计划"项目）首席科学家，带领团队在水泥的高性能、低碳化与长寿命等方面开展创新研究。在硅酸盐水泥熟料矿物水化活性本质、阿利特晶体结构调控、熟料矿物组成优化等基础研究以及技术开发与工业应用等方面取得了重要成果。

发表 400 余篇学术论文，获中国发明专利 50 件，美国、日本与欧洲等国发明专利 5 件，主编专著 5 部。获国家科技进步二等奖 1 项、省部级科学技术一等奖 2 项、二等奖等 8 项，获江苏省高等教育教学成果特等奖 1 项。

崔升，教授，博导。现任南京工业大学材料科学与工程学院副院长兼电光源材料研究所所长、中国建筑材料联合会建材行业气凝胶材料重点实验室副主任、南工大 - 航天 806 所"航天特种热防护材料技术联合实验室"主任等。中国绝热节能材料协会常务理事 / 副秘书长兼气凝胶分会副会长 / 秘书长、中国材料研究学会青委会理事、中国硅酸盐学会绝热材料分会理事等。美国佐治亚理工学院访问学者。

主要研究方向为气凝胶材料、纳米复合材料、光电功能材料等。承担了国家自然科学基金、前沿技术基础加强项目、前沿技术配套项目、江苏省重点研发计划项目、江苏省临床医学专项项目等 60 余项。气凝胶和光电材料等相关技术转让 / 合作多家企业并实现规模化生产，主办气凝胶国际学术研讨会和产业创新发展大会等。在 *Energy & Environmental Science*、*Chemical Communications*、*Acta Biomaterialia* 等发表论文 200 余篇，授权国家发明专利 50 余项，参编国家标准 1 项。获教育部技术发明二等奖等。

丛书序言

　　材料是人类生存与发展的基石，是经济建设、社会进步和国家安全的物质基础。新材料作为高新技术产业的先导，是"发明之母"和"产业食粮"，更是国家工业技术与科技水平的前瞻性指标。世界各国竞相将发展新材料产业列为国际战略竞争的重要组成部分。目前，我国新材料研发在国际上的重要地位日益凸显，但在产业规模、关键技术等方面与国外相比仍存在较大差距，新材料已经成为制约我国制造业转型升级的突出短板。

　　先进化工材料也称化工新材料，一般是指通过化学合成工艺生产的、具有优异性能或特殊功能的新型化工材料。包括高性能合成树脂、特种工程塑料、高性能合成橡胶、高性能纤维及其复合材料、先进化工建筑材料、先进膜材料、高性能涂料与黏合剂、高性能化工生物材料、电子化学品、石墨烯材料、3D 打印化工材料、纳米材料、其他化工功能材料等。

　　我国化工产业对国家经济发展贡献巨大，但从产业结构上看，目前以基础和大宗化工原料及产品生产为主，处于全球价值链的中低端。"一代材料，一代装备，一代产业"，先进化工材料具有技术含量高、附加值高、与国民经济各部门配套性强等特点，是新一代信息技术、高端装备、新能源汽车以及新能源、节能环保、生物医药及医疗器械等战略性新兴产业发展的重要支撑，一个国家先进化工材料发展不上去，其高端制造能力与工业发展水平就会受到严重制约。因此，先进化工材料既是我国化工产业转型升级、实现由大到强跨越式发展的重要方向，同时也是我国制造业的"底盘技术"，是实施制造强国战略、推动制造业高质量发展的重要保障，将为新一轮科技革命和产业革命提供坚实的物质基础，具有广阔的发展前景。

　　"关键核心技术是要不来、买不来、讨不来的"。关键核心技术是国之重器，要靠我们自力更生，切实提高自主创新能力，才能把科技发展主动权牢牢掌握在自己手里。新材料是国家重点支持的战略性新兴产业之一，先进化工材料作为新材料的重要方向，是化工行业极具活力和发展潜力的领域，受到中央和行业的高度重视。面向国民经济和社会发展需求，我国先进化工材料领域科技人员在"973计划"、"863计划"、国家科技支撑计划等立项支持下，集中力量攻克了一批"卡脖子"技术、补短板技术、颠覆性技术和关键设备，取得了一系列具有自主知识产权的重大理论和工程化技术突破，部分科技成果已达到世界领先水平。中国化工学会组织编写的"先进化工材料关键技术丛书"正是由数十项国家重大课题以及数十项国家三大科技奖孕育，经过200多位杰出中青年专家深度分析提炼总结而成，丛书各分册主编大都由国家科学技术奖获得者、国家技术发明奖获得者、国家重点研发计划负责人等担任，代表了先进化工材料领域的最高水平。丛书系统阐述了纳米材料、新能源材料、生物材料、先进建筑材料、电子信息材料、先进复合材料及其他功能材料等一系列创新性强、关注度高、应用广泛的科技成果。丛书所述内容大都为专家多年潜心研究和工程实践的结晶，打破了化工材料领域对国外技术的依赖，具有自主知识产权，原创性突出，应用效果好，指导性强。

　　创新是引领发展的第一动力，科技是战胜困难的有力武器。无论是长期实现中国经济高质量发展，还是短期应对新冠疫情等重大突发事件和经济下行压力，先进化工材料都是最重要的抓手之一。丛书编写以党的十九大精神为指引，以服务创新型国家建设，增强我国科技实力、国防实力和综合国力为目标，按照《中国制造2025》、《新材料产业发展指南》的要求，紧紧围绕支撑我国新能源汽车、新一代信息技术、航空航天、先进轨道交通、节能环保和"大健康"等对国民经济和民生有重大影响的产业发展，相信出版后将会大力促进我国化工行业补短板、强弱项、转型升级，为我国高端制造和战略性新兴产业发展提供强力保障，对彰显文化自信、培育高精尖产业发展新动能、加快经济高质量发展也具有积极意义。

中国工程院院士：

2021年2月

前言

气凝胶具有纳米颗粒构成的连续三维纳米多孔网络结构，其孔径大多分布在100nm以下，是一种典型的纳米多孔材料。气凝胶的独特结构特征赋予其低密度、高比表面积、大孔隙率、低热导率、低声传播速度、低介电常数等优异特性，在隔热保温、吸附分离、催化、电化学储能、吸声隔音及前沿科学等方面表现出优异的性能，相关产品广泛应用于航空航天、武器装备、石油化工、新能源汽车等诸多领域。气凝胶的优异性能和广泛应用吸引了科研、生产、设计和应用等领域的人员，是当前新材料科学领域重点研究的方向之一。

气凝胶发明于1931年，但直到20世纪90年代才引起科研人员的广泛关注，2012年后引起绝热材料行业的强烈兴趣。中发【2021】36号文件"中共中央国务院关于完整准确全面贯彻新发展理念做好碳达峰碳中和工作的意见"（2021年9月22日）中明确指出"推动气凝胶等新型材料研发应用"，国发【2021】23号文件"2030年前碳达峰行动方案"中提出"加快碳纤维、气凝胶、特种钢材等基础材料研发"。气凝胶材料在科技支撑"双碳"战略中具有十分重要的作用。

目前，典型的气凝胶产品——纤维增强氧化硅气凝胶绝热毡已经广为人知，但气凝胶材料体系庞杂，家族成员众多，除氧化硅气凝胶外还有其他各种具有独特性能和应用的气凝胶，这些气凝胶基本的原理、工艺和性能仍困扰着许多科研人员。各行各业的相关技术和管理人员都迫切渴望了解和掌握气凝胶材料基本知识。

南京工业大学气凝胶纳米材料研究团队在21世纪初开始气凝胶研究，在国家自然科学基金、教育部"创新团队发展计划"、国家相关部门重大科研计划等项目的支持下，对氧化硅、氧化铝、氧化钛等无机氧化物气凝胶、聚酰亚胺高分子气凝胶、碳化物陶瓷气凝胶等多种气凝胶进行了深入系统研究，从气凝胶的合成机理、组织结构演变和调控、性能应用等基础研究到工业化生产的整个过程都取得了一些研究成果。目前已发表论文 112 篇，其中 SCI 收录论文 83 篇，申请发明专利 128 件，其中已授权中国发明专利 47 件、美国发明专利 1 件。团队在 2015 年发起召开中国气凝胶材料国际学术研讨会并主办第一届会议、2017 年创建中国绝热节能材料协会气凝胶材料分会、2018 年成立"建筑材料行业气凝胶材料重点实验室"，为中国气凝胶材料研发和产业发展做了开拓性工作。

本书总结了笔者团队近年来在气凝胶领域的部分研究成果，同时参考了一些国内外重要文献，介绍气凝胶的一般知识和基本原理，以及各种气凝胶材料的制备和改性方法、结构特征、性能及应用。全书由沈晓冬和崔升统稿，孔勇做了协助工作，共十章：第一章由沈晓冬和江国栋撰写，介绍了气凝胶的基本知识、原理、应用和技术发展趋势；第二章由滕凯明撰写，介绍了氧化硅气凝胶的制备与表征；第三章由崔升和滕凯明撰写，介绍了氧化硅气凝胶复合材料的制备和性能；第四章由崔升和孔勇撰写，介绍了氧化硅气凝胶的功能化改性及吸附性能；第五章由崔升和孔勇撰写，介绍了稻壳为原料制备氧化硅气凝胶的方法及其氨基改性的方法和吸附性能；第六章由林本兰、仲亚和伊希斌撰写，介绍了氧化铝和氧化钛气凝胶的制备，以及载紫杉醇磁靶向四氧化三铁气凝胶的制备及性能；第七章由仲亚撰写，介绍了炭/氧化铝复合气凝胶及复合材料的制备和表征；第八章由孔勇撰写，介绍了碳化硅气凝胶的制备、结构和性能；第九章由孔勇撰写，介绍了聚酰亚胺气凝胶的制备、改性、结构和性能；第十章由吴晓栋和邵高峰撰写，介绍了石墨烯基气凝胶的制备及催化和气体传感性能。

本书内容包含了江国栋、滕凯明、伊希斌、仲亚、孔勇、林本兰、吴晓栋、邵高峰、吴君等博士论文部分研究内容，以及冷映丽、韩桂芳、吴占武、周小芳、成伟伟、顾丹明、张君君、顾龙华、吴兰兰、阮居祺、马佳、周游、陈颖、张鑫、薛俊、李博雅、景峰、李砚涵、张嘉月、锁浩、朱昆萌、王雪等硕士论文部分研究内容，博士研究生唐祥龙、赵志扬、任建以及部分硕士研究生参与校核，在此感谢他们的辛苦工作。同时感谢化学工业出版社在本书撰写和修改过程中给予的指导和帮助。

由于笔者水平有限，书中难免有疏漏之处，敬请读者指正。

沈晓冬

2022 年 2 月于南京

目录

第六章
其他氧化物气凝胶　　　　213

第一章

绪　论

第一节
气凝胶概述

纳米材料是三维空间中至少有一维处于纳米尺度范围（1 ～ 100nm）或者由该尺度范围的物质为基本结构单元所构成的材料的总称。根据欧盟委员会对纳米材料的定义，纳米材料是一种由基本单元组成的粉状或团块状天然或人工材料，这一基本单元的一个或多个三维尺寸在 1 ～ 100nm 之间，并且这一基本颗粒的总数量在整个材料的所有颗粒总数中占 50% 以上。由于纳米尺寸的物质具有与宏观物质所迥异的表面效应、小尺寸效应、宏观量子隧道效应和量子限域效应，因而纳米材料具有异于普通材料的光、电、磁、热、力等性能。

根据物理形态，纳米材料大致可分为纳米颗粒、纳米纤维（纳米管、纳米线）、纳米膜、纳米块体和纳米相分离液体等五类。三维尺寸均为纳米量级的纳米粒子或人造原子被称为零维纳米材料，纳米纤维为一维纳米材料，纳米膜（片、层）可以称为二维纳米材料，而由尺寸为 1 ～ 100nm 的粒子为主体形成的块状材料可以称为三维纳米材料。

作为一种典型纳米材料，气凝胶（aerogel）凭借其独特的性质和可以进行化学剪裁的溶胶 - 凝胶制备工艺吸引了人们广泛关注，是当前材料科学重点研究的领域之一。1931年美国太平洋学院和斯坦福大学的 Kistler 首次合成了气凝胶材料，并创造了 "aerogel" 这一概念。Kistler 最初设想湿凝胶（wet gel）中包含与其形状和大小相似的固体网络结构，最终通过超临界干燥技术实现了这一想法，得到了块状无裂纹、透明、低密度、高孔隙率、与湿凝胶具有相同外形的 SiO_2 气凝胶。图 1-1 为典型的 SiO_2 气凝胶样品和典型微观形貌照片（SEM 照片）。

图1-1 （a）SiO_2气凝胶样品照片；（b）SiO_2典型微观形貌；（c）SiO_2网络结构示意图

气凝胶的孔径大多分布在 100nm 以下，是一种典型的纳米多孔材料。气凝胶的独特结构使其具有其他多孔材料所不具备的性质，如超低密度、高孔隙率、高比表面积、低热导率、低声传播速度、低介电常数等，使其在隔热、吸附、催化、电化学、高能粒子捕获等众多领域有良好的应用前景[1-4]。

一、气凝胶定义

迄今为止，"气凝胶"这一概念没有明确、统一的定义和理解。Kistler 最初描述气凝胶为：固体网络结构基本不收缩的情况下，凝胶（gel）中的液体（溶剂）被气体取代后得到的一种具有连续三维网络结构的块状固体材料。可见，溶胶 - 凝胶工艺和对凝胶无破坏的干燥过程是气凝胶的两个必要条件。Kistler 的描述具有高度的普适性，凝胶的干燥过程不一定是超临界干燥，但必须达到理想的效果。炭气凝胶和碳化物气凝胶的出现扩展了气凝胶的概念，具有气凝胶结构特性的气凝胶的衍生物也可称之为气凝胶。

根据 Kistler 的描述，气凝胶是具有一定形状的块状固体材料，纳米颗粒严格意义上不应归于气凝胶的范畴，但将块状气凝胶粉碎成粉末，虽然其宏观上为颗粒状粉体，但其微观上仍具有气凝胶的连续三维网络结构，也是气凝胶材料。

在此给出气凝胶的参考定义为：溶胶 - 凝胶法得到的湿凝胶经无破坏干燥后得到的块状固体材料及其衍生物。一般地，气凝胶具有典型的微观结构，即纳米颗粒构成的连续三维纳米多孔网络结构。

二、气凝胶制备

气凝胶种类繁多，一般可根据其成分将气凝胶分为无机气凝胶、有机气凝胶和有机 / 无机杂化气凝胶。另外还可以根据基体种类分为氧化物气凝胶、碳化物气凝胶、有机气凝胶、炭气凝胶等。虽然气凝胶的种类众多、制备工艺千差万别，但都包括两个必需的步骤，凝胶制备（即溶胶 - 凝胶过程）和凝胶干燥，如图 1-2 所示。不同气凝胶的溶胶 - 凝胶过程实现途径也不尽相同。另外，根据具体情况气凝胶的制备还需要老化、表面改性、溶剂置换等辅助过程。对于炭气凝胶和碳化物气凝胶，还需热处理过程。

1. 凝胶制备

不同气凝胶制备工艺的差别主要体现在制备凝胶的溶胶-凝胶工艺上。溶胶 - 凝胶过程是气凝胶网络结构形成和调节的主要过程，气凝胶的结构主要取决于溶胶 - 凝胶过程得到的凝胶的初始网络结构。气凝胶的组成和结构主要通过溶胶 - 凝胶过程中的相关工艺参数来调节，从而达到需要的性能指标。溶胶 - 凝胶过程就是前驱体在溶液中进行水解 / 聚合化学反应或相分离等物理过程，溶液中的胶粒聚集、长大进而形成稳定的三维网络结构的过程。溶胶-凝胶过程可概述如下：在反应物溶液中，①首先生成初级粒子；②初级粒子长大生成纳米团簇，即胶核；③胶核继续长大生成支化程度更高的纳米团簇，形成溶胶；④溶胶中的粒子相互交联，形成三维网络结构。

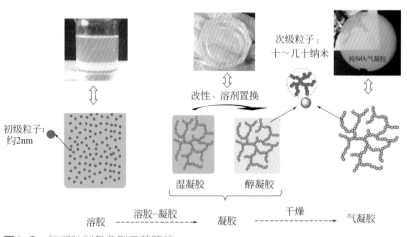

图1-2　气凝胶制备典型工艺路线

实际上，溶液中的成核反应尚未完成的时候，粒子的长大、支化和交联就已经开始进行了。成核速率、粒子生长速率和聚合交联速率共同影响着凝胶的最终结构。从化学反应的角度，溶胶-凝胶过程中的水解和聚合反应也不是相互独立的，水解产物一旦生成，聚合反应就开始进行。气凝胶的微观结构可以通过水解和聚合的相对速率来控制，而水解和聚合的速率主要通过体系的 pH 值来调节。以氧化硅气凝胶为例，当反应体系为酸性或者水解速率大于聚合速率时，通常得到的网络结构呈现纤维状；当反应体系为碱性或者水解速率小于聚合速率时，通常得到的网络结构呈胶粒状，此时气凝胶网络结构呈现珍珠链状微观形貌，如图 1-3 所示。胶粒状网络结构更有利于提高气凝胶的比表面积。实际情况中，有时两者并没有非常明确的界限，无机氧化物气凝胶一般为胶粒状，而高分子气凝胶大多呈现纤维状。

溶胶-凝胶工艺的实现一般有四种方法：①高分子粉末的凝胶化，如高分子粉末在溶剂中凝胶化形成凝胶，其溶胶-凝胶过程无化学反应[5-8]；②金属醇盐或无机盐等前驱体经水解和缩聚形成凝胶，氧化物类无机气凝胶一般采用这种方法[9-11]；③在溶液中聚合物单体聚合形成凝胶，如酚醛气凝胶采用间苯二酚和甲醛共聚形成凝胶[12-14]；④低维固体材料基本单元的组装，如石墨烯气凝胶[15-17]。

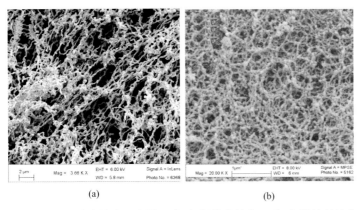

图1-3 气凝胶的结构示意图：（a）纤维状结构；（b）胶粒状结构

2. 老化、改性和溶剂置换

为了使湿凝胶的网络结构强化和稳固，避免干燥过程中样品的收缩、开裂，以及改善气凝胶的孔结构，湿凝胶在干燥前一般都需要经过一段时间的老化。老化过程大多比溶胶-凝胶过程更漫长，长达数天至数周。在老化过程中，凝胶表面未反应的羟基之间会发生脱水缩合，使得湿凝胶的网络结构更加完善和稳固。为制备力学性能好、孔隙率高的气凝胶，老化时间越长越好，但老化时间过长会导致气凝胶体积发生明显收缩、比表面积大幅下降。在工业化生产中，长时间的老化还会增加生产周期，提高生产成本。因此，快速凝胶和短时老化工艺对气凝胶材料生产具有相当重要的意义。

凝胶表面一般有大量未反应的羟基，这些羟基是凝胶进行后续表面改性的基础。因此，凝胶的表面改性一般在老化之前或老化过程中进行，而不是等凝胶完全老化以后。凝胶的后改性方法简单、成功率高，缺点是耗时以及破坏凝胶表面均匀性和孔结构。可以在溶胶-凝胶过程中加入改性剂作为反应物之一参与溶胶-凝胶反应，这种工艺称为原位聚合改性。原位聚合改性可以避免后改性导致的孔结构破坏，而且改性基团在凝胶表面分布均匀。

溶剂置换是把湿凝胶中的液体置换成特定溶剂的过程，其目的是把湿凝胶中的溶剂置换为与超临界干燥介质相同或相溶的介质。例如，刚制备的氧化硅湿凝胶中一般都含有一定量的水、乙醇或二氧化碳，超临界干燥之前，需要用乙醇或其他有机溶剂把水置换掉，以提高干燥效果；酚醛有机凝胶在 CO_2 超临界干燥前需把凝胶中的水置换成与液态二氧化碳相溶性很好的异丙醇、丙酮、甲醇或乙醇等有机溶剂。另外，常压干燥之前也需要把凝胶中的溶剂置换为低表面张力的溶剂（如正己烷），以提高干燥效果。

3．凝胶干燥

虽然溶胶 - 凝胶过程能通过低温化学手段剪裁、调节气凝胶的微观结构，但凝胶的干燥是气凝胶制备过程中至关重要而又较为困难的一步。干燥过程可以认为是纯物理过程，干燥过程必须尽量保持湿凝胶的微观结构和形态，避免湿凝胶网络结构的破坏、收缩和开裂。在传统的蒸发干燥过程中，凝胶孔内的溶剂是气液两相共存，表面张力和毛细管力会导致凝胶发生变形和碎裂，无法得到完整、低密度、高孔隙率的块状气凝胶。可以通过降低干燥过程中的应力或提高凝胶抵抗破坏的能力来改善干燥效果，相应的技术措施有：①改善孔凝胶的孔结构；②增加凝胶的网络骨架的强度；③降低凝胶中液体的表面张力；④消除干燥过程的气液界面。

改善凝胶的网络结构（孔结构）和提高凝胶的强度可以通过控制溶胶 - 凝胶过程中的工艺和老化过程实现；降低液体的表面张力的方法是采用表面张力较低的溶剂对湿凝胶进行长时间的溶剂置换。但上述几种方法并不能从根本上消除毛细管力的影响，无法从根本上避免干燥过程对凝胶的破坏，必须采用一种行之有效的干燥技术。

消除气液界面的方法有冷冻干燥和超临界干燥技术。冷冻干燥是采用低温手段将气液界面转化为能量更低的气固界面。一般过程是先将凝胶置于低于内部溶剂熔点的低温下将内部的溶剂冷冻，然后再把凝胶减压干燥使凝胶内部凝固的溶剂升华得到气凝胶或冷冻凝胶（cryogel）。凝胶冷冻干燥成功率较低，通常得到的产物是粉末或带有粗糙的孔，这主要是凝胶低温冷冻过程中溶剂的晶体生长会破坏孔结构，而且冷冻干燥的周期也较长。

迄今为止，超临界干燥是避免凝胶网络结构在干燥过程中被破坏的最有效的方法。因此，无论是科学研究还是大规模工业化生产，超临界干燥工艺都是首选。在超临界状态下，气液两相的界面消失，表面张力为零，可以在几乎不改变湿凝胶网络结构的情况下把其中的溶剂提取出来。超临界干燥过程如图1-4所示。

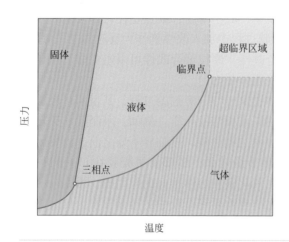

图1-4
超临界干燥过程示意图

很多有机溶剂都可以作为超临界干燥介质，表 1-1 是常见的可以用于超临界干燥的介质。可以看出，CO_2 拥有较低的临界温度，另外 CO_2 无毒、惰性，因此 CO_2 超临界干燥是目前科研和生产中应用最广也是最安全的。

表1-1　常用干燥介质的超临界参数

化合物	临界温度/℃	临界压力/MPa	临界密度/（g/cm³）
甲醇	239.4	8.09	0.272
乙醇	243.0	6.14	0.276
异丙醇	235.1	4.65	0.273
水	374.1	22	0.322
丙酮	235	4.7	0.278
二氧化碳	31.1	7.38	0.468

4．热处理

除了溶胶 - 凝胶和凝胶干燥两个基本过程外，炭气凝胶和碳化物气凝胶的制备还需经历炭化和碳热还原等热处理过程，有时氧化硅等无机氧化物气凝胶也需要进一步的热处理以提高其高温下的结构稳定性。由于气凝胶的网络结构是由纳米颗粒组成，并且具有高比表面积和孔隙率，因此为了尽量避免热处理过程气凝胶的网络结构的破坏，热处理过程的升温速率不宜太高，一般以 $1 \sim 3$℃/min 为宜。

三、气凝胶结构

1．凝胶的形貌

（1）分形理论　自然界中，存在着许多极其复杂的形状，如山不是锥体、云不是球体、闪电不是折线、雪花边缘也不是圆等，这些复杂的形状是非经典几何所能描述的，它们不再具有欧几里得空间中的连续、光滑（可导）这一基本性质了，而是非线性的。为了描述这些问题，哈佛大学数学系教授曼德布罗特首次提出分形（fractal）概念。1967 年，他在美国权威的《科学》杂志上发表了题为《英国的海岸线有多长？》的著名论文。海岸线作为曲线，其特征是极不规则、极不光滑的，呈现极其蜿蜒复杂的变化。人们不能从形状和结构上区分这部分海岸与那部分海岸有什么本质的不同，这种几乎同样程度的不规则性和复杂性，说明海岸线在形貌上是自相似的，也就是局部形态和整体形态的相似。在没有建筑物或其他东西作为参照物时，在空中拍摄的 100km 长的海岸线与放大了的 10km 长海岸线的两张照片，看上去会十分相似。事实上，具有自相似性的形态广泛存在于自然界中，如连绵的山川、飘浮的云朵、岩石的断裂口、布朗粒子运动的轨迹、树冠、花菜、大脑皮层……，曼德布罗特把这些部分与整体以某种方式相似的形体称为分形。1975 年，曼德布罗特创立了分形几何学（fractalgeometry）。在此基础上，形成了研究分形性质及其应用的科学，称为分形理论（fractaltheory）。

自相似原则和迭代生成原则是分形理论的重要原则。它表征分形在通常的几何变换下具有不变性，即标度无关性。由于自相似性是从不同尺度的对称出发，也就意味着递归。分形形体中的自相似性可以是完全相同，也可以是统计意义上的相似。标准的自相似分形是数学上的抽象、迭代生成无限精细的结构，如科契（Koch）雪花曲线（图 1-5）、谢尔宾斯基（Sierpinski）地毯曲线（图 1-6）等。这种有规分形只是少数，绝大部分分形是统计意义上的无规分形。

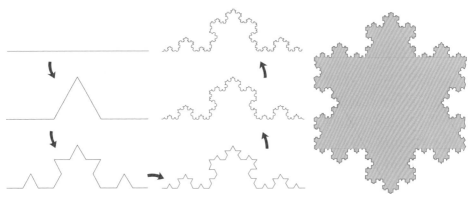

图1-5　科契雪花曲线生成过程

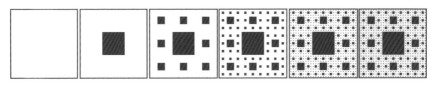

图1-6　谢尔宾斯基地毯曲线生成过程

长期以来人们习惯于将点定义为零维，直线为一维，平面为二维，空间为三维，爱因斯坦在相对论中引入时间维，就形成四维时空，都是整数维，但对于复杂的具有自相似性几何图像，很难用整数维将其描述，为了解决这一问题，数学家豪斯道夫在 1919 年提出了连续空间的概念，也就是空间维数是可以连续变化的，它可以是整数也可以是分数，称为豪斯道夫维数。记作 D_f，一般的表达式为：

$$K = L^{D_f} \tag{1-1}$$

对式（1-1）取对数整理得：

$$D_f = \ln K / \ln L \tag{1-2}$$

式中，L 为某客体沿其每个独立方向皆扩大的倍数；K 为得到的新客体是原客体的倍数。显然，D_f 在一般情况下是一个分数。曼德布罗特也把分形定义为豪斯道夫维数大于或等于拓扑维数的集合，因此可以用豪斯道夫维数对具有自相似性的结构进行定量表征，称为分形维数 D。这可以类比二维规则几何图形面积与尺度的平方关系，或三维规则几何结构体积与尺度的立方关系，指数 D 描述了结构的空间性质，而 K 应该是一种面积、体积、质量、占有数等性质的测度。

（2）凝胶的生长　以金属烷氧基化合物 $M(OR)_n$（M 为 Si 和 Ti 等元素，R 为 $—C_2H_5$ 和 $—C_4H_9$ 等基团）为前驱体，通过前驱体水解-缩合或醇解反应获得的生成物聚集成凝胶体。李悦[18] 等采用分形概念对溶胶粒子聚合而成的凝胶的生长过程进行了计算机模拟。研究表明：缩合活化能低时，随着溶胶粒子数的增加分形维数不断增大，即凝胶复杂度增大。当溶胶粒子数大于 2000 时曲线呈线性，说明胶体的均匀性较好；当缩合活化能高时，随着溶胶粒子数的增加，分形维数随着粒子数增加非线性增大，即凝胶生长较不均匀。李志宏等[19] 通过对 SiO_2 气凝胶小角 X 射线散射（SAXS）的散射数据分析认为：随着湿凝胶陈化时间的延长或陈化温度的升高，胶核和胶团都在长大，而表面活性剂对胶体粒子起着包裹作用，限制粒子的过分长大，有利于形成相对均匀的胶体粒子。

实际的凝胶生长过程非常复杂，水解和缩合反应同时发生，受反应体系 pH 值、溶剂、水量、引发剂、温度和单体等多种因素的控制，且都具有一定的可逆性。一般来说在碱性条件下，前驱体水解后迅速缩聚，生成相对致密的胶体颗粒，这些胶体颗粒相互连接，形成串珠状（bead-like）网状凝胶。在酸性条件下，前驱体的慢缩聚反应将形成 8 ～ 10 个聚合度的聚硅氧烷（PEDS），最终得到低密度网络的聚合物状（polymer-chain-like）凝胶。

水含量对凝胶的结构也产生较大影响，Brinker 等[20] 研究了 H_2O 与 TEOS 摩尔比对水解-缩合构成的影响，在低含水量（R）的溶胶中，水解形成链状聚合物通过缩合形成骨架致密的 SiO_2 微孔结构，而在高含水量的溶胶中，水解形成球状 SiO_2 粒子连接的网络结构，图 1-7 显示了不同含水量下的 TEOS 的水解-缩合形成网络结构的示意图。

（3）胶粒分形特征　气凝胶结构在某些尺度上具有非均匀性，表现为典型的分形特性。小角 X 射线散射（SAXS）是发生于原光束附近零至几度范围内的相干散射现象，是研究多分散纳米结构最有效的一种分析手段。根据 SAXS 理论，只要体系内存在电子密度不均匀（微结构，散射体）现象，就会在入射 X 光束附近的小角度范围内产生相干散射，通过对小角 X 射线散射图或散射曲线的计算和分析即可推导出微结构的形状、大小、分布及含量等信息。这些微结构可以是孔洞、粒子、缺陷、材料中的晶粒、非晶粒子结构等，适用的样品可以是气体、液体、固体。同时，由于 X 射线具有穿透性，SAXS 信号是样品表面和内部众多散射体的统计结果。

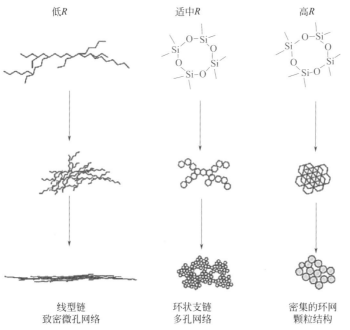

图1-7　不同H_2O/TEOS摩尔比（R）下的TEOS水解–缩合形成的凝胶孔结构

典型气凝胶的 SAXS 曲线可以分为 5 个区域，见图 1-8。图中 I 区为均匀区，即小波矢区对应的尺寸远大于非均匀尺度，散射强度为一常数；II 区、III 区和IV 区，分别为 Guinier 区、分形区和 Porod 区。图中 $I(q)$ 为散射强度，q 为散射矢

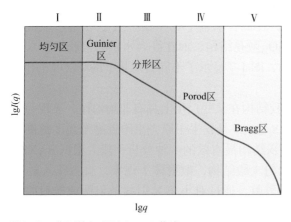

图1-8　典型的气凝胶SAXS曲线

量（nm⁻¹），由直线斜率可以计算散射质颗粒的大小。在 Guinier 区以后，有的气凝胶会出现散射行为满足 $I(q) \propto q^{-D}$（D 为分形维）关系的分形区，此类材料具有自相似性。Porod 区满足 Porod 定律，可以得到多孔材料的比表面积、孔径分布等孔结构信息。V 区为 Bragg 区，该区主要反映原子间距及其相互作用等方面。研究表明以正硅酸乙酯（TEOS）为硅源"一步法"制备的气凝胶具有 1.9 左右的分形维，以 PEDS 为硅源所制备的以线型聚合体构成的气凝胶网络结构的分形维为 1.7。

（4）孔道分形特征　气凝胶孔结构的表面粗糙性具有明显的分形特征，通常采用氮气吸 - 脱附法（nitrogen adsorption-desorption，NAD）来描述其孔隙结构。在液氮温度下，氮气在固体表面的吸附量取决于氮气的相对压力（p/p_0），p 为氮气分压，p_0 为液氮温度下氮气的饱和蒸气压；当 p/p_0 在 0.05 ～ 0.35 范围内时，吸附量与（p/p_0）的关系符合 BET 方程，这是氮吸附法测定粉体材料比表面积的依据；当 $p/p_0 \geqslant 0.4$ 时，由于产生毛细凝聚现象，即氮气开始在微孔中凝聚，通过实验和理论分析，可以测定孔容、孔径分布。通过建立若干吸附模型可用于计算多孔材料的分形维数，如 BET 模型、Henry 吸附定律、经典 Frenkel-Halsey-Hill（FHH）等温式、Langmuir 模型、Freundlich 公式以及基于热力学的公式（thermodynamic method）等。

在 NAD 分析中，若将多层吸附和毛细凝结区域的吸附质看作是厚度均匀、平板状的液膜，根据 Polanyi 吸附势能理论得到的 FHH 方程为：

$$a = K[\ln(p_0 / p)]^{-1/S} \tag{1-3}$$

式中，a 为平衡压力为 p 时的吸附量；p_0 为实验温度时吸附质的饱和蒸气压；K 为与温度、吸附层厚度、固体表面性质有关的常数；S 为特征常数，与吸附质 - 吸附剂作用强度有关，通常在 2 ～ 3 之间，当吸附质与吸附剂间只有色散力作用时 $S=3$。当认为具有分形性质的固体表面上吸附膜的体积等于单层饱和吸附分子数目与分子体积乘积的若干倍时，Avnir 等[21] 导出了在毛细凝结区域 FHH 方程的变形式：

$$a = K[\ln(p_0 / p)]^{D-3} \tag{1-4}$$

将式（1-4）两边取对数得：

$$\ln a = \ln K + (D-3)\ln[\ln(p_0 / p)] \tag{1-5}$$

由式（1-5）可知，在毛细凝结区域内 $\ln a \sim \ln[\ln(p_0/p)]$ 为直线，由于 a 与孔体积 V 成正比，则 $\ln V \sim \ln[\ln(p_0/p)]$ 直线的斜率即为分形维数 D 值。

图 1-9（a）、图 1-9（b）和图 1-9（c）分别为 "PEDS"（X-1）、"二步法"（Y-1）和 "一步法"（C-1）气凝胶的 $\ln V \sim \ln[\ln(p_0/p)]$ 表面分形维数直线，取 p_0/p 为 0.4 ～ 0.8 范围进行线性拟合，从表 1-2 的结果可以看到，制备工艺对 SiO$_2$ 气凝胶表面分形维数产生影响，X-1 系列气凝胶的表面分形维 D_s 最大，表面结构最复杂。

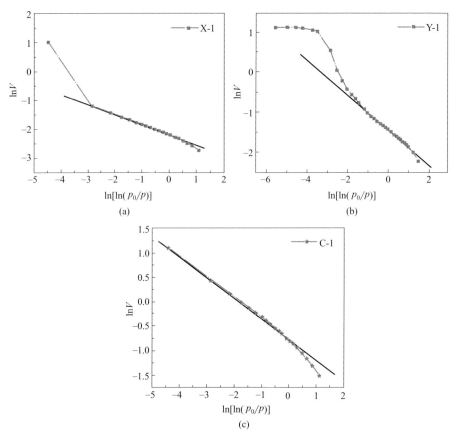

图1-9 SiO₂气凝胶的表面分形维数拟合直线：（a）X-1；（b）Y-1；（c）C-1

表1-2 气凝胶孔道表面分形维

项目	X-1	Y-1	C-1
表面分形维D_s	2.638	2.574	2.532

2. 凝胶的屈服

（1）湿凝胶力学性能　完整的湿凝胶是制备块状 SiO₂ 气凝胶的前提条件，在胶体颗粒凝聚缩合过程中，胶体颗粒之间将形成内应力，在受到外界作用诱导下，内应力释放而在应力残留位置开裂。

图 1-10 为在不同含水酒精溶液中进行老化的 SiO₂ 湿凝胶的抗压强度，由图 1-10（a）可见，在湿凝胶密度 $\rho^*<0.17\text{g/cm}^3$ 时，抗压强度随着凝胶密度增大而增强，此时的抗压强度小于 0.2MPa，低模量凝胶结构所表现出的柔性有利于释放内应力。当 $0.17\text{g/cm}^3<\rho^*<0.22\text{g/cm}^3$ 时，抗压强度随着湿凝胶密度增大而下

降，这是由于湿凝胶密度增加，湿凝胶的结构强度增强的同时内应力也在提高，但湿凝胶内应力增强的幅度比结构强度提高得更大，表现为抗压强度的下降，随着水/TEOS（摩尔比）的增大，湿凝胶的抗压强度降低，说明湿凝胶内应力增大，不利于制备完整的湿凝胶。当 $\rho^* > 0.22\text{g/cm}^3$ 前，随着凝胶密度增大，抗压强度再次上升，此时，凝胶结构增强起到主要作用，湿凝胶的抗压强度再次上升。从图 1-10（a）与图 1-10（b）的横向比较看，在相同凝胶密度下，经 50%（V/V）的老化液老化后的湿凝胶抗压强度明显高于 20%（V/V）的老化液老化的湿凝胶强度。另外在相同 ρ^* 下，由图 1-10（b）可见，至 $\rho^* < 0.35\text{g/cm}^3$ 前，抗压强度随着凝胶密度的增大而增强，并且抗压强度最大不超过 0.2MPa。

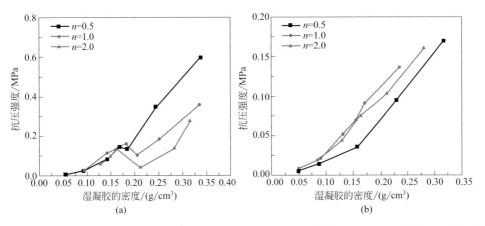

图1-10 不同老化条件下湿凝胶密度对抗压强度的影响：（a）50%(V/V)；（b）20%(V/V)

（2）气凝胶力学性能　mercury intrusion porosimetry，简称 MIP，全称为汞孔隙率法。基本原理是随着外压力的增大，作为测量介质的汞逐渐进入到多孔材料的孔道中，多孔材料的孔道相当于一束不同直径的毛细管，由于汞对孔道的不浸润，因此汞需要在外力的作用下才能进入，其压力与孔道直径之间的关系可以用 Washburn 方程，如式（1-6）来表达：

$$L = \frac{4\gamma\cos\theta}{P} \tag{1-6}$$

式中，P 为汞进入孔道的外压力，Pa；L 为毛细管直径，m；γ 为汞的表面张力，通常选择 485mN/m；θ 为汞与多孔材料孔壁的接触角，由于汞的表面张力较大，而所测量无机氧化物多孔材料的相对较小且在一定的范围内，因此通常 θ 定为 140°。

$$P = 0.736/r \tag{1-7}$$

式中，r 为毛细管半径，m。

Washburn 方程的计算方式适用于刚性多孔材料，对于低强度、具有可压缩性的 SiO₂ 气凝胶，Washburn 方程就不适用了。这是由于在汞的围压力作用下，汞在没有进入 SiO₂ 气凝胶孔洞之前，具有一定弹性的 SiO₂ 气凝胶就开始被压缩。

对于刚性多孔材料（如沉淀法氢氧化铜），随着压力增大，汞完全浸入到氢氧化铜孔隙中［图 1-11（a）］；对于具有弱的纤维结构气凝胶，则随着压力增大，汞的围压力使气凝胶孔道坍塌［图 1-11（b）］，凝胶遭到了不可恢复的结构性破坏；而对于 SiO₂ 干凝胶，随着压力增大，汞的围压力先使气凝胶孔道坍塌，然后汞浸入到剩余的孔道中［图 1-11（c）］。

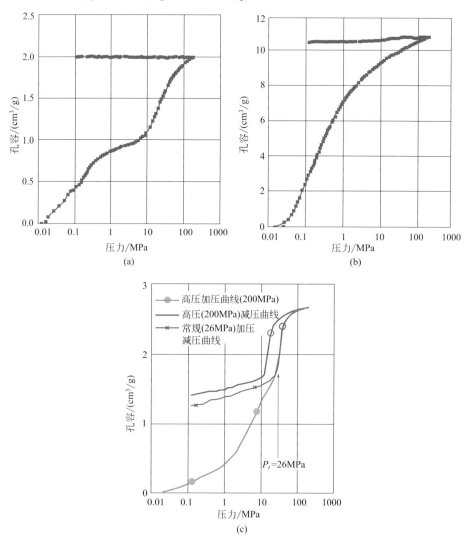

图1-11 压汞的曲线类型（孔体积～围压力）：（a）汞渗入孔道；（b）不可恢复压缩；（c）先压缩后汞浸入孔道

SiO_2 干凝胶被压至 20MPa，然后减压至常压状态，样品形状基本保持不变，表面没有汞的痕迹，但有 34% 的体积收缩率，表明 SiO_2 干凝胶遭到了不可恢复的结构性破坏，但没有汞渗入到干凝胶孔道中。接着，将干凝胶所承受的围压力升至 200MPa，然后减压至常压状态，经压缩后气凝胶的外观如图 1-12 所示，该样品表面粗糙、开裂、发暗，这是由于加压汞渗入到干凝胶孔道及减压退汞所引起的。

(a)　　　　　　(b)　　　　　　(c)

图1-12
SiO_2干凝胶：（a）压汞前；
（b）经20MPa压汞；（c）经200MPa压汞

因此根据 MIP 曲线中是否出现汞进入气凝胶孔道的临界点特征，可以将气凝胶分为：Only-Buckling 型气凝胶和 Buckling-Intrusion 型气凝胶。Only-Buckling 型气凝胶：随着围压力增加，并没有出现汞进入气凝胶孔道的特征点，在整个压缩过程中，气凝胶体积的不断缩小仅仅是由气凝胶骨架弯曲变形引起的。Buckling-Intrusion 型气凝胶：随着围压力增加，出现汞进入气凝胶孔道的特征点，在整个压缩过程中，不仅气凝胶骨架弯曲变形，同时伴随汞的进入。

将 MIP 曲线的低压区进行局部发大，随着压力的增加，在 MIP 曲线（P_y，V_y）出现了拐点。如图 1-13 所示，在拐点之前的区间，累计孔隙体积（cumulative pore volume，CPV）与压力呈线性关系，称为 Hookean 形变区，在这一区内，形变较小，抗压模量 K 为常数；当压力进一步增大，MIP 曲线进入 Power-law 形变区，Power-law 形变区表现为塑性形变特征，其抗压模量 K 是变量，将随着 SiO_2 气凝胶体积变化而变化。在围压力 20～50MPa 时，出现了临界拐点（P_c，V_c），在临界拐点之后，随着围压力增大，CPV 急速增加，这是由于汞进入多孔材料剩余孔道的特征，当多孔材料孔道剩余孔道完全被汞填满后，随着围压力进一步增大，CPV 达到饱和。

在外压力作用下，气凝胶体积与压力的关系如式（1-8）：

$$dP = -K(dV / V) \tag{1-8}$$

式中，K 为气凝胶的抗压模量，表示材料的强度，MPa；V 为不同围压力下，气凝胶样品的比积分孔体积，cm^3/g。式（1-8）的积分式如式（1-9）所示：

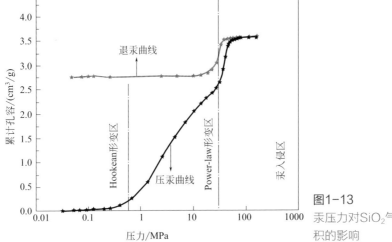

图1-13

汞压力对SiO₂气凝胶比积分孔体积的影响

$$K(V) = K_0(V_{ay}/V)^m \tag{1-9}$$

式中，K_0 和 V_{ay} 分别为 Hookean 形变区和 Power-law 形变区拐点处气凝胶样品的抗压模量和比体积；样品比体积 V 的初始值取 V_0。将式（1-8）和式（1-9）合并，获得了全过程 MIP 曲线方程组：

$$P = \begin{cases} K_0 \ln(\dfrac{V_0}{V}) & V_{ay} \leqslant V \leqslant V_0 \\ K_0 \ln(\dfrac{V_0}{V_{ay}}) + \dfrac{K_0}{m}[(\dfrac{V_{ay}}{V})^m - 1] & V \leqslant V_{ay} \end{cases} \tag{1-10}$$

将 Power-law 形变区的方程组（1-10）进行变形，获得式（1-11）：

$$\ln(P - P_y) = \ln(\dfrac{K_0}{m}) + \ln[(\dfrac{V_y}{V})^m - 1]) \tag{1-11}$$

通常 $m>1$，当 $V<<V_y$，式（1-11）可以简化为：

$$\ln(P - P_y) = \ln(\dfrac{K_0}{m}) + m \ln(\dfrac{V_y}{V}) \tag{1-12}$$

将 Hookean 形变区和 Power-law 形变区的数据分别按式（1-11）和式（1-12）进行处理，得到拟合直线斜率 K_0 和 m，见图 1-14。

通过表 1-3 比较可以看出，制备方式、老化条件和干燥方式等对 K_0 和 m 值产生重要影响。以聚硅氧烷（PEDS）为硅源制备的 SiO₂ 湿凝胶，随着老化液中

H_2O 含量的增加，湿凝胶中未反应的基团进一步水解 - 缩合，增大了交联度，增强了气凝胶的刚性，而以 TEOS 为硅源，采用两步法制备的 SiO_2 气凝胶，其初始抗压模量 K_0 的值为 9.053MPa，远大于 PEDS 制备的 SiO_2 湿凝胶。

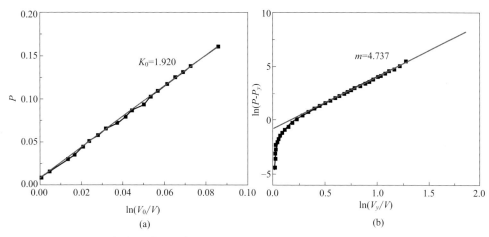

图1-14 气凝胶的（a）$\ln(V_0/V)$～P曲线；（b）$\ln(V_y/V)$～$\ln(P-P_y)$ 曲线

表1-3 气凝胶的抗压模量 K_0 和指数 m

硅源	K_0/MPa	m	备注
PEDS	1.231	4.664	无裂纹
TEOS	9.053	3.462	多重裂纹

注：表中所涉及数据误差 ±5%。

m 值与气凝胶类型有关，Buckling-Intrusion 型气凝胶的 m 值在 3.1～3.5。而对于 Only-Buckling 型气凝胶，其 m 值在 4～5。

气凝胶极易碎裂，低抗压模量的气凝胶骨架柔性大，容易释放因在干燥过程中形成的内应力。当干燥完成后，抗压模量高的气凝胶则有利于抵抗外力的作用，强度大，容易获得大块无裂纹气凝胶。

根据模型所获得的 K_0 和 m 等参数代入式（1-10）中，获得如图 1-15 的拟合曲线。从图 1-15 中各拟合曲线的比较可以看出，PEDS 硅源制备的气凝胶在 Hookean 形变区和 Power-law 形变区内的拟合曲线与 MIP 测量曲线高度拟合，而 TEOS 硅源制备的气凝胶在 Power-law 形变区后部分的偏离较严重，这可能由于"一步法"制备的样品在压力的作用下，除了气凝胶孔道被压塌外，还有部分孔道被汞进入，从而导致拟合曲线偏离。

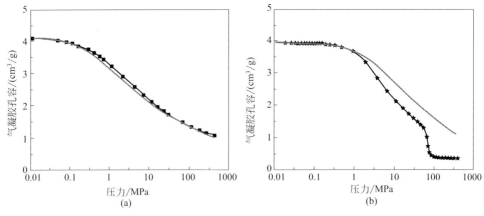

图1-15 气凝胶的压力-体积拟合曲线：（a）PEDS硅源；（b）TEOS硅源

为了更好地表达 TEOS 硅源制备的气凝胶类型，需要对其模型进行修正，即在 Power-law 形变区中，同时存在汞的进入，因此式（1-10）修正为：

$$P = \begin{cases} K_0 \ln(\dfrac{V_0}{V}) & V_{ay} \leqslant V \leqslant V_0 \\ K_0 \ln(\dfrac{V_0}{V_{ay}}) + \dfrac{K_0}{m}[(\dfrac{V_{ay}}{V-V_{in}})^m - 1] & V \leqslant V_{ay} \end{cases} \tag{1-13}$$

式中，V_{in} 为 Power-law 形变区中，汞的进入部分孔道所占的体积。

3. 气凝胶的抗压模型

（1）开孔材料的形变类型　利用 MIP 研究多孔材料的力学强度及屈服是近年来出现的一种有效方法。当多孔材料在汞围压力作用下被压缩，在汞渗入孔道之前，随着压力的增大，不同孔径的孔道依次发生坍塌，符合如式（1-22）所示的方程。其中，指数 n 代表着不同的孔道破坏机理，如图 1-16 所示，当 $n=1$，表示汞浸入孔道；当 $n=0.5$，表示气凝胶为弹性形变；当 $n=0.33$，表示气凝胶为塑性形变；当 $n=0.25$，表示气凝胶骨架的屈曲形变。

开孔材料，可模型化成棱长为 l 和棱的正方截面边长为 l 的立方排列（图 1-17），毗连的孔穴交错排列，其边交汇于它们的中点。当然，实际凝胶结构要比图 1-16 复杂得多，但若它们以同样机制发生屈服，则宏观上的性能可通过立体几何理论来加以解释。孔穴的相对密度 ρ^*/ρ_s 和棱边面积的二次矩 I，与尺寸 t 和 l 建立的关系为：

$$\frac{\rho^*}{\rho_s} \propto (\frac{t}{l})^2 \tag{1-14}$$

$$I = \pi t^4 / 64 \tag{1-15}$$

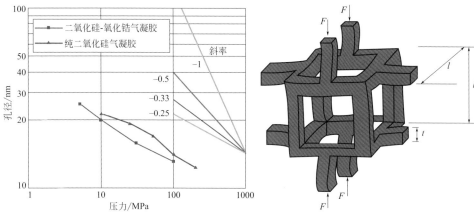

图1-16　压力对数与孔直径对数的关系　　图1-17　开孔立方模型在压力作用下的孔棱弯曲

多孔材料在外压力下的屈服，可以看成模型中点加载了力 F，长度 l 的梁的线弹性挠曲来加以计算。根据标准梁理论得出的挠曲的挠度 δ 与 Fl^3/E_sI 成正比，其中 E_s 是梁材的杨氏模量。作用力 F 与宏观压缩应力 σ 的关系为 $F \propto \sigma l^2$，应变 ε 与位移 δ 的关系为 $\varepsilon \propto \delta/l$，直接得到开孔立体模型的杨氏模量为：

$$E = \frac{\sigma}{\varepsilon} = C_1 \frac{E_s I}{l^4} \tag{1-16}$$

由此得到开孔立方结构的弹性模量与密度之间的关系为：

$$\frac{E}{E_s} = C_1 (\frac{\rho^*}{\rho_s})^2 \tag{1-17}$$

式中，C_1 为孔型几何比例常数；E_s 为组成立方模型孔骨架材料的杨氏弹性模量；ρ_s 为组成立方模型孔骨架材料的真实密度；E 为立方模型的杨氏弹性模量；ρ^* 为理论密度。

该模型是在小应变模量下，随着弹性弯曲形变的增大，孔棱的轴向也相应发生屈曲。

从式（1-17）可以看出，随着密度增加，凝胶的结构得到不断加强，然而发现在某些密度范围内，凝胶却很容易发生碎裂，得不到完整的气凝胶材料。

当具有一定可逆形变的开孔材料进一步受压时，孔棱由弯曲向屈曲发生转变，此时的临界载荷由 Euler 公式给出：

$$F_{cris} = \frac{n^2 \pi^2 E_s I}{l^2} \tag{1-18}$$

即
$$l = (\frac{n^2 \pi^2 EI}{\sigma_{cr}})^{1/4}$$ （1-19）

式中，n^2 为棱杆的端点约束程度，σ_{cr} 为压缩应力。若在跨过横截面的一层孔穴达到该载荷，则这层孔穴会产生屈曲，多孔材料开始出现弹性坍塌，此时 $l \propto \sigma_{cr}^{-1/4}$。

当进一步压缩时，作用于孔棱的力矩（M_t）超过式（1-20）所示的数值时，孔棱就会发生断裂，脆性坍塌破坏应力 σ_{cr}^* 为式（1-21）所示。

$$M_t = \frac{1}{6} \sigma_{fs} t^3$$ （1-20）

$$\sigma_{cr}^* \infty \frac{M_f}{l^3}$$ （1-21）

式中，M_f 为作用于孔棱的临界力矩，$N \cdot M$。此时，多孔材料开始出现不可逆脆性坍塌，此时 $l \propto \sigma_{cr}^{-3}$。

（2）气凝胶的孔坍塌模型　通过 Euler 公式，见式（1-18），气凝胶在外力作用下发生的孔坍塌可以用式（1-22）来表示：

$$L = k_f / P^n$$ （1-22）

式中，k_f 为多孔材料骨架的弯曲模量，真实反映了组成多孔材料骨架的硬度。P 为外压力。在压力的作用下，多孔材料的孔道逐渐坍塌，多孔材料逐渐致密化，k_f 和 n 是坍塌方程中非常重要的参数，坍塌指数 n 则反映了在致密化压力的作用下气凝胶骨架的屈服类型。

Pirard[22,23] 等利用压汞仪，系统地研究了采用两步法制备的气凝胶的孔道在外力作用下的力学性质和孔坍塌行为，获得气凝胶孔坍塌指数 n 为 0.25 左右，由此认为气凝胶的孔道破坏为气凝胶骨架屈曲破坏。在此基础上，本书著者团队采用 PEDS 为原料制备 SiO₂ 气凝胶[24]，其坍塌指数 n 在 0.122 ～ 0.129，通过 SEM 和 TEM（图 1-18），认为直径为 5 ～ 8nm 纳米线状物堆积成"葡萄串"状

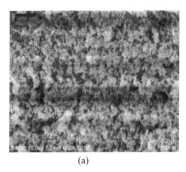
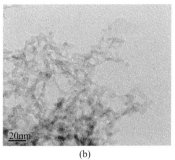

（a）　　　　　　　　　　　（b）

图1-18　PEDS为原料制备的气凝胶的（a）SEM图；（b）TEM图

组成了 SiO_2 气凝胶的骨架结构，这种骨架结构也具有多孔的特征。这种结构特征与 PEDS 制备 SiO_2 气凝胶的工艺有关：首先，部分 PEDS 分子链在水量不足下水解-交联形成具有大孔交联结构；其次，在老化过程中，足量的水使未反应的 PEDS 进一步水解缩合形成与大孔自相似的微孔，因此采用 PEDS 为原料制备的 SiO_2 气凝胶的孔道结构见图 1-18。

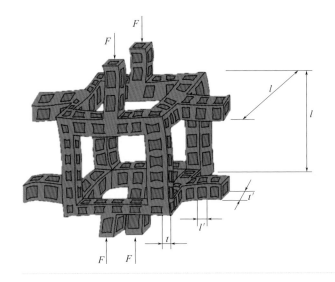

图1-19
屈曲破坏模型

根据以上结构，可以用图 1-19 所述的模型来表达。在图 1-19 所示的开孔材料在外力作用的力学形变是由于孔道骨架的屈曲引起的，其孔直径 L 与外压力 P 之间的关系满足 Euler 定律：

$$L = (\frac{n^2\pi^2EI}{P})^{1/4} \qquad (1\text{-}23)$$

式中，$I = \pi t^4/64$，t 为孔道骨架的直径；E 为孔道骨架的杨氏模量；n 为屈服指数。对于如图 1-18 所示，孔道骨架由与大孔自相似的微孔结构组成，自相似量 $r = l'/l = t'/t$，则孔道骨架的模量应为：

$$E = E_sC_1(t'/l')^4 \qquad (1\text{-}24)$$

式中，l' 为微孔结构的孔直径；t' 为纳米线状物的直径；E_s 为纳米线状物的杨氏模量，$C_1 = 1$，因此将式（1-24）代入式（1-23）得：

$$L = \frac{k_f}{P^{1/8}} \qquad (1\text{-}25)$$

式中，$k_f = (64 \times n^2\pi E_sI_sI)^{1/8}$，$I_s = \pi t^4/64$，$I = I_s/r^4$。由式（1-25）获得理论屈服指数 n 为 0.125，这与采用 PEDS 为原料制备的 SiO_2 气凝胶的坍塌指数 n 相似。

4. 气凝胶的孔径分析

比孔容积~孔径分布曲线是气凝胶的重要性能之一，而利用氮脱附（ND）是获得比孔容积~孔径分布曲线的重要手段之一。中孔和微孔可采用气体吸附法测定，气体吸附法孔径（孔隙度）分布测定利用的是毛细凝聚现象和体积等效代换的原理，即以被测孔中充满的液氮量等效为孔的体积。吸附理论假设孔的形状为圆柱形管状，从而建立毛细凝聚模型。由毛细凝聚理论可知，在不同的相对压力 p/p_0 下，能够发生毛细凝聚的孔径范围是不一样的，随着相对压力 p/p_0 值增大，能够发生凝聚的孔半径也随之增大。对应于一定的相对压力 p/p_0 值，存在一临界孔半径 R_k，半径小于 R_k 的孔皆发生毛细凝聚，液氮在其中填充，大于 R_k 的孔皆不会发生毛细凝聚，液氮不会在其中填充。临界半径可由凯尔文方程（1-26）给出：

$$R_k = -0.414/\lg(p/p_0) \tag{1-26}$$

式中，R_k 称为凯尔文半径，它完全取决于相对压力 p/p_0。凯尔文方程也可以理解为对于已发生凝聚的孔，当压力低于一定的相对压力 p/p_0 时，半径大于 R_k 的孔中凝聚液将汽化并脱附出来。理论和实践表明，当相对压力 p/p_0 大于 0.4 时，毛细凝聚现象才会发生，通过测定样品在不同相对压力 p/p_0 下凝聚氮气量，可绘制出其等温吸脱附曲线，并结合凯尔文方程，可获得 BJH 比孔容积~孔径分布曲线。SiO_2 气凝胶的孔径较宽，跨度从几个纳米到 100nm，而氮脱附（ND）无法测量直径大于 60nm 的孔道。MIP 可用于测试大孔径分布的刚性材料，然而 Washburn 方程的计算法并不适用于这种低强度、具有可压缩性的 SiO_2 气凝胶。随着压力的增大，SiO_2 气凝胶不同孔径的孔道依次发生坍塌，因此压力与孔径之间有一定的联系，可以采用多孔材料的坍塌方程来描述，详见前述公式（1-22）。

SiO_2 气凝胶的 MIP 曲线可以建立压力 p ~比积分孔体积 V 之间的联系，而 SiO_2 气凝胶的氮脱附曲线则建立了孔径 L ~比积分孔体积 V 之间的联系，因此将 V 作为中间连接数据，将 MIP 与 ND 进行联系，建立了压力 p ~孔径 L 的曲线，并用坍塌方程拟合，从而获得 k_f 和 n 参数。

由图 1-20 的孔径 L ~比积分孔体积 V 曲线看出，由于 ND 无法测量直径大于 60nm 的 SiO_2 气凝胶孔道，为了获得真实的孔径 L ~比积分孔体积 V 曲线，需要将 ND 未测量到的大孔部分比积分孔体积计算在内，以获得如图 1-21（a）所示的全孔径 L ~比积分孔体积 V 曲线。以全比积分孔体积 V 作为中间连接数据，将 20nm 到 40nm 的 ND 曲线段与 MIP 曲线建立联系，获得了压力 p ~孔径 L 的曲线［图 1-21（b）］。

将坍塌方程进行对数处理，获得式（1-27）：

$$\ln L = \ln k_f - n\ln p \tag{1-27}$$

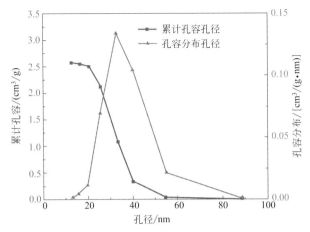

图1-20　SiO₂气凝胶的NAD孔径分布

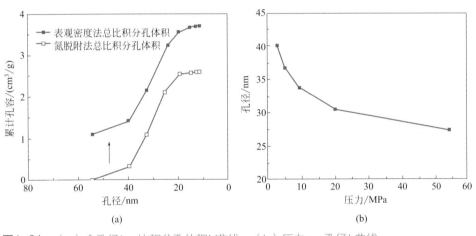

(a)   (b)

图1-21　（a）全孔径L～比积分孔体积V曲线；（b）压力p～孔径L曲线

  将压力p～孔径L曲线［图1-21（b）］的数据按式（1-27）进行处理，获得如图1-22所示的曲线，并对该曲线进行线性拟合，得到的拟合直线的斜率即为n，截距为$\ln k_f$。

  图1-23（a）为气凝胶的孔径～比积分孔体积曲线。在图中，ND在小孔径的结果有效，而MIP在大孔径的结果有效，ND与MIP在重叠区的结果都有效，对ND-MIP有效区的联合曲线进行微分$\mathrm{d}V/\mathrm{d}L$，获得如图1-23（b）所示的孔径分布。

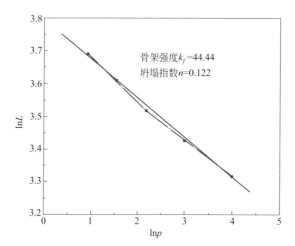

图1-22　X-1样品的ln$L$～ln$p$曲线

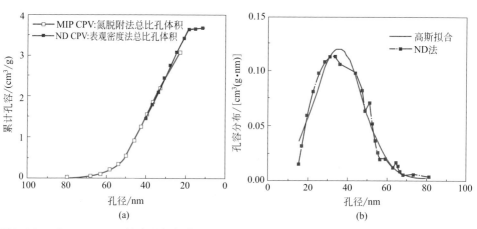

(a)　　　　　　　　　　　　(b)

图1-23　采用ND-MIP法测量的（a）孔径～比积分孔体积；（b）孔径分布

　　表1-4 为 ND 法和 ND-MIP 法的平均孔径，结果表明 ND-MIP 法更接近真实的气凝胶的孔径状况。

表1-4　采用ND法和ND-MIP法测量的气凝胶平均孔径

项目	ND法	ND-MIP法
平均孔直径/nm	25.0	39.3

四、气凝胶隔热机理

　　低密度、高孔隙率和大比表面积等结构特点，赋予了氧化硅气凝胶超低热导率、A 级不燃、吸湿率低、轻质等功能特性，氧化硅气凝胶是高温隔热气凝胶中研究最早，也是目前商品化程度最高的一类气凝胶，其用途多作为隔热保温材料。因而在航天航空、国防军工、石油化工及建筑领域的节能减碳方面具有广泛的应用潜力。尤其是在绝热保温领域，气凝胶具有非常好的保温隔热效果，室温热导率可低至 0.013W/(m·K)，堪称是世界上顶级的绝热材料。

气凝胶的热量传递通过固相热传导、气相对流热传导、气相分子热传导和辐射传热三种方式共同完成，可以通过下式表示：

$$\lambda_{total} = \lambda_c + \lambda_r + \lambda_g + \lambda_s \qquad (1-28)$$

式中，λ_{total} 为气凝胶的总热导率，W/(m·K)；λ_s 为固相热导率，W/(m·K)；λ_c 为气相对流热导率，W/(m·K)；λ_g 为气相热导率，W/(m·K)；λ_r 为气凝胶辐射热导率，W/(m·K)。

1. 固相热导率

固相热传导是任何材料本身固有的特性。SiO_2 气凝胶是由若干 Si-O-Si 基团相互连接聚集形成的纳米三维网络骨架结构，这种网络结构大大增加了热量在气凝胶固体骨架传递的通路，形成"无限长路径效应"，使气凝胶材料的固相热导率几乎降到最低。固相热导率与气凝胶的密度有关，可以表示为：

$$\lambda_s = \lambda_{s,s} \frac{\rho v}{\rho_s v_s} \qquad (1-29)$$

式中，λ_s 为气凝胶的固相热导率，W/(m·K)；$\lambda_{s,s}$ 为气凝胶基体的热导率［约 1.4W/(m·K)］；ρ、ρ_s 分别为气凝胶的表观密度和骨架密度，g/m^3；v、v_s 分别为气凝胶表观密度和骨架密度所对应的纵向声速，v_s 是根据热量传递过程中声子在网络骨架内的振动频率所得的估计值，对于 SiO_2 气凝胶来说为一常数。因此，式（1-29）可以简化为 $\lambda_s = C\rho v$，这里声速 v 与骨架密度密切相关，SiO_2 气凝胶固态热导率公式还可进一步简化为仅与密度有关的标度关系：

$$\lambda_s = C_1 \rho^{1.5} \qquad (1-30)$$

式中，C_1 为系数，其数值可通过实验测得。

2. 气相分子热传导

SiO_2 气凝胶的气体传导与气体分子的碰撞程度有关。多孔材料的热导率通常用式（1-31）来计算：

$$\lambda_g = \frac{\lambda_g^0}{1 + \alpha K_n} \qquad (1-31)$$

式中，λ_g^0 为孔内分散气体的热导率，W/(m·K)；α 为与孔内气体有关的常数；K_n 为 Knudsen 系数，是标定孔隙内气体流态的一个物理量，通常可以表示为：

$$K_n = l_{mfp}/l_{cl} \qquad (1-32)$$

式中，l_{mfp} 为气体分子的平均自由程，m；l_{cl} 为材料平均孔径，m。

由上可知，由于气凝胶孔径为 $2 \sim 50nm$ 的介孔尺寸，而空气中主要成分 N_2、O_2 等分子的平均自由程都在 70nm 左右，因此，在 $K_n \gg 1$ 的情况下，认为孔隙内的气体分子很难发生碰撞，因此当有热量传递时，产生的气相热传导 λ_g 很小。

Hümmer[25] 和 Fricke[26] 等认为，气凝胶的气相热传导仍与其表观密度满足一定关系，即可表示为：

$$\lambda_g = C_2 \rho^{-0.6} \qquad (1-33)$$

式中，C_2 为系数，其数值可通过实验测得。

3. 辐射传热

辐射传热是一种非接触式的热量传递，气凝胶的辐射传热可以通过下式来表示：

$$\lambda_r = \frac{16n^2\sigma}{3e^*\rho} T_m^3 \qquad (1-34)$$

式中，n 为气凝胶折射系数，约等于 1；σ 为玻尔兹曼常数，值为 5.67×10^{-8} W/ $(m^2 \cdot K^4)$；e^* 为气凝胶消光系数，m^2/kg；T_m 为平均温度，℃。

从式（1-34）中可知，温度对辐射热导率的影响极大，而提高材料的消光系数 e^* 是降低辐射热导率 λ_r 的有效方法。材料消光系数的大小又与材料在一定状况下的红外透过率 T 相关联，一般情况下，光谱消光系数的计算是基于 Beer 定律得到，Beer 定律可表示为式（1-35）：

$$\lg(I_0/I) = kcl \qquad (1-35)$$

式中，I_0 为入射光强；I 为透射强度；I/I_0 为红外光谱透过率；k 为消光系数，m^2/kg；c 为被检测物质的浓度，kg/m^3；l 为光物质的距离，m。

红外光谱透射率 T 可表示为透射过物体的波长为 λ_1 的光通量与入射于该物体上的波长为 λ_2 的光通量之比，由式（1-35）可知，I_0/I 即为红外光谱透过率的倒数。所以，气凝胶的红外光谱消光系数可以通过傅里叶红外光谱仪测得气凝胶的红外光谱透过率计算得到。Fricke 和 Caps[27] 等则先将气凝胶研磨成粉，再压片，并将压片置于两块透明玻璃板之间来获得红外光谱透过率。而 Lee 等[28] 用乙醇将气凝胶颗粒溶解于溴化钾晶体中，干燥后压片，用傅里叶变换红外光谱仪测定气凝胶的红外透过率。对于 KBr 压片厚度 l 与浓度 c 都相同的样品来说，对样品红外线消光系数的比较只需要通过比较样品的红外透过率来完成，红外透过率越小，表明消光系数越大，即样品对该波段红外光的消光作用越明显。

第二节
气凝胶材料应用

一、隔热领域

美国学者 Hunt 等在 1992 年国际材料工程大会上就提出了超级绝热（super insulation）材料的概念。之后这一概念被广泛使用。一般认为超级绝热材料是指在特定条件下热导率低于"无对流空气"的隔热材料。气凝胶的高比表面积、大孔隙率、低密度特性使其被认为是一种理想的隔热材料。超低的热导率是气凝胶材料最突出的特性之一。目前气凝胶隔热材料主要用作工业高温和低温管道的隔热和建筑的隔热等对气凝胶耐温性的需求较低的领域（图 1-24）。

图1-24
气凝胶隔热材料用于高温管道保温

在航空航天领域，飞行器在大气层中飞行时，将会产生严重的"气动加热"，导致周围的空气温度急剧升高，而且热能迅速向飞行器表面传递。飞行速度越快，气动加热将越严重：当飞行器以 8Ma（马赫，1Ma＝1 倍声速）速度在 27000m 高度飞行时头锥处的温度将近 1800℃，机翼或尾翼前缘的温度高达 1450℃。机身机翼下表面迎风区域的温度为 600～1200℃，机身机翼上表面温度为 650℃以下。为了保障人员的安全和设备的正常运行，必须在高超声速飞行器表面敷设轻质、高效、耐高温的隔热材料。传统的隔热材料已无法满足当下的这种应用需求。

在工业生产中，高温窑炉等生产设备对耐高温的隔热材料也有广泛的需求，如单晶硅生产窑炉对隔热材料的耐温性需求一般在 800℃以上。在建筑行业，新型隔热材料不仅可以用于隔热，还可以作为高效耐火阻燃材料，可以大大降低火灾对人员和建筑物主体结构的伤害和破坏。多年来，西方发达国家早已投入巨资对高效隔热材料进行深入广泛研究，并取得了可观的成果。如美国国家航空航天局（NASA）开发的用于航天飞机表面隔热的刚性隔热瓦、斯攀气凝胶公司开发的可应用于各种工业管道和建筑物的隔热材料。总之，新型高效隔热材料的研究开发无论对国防建设和航空航天科技的发展，还是对工业科技和社会的发展，都有重要的意义。

二、隔声领域

气凝胶是一种良好的声音绝缘体。声音在气凝胶中的传播速度取决于以下几个因素：气凝胶孔洞内气体的类型及压力、气凝胶的密度及其微观结构。声音从气相传递到固相时会产生能量损失，从而降低声速和振幅，这种纵向的声速下降通常在100m/s 的数量级，由于气凝胶主要由气相和固相组成，所以气凝胶具有优异的隔声性能。SiO_2 气凝胶已经成功应用于声阻抗为 $\lambda/4$ 的超声波传感器及测距仪中，也可应用于高铁车厢及地板隔音材料。同时，SiO_2 气凝胶材料的低密度、低热导率及卓越的防火性能，可以帮助轨道交通制造商实现减少车身重量、增大车身容积及降低噪声指标方面的目标，给乘客营造一个更快速、更安全、更舒适的出行体验。

三、光学领域

气凝胶应用于光学领域主要取决于其多孔结构和均相性。其中均相性是气凝胶在光学领域应用最大的问题，主要在于化学合成的控制。例如选用正硅酸甲酯为前驱体，在甲醇溶液中经酸碱两步法水解缩聚可以得到微观结构均一的气凝胶，在波长 900nm 的波段内透明度可达 93%。如图 1-25 所示，切伦科夫计数器

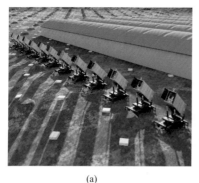 

(a)　　　　　　　　　(b)

图1-25　切伦科夫望远镜实物图（a）及大面积切伦科夫探测器效果图（b）

是气凝胶在光学领域应用最典型的例子，这主要由于其极低的折射率（非常接近于1），而极低的折射率源于气凝胶多孔和质轻的特点。

四、电学领域

1. 电池热防护

目前电池行业应用最广泛的是锂离子电池，从家电市场的手机、电脑、平板电脑，到动力领域的新能源汽车、游船，再到武器装备中用到的热电池，锂离子电池的身影无处不在。但是锂离子电池由于其结构特征及所使用的材料性质导致其有不可避免的安全性问题。锂离子电池正负极之间隔膜的强度及热稳定性不够理想，容易导致电池内部短路；较高温度时，电池内部会发生强放热反应导致锂离子电池温度及内部压力的升高；锂离子电池的电解液及负极材料均为易燃材料等。锂离子动力电池组热失控事故时有发生，有关锂离子动力电池系统热失控的防护除了设置在电池单体之间，在电池模组之间以及电池箱与乘客舱之间也需要设置热防护，以提高热失控电芯向电池其他系统传热的热阻，从而达到阻碍热失控蔓延的目的。气凝胶毡除具有优异的隔热、防火、阻燃性能外，还具有柔软并可任意裁剪、加工的性能，可用于形状各异的电池模组、电池箱与乘客舱之间的隔热防护。气凝胶又是一种良好的绝热材料，耐高温 SiO_2 气凝胶是解决热失控问题的关键材料。如图 1-26 所示，本书著者团队所开发的耐高温 SiO_2 气凝胶隔热毡目前已成功应用于高温电池热防护系统中[29,30]。

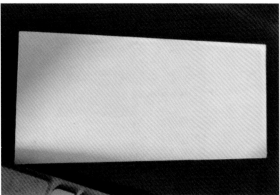

图1-26 耐高温SiO₂气凝胶隔热片

2. 电容器电极

炭气凝胶具有较低的电阻率（$10^{-3} \sim 10^{-2}\Omega \cdot m$）和超高的比表面积，使得它们能储存更多的电能。它结合了炭材料本身的导电特性与气凝胶材料多孔的结构特性，是目前在电学领域中研究最为广泛的气凝胶材料。如图1-27所示，炭气凝胶通常被用于超级电容器及锂离子电池电极材料的研究[31]。当炭气凝胶被用于电极材料时，通常需要对其进行一些活化处理，例如CO_2活化、KOH活化等，两种方法都可以进一步提高气凝胶的比表面积。例如，由酚醛气凝胶炭化得到的炭气凝胶在水性电解质中比电容高达45F/g，且放电迅速，可提供高达7.5kW/kg的即时功率。电容去离子技术是炭气凝胶在电学领域内的另一个重要应用。此外，炭气凝胶优良的导电特性及巨大的孔隙率可使其被应用于海水淡化领域。通过后期将外接电源反接还可实现对炭气凝胶中阴阳离子的脱附，从而实现循环使用。

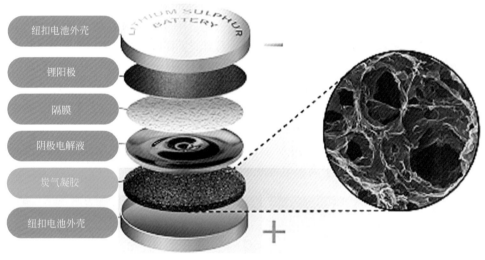

图1-27 炭气凝胶用作电容器电极的结构示意图

3. 介电材料

随着集成电路工艺向微型化的方向发展，电路器件的特征尺寸被要求不断减小，这将导致电路内部出现互联延迟、串扰及功率损耗增加等现象，从而使电路性能降低。由于超低的介电常数，SiO_2气凝胶薄膜被应用于超大规模集成电路。气凝胶材料超高的孔隙率使其具有众多独特的介电性能，如超低的介电常数、超高的介电强度、在微波频域内具有很低的介电损耗等，因此使用SiO_2气凝胶等具有低介电常数的介质材料可以有效解决上述问题。以正硅酸甲酯为前驱体得到气凝胶介电常数低至 1.1 左右，在 1MV/cm 的电场下 SiO_2 气凝胶薄膜不产生结构上的破坏。如图 1-28 所示，对于 SiO_2 气凝胶来说，主要适用于低通滤波器电容，因为材料内部吸水而产生弛豫，导致在 1 ～ 50Hz 内，材料发生介电损耗[32]。

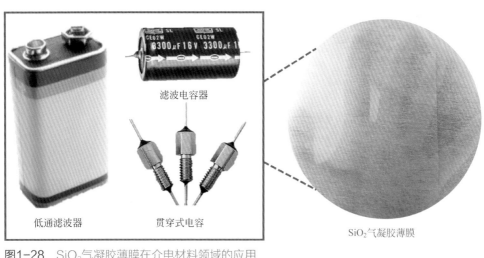

滤波电容器

低通滤波器　　　　贯穿式电容

SiO_2 气凝胶薄膜

图1-28　SiO_2气凝胶薄膜在介电材料领域的应用

五、催化领域

气凝胶多孔的网络结构与超高的比表面积，使其与传统的多孔材料相比具有更优异的催化性能，在污水处理及储氢等方面有很好的应用。此外，几乎所有具有催化性能的氧化物均可制成气凝胶，这将大大拓展气凝胶在催化领域的应用范围。气凝胶比表面积的大小是衡量其吸附催化性能的重要指标。以酚醛气凝胶在吸附催化领域中的应用为例，通过向酚醛气凝胶内掺入氧化石墨烯纳米片，可大大降低其在碳化过程中的线性收缩率，从而得到具有高比表面积的石墨烯纳米片/碳复合气凝胶；实验表明，该复合气凝胶对亚甲基蓝溶液具有更强的吸附能力，可被用作处理废水的吸附剂。通过对气凝胶进行复合或掺杂处理，还可进一步提升其催化性能。本书著者团队通过向 TiO_2 气凝胶内复合适量的 SiO_2 可增强其光催化性能，通过向石墨烯气凝胶内复合适量的金属氧化物 MnO_x 和稀土氧化物 CeO_2 可显著提高其对 NO 气体的催化活性[33,34]。此外，高透光、低导热的氧化硅气凝胶，可以大幅提高无聚光、非真空条件下的光热转换温度和效率。如

图 1-29 所示，透光率为 95% 的 SiO_2 气凝胶能够大幅提高光热转换温度和效率，开辟了太阳能光热应用的新思路[35]。

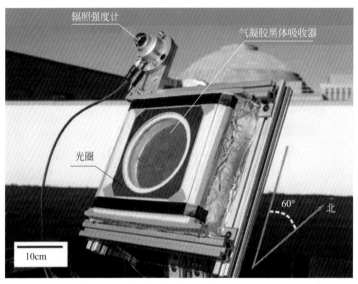

图1-29　气凝胶太阳能光热收集装置户外试验照片

六、环保领域

　　气凝胶的多孔结构本身决定其是一类良好的吸附剂，又由于高孔隙率和比表面积等特点，可以进行高质量的胺负载而在 CO_2 捕获方面具有应用前景。同时，采用溶胶 - 凝胶法制备，可以对气凝胶的微观结构和表面化学组成进行"目的性"控制，获得高性能的材料。目前研究较多的是一类氨基改性 SiO_2 气凝胶，在 CO_2 吸附方面表现优异，例如使用 3- 氨丙基三乙氧基硅烷改性后吸附量高达 6.98mmol/g（10% CO_2 +N_2）。此外对挥发性有机物也有良好的吸附，例如炭气凝胶对甲苯的吸附量高达 1180mg/g，在 400℃ 可以完全脱附。基于溶胶 - 凝胶反应"调控性能"的特点，将一些含有配位原子（如 N、S、O 和 P 等）的官能团引入气凝胶骨架结构，可以与一些有毒的重金属离子形成螯合物，从而达到重金属离子吸附的目的。例如，有报道将氨基改性的酚醛气凝胶用于水溶液中 Pb（Ⅱ）、Hg（Ⅱ）和 Cd（Ⅱ）离子的吸附，吸附量分别高达 156.25mg/g、158.73mg/g 和 151.52mg/g。图 1-30 为本书著者团队开发的一系列球形功能化气凝胶材料，可针对性地应用于 CO_2 捕集、挥发性有机物（VOCs）等有机物吸附及水体治理等场景[36-40]。

图1-30 球形气凝胶材料在环保领域的功能化应用

七、其他领域

SiO₂气凝胶也能用于储存具有较长寿命的锕系废弃物，因为SiO₂气凝胶在每立方厘米中含有相当大的多孔体积，同时具有化学稳定性和较好的持久性，据此本书著者团队发明了一种耐高温气凝胶核辐射屏蔽箱[41]。基于其高比表面积的特点，可以对处于超临界温度的流体进行强干扰，以此获得具有长极化寿命的液态核磁共振（NMR）信号。近年来，气凝胶在生物医药领域的应用也逐渐增加，例如一些生物质气凝胶被用于靶向载药、药物缓释等方面[42]。

第三节
气凝胶技术展望

科学技术和社会经济的飞速发展极大地推动了气凝胶新材料、新工艺的出现。在基础研究方面，氧化物气凝胶、碳化物气凝胶、氮化物气凝胶、石墨烯气凝胶、量子点气凝胶、聚合物基有机气凝胶、生物质基有机及炭气凝胶、硫族气凝胶、金属单质气凝胶、非金属单质气凝胶、钙钛矿结构气凝胶和尖晶石结构气凝胶等具备特殊结构的气凝胶材料也不断地被研发出来，这些材料在催化、传感、生物医学和环境治理等领域均有广阔的应用前景，但目前相关制备技术尚未成熟，材料的性能稳定性也有待进一步提高。全球能源危机进一步加剧，伴随着节能减排、"碳中和"及"碳达峰"的提出，寻求更加高效环保、环境友好、成本更低的高性能气凝胶纳米材料是广大科研人员孜孜以求的终极目标。本书著者认为，目前高性能气凝胶纳米材料主要发展方向涵盖以下几个方面。

1. 降低气凝胶隔热材料制造成本

在规模化应用方面，寻找成本低廉的前驱体原料和降低气凝胶干燥成本是气凝胶产业化进程长远发展的关键。在工业生产方面，气凝胶因成本较高、施工不易限制了其规模化应用，需要采用成本更加低廉的前驱体，结合成本更低的干燥手段，使生产工艺得到完善，进一步降低气凝胶材料的成本，推动气凝胶材料的工业化生产。只有这样，气凝胶材料才有望在今后成为推动社会发展变革的超级材料，为人类的生活带来真正意义上的革新。

目前，商品化的气凝胶材料主要是氧化硅气凝胶隔热毡/片。氧化硅气凝胶材料的直接制造成本主要包括两个方面：原材料和制造工艺。

一方面，目前氧化硅气凝胶工业化生产采用正硅酸四乙酯为硅源，原材料成本高，价格和供应受市场波动影响大。可以采用硅溶胶和水玻璃等廉价的来源广泛的硅源制造氧化硅气凝胶，大幅降低原材料成本。此外，还可以从稻壳、粉煤灰等大宗固废中提取氧化硅作为硅源制造氧化硅气凝胶，不仅成本低而且还可以解决大宗固废的处理问题。

另一方面，氧化硅气凝胶采用超临界干燥工艺生产，设备昂贵、维护成本高，生产周期长，导致氧化硅气凝胶产品难以大规模、批量化、连续化生产，生产效率低。可以在保证凝胶结构和力学性能的前提下，缩短凝胶制备、老化和超临界干燥过程周期，提高生产效率，降低生产成本。

2. 提升气凝胶隔热材料耐温性能

高超声速飞行器向长航时、高航速发展，其表面面临愈加恶劣的热环境，关键部位的温度可达 1200℃以上，为了保障人员的安全、设备的正常运行，必须在飞行器表面敷设轻质、耐高温、高性能隔热材料。如美国 X-37B 航空航天飞机采用的轻质隔热材料在有氧环境中的短时耐温性达 1700℃以上，长时耐温性达 1500℃以上，并且具有良好的力学性能。开发轻质、耐高温、低热导率等综合性能优异的隔热材料已成为解决我国关键领域发展的"卡脖子"问题的方法之一。

气凝胶具有低密度、高比表面积、大孔隙率等结构特征，可以有效限制热量传输，其典型热导率低于 0.024W/(m·K)，大大优于传统隔热材料，广泛应用于航空航天、国防军工、石油化工、新能源等领域。气凝胶隔热材料已成为我国国防安全与节能减排发展战略的重要支撑，入选国家发改委《国家重点节能低碳技术推广目录（2017年本，节能部分）》、国家统计局《战略性新兴产业分类（2018）》

以及工信部和国防科工局发布的《军用技术转民用推广目录》和《民参军技术与产品推荐目录》。

气凝胶种类众多，其中 SiO_2 气凝胶隔热材料已经实现产业化和工程应用，但 SiO_2 气凝胶耐温性差（长期使用温度不超过 650℃）、强度低（一般低于0.1MPa），难以满足上述关键领域对耐温和强度的要求。近年来，研究人员在耐高温气凝胶方面开展了大量工作，探索了多种基于耐高温基体的气凝胶。Al_2O_3 和 ZrO_2 相比 SiO_2 具有更好的耐温性，但难以获得完整的块状 Al_2O_3 和 ZrO_2 气凝胶材料。炭气凝胶具有优异的结构稳定性，但其抗氧化性能较差，在有氧环境耐温性一般不超过 400℃。

传统的氧化物气凝胶使用温度一般不超过 1000℃，难以满足高温领域的应用需求，亟须开发新型耐高温气凝胶。SiC 和 Si_3N_4 等陶瓷材料具有优异的耐高温和力学性能，将其本体特性与气凝胶的结构特征相结合，有望开发出新型耐高温、高强度气凝胶隔热材料。

3. 提高气凝胶隔热材料力学性能

独特的三维纳米多孔网络结构在赋予气凝胶低密度、高比表面积、大纳米孔体积和高孔隙率等优异特性的同时，会不可避免地带来材料强度低、脆性大和"掉粉掉渣"等力学性能差的问题。为实现气凝胶的更多工程应用，还需针对其合成机理和结构生长演变规律进行深入探究，以便实现柔性气凝胶的性能调控。此外，如何在保持气凝胶材料原有优异性能的同时，改善其韧性和强度，发展低成本、绿色环保的制备工艺仍是当前研究的关键。

4. 开发新功能新应用

气凝胶种类众多，目前仅 SiO_2 气凝胶隔热材料实现产业化和工程应用，而 SiO_2 气凝胶以及其他各种气凝胶在吸附、催化、电化学、高能物理等方面也表现出良好的性能，如何将气凝胶的这些功能工程化并开展相应材料的生产制造是气凝胶科学领域下一步发展的重要方向之一。

参考文献

[1] 沈晓冬, 吴晓栋, 孔勇, 等. 气凝胶纳米材料的研究进展 [J]. 中国材料进展, 2018, 37(9): 10.

[2] 孔勇, 沈晓冬, 崔升. 气凝胶纳米材料 [J]. 中国材料进展, 2016, 35(8): 1-8.

[3] 吴晓栋, 宋梓豪, 王伟, 等. 气凝胶材料的研究进展 [J]. 南京工业大学学报: 自然科学版, 2020, 42(4): 47.

[4] 赵志扬, 孔勇, 江幸, 等. 具有可逆形变的弹性气凝胶研究进展 [J]. 高分子材料科学与工程, 2020, 36(5):10.

[5] Zhang J, Kong Y, Shen X. Polyvinylidene fluoride aerogel with high thermal stability and low thermal conductivity[J]. Materials Letters, 2020, 259: 126890.

[6] 孔勇, 张嘉月, 沈晓冬. 一种超疏水聚偏氟乙烯气凝胶材料及其制备方法. CN 108192129A[P]. 2018.

[7] 孔勇, 张嘉月, 沈晓冬, 等. 一种 3D 纤维支撑高分子气凝胶复合材料的制备方法. CN 108976673A[P]. 2018.

[8] 蔡高, 芮秋磊, 张嘉月, 等. 一种聚合物气凝胶的制备方法. CN 109721760A[P]. 2019.

[9] Zhong Y, Kong Y, Shen X, et al. Synthesis of a novel porous material comprising carbon/alumina composite aerogels monoliths with high compressive strength[J]. Microporous & Mesoporous Materials, 2013, 172: 182-189.

[10] Wu X, Shao G, Cui S, et al. Synthesis of a novel Al_2O_3-SiO_2 composite aerogel with high specific surface area at elevated temperatures using inexpensive inorganic salt of aluminum[J]. Ceramics International, 2016, 42(1): 874-882.

[11] Wu X, Li W, Shao G, et al. Investigation on textural and structural evolution of the novel crack-free equimolar Al_2O_3-SiO_2-TiO_2 ternary aerogel during thermal treatment[J]. Ceramics International, 2017, 43(5): 4188-4196.

[12] Kong Y, Zhong Y, Shen X, et al. Synthesis of monolithic mesoporous silicon carbide from resorcinol-formaldehyde/silica composites[J]. Materials Letters, 2013, 99: 108-110.

[13] Kong Y, Shen X, Cui S, et al. Preparation of monolith SiC aerogel with high surface area and large pore volume and the structural evolution during the preparation[J]. Ceramics International, 2014, 40(6): 8265-8271.

[14] Zhong Y, Shao G, Wu X, et al. Robust monolithic polymer (resorcinol-formaldehyde) reinforced alumina aerogel composites with mutually interpenetrating networks[J]. RSC advances, 2019, 9(40): 22942-22949.

[15] Shao G, Hanaor D, Shen X, et al. Freeze casting: From low-dimensional building blocks to aligned porous structures-a review of novel materials, methods, and applications[J]. Advanced Materials, 2020, 32(17): 1907176.

[16] Huang X, Yu G, Zhang Y, et al. Design of cellular structure of graphene aerogels for electromagnetic wave absorption[J]. Chemical Engineering Journal, 2021, 426: 131894.

[17] Yan W, Zhu K, Cui Y, et al. NO_2 detection and redox capacitance reaction of Ag doped SnO_2/rGO aerogel at room temperature[J]. Journal of Alloys and Compounds, 2021, 886: 161287.

[18] 李悦, 陈艾, 吴孟强, 等. RF 气凝胶分形生长过程的计算机模拟 [J]. 电子元件与材料, 2004, 23(1): 52-53.

[19] 李志宏, 巩雁军, 蒲敏, 等. SAXS 测定二氧化硅胶体粒子结构 [J]. 无机化学学报, 2003, 19(3): 252-257.

[20] Brinker C, Sherer G. Sol-gel science: The physics and chemistry of sol-gel processing[M]. San Diego: Academic Press, 1990, 108-112.

[21] Avnir D, Jaroniec M. An isotherm equation for adsorption on fractal surfaces of heterogeneous porous materials[J]. Langmuir, 1989, 5(6): 1431-1433.

[22] Pirard R, AliéC, Pirard J P. Characterization of porous texture of hyperporous materials by mercury porosimetry using densification equation[J]. Powder Technology, 2002, 128(2-3): 242-247.

[23] Alié C, Pirard R, Pirard J P. Mercury porosimetry: Applicability of the buckling–intrusion mechanism to low-density xerogels[J]. Journal of Non-Crystalline Solids, 2001, 292(1-3): 138-149.

[24] 江国栋. 链状骨架结构的 SiO_2 气凝胶及其杂化材料研究 [D]. 南京: 南京工业大学, 2012.

[25] Hümmer E, Lu X, Rettelbach T, et al. Heat transfer in opacified aerogel powders[J]. Journal of Non-Crystalline Solids, 1992, 145: 211-216.

[26] Fricke J, Lu X, Wang P, et al. Optimization of monolithic silica aerogel insulants[J]. International Journal of Heat and Mass Transfer, 1992, 35(9): 2305-2309.

[27] Caps R, Fricke J. Thermal conductivity of opacified powder filler materials for vacuum insulations[J].

International Journal of Thermophysics, 2000, 21(2): 445-452.

[28] Lee D, Stevens P, Zeng S, et al. Thermal characterization of carbon-opacified silica aerogels[J]. Journal of Non-Crystalline Solids, 1995, 186: 285-290.

[29] 孔勇, 任建, 沈晓冬, 等. 一种高强高弹低热导率氧化硅气凝胶隔热片及其制备方法. CN 112609453A[P]. 2020.

[30] 孔勇, 刘阳, 沈晓冬, 等. 一种改性氧化硅气凝胶隔热片的制备方法. CN 112079618A[P]. 2020.

[31] Cavallo C, Agostini M, Genders J P, et al. A free-standing reduced graphene oxide aerogel as supporting electrode in a fluorine-free Li_2S_8 catholyte Li-S battery[J]. Journal of Power Sources, 2019, 416: 111-117.

[32] Sun X, Wu C, Luo W, et al. Morphology enhancement of SiO_2 aerogel films grown on Si substrate using dense SiO_2 buffer layer[J]. Rare Metals, 2019: 1-5.

[33] Liu S, Jiang T, Fan M, et al. Nanostructure rod-like TiO_2-reduced graphene oxide composite aerogels for highly-efficient visible-light photocatalytic CO_2 reduction[J]. Journal of Alloys and Compounds, 2021, 861: 158598.

[34] Zhu K, Yan W, Liu S, et al. One-step hydrothermal synthesis of MnO_x-CeO_2/reduced graphene oxide composite aerogels for low temperature selective catalytic reduction of NO_x[J]. Applied Surface Science, 2020, 508: 145024.

[35] Zhao L, Bhatia B, Yang S, et al. Harnessing heat beyond 200℃ from unconcentrated sunlight with nonevacuated transparent aerogels[J]. ACS Nano, 2019, 13(7): 7508-7516.

[36] Jiang X, Ren J, Kong Y, et al. Shape-tailorable amine grafted silica aerogel microsphere for CO_2 capture[J]. Green Chemical Engineering, 2020, 1(2): 140-146.

[37] Jiang X, Kong Y, Zhao Z, et al. Spherical amine grafted silica aerogels for CO_2 capture[J]. RSC Advances, 2020, 10(43): 25911-25917.

[38] 孔勇, 江幸, 沈晓冬. 氨基功能化气凝胶二氧化碳吸附研究进展 [J]. 中国材料进展, 2021, 40(5): 352-358.

[39] 孔勇, 张嘉月, 沈晓冬. 气凝胶用于室内空气污染物去除研究进展 [J]. 功能材料, 2019, 50(5): 5054-5063.

[40] 刘伟, 崔升, 沈晓冬, 等. 气凝胶吸油材料的研究进展 [J]. 材料导报, 2020, 34(9): 9019-9027.

[41] 崔升, 锁浩, 仲亚, 等. 一种耐高温气凝胶核辐射屏蔽箱. CN 207038194U[P]. 2018.

[42] 王雪, 朱昆萌, 彭长鑫, 等. 生物可降解多糖气凝胶材料的研究进展 [J]. 材料导报, 2019, 33: 476-480.

第二章
氧化硅气凝胶的制备与表征

SiO_2 气凝胶的独特纳米结构使其在热、光、电、声学等多方面表现出许多独特的性质：低热导率、轻质、高比表面积、高孔隙率、高折射率、低介电常数等。其在环保、能源、催化、信息、建筑等领域存在的巨大应用潜力已引起世界各领域科学家的重视。在热学方面，利用 SiO_2 气凝胶低热导率、耐高温、透明、轻质等特点，Reim 等 [1] 将颗粒状 SiO_2 气凝胶置于两个平行的聚甲基丙烯酸甲酯薄片之间的空隙内，设计了透明隔热窗户，其保温性使室内家居环境更加舒适。在光学方面，SiO_2 气凝胶的折射率很小，对入射光几乎没有反射损失，能够有效地透过太阳光，在常温下有透光不透热的特点，可用作太阳能的集热器系统 [2]。在电学方面，SiO_2 气凝胶拥有低介电常数、高介电强度等特点，且其热膨胀系数与硅材料相近，可作为超大规模集成电路电介质，提高集成电路的运算速度 [3-5]。在声学方面，SiO_2 气凝胶纵向声传播速率低，且声阻抗随其密度变化范围大，是一种理想的声阻抗耦合材料 [6,7]。此外，SiO_2 气凝胶还具有开孔结构、高比表面积以及轻质等特点，使其在催化和吸附领域也有着广阔的应用前景 [8,9]。

第一节
氧化硅气凝胶的制备

SiO_2 气凝胶的制备主要包括三部分：凝胶制备、凝胶老化和凝胶干燥。①凝胶制备：将硅源（即含硅的原料）、水与溶剂按一定比例混合均匀，通过加入酸碱催化剂，调节 pH 值促进和控制硅源的水解 / 缩聚反应，最终形成硅氧键相连并具有三维网络结构的骨架，即湿凝胶。②凝胶老化：刚制备的湿凝胶网络结构的空隙中充满了大量溶剂和少量水，在老化过程中通过溶剂置换除去孔隙中的少量水。③凝胶干燥：老化一段时间后，湿凝胶网络结构达到足够强度可进行干燥，经特殊的干燥方式去除湿凝胶中的溶液部分，最后得到具有三维纳米网络结构、以空气为分散介质的 SiO_2 气凝胶。

通过改变反应体系中硅源种类、催化剂种类、各组分的配比、干燥条件等工艺参数，可得到结构与性能可控的 SiO_2 气凝胶。可选用的硅源有：多聚硅 [10]、硅溶胶 [11]、正硅酸甲酯（TMOS）[12]、正硅酸乙酯（TEOS）[13] 等。用作催化剂的酸有：硝酸 [14]、盐酸 [15]、氢氟酸 [16]、醋酸 [17] 等。作为溶剂的一般有：甲醇、异丙醇、乙醇等 [18]。用作催化剂的碱有：氢氧化钠、氨水等 [19]。

当凝胶刚形成时，网络骨架纤细而脆弱，需经老化达到一定强度后方可干燥，干燥前 SiO_2 湿凝胶由 SiO_2 纳米颗粒堆积而成的三维网络结构和纳米孔中的溶剂组成，干燥的目的就是在保持凝胶三维纳米网络结构不被破坏的基础上，去除溶剂，以空气代替。由于纳米孔中的溶剂与网络骨架间有表面张力，在干燥过程中会产生毛细管压力作用 ΔP，如下式：

$$\Delta P = 2\gamma\cos\theta/r \tag{2-1}$$

式中，γ 为液体表面张力；r 为毛细管半径；θ 为固 - 液接触角；ΔP 为毛细管压力。当充满乙醇的孔半径为20nm，由乙醇密度 $\rho = 0.7893g/cm^3$，表面张力 $\gamma = 22.75dyn/cm$，可计算得孔壁承受毛细管压力约2.3MPa[20]。在如此大的毛细管压力作用下，凝胶的孔结构会随着干燥过程进一步受压、收缩直至凝胶碎裂，如图2-1（a）所示，刚开始干燥时，溶剂填满孔结构，无弯月面出现，即无毛细管压力产生；当溶剂逐渐开始挥发，量逐渐变少时，孔隙中开始出现弯月面，如图2-1（b）所示，此时便产生毛细管压力，由于孔径 $r_1 > r_2$，则产生的毛细管压力 $\Delta P_1 < \Delta P_2$，相邻孔隙产生的毛细管压力差使纳米骨架受拉断裂，在微观上表现为微裂纹，但是当裂纹扩展到一定临界尺寸后，从宏观上就表现为凝胶的碎裂。

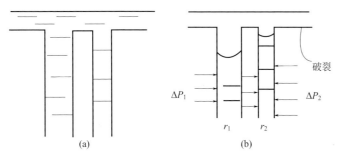

图2-1 （a）无毛细管压力；（b）有毛细管压力

因此，为了能得到三维纳米网络结构不被破坏的气凝胶，需降低甚至消除干燥过程中产生的毛细管压力，采用的干燥方法有以下几种：超临界干燥、常压干燥、冷冻干燥等。

本章采用溶胶 - 凝胶法制备 SiO_2 湿凝胶，主要反应是硅源的水解和缩聚反应[10]。硅源水解反应如下：

$$Si(OR)_4 + 4H_2O \longrightarrow Si(OH)_4 + 4ROH \tag{2-2}$$

在水解反应进行的同时，水解产物会发生缩聚反应，形成 Si-O-Si 键并连成二聚体，缩聚反应如下：

$$Si(OH)_4 + Si(OH)_4 \longrightarrow HO-\underset{\underset{OH}{|}}{\overset{\overset{OH}{|}}{Si}}-O-\underset{\underset{OH}{|}}{\overset{\overset{OH}{|}}{Si}}-OH + H_2O \tag{2-3}$$

二聚体之间进一步缩合，生成多聚体，再交联成三维网络结构，过程如下：

$$nHO-\underset{\underset{OH}{|}}{\overset{\overset{OH}{|}}{Si}}-O-\underset{\underset{OH}{|}}{\overset{\overset{OH}{|}}{Si}}-OH \longrightarrow \text{网络结构} +mH_2O \qquad (2-4)$$

在溶胶-凝胶过程中，由于形成的 Si-OH 单体以及由硅氧键（Si-O-Si）结合形成的 SiO$_2$ 胶体小颗粒表面存在大量的自由羟基（Si-OH）或烷氧基（Si-OR），会不断聚集成大的粒子，随着水解和缩聚反应的进一步进行，越来越多的 Si-OH 单体之间以及 Si-OH 单体与胶体小颗粒之间相互连接，形成一个个纳米量级的团簇，团簇之间再进一步相连，最终形成纳米级网络骨架结构的凝胶体，骨架间便形成了纳米级的孔结构，此时孔中充满溶剂，即形成湿凝胶。湿凝胶的原料、原料配比以及溶胶-凝胶反应条件、湿凝胶老化等工艺参数对最终得到气凝胶的性质有很大的影响。

溶胶-凝胶工艺是影响气凝胶结构的主要因素，调控溶胶-凝胶过程中的工艺参数是气凝胶结构调控的主要手段。影响溶胶-凝胶过程的因素有很多，主要包括催化剂的种类和含量、溶剂的用量（即反应物浓度）、水的用量、溶胶-凝胶反应温度、老化过程等。

一、硅源和溶剂的选择

目前可采用的硅源中，以稻壳、水玻璃和多聚硅氧烷等纯度较低、杂质含量较高的含硅原料作为硅源，因为含杂质较多，制备工艺复杂，且制得的 SiO$_2$ 气凝胶结构不完整，难以成型，性能较差，有待进一步提高。以甲基三甲氧基硅烷（MTMS）或甲基三乙氧基硅烷（MTES）为硅源，经完全水解后，只有部分 Si-OH 可进行缩聚反应，成型性较差，结构完整性也较差。以硅醇盐，如正硅酸甲酯（TMOS）、正硅酸乙酯（TEOS）为硅源时，这些原料一般易溶解于相应的醇类有机溶剂中，且硅原子的 4 根键上的烷氧基团（—OR）水解后均可参与缩聚反应，因此制得的 SiO$_2$ 气凝胶结构完整，孔隙小且分布均匀，几乎不含杂质，无副产物生成，工艺也较简单，可以科学配比，是最优的硅源。但是 TMOS 水解生成的甲醇有较大毒性且易挥发，目前使用最普遍的硅源是正硅酸乙酯（TEOS），制备工艺稳定，制备的 SiO$_2$ 气凝胶性能较好。

因 TEOS 水解产生乙醇，且 TEOS 与乙醇完全互溶，乙醇不会与 TEOS 发生酯交换反应，故选乙醇作为溶剂。

二、催化剂的选择与催化方法

1. 酸催化剂

可选用的酸催化剂种类主要有：HCl、HF、CH_3COOH、$C_2H_2O_4$、HNO_3、H_2SO_4 等。其中 HF 由于 F^- 半径最小，能直接攻击硅原子核，水解速率较快，但 HF 对玻璃等腐蚀性较强；CH_3COOH、$C_2H_2O_4$ 酸性较弱，容易使 TEOS 水解反应不够充分；HNO_3、H_2SO_4 酸性又太强。因此，本文选用 HCl 为酸催化剂。

2. 碱催化剂

碱催化主要采用氨水（$NH_3 \cdot H_2O$）为催化剂。因为氨水易挥发，在最终制得的 SiO_2 气凝胶中不会引入其他金属离子，如 Na^+、Ca^+ 等。

3. 酸碱两步法

在酸性条件下，TEOS 的水解速率大于缩聚速率，有利于成核反应，产生许多溶胶单体，最终形成小孔径、低交联的凝胶结构，气凝胶收缩大，易开裂，密度较高。在碱性条件下，TEOS 的缩聚反应速率大于水解速率，则有利于溶胶单体的长大、交联，易产生大孔径、短链交联的凝胶结构，气凝胶强度低。因此，本章为了制备出具有长链交联结构、骨架强度高的 SiO_2 气凝胶，采用先酸后碱的酸碱两步催化的方法。由于水的量对反应的影响比共溶剂要大，故采用的催化剂为用乙醇将 HCl 稀释成为 1mol/L、氨水采用浓氨水与乙醇用 1∶50（体积比）配成。

三、催化剂对醇凝胶的影响

1. 酸催化剂

H^+ 在反应过程中催化作用机理为：在酸性条件下，TEOS 的水解可以分成两个不同的过程：一是水合质子对烷氧基中的氧原子进行亲电进攻反应；二是阴离子及水分子对 TEOS 中的硅原子进行亲核进攻反应[21]。

$$（2-5）$$

$$（2-6）$$

根据 TEOS 的亲电水解机理，随着水解的进行，部分 Si-OR 被 Si-OH 取代，由于其吸电子效应导致中心硅原子和 Si-OR 的氧原子的负电荷越来越少，正电荷越来越多，而 H^+ 也带有正电荷，同种电荷间相斥作用使得 H^+ 与硅原子很难接近，导致反应活性降低，水解速率减慢，进一步发生 Si-OH 取代反应的难度加大。由于可供缩聚反应的 Si-OH 较少，而且当分子间发生缩聚反应后，受空间位阻效应的影响，发生水解及进一步缩聚反应更加困难。因此。在酸性条件下，气凝胶缩聚产物交联程度低，易于形成一维的链状结构，孔径较小，但收缩程度较大。

在室温下将 TEOS、H_2O、乙醇以一定比例搅拌充分混合后，先加入酸性催化剂调节 pH 值为 3、4、5、6 后，搅拌一段时间，加入氨水调 pH 值至 7 后记下凝胶时间点（凝胶时间即为加入氨水后凝胶倾斜 45° 不流动所需要的时间），做得 pH 值与凝胶时间的关系图，如图 2-2 所示。

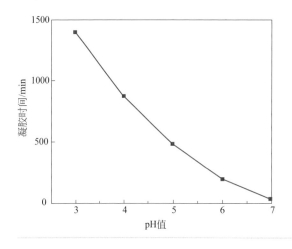

图2-2
酸性条件下pH值对凝胶时间的影响

由图 2-2 可以看出，pH 值越大，凝胶时间越短。由于在酸性条件 H^+ 的增加使得 H_2O 形成 H_3O^+，造成 H_2O 的量不足而延缓了水解反应，同时也导致了 TEOS、H_2O、EtOH 之间的互溶性变差，降低了水解反应速率，也就使得凝胶时间增加。凝胶时间过长易导致 SiO_2 颗粒沉积，且当 pH 值为 3 以下时基本不会凝胶。

2. 碱催化剂

在碱性催化剂条件下 TEOS 的水解为 OH^- 直接进攻硅原子核的亲核反应，如式（2-7）所示[22]。OH^- 带负电且离子半径较小，异性电荷之间的相吸作用使进攻基团与中心硅原子容易接近，分子的反应活性显著提高，水解速率较快。在碱催化条件下，硅原子核在中间过程中要获得负电荷，因此在硅原子核周围如存在易吸收电子的 OH^- 或—OSi 等受主基团，则有利于 TEOS 的水解；而如存在

—OR 基团，水解速率较慢；但第一个 Si-OR 被 Si-OH 取代，将促进第二、三甚至第四个 OH⁻ 的进攻，反应活性提高，水解产物发生缩聚，反应速率加快。由于 TEOS 水解较为完全，因此缩聚反应容易在三维方向上进行，单体间形成一种短链交联结构，而短链与短链之间连接相对较弱，网络骨架强度较低，孔径较大。

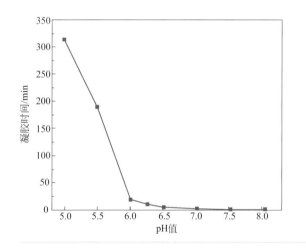

$$(2-7)$$

先加入 HCl 调节 pH 值至 6 后，搅拌半个小时加入碱性催化剂调节 pH 值，分别至 6、6.25、6.5、7、7.5、8，记录凝胶时间后得图 2-3，看出 pH 值越大凝胶时间越短。此外，实验发现当 pH 值在 8 ～ 10 范围时，硅羟基缩聚反应过快，反应不均匀，使得溶胶体系呈现混浊状态，不利于凝胶纳米网络结构的形成；当 pH>10 时，缩聚反应快到无法形成凝胶，直接生成沉淀。在 pH 值为 6 ～ 8 时聚合反应较稳定，该条件下获得的凝胶透明度也更好。

图2-3
加入氨水后凝胶时间随pH值变化

当加入氨水的量增加，pH 增大，分别将 pH 值调至 6、6.25、6.5、7、7.5、8，采用紫外 - 可见分光光度计测得 6 个样品的透光率，随着 pH 值的变化醇凝胶对紫外 - 可见光透过率曲线见图 2-4。从图 2-4 中可以看出，随着 pH 值的增加，醇凝胶的透过率逐渐降低。这是由于随着 pH 值的增加，凝胶缩合反应速率增大，构成醇凝胶的网络骨架变粗，从宏观反映出其透过率减小。

3. 酸碱两步催化

经以上研究发现，在酸催化条件下，TEOS 的水解反应速率大于缩聚反应速率，有利于成核反应，产生许多溶胶单体，最终形成小孔径、低交联结构，气凝胶收缩较大，容易开裂，密度较高；在碱催化条件下，TEOS 的缩聚反应速率大于水解反应速率，有利于溶胶单体的团簇、长大和交联，易产生大孔径、短链交联网络结构，气凝胶强度较低。因此采用酸或碱的一步催化法均难以制备出长链交联结构完整、纳米骨架强度高的 SiO$_2$ 气凝胶，性能优势也难以发挥。

图 2-5 为 TEOS 水解和缩聚反应速率随 pH 值变化的曲线，可以看出 TEOS 在不同催化条件下水解和缩聚反应相对速率存在较大差异，如果是溶胶-凝胶过程中水解和缩聚反应分别在酸性和弱碱性催化条件下发生，则可综合酸、碱催化的优点，使得 TEOS 的水解和缩聚反应速率都较大，这样就有利于气凝胶微观结构的控制，从而可得到密度低、网络骨架结构强度较高的 SiO$_2$ 气凝胶。

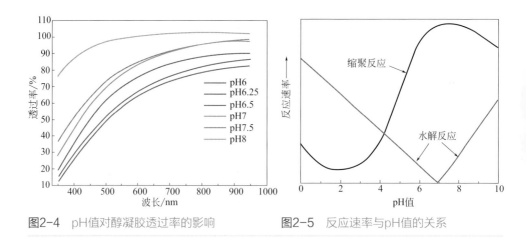

图2-4　pH值对醇凝胶透过率的影响　　　　图2-5　反应速率与pH值的关系

四、醇凝胶的影响因素

1. 水对醇凝胶的影响

湿凝胶的制备中，主要是水与 TEOS 发生水解反应，在室温下，将 H$_2$O 与 TEOS 物质的量比值 nH$_2$O/nTEOS 分别取 1.5、2、2.5、3、3.5、4、4.5、5、6、8、10，将 TEOS、H$_2$O、乙醇分别按比例混合后，先加入酸性催化剂，搅拌 1h 后加入碱性催化剂后搅拌即可。取下待其凝胶，记下凝胶所需时间。

在酸碱两步催化条件下，图 2-6 为凝胶时间与水量的关系。由图 2-6 可以看出，当 $nH_2O/nTEOS$ 小于 4.5 时，随着水量的增加，凝胶时间减少，这是由于水量越多水解反应速率越快，凝胶时间也就越短。但当凝胶反应时间太短时，生成的溶胶不稳定，故选取在 2～3 时溶胶反应相对稳定。当 $nH_2O/nTEOS$ 大于 4.5 时，凝胶时间随着 $nH_2O/nTEOS$ 的增大而增加，这是由于加水量大于化学计量，过量的水导致缩聚物的浓度降低，溶胶黏度下降，水解反应速率降低，凝胶化时间延长。水量过多，不仅影响凝胶时间且还会导致干燥后收缩变大不透明，甚至碎裂。

图 2-7 为随着 $nH_2O/nTEOS$ 的增大，醇凝胶透明度的变化。从图 2-7 中可以看出，随着 $nH_2O/nTEOS$ 的增大，醇凝胶的透明度降低，这是由于水的增多导致醇凝胶反应速率增大，网络骨架变粗。当 $nH_2O/nTEOS$ 增加至 4.5 时，醇凝胶的透明度急剧降低，且水的量过大时，醇凝胶内会产生白色絮状硅酸颗粒，所以一般选取 $nH_2O/nTEOS$ 为 2～4，制备的醇凝胶透明度较高且凝胶时间适中，具有可调节性。

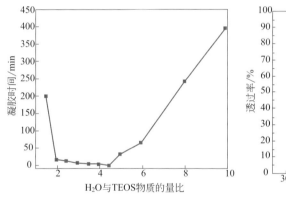

图2-6 $nH_2O/nTEOS$对醇凝胶时间的影响

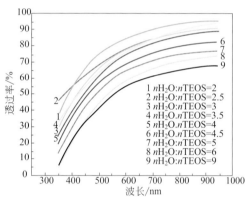

图2-7 $nH_2O/nTEOS$对醇凝胶透过率的影响

图 2-8 即为随着 $nH_2O/nTEOS$ 的增大，采用超临界干燥后最后得到的气凝胶密度的变化。由图可以看出，由于水的表面张力较大，随着 $nH_2O/nTEOS$ 的增大，导致在超临界干燥过程中气凝胶的体积收缩也越来越大，使得密度逐渐增加，故对于相同配比而言，最终得到的气凝胶随着水的增多收缩增大，密度也增加了。

2. 乙醇对醇凝胶的影响

乙醇虽然为共溶剂不参加反应，但由于乙醇的量增加相当于对反应物起到了稀释的作用，故也会降低水解反应速率，使得凝胶时间增加。通过调整无水乙醇

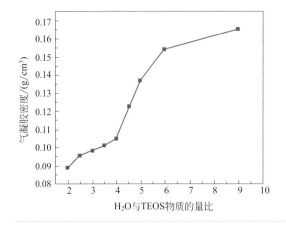

图2-8

$n\text{H}_2\text{O}/n\text{TEOS}$对$\text{SiO}_2$气凝胶密度的影响

的量还可以改变气凝胶的密度，可以根据要制备的 SiO_2 气凝胶的理论密度大小由式（2-8）粗略地确定溶胶体系的总体积 $V_{\text{总}}$：

$$V_{\text{总}} = \frac{n_{\text{TEOS}} M_{\text{SiO}_2}}{\rho} \tag{2-8}$$

式中，M_{SiO_2} 为 SiO_2 的摩尔质量；n_{TEOS} 为正硅酸乙酯的物质的量；ρ 为超临界干燥后 SiO_2 气凝胶的理论密度。由此根据式（2-8）推算出 TEOS 与 H_2O 的体积，设 n 为 $n\text{H}_2\text{O}/n\text{TEOS}$，则 V_{TEOS} 与 $V_{\text{H}_2\text{O}}$ 分别为：

$$V_{\text{TEOS}} = \frac{n_{\text{TEOS}} M_{\text{TEOS}}}{\rho_{\text{TEOS}}} \tag{2-9}$$

$$V_{\text{H}_2\text{O}} = \frac{n n_{\text{TEOS}} M_{\text{H}_2\text{O}}}{\rho_{\text{H}_2\text{O}}} \tag{2-10}$$

根据上面公式，当 $n=3$，$n_{\text{TEOS}}=0.1$ 时，$V_{\text{H}_2\text{O}} = 5.4\text{mL}$。分别加入 $n\text{EtOH}/n\text{TEOS}$ 为 9、12、16、20、30 的乙醇。

表2-1　不同密度 SiO_2 气凝胶颗粒的结构参数

项目	V_1	V_2	V_3	V_4	V_5
$n\text{EtOH}/n\text{TEOS}$	9	12	16	20	30
粒径/nm	27.8	26.4	25.2	23.2	16.3
表观密度/（g/cm³）	0.2773	0.1511	0.1476	0.1202	0.0775

由表 2-1 可以看出，随着 $n\text{EtOH}/n\text{TEOS}$ 的增加，得到气凝胶颗粒的表观密度减少，颗粒的粒径也逐渐减少。说明随着乙醇的增加，得到的气凝胶颗粒越小，且表观密度越小，可见气凝胶颗粒密度在 $n\text{EtOH}/n\text{TEOS}$ 为 9～30 范围内具有可调性。

3．水解温度对醇凝胶的影响

由于 TEOS 水解为吸热反应，随着水解温度的升高，水解速率增加，从而凝胶时间变短。本研究固定 nTEOS:nH$_2$O:nEtOH = 1:3:16，分别在 30℃、40℃、50℃、60℃、70℃下进行水解反应制备湿凝胶，观察水解温度对凝胶的影响。

图 2-9 为水解温度对凝胶时间的影响，随着水解温度的升高，凝胶时间缩短。这是由两方面原因引起的：一方面，TEOS 水解反应为吸热反应，随着温度的升高，反应向水解方向进行，水解反应速率增加；另一方面，随着温度的升高，乙醇挥发速度增加，乙醇的含量逐渐减少，即反应物浓度增加，促进了水解反应。水解温度过高时，反应速率增加，使得反应不均匀并获得白色硅酸沉淀。且乙醇的沸点为 78℃，故水解温度应低于该温度；但温度过低时，水解反应速率降低，凝胶时间过长且凝胶网络结构脆弱。

图 2-10 为水解温度对气凝胶密度的影响，从图中可以看出：当温度低于 50℃时，随着温度的升高，气凝胶的密度增加速率较小；当温度升至 50℃时，气凝胶的密度急剧增加，这是由于当温度过高时，乙醇挥发速率增加使得气凝胶密度减小，故综合醇凝胶的凝胶时间考虑一般选取水解温度在 50℃较适宜。

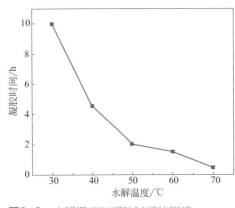

图2-9　水解温度对凝胶时间的影响

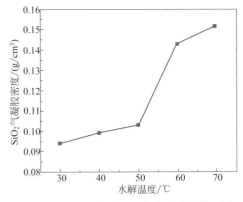

图2-10　水解温度对SiO$_2$气凝胶密度的影响

4．水解时间对醇凝胶的影响

固定 nTEOS:nH$_2$O:nEtOH = 1:3:16，在 50℃下进行水解反应，制备湿凝胶。在水解反应时间分别为 0.5h、1h、1.5h、2h、3h、4h，研究水解时间对醇凝胶的影响。

图 2-11 为水解时间对凝胶时间的影响，随着酸催化水解反应时间的延长，凝胶时间先缩短后延长，水解时间较短时 TEOS 未完全水解，在加入碱性催化剂后同时发生水解与缩合反应，反应速率减慢，使得凝胶时间增加。当水解时间超

过 1.5h 时，水解过于充分，所有的 TEOS 水解后相互结合成为小颗粒而无法凝胶，导致凝胶时间延长。

图 2-12 为水解时间对气凝胶密度的影响，由于水解时间的增加，反应过程中乙醇的挥发导致凝胶密度随着凝胶时间的变化而变化。由于水解时间短，后面凝胶反应速率也随之减慢，凝胶时间增长。在水解低于 1.5h 时，水解时间增加，密度减小。当水解时间逐渐增加时，水解反应过于充分，生成小颗粒而无法凝胶且水解时间和凝胶时间过长，都导致乙醇挥发量增加，密度增大。由上述分析可以看出，当水解时间为 1.5h 时，能够获得密度低且凝胶时间适中的气凝胶。

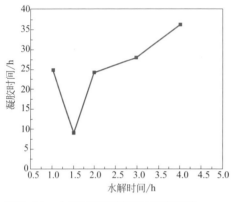

图2-11　水解时间对凝胶时间的影响

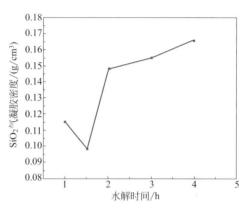

图2-12　水解时间对 SiO$_2$ 气凝胶密度的影响

五、醇凝胶老化

实验中观察到的凝胶点是指一个由液态变为固态的过程，在凝胶点后仍有许多未反应的醇盐基团。也就是凝胶反应并没有完全结束，需要足够的时间继续反应，这样可以使得 SiO$_2$ 凝胶网络结构强化，在干燥过程中不容易碎裂。由于水的表面张力较大，含水量过多会导致采用超临界干燥时凝胶块体收缩大，得到白色不透明甚至碎裂的气凝胶。所以，在老化后必须将含在孔结构中的水去除才能够进行干燥。

选取合适的老化溶液，老化溶液的选择需要根据硅源本身的条件做出选择，由于凝胶老化过程的作用是使反应更加充分以加强网络强度，选取硅源与溶剂的混合液作为凝胶的老化液，通过不同的老化时间、老化温度将湿凝胶干燥并比较气凝胶的性质以选取不同的老化条件。

由于制备的湿凝胶是由 TEOS 为硅源、乙醇为溶剂制得，且采用乙醇超临界干燥，选取乙醇与 TEOS 体积比为 2:1 的混合溶液作为老化溶液，无水乙醇作为置换溶剂除去湿凝胶中的水分。制备的块状材料大小相同，通过改变老化天数获得在该条件下较好的老化时间，将这些老化好的湿凝胶放入无水乙醇中洗涤后干燥，比较其干燥后的外观情况，见表2-2。

表2-2　老化时间对SiO$_2$气凝胶结构的完整性影响

样品名称	老化时间/d	干燥后情况
L0	0	得到碎裂的气凝胶
L3	3	得到的气凝胶收缩大，但碎裂情况较轻（图2-13）
L5	5	得到的气凝胶收缩大且存在分层现象
L7	7	得到的气凝胶收缩较小，但内部有微裂纹
L10	10	得到的气凝胶收缩小且无可见裂纹（图2-13）

从表2-2可得老化时间对气凝胶干燥后有很大的影响。由于未老化时凝胶网络上存在大量的—OH，会与相邻网络上的—OH缩合，不仅产生大量的水，而且会使凝胶大量收缩。通过老化处理后，未完全反应的硅醇盐会与TEOS继续反应，使得醇凝胶网络结构加强，硬度也增加，又由于醇凝胶SiO$_2$网络上的—OH与乙醇反应后使得部分—OH基团反应变成—OR，在干燥的过程中相邻的—OH也不会相互反应，也相应减少湿凝胶干燥后的收缩。

图2-13中，L3有碎裂，几乎不透明；而L10虽然整体也不透明，但边缘较薄的地方仍为透明且呈蓝色。

(a)　　　　　　　　　　　　　　(b)

图2-13　不同老化时间后干燥的SiO$_2$气凝胶：（a）L3（老化3天）；（b）L10（老化10天）

六、超临界干燥工艺

由于凝胶的网络结构纤细，易产生表面张力，普通干燥法会导致凝胶块状碎裂且有较大的收缩。而在超临界状态下气体与液体的界面消失，也就不存在表面张力，故采用超临界干燥法能得到结构完整的气凝胶块状材料。超临界干燥一般需要经历四个步骤[20]：首先为溶剂置换过程，将凝胶内的溶剂置换成为干燥介质；其次是加热升温升压过程，即使得温度和压力达到临界点以上；再次是保温过程，即在超临界状态下恒温恒压保持一定的时间，使得凝胶内部的溶剂都处于超临界状态；最后为降压过程，即在恒温状态下降至常压后待冷却即可取出样品。

经过超临界干燥工艺处理后，凝胶孔内的乙醇被去除后得到气凝胶颗粒。气凝胶颗粒是由 Si-O-Si 连接而成的网络结构，如图 2-14 所示[23]，但由于水解反应过程中有部分 TEOS 未完全反应以及超临界干燥过程中乙醇与凝胶网络结构继续反应，使得气凝胶网络结构中仍含有部分有机物，为了使气凝胶在高温中结构稳定，需要设计一定合理的煅烧工艺去除网络结构中的有机物。

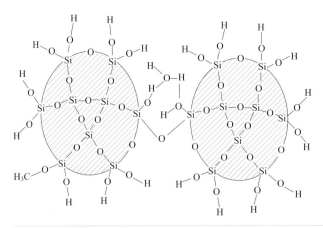

图2-14
表面带有两个羟基的胶体离子

1．干燥介质的选择

目前常用的干燥介质主要有：甲醇、乙醇、丙酮、水和 CO_2 等。甲醇为有毒物质，故一般不采用。水的表面张力较大，若采用超临界水流体得到的气凝胶收缩较大。而采用丙酮干燥时得到的气凝胶材料透明性较其他的而言要差，甚至发黄。目前，较成熟的工艺为乙醇超临界干燥和 CO_2 超临界干燥。乙醇超临界干燥获得的气凝胶收缩较小且表面的部分—OH 变为—OR，这样得到的气凝胶有一定憎水性且纳米结构稳定。CO_2 惰性、无毒，有很低的临界温度（31.26℃）和合适的临界压力（72.9atm，1atm＝101.325kPa），是目前工业化生产和实验室研究普遍采用的超临界干燥工艺。

2．超临界干燥工艺的研究

干燥工艺：在干燥釜内加入一定量的干燥介质后放入湿凝胶，关闭干燥釜。

充入氮气以排除干燥釜内的空气并检查气密性后升温。随着温度的升高，釜内压力逐渐增加至设定的压力并保持恒压升至超临界温度。当达到所选的超临界点后，保温一段时间使得气凝胶内的乙醇完全转变为超临界流体并从凝胶网络结构中释放出来。将放气阀打开，在不降温条件下缓慢释放釜中超临界流体，压力降至常压后，釜内温度冷却至常温后可得 SiO_2 气凝胶。

在这个过程中，由于固体网络骨架的热膨胀比凝胶孔洞内的液体的热膨胀要小，会对凝胶骨架产生应力，而外部液体溶剂的膨胀要比凝胶内液体流动得快，所以为了保持凝胶的完整性，升温速率控制在 1℃ /min。压力随着温度的升高而升高，当压力超过超临界点压力时，打开放气阀门使得压力稳定在超临界点压力上。待其温度上升至临界温度的 1.1 倍左右时，恒温恒压使得釜内所有流体都转变为超临界状态。当置换完全后恒温减压将釜内超临界流体全部缓慢排空。在降压过程中，若降压速度太快也会导致凝胶孔洞破裂，得到碎裂的气凝胶材料。且在降压的过程中，一直要保持恒定温度，否则压力降至 0.1MPa 时会出现溶剂冷凝问题。整个干燥过程需要 10h。

在超临界干燥过程中，可控因素为乙醇的加入量、预加压力、超临界温度和超临界压力。

做正交实验得到的优化工艺条件，得到的最小密度样品如图 2-15 所示，样品密度为 0.0911g/cm³。干燥条件即将干燥釜内加入 400mL 乙醇后放入湿凝胶，关闭干燥釜。充入氮气升压至 8MPa，升温至超临界温度 270℃后，保持恒温将釜内压力逐渐增加至 12MPa，并在此压力保持稳定[24]。当达到所选的超临界点，保温一段时间后在温度不变的条件下缓慢释放超临界流体，压力降至常压后，用惰性气体 N_2 进行吹扫，待降至常温后即制得样品。

图2-15
样品的宏观形貌

氧化硅气凝胶的表征

材料的组成和结构影响材料性能，作为一种新型高效的隔热材料，气凝胶的耐温性、隔热性能和强度是其三个很重要的指标。根据已有的研究结果，实验采用优化工艺参数为：将 TEOS、H_2O、乙醇按物质的量比为 1:3:16 搅拌充分混合后，先加入 1mol/L 的 HCl 乙醇稀释溶液，调节 pH 值为 3～4 后，搅拌 1.5h 加入氨水乙醇稀释溶液调 pH 值至 6.5。搅拌 1h 后，倒入模具中待其凝胶，老化 7d，进行超临界干燥制得样品 S1。以下对 S1 的基本结构、组成和形貌进行分析。

一、孔结构分析

采用优化工艺获得的 SiO_2 气凝胶样品 S1，测得其表观密度为 0.09g/cm³，孔隙率为 96%。对 S1 进行了比表面积和孔径分布的检测。通常采用氮气吸附法来测量具有纳米级多孔材料的孔结构和比表面积，图 2-16 为该样品的等温吸附-脱附曲线。

参照国际纯粹与应用化学联合会（IUPAC）的分类方法，氮吸附等温线可分为 6 种类型，如图 2-17 所示[25]。文中相关内容修改为：通过对比可知，SiO_2 气凝胶属于第 Ⅳ 类，为典型介孔材料的吸脱附等温线，其典型特点为低压区有明显吸附，中高压区有回滞环，高压区有吸附饱和平台。Ⅴ型等温线虽然也具有回滞环和吸附饱和平台，但低压区吸附剂与吸附质的相互作用较弱，几乎没有吸附量，不符合 SiO_2 气凝胶材料的吸附特征。由等温吸附-脱附曲线，根据 BET 原理可计算出该 SiO_2 气凝胶的比表面积为 970.5m²/g。

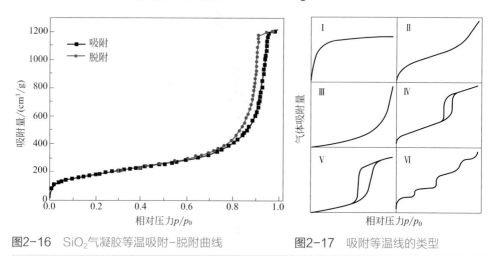

图2-16　SiO_2气凝胶等温吸附-脱附曲线　　　　图2-17　吸附等温线的类型

如图 2-18 所示为样品 S1 的孔径分布曲线，可以得到：SiO$_2$ 气凝胶孔径分布较窄，主要分布在 10 ～ 40nm，集中分布在 38.5nm 附近，属于介孔范围。从 SiO$_2$ 气凝胶的孔径分布曲线可进一步证明，采用酸 - 碱两步法制备的 SiO$_2$ 气凝胶具有纳米级孔结构。由于大部分的孔径都小于常温下空气分子的平均自由程（69nm），因此 SiO$_2$ 气凝胶能够有效地抑制气态热传导和对流传热，再加上气凝胶的低密度可降低固态热传导，因此常温下 SiO$_2$ 气凝胶将具有较低的热导率。

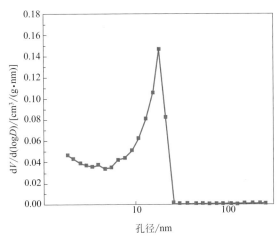

图2-18 SiO$_2$气凝胶孔径分布曲线

二、微观形貌分析

图 2-19 是由最佳工艺制备的 SiO$_2$ 气凝胶样品的 SEM 图，由图可看出，孔径大部分在 100nm 以内，且孔径分布比较均匀，具有典型纳米多孔结构。图 2-20

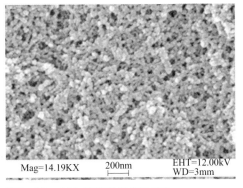

图2-19 SiO$_2$气凝胶的SEM图

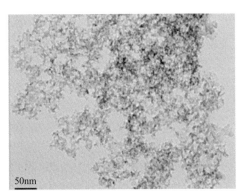

图2-20 SiO$_2$气凝胶的TEM图

为 SiO_2 气凝胶的 TEM 图，从该图中可以看出气凝胶胶体颗粒大小均匀，属于无定形物，颗粒间相互连接成网络多孔结构。

三、傅里叶红外光谱分析

图 2-21 为纯 SiO_2 气凝胶的红外谱图。从图中可以看出，在 3448.15cm^{-1} 为结构水的—OH 伸缩振动，在 1101.17cm^{-1} 为 Si-O-Si 反对称伸缩振动，在 800.323cm^{-1} 处为 Si-O-Si 对称伸缩振动，在 470.55cm^{-1} 处为 Si-O-Si 弯曲振动，在 2981.45cm^{-1}、2935.17cm^{-1} 处为 C-H 键伸缩振动[26]。

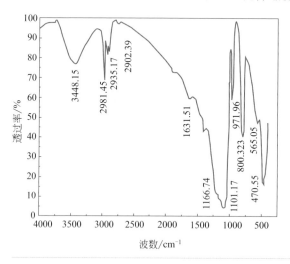

图2-21
SiO_2气凝胶FT-IR谱图

四、热失重分析

图 2-22 为样品 S1 在 O_2 气氛中以 10℃/min 条件下升温至 1000℃进行热重分析的热重扫描曲线。由图中可以看出，在 227.9℃时出现放热峰并伴随着 17.14% 的热失重（TG），在 300～1000℃的升温过程中还出现 1.03% 的失重。由此，将样品 S1 分别在 300℃、1000℃、1200℃进行煅烧热处理后，采用傅里叶红外 - 拉曼光谱仪分析气凝胶的表面官能团（图 2-23）。

从图 2-23 中可以看出在常温下 2980cm^{-1} 为 C-H 的特征峰，在 300℃热处理后即消失，且随着温度的升高 3460cm^{-1} 处的—OH 也逐渐减少，由此可以说明在 200～300℃时的热失重是由吸附水以及残留在气凝胶网络结构中的乙醇发生放热反应，使得产生 17.14% 的热失重。当温度升至 1200℃时，在 1110cm^{-1} 处 Si-O 的特征峰消失，说明在 300℃后的热失重是由气凝胶网络表面烷基被氧化导致的，温度过高会导致气凝胶表面疏水官能团消失，故煅烧温度不能过高[27]。

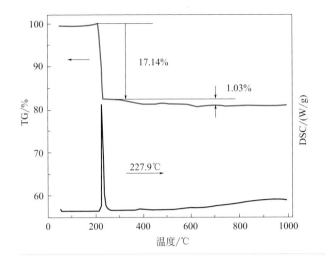

图2-22
SiO₂气凝胶在O₂气氛下的热重–
差示扫描曲线

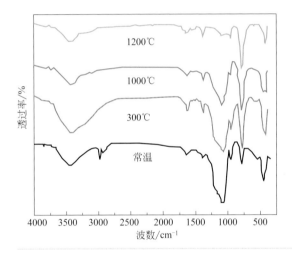

图2-23
不同热处理温度的SiO₂气凝胶
FT-IR谱图

　　由此可以确定气凝胶热处理的温度为300℃，当温度过高时，气凝胶会产生较大的收缩，体积密度增加且向玻璃态转变，失去气凝胶原有的各种特性。

五、耐温性分析

　　SiO_2气凝胶在热处理过程中，随着温度的升高，纳米孔结构会逐渐开始收缩，比表面积逐渐降低，在更高温度处理时，甚至会发生烧结现象，气凝胶体积收缩为原来的几十分之一，甚至更小。图2-24为SiO_2气凝胶在不同温度热处理后的比表面积随热处理温度的变化曲线，每个温度热处理的时间均为10h，从图中可以看出，温度低于500℃时，气凝胶结构几乎无变化，从500℃升至650℃

时，比表面积有少量降低，这可能是一方面随着温度升高，孔结构收缩，造成比表面积减小，但同时另一方面气凝胶表面的烷氧基团（—OR）高温分解形成新的 Si-OH，相邻 Si-OH 之间发生进一步的缩合反应，从而形成新的纳米多孔网络结构，两者作用相互抵消[28]。

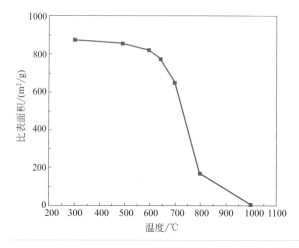

图2-24
SiO_2气凝胶在不同温度下的比表面积

从 650℃升至 1000℃时，气凝胶比表面积急剧降低，由大约 700m^2/g 降至几乎为 0，这是因为当温度进一步升高后，SiO_2 气凝胶只能通过降低其比表面积来降低其表面自由能，而实现比表面积的降低又只能通过气凝胶网络骨架颗粒的增大和纳米孔的收缩来实现[29]。从而可以明显看出纯 SiO_2 气凝胶在 650℃以下，结构性能比较稳定，可在此温度范围内长期稳定使用。

参考文献

[1] Reim M, Komer W, Manara J, et al. Silica aerogel granulate material for thermal insulation and daylighting[J]. Solar Energy, 2005(79): 131-139.

[2] Farmer J C. Solar-powered aerogel-based adsorptive air conditioning[M]. United States: LLNL Proprietary Information, 2010.

[3] Nguyen B N, Meador M A B, Tousley M E, et al. Tailoring elastic properties of silica aerogels cross-linked with polystyrene[J]. ACS applied materials & interfaces, 2009, 1(3): 621-630.

[4] Kim G S, Sang H H, Park H H. Synthesis of low-dielectric silica aerogel films by ambient drying [J]. Journal of the American Chemical Society, 2004, 84(84): 453-455.

[5] Jain A, Rogojevic S, Ponoth S, et al. Porous silica materials as low-k dielectrics for electronic and optical interconnects[J]. Thin Solid Films, 2001(398-399): 513-522.

[6] Sedlacek D. Aerogel synthesis and application[D]. United States: Pomona College, 2009.

[7] Xiong X, Venkataraman M, Jašíková D, et al. Thermal Behavior of Aerogel-Embedded Nonwovens in Cross Airflow[J]. Autex Research Journal, 2020, 21(1): 115-124.

[8] Zhang Y, Xiang L, Shen Q, et al. Rapid synthesis of dual-mesoporous silica aerogel with excellent adsorption capacity and ultra-low thermal conductivity[J]. Journal of Non-Crystalline Solids, 2021, 555: 120547.

[9] Zhao C, Li Y, Ye W, et al. Performance regulation of silica aerogel powder synthesized by a two-step sol-gel process with a fast ambient pressure drying route[J]. Journal of Non-Crystalline Solids, 2021, 567: 120923.

[10] Mosig K, Jacobs T, Brennan K, et al. Integration challenges of porous ultra low-k spin-on dielectrics[J]. Microelectronic Engineering, 2002(64): 11-24.

[11] 孙俊艳. 硅溶胶为前驱体常压制备疏水 SiO_2 气凝胶工艺研究 [D]. 长沙：中南大学，2013.

[12] Tan C F. Determination of silica aerogels nanostructure characteristics by using small angle neutron scattering technique[D]. Universiti Teknologi Malaysia, Faculty of Science, 2006.

[13] Estok S K, Thomas I V, Carroll M K, et al. Fabrication and characterization of TEOS-based silica aerogels prepared using rapid supercritical extraction[J]. Journal of sol-gel science and technology, 2014, 70(3): 371-377.

[14] Joung Y C, Roe M J, Yoo Y J, et al. Method of preparing silica aerogel powder[P]. United States: US8961919, 2015.

[15] Bhagat S D, Oh C S, Kim Y H, et al. Methyltrimethoxysilane based monolithic aerogels via ambient pressure drying[J]. Microporous and Mesoporous Materials, 2007, 100(1):350-355.

[16] 汪武，陈建，黄昆. 常压制备疏水性二氧化硅气凝胶 [J]. 无机盐工业，2011(5): 43-45.

[17] Shao Z D, Luo F Z, Cheng X, et al. Superhydrophobic sodium silicate based sifica aerogel prepared by ambient pressure drying[J]. Materials chemistry and physics, 2013, 141(1): 570-575.

[18] Akimov Y K. Fields of application of aerogels[J]. Instruments and experimental techniques, 2003, 46(3): 287-299.

[19] Dorcheh A S, Abbasi M H. Silica aerogel, synthesis, properties and characterization[J]. Journal of materials processing technology, 2008, 199(1-3): 10-26.

[20] 詹国武，王宏涛. 应用超临界流体干燥技术制备气凝胶的研究进展 [J]. 干燥技术与设备，2008(4): 171-175.

[21] 林健. 催化剂对正硅酸乙酯水解 - 聚合机理的影响. 无机材料学报，1997, 12(3): 363-369.

[22] Xu Y, Wu D, Sun Y H, et al. Effect of polyvinylpyrrolidone on the ammonia-catalyzed sol-gel process of TEOS: Study by in situ ^{29}Si NMR, scattering, and rheology[J]. Colloids and Surfaces A: Physicochem. Engineering Aspects, 2007, 305: 97-104.

[23] Pradip B, Sarawade, Jong-Kil Kim, et al. High specific surface area TEOS-based aerogels with large pore volume prepared at an ambient pressure[J]. Applied Surface Science, 2007(254): 574-579.

[24] 冷映丽，沈晓冬，崔升，等. SiO_2 气凝胶超临界干燥工艺参数的优化 [J]. 精细化工，2008, 25(3) : 209-211.

[25] Gregg S J, Sing K S W. Adsorption, surface area and porosity[M]. London: Academic Press, 1982.

[26] De la Rosa-Fox N, Morales-Flórez V, Toledo-Fernández J A, et al. Nanoindentation on hybrid organic/inorganic silica aerogels[J]. Journal of the European Ceramic Society, 2007, 27(11): 3311-3316.

[27] Bhagat S D, Kim Y H, Ahn Y S, et al. Rapid synthesis of water-glass based aerogels by in situ surface modification of the hydrogels[J]. Applied Surface Science, 2007, 253(6): 3231-3236.

[28] Rao A V, Latthe S S, Nadargi D Y, et al. Preparation of MTMS based transparent superhydrophobic silica films by sol–gel method[J]. Journal of colloid and interface science, 2009, 332(2): 484-490.

[29]（美）金格瑞，（美）鲍恩，（美）乌尔曼. 陶瓷导论 [M]. 北京：中国建筑工业出版社，1987.

第三章

氧化硅气凝胶复合材料及隔热性能

SiO₂气凝胶具有纳米多孔结构，除了具有高效的隔热效果之外（其热导率被认为是目前所有固体材料中最低的），还有较高的耐温性（可在650℃环境中长期稳定使用）。因此，SiO₂气凝胶作为一种超级隔热材料在军事、航天、冶金、化工、建筑节能等领域有着广阔的应用前景。但是，SiO₂气凝胶取代传统隔热材料还有几个亟待解决的问题：首先，纯SiO₂气凝胶的低密度、高孔隙率导致其力学性能较差，脆性大，通过增强颗粒骨架结构、高温热处理及提高气凝胶密度等方法虽然一定程度上提高了气凝胶机械强度，但仍然难以满足实际需求[1]；其次，纯SiO₂气凝胶对波长3～8μm波段的近红外光透过性较强，致使纯SiO₂气凝胶在高温下热导率增长过快，高温隔热效果有待提高[2,3]。

因此，若要充分发挥纳米多孔SiO₂气凝胶隔热性能的优势，需要对其改性制得SiO₂气凝胶复合材料，提高其力学强度，降低辐射热导率。解决方案包括：

（1）通过引入增强相，提高气凝胶的力学性能，改善或解决其强度低、脆性大的缺陷；

（2）通过引入红外遮光剂，对其进行遮光改性，降低高温辐射热导率，提高高温隔热性能。

本章主要介绍了SiO₂气凝胶的隔热机理，以及本书著者团队为充分发挥纳米多孔SiO₂气凝胶隔热性能的优势，引入纤维增强相，研究了不同纤维种类对隔热性能的影响；另外，采用对高温红外辐射具有阻隔作用的遮光剂对纯SiO₂气凝胶进行遮光改性，并与无机纤维复合，对其力学性能和隔热性能进行研究。

第一节
氧化硅气凝胶复合材料的纤维增强

SiO₂气凝胶具有纤细的三维纳米网络结构，使其具有极低的热导率、低密度、高孔隙率，但也正因为这种结构，导致其生产工艺复杂、周期较长、安全性和环境友好性较差，使SiO₂气凝胶具有强度低、脆性大的缺陷，难以直接作为隔热材料应用，首先需对其进行增强改性，提高其机械强度，方有可能大规模推广应用。根据已有的研究表明，用短切纤维[4,5]、聚乙烯颗粒[6]、碳颗粒或碳纳米管[7,8]、硬硅酸钙[9]、长纤维[10,11]等作为增强体，可提高SiO₂气凝胶复合材料的机械强度。本书著者团队在基于不降低甚至提高SiO₂气凝胶复合材料隔热性能的前提下，提高其力学性能方面做了相关研究。研究主要以短切无机纤维和相应的无机纤维毡为增强体，主要研究了无机短切纤维体积分数、无机纤维毡种类

对 SiO_2 气凝胶复合材料力学性能和隔热性能的影响，确定纤维增强 SiO_2 气凝胶复合材料的制备工艺参数，并对纤维增强 SiO_2 气凝胶复合材料结构分析，以及对其增强增韧机理和隔热机理进行分析研究。

一、纤维增强氧化硅气凝胶复合材料工艺参数设计及制备

1. 纤维增强 SiO_2 气凝胶复合工艺参数设计

（1）纤维种类的设计　选用何种纤维作为 SiO_2 气凝胶的增强体，主要从以下几个方面考虑：①在增加 SiO_2 气凝胶力学性能的基础上，不过多增加其表观密度，即最大限度保证 SiO_2 气凝胶复合材料的纳米骨架网络结构；②因为 SiO_2 气凝胶复合材料最终要在高温环境下使用，因此所选用的增强材料的最高工作温度必须高于纯 SiO_2 气凝胶（650℃），至少应与之相当；③纤维与 SiO_2 气凝胶有良好的相容性，使其能够均匀分布于 SiO_2 气凝胶中，减少纤维之间的直接接触，以避免材料保温性能的降低。

资料显示，虽然碳纳米管、聚丙烯纤维、碳颗粒、聚乙烯颗粒、硬硅酸钙、无机玻璃纤维、陶瓷纤维等均可作为 SiO_2 气凝胶的增强体，可提高其复合材料的机械强度，但是聚丙烯纤维、聚乙烯颗粒等属于有机材料，使用温度一般都低于200℃；硬硅酸钙虽耐高温和有较高的机械强度，但是自身表观密度较高，且结构相对来说不够疏松，对于 SiO_2 气凝胶的填充很难充分，会存在很多孔隙中未复合到气凝胶的问题，使其隔热性能大打折扣；碳颗粒或碳纳米管虽属无机材料，但是也不耐高温，在有氧环境下，超过300℃便氧化；无机玻璃纤维和陶瓷纤维兼具自身表观密度低、有一定的韧性和机械强度、耐高温、与 SiO_2 气凝胶相容性好（与 SiO_2 气凝胶同属无机材料，且这些纤维的化学成分中 SiO_2 的含量几乎都超过了50%）的特点。

本文所选用的几种无机纤维的基本参数如表 3-1 所示。其中，玻璃纤维是目前应用最广泛的一种无机纤维，可加工成长纤维、短纤维、玻璃棉、纱、毡、板、布等多种形态的产品。莫来石纤维和硅酸铝纤维，纤维质地柔软并富有弹性，它们具有耐高温（最高使用温度可达 1400℃以上）、容重小、热稳定性好、化学稳定性好（耐酸碱、耐腐蚀）、施工方便等优点。石英纤维是由高纯二氧化硅和天然石英晶体制成的纤维，其 SiO_2 含量高于 99.9%，瞬间耐高温高达1700℃，可长期在 1050℃下使用，具有耐高温、低热导率、低收缩率、化学性能稳定、耐烧蚀等优良性能，以上纤维本身便是优良的隔热保温材料，相关产品广泛应用于航空航天、冶金、化工、建材、消防等工业领域。

（2）纤维体积分数的设计　纤维体积分数的选择需考虑到以下几个方面：

①复合材料具有较好的成型性，样品收缩率较低；②纤维能够有效分散于 SiO_2 气凝胶复合材料中，减少纤维之间的接触，以避免材料的力学性能和隔热性能降低。实验初期的研究结果表明：当短切纤维体积分数 <1% 时，SiO_2 气凝胶复合材料仍呈现和纯 SiO_2 气凝胶类似的性质，收缩大、易碎裂、制得的样品难以进行相关性能的检测；而当短切纤维体积分数超过 5% 时，纤维难以均匀分散在 SiO_2 气凝胶中，存在明显的严重团聚现象，出现凝胶沿纤维与气凝胶接触界面裂开、剥落的状态，所以初步选择短切无机纤维在气凝胶复合材料中的体积分数为 1%、2%、3%、4%、5%。

因此，根据前期初步实验结果，本章确定了表 3-1 的设计方案，分别从纤维种类、纤维体积分数对 SiO_2 气凝胶复合材料的力学性能和隔热性能进行研究，从中选择合适的工艺参数。

表3-1　SiO_2气凝胶复合材料制备工艺参数设计方案

参数	变量
短切纤维种类	玻璃纤维、石英纤维、莫来石纤维、硅酸铝纤维
短切纤维体积分数/%	1、2、3、4、5
无机纤维毡种类	玻璃纤维、石英纤维、莫来石纤维、硅酸铝纤维

2. 纤维增强 SiO_2 气凝胶复合材料的制备

用短切无机纤维可以控制纤维掺入 SiO_2 气凝胶中的量，用纤维占 SiO_2 气凝胶的体积分数表示。将长玻璃纤维或陶瓷纤维毡剪切成长为 0.5 ～ 2cm 的短切纤维（经本课题组前期工作表明，纤维过长较难在 SiO_2 溶胶中均匀分散），有短切玻璃纤维、短切石英纤维、短切莫来石纤维、短切硅酸铝纤维。由于莫来石、硅酸铝纤维棉中存在渣球、杂质等，所以要进行预处理。首先用 0.01mol/L 的稀盐酸洗涤，再用去离子水多次漂洗，最后于 100℃烘干，备用。

由于短切纤维与气凝胶的物理性质（如表面张力、可润湿性、密度等）的差别，使其较难在 SiO_2 气凝胶基体中均匀分散并牢固黏结。而带静电表面的相互吸引也会使短切纤维聚集成球或形成平行的束状结构，在最后的产品中形成不均匀的团块，导致复合材料性能下降。本实验采用硅烷偶联剂为表面修饰剂能够消除短切纤维表面的静电，减弱短纤维间的吸引力，部分消除团聚现象，再进行搅拌、超声分散等方式可以使短纤维均匀分散在溶胶中。

（1）短切纤维复合的制备工艺过程为：当 SiO_2 溶胶稍有黏度时，将一定体积分数的短切纤维加入，再加入占溶胶体积 0.2% 的聚山梨酯 -80（吐温 -80）和占溶胶体积 0.5% 的 KH570 作为分散剂，搅拌，超声分散 2min，超声功率

500W，分散均匀，待混合体凝胶后，加入乙醇防止表面的溶剂挥发，经老化、超临界干燥过程得到短切纤维增强 SiO_2 气凝胶复合材料样品。

（2）无机纤维毡复合的具体制备工艺过程为：首先纤维毡加工成模具形状，并将其铺放入模具中；将溶胶倒入模具中，经过凝胶、老化、超临界干燥过程得到纤维毡增强 SiO_2 气凝胶复合材料样品。

由于无机纤维毡结构中纤维与纤维之间存在大量微米级和毫米级的孔隙，孔隙率高达 90% 以上。如表 3-2 所示，这些孔隙的存在为 SiO_2 溶胶的渗入提供了空间，从表中可以看出，纤维毡的纤维在溶胶中的体积分数仅为 4.8% ～ 6.8%，孔隙率为 93.2% ～ 95.2%，宏观上表现为疏松、轻质，当纤维毡与黏度较低的 SiO_2 溶胶混合后，溶胶完全能够渗透到纤维毡的微米级甚至毫米级空隙中，并充分浸润绝大部分纤维，减少各个纤维之间的接触[12]。

表3-2　无机纤维毡的孔隙率

增强纤维名称	表观密度/(g/cm³)	纤维密度/(g/cm³)	孔隙率/%	体积分数/%
无碱玻璃纤维毡	0.14	2.2	93.64	6.4
莫来石纤维毡	0.15	2.9	94.83	5.2
硅酸铝纤维毡	0.13	2.7	95.19	4.8
石英纤维毡	0.15	2.2	93.18	6.8

二、短切纤维对氧化硅气凝胶复合材料性能的影响

本实验将硅溶胶的 $n\text{EtOH}/n\text{TEOS}$ 固定为 12∶1，初步选择无机短切纤维添加量为 1% ～ 5% 与纯 SiO_2 溶胶复合，制备 SiO_2 气凝胶复合材料，通过对其结构与性能的检测与表征，从中选出较优的无机短切纤维掺入量。

1. 纤维添加含量对收缩率和表观密度的影响

不同短切纤维不同掺入量所得样品的表观密度及体积收缩率（以下简称收缩率）如图 3-1 所示（纯 SiO_2 气凝胶表观密度为 0.125g/cm³，收缩率为 45%）。随着纤维体积分数的增加，掺入短切纤维的 SiO_2 气凝胶材料的表观密度也随之增加，短切莫来石纤维增强的复合材料的表观密度最小，短切石英纤维增强的复合材料气凝胶的表观密度最大。

由图 3-1 可以看出，当纤维体积分数 <4% 时，随着纤维体积分数的增加，SiO_2 气凝胶材料表观密度增加的速度逐渐减缓，但当纤维体积分数 >4% 时，表观密度又陡然增大。

由图 3-2 可以看出，体积收缩率随着纤维体积分数的增大先降低后升高，均

在 4% 处出现最低值，但所有样品的体积收缩率均低于纯 SiO_2 气凝胶的收缩率（45%），表明短切纤维的复合有效地控制了纯 SiO_2 气凝胶的体积的进一步收缩。这是因为掺入短切纤维后，短切纤维填补了 SiO_2 气凝胶中比较大的结构缺陷和孔隙，所以 SiO_2 气凝胶的收缩得到了控制。

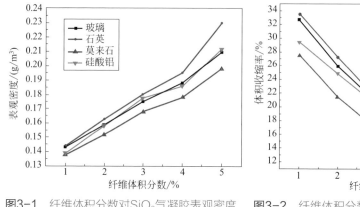 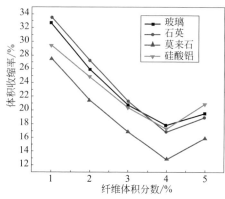

图3-1　纤维体积分数对SiO_2气凝胶表观密度的影响

图3-2　纤维体积分数对SiO_2气凝胶收缩率的影响

用以上这四种短切纤维制备的纤维增强 SiO_2 气凝胶复合材料成型性较好，均能制备出表面比较平整的纤维增强气凝胶复合材料，但是随着体积分数的增加，特别是超过 4% 后，分散越来越不均匀，易导致材料的收缩不均匀，反而容易造成样品的开裂，短切纤维体积分数为 3% ~ 4% 较为合适。从图 3-1、图 3-2 中还可以看出，短切莫来石纤维增强 SiO_2 气凝胶复合材料的表观密度和收缩率都最低，在纤维体积分数为 4% 时，分别为 0.178g/cm³、12.8%（比纯 SiO_2 气凝胶减小了 71.6%）。

2. 短切纤维体积分数对机械强度的影响

图 3-3 为四种短切纤维增强 SiO_2 气凝胶复合材料的机械强度测试结果。从图中可以看出，随着纤维体积分数的升高，拉伸强度和压缩强度总体呈现先上升后下降的趋势，因为纤维体积分数刚开始增加时，纤维与纤维之间桥接越来越多，增强效果明显，但是随着纤维体积分数的继续增加，纤维难以分散均匀，团聚现象严重，SiO_2 气凝胶复合材料材质、结构不均匀，而产生较多的小裂纹甚至大裂纹，反而降低了 SiO_2 气凝胶复合材料的机械强度，因此也可以看出短切纤维体积分数 2% ~ 4% 为相对较合适的纤维体积分数。

根据图 3-3 中四种短切纤维增强 SiO_2 气凝胶复合材料各自取机械强度最高的点进行对比，如图 3-4 所示。结合图 3-3 和图 3-4，短切石英纤维增强 SiO_2 气

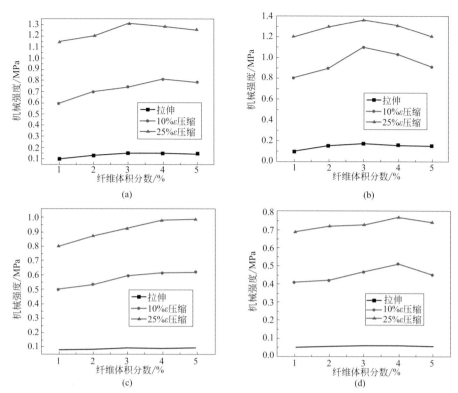

图3-3 短切纤维体积分数对SiO₂气凝胶复合材料机械强度的影响：（a）短切玻璃纤维增强SiO₂气凝胶复合材料的机械强度；（b）短切石英纤维增强SiO₂气凝胶复合材料的机械强度；（c）短切莫来石纤维增强SiO₂气凝胶复合材料的机械强度；（d）短切硅酸铝纤维增强SiO₂气凝胶复合材料的机械强度

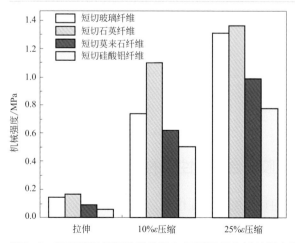

图3-4 不同短切纤维种类的SiO₂气凝胶复合材料最高机械强度

凝胶复合材料的机械强度最高，其余按机械强度由高到低排列为：短切玻璃纤维＞短切莫来石纤维＞短切硅酸铝纤维，但即使是强度最高的短切石英纤维增强 SiO_2 气凝胶复合材料，拉伸强度也只有 0.17MPa，增强效果有限，仍然难以满足实际应用需求。

3. 短切纤维体积分数对绝热性能的影响

冷面温度测试时，热面温度恒定在 650℃，图 3-5 为四种短切纤维增强 SiO_2 气凝胶复合材料冷面温度的测试结果，由图可以看出随着纤维体积分数的升高，冷面温度呈总体下降趋势，即表观密度的增加有利于降低 SiO_2 气凝胶复合材料的冷面温度，降低其高温辐射热导率，其下降的速度随着纤维体积分数的增加而减慢，证明要靠增加 SiO_2 气凝胶复合材料的表观密度来提高高温绝热效果的作用是有限的，而且随着短切纤维掺入量的增加，纤维的分散及样品制备都变得十分困难。从图中还可以看出当纤维掺入量为 5% 时，短切纤维增强 SiO_2 气凝胶复合材料的保温性能由低到高，即 650℃时隔热效果从优到劣的排列顺序为：短切莫来石纤维（119℃）、短切硅酸铝纤维（125℃）、短切石英纤维（147℃）、短切玻璃纤维（153℃）。

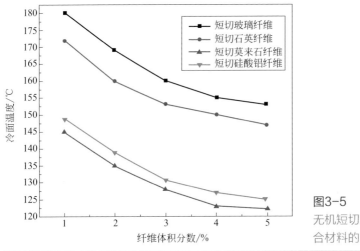

图3-5

无机短切纤维增强SiO_2气凝胶复合材料的冷面温度

三、无机纤维毡对氧化硅气凝胶复合材料性能的影响

经过研究发现，虽然通过短切纤维的增强作用，能够制备出低密度的完整块状的气凝胶复合材料，结构相对比较完整、缺陷较少、隔热效果较好，但是该复合材料的力学性能仍然较差，发现特别是拉伸强度仅有 0.1MPa 左右，大部分还

达不到这个值，因此，通过无机纤维毡来对 SiO₂ 气凝胶做进一步的增强增韧改性，无机纤维毡作为一种完整毡状材料，本身就具有相对更高的机械强度。

1. 纤维毡种类对密度和机械强度的影响

表 3-3 为四种纤维毡增强 SiO₂ 气凝胶复合材料的密度和机械强度等的结果。结合表 3-2 和表 3-3 可以看出，用不同纤维毡制备所得的气凝胶复合材料的密度均低于 0.25g/cm³，其中莫来石纤维毡增强的 SiO₂ 气凝胶材料的表观密度最低，且所有纤维毡增强 SiO₂ 气凝胶复合材料的密度甚至低于体积分数为 5% 的短切纤维增强复合材料。机械强度也远高于短切纤维增强的复合材料，特别是拉伸强度均高于 1MPa，而短切纤维增强的复合材料拉伸强度仅在 0.1MPa 左右，足足提高了 10 倍，且用纤维毡增强，不需考虑纤维分散均不均匀的问题，大大简化了制备工艺，且提高了材料结构与性能的稳定性。

由表 3-3 可以看出，莫来石纤维毡增强的复合材料体积收缩率最低，仅为 6.8%，纤维毡增强 SiO₂ 气凝胶复合材料的拉伸强度由大到小排列为：石英纤维毡 > 玻璃纤维毡 > 莫来石纤维毡 > 硅酸铝纤维毡，结合玻璃纤维增强的 SiO₂ 气凝胶复合材料的扫描电镜图观察其微观形貌见图 3-6。

表3-3　无机纤维毡增强 SiO₂ 气凝胶复合材料的性能

纤维种类	体积收缩率/%	$\rho_{夏}$/(g/cm³)	拉伸强度/MPa	压缩强度(10%ε)/MPa	压缩强度(25%ε)/MPa	复合材料外观
玻璃纤维毡	9.8	0.215	1.57	0.65	1.27	均是外观平整、无明显裂纹的完整块状材料
石英纤维毡	10.5	0.203	1.89	0.72	1.32	
莫来石纤维毡	6.8	0.189	1.34	0.55	1.28	
硅酸铝纤维毡	9.5	0.195	1.09	0.52	1.17	

注：$\rho_{夏}$ 为无机纤维毡增强 SiO₂ 气凝胶复合材料的表观密度。

如图 3-6 所示，纤维毡中的纤维丝能与 SiO₂ 气凝胶颗粒相结合，可见相容性较好，因此，当受外力作用时纤维可以有效地抵抗外力破坏，材料力学性能较

图3-6　玻璃纤维增强 SiO₂ 气凝胶复合材料的微观形貌

好[13]。其中硅酸铝纤维毡增强 SiO_2 气凝胶复合材料的机械强度最低，是因为硅酸铝纤维毡中纤维的长短粗细不均，且含有量较大的矿物渣球，使得硅酸铝纤维毡本身的机械强度就较低，且这种结构也削弱了纤维与 SiO_2 气凝胶复合材料的界面结合性能，不利于界面载荷的传递。

2. 纤维毡增强 SiO_2 气凝胶复合材料的增强机理

SiO_2 气凝胶因为其独特的三维纳米多孔网络结构，固相体积分数极低，甚至可低至 <1%，其余全由尺寸为纳米级为主的孔组成，可见支撑整块材料的纳米网络骨架极其纤细。当外力作用于气凝胶材料时，裂纹极易产生并迅速扩展，而在裂纹扩展过程中只能通过不断地继续产生新的界面来消耗外力对其做的功，唯有这种方式可以消耗外部施加的能量，直至材料最终被破坏，所以气凝胶材料是一种典型的脆性材料，强度极低，在未增强改性前难以直接应用。在纤维对其增强改性后，增加了多种能量吸收机制，提高了裂纹扩展的阻力，从而达到对 SiO_2 气凝胶复合材料增强增韧的效果。

莫来石纤维毡增强 SiO_2 气凝胶复合材料的压缩应力 - 应变曲线如图 3-7 所示，在复合材料受压的过程中，经历三个阶段：第一阶段，应变范围在 0 ~ 0.1，应变较小，应力增加幅度较小，可认为是属于线弹性阶段，此时承受应力作用的主要是气凝胶网络骨架的弯曲，增强纤维还未起到承载应力的作用，因此增强纤维含量对这应变范围的抗压强度影响较小；第二阶段，应变范围在 0.1 ~ 0.3，被测试样品随着应变的逐渐增大，并没有出现脆性断裂的现象，而是出现塑性屈服的特点，表现为不断被压实，可认为是塑性屈服阶段，说明增强纤维在复合材料承受更大压力的时候起到了承载应力的作用；第三阶段，应变范围在 0.3 以上，测试样品被压实至一定程度后，应力随应变的增加急剧升高，此时气凝胶结构已几乎完全被破坏，而增强纤维继续被压实，可认为是密实化阶段。

莫来石纤维毡增强 SiO_2 气凝胶复合材料的拉伸应力 - 位移曲线如图 3-8 所示，拉伸应力随着拉伸位移的增加而缓慢增长到一个值后，立刻就降至零，表明此时样品已被拉断，是典型的脆性断裂过程。

SiO_2 气凝胶是一种典型的脆性材料，对此类脆性材料的增强增韧机理分析可参考脆性陶瓷增韧的两种途径：第一种是通过使裂纹分叉、转向来减缓或阻滞裂纹的扩展；第二种是通过在材料内部结构中增加能量消耗机制，从而使外部施加的能量不集中在裂纹尖端。图 3-9 是连续长纤维对脆性陶瓷材料的增韧示意图，图 3-9（a）是初始状态，属于不受外力作用或外力较小的情况；图 3-9（b）表示外力加大时，纤维受体与基体之间摩擦力加大，基体表面产生的裂纹继续向前扩展，当裂纹顶端遇到增强纤维时被阻止进一步扩展；图 3-9(c)表示当外力继续加大时，增强纤维与基体之间的界面开始脱粘，裂纹继续变宽，并向前扩展，增强纤维开始承受越来越大的拉力；图3-9（d）表示随着裂纹的扩展，其纤维薄弱点断裂，裂纹穿过纤维继续向前扩展；直至纤维从基体中被拔出，材料断裂［图3-9（e）］[13]。

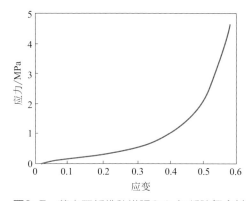

图3-7　莫来石纤维毡增强SiO₂气凝胶复合材料的压缩应力-应变曲线

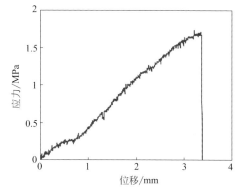

图3-8　莫来石纤维毡增强SiO₂气凝胶复合材料的拉伸应力-位移曲线

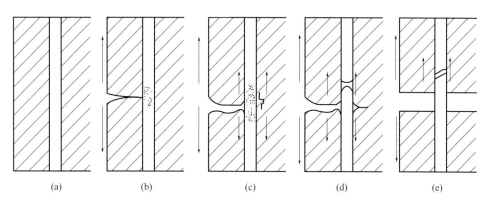

图3-9　连续纤维增韧陶瓷的机理模式图：（a）初始状态；（b）外力加大；（c）外力继续加大；（d）纤维薄弱点断裂；（e）材料断裂

纤维增强增韧复合材料的机制主要有：纤维桥接、裂纹弯曲与偏转、纤维脱粘和纤维拔出。具体到纤维增强 SiO₂气凝胶复合材料，因其脆性特性，首先裂纹容易产生于气凝胶基体中，在外力作用下，裂纹扩展到纤维，裂纹发生偏转并绕过纤维继续向前扩展的过程中，需吸收更多的能量，以此达到增韧的作用；在外力作用下，纤维与气凝胶结合薄弱的部位首先开始脱粘，因产生新界面而吸收能量，也起到了增韧的作用；裂纹继续扩展，直至纤维断裂、纤维拔出等过程都需吸收更多能量，由此可见整个过程的增强增韧原理与图 3-9 描述的脆性陶瓷材料的增韧机制类似[13]。

3．纤维毡种类对绝热性能的影响

（1）冷面温度　冷面温度测试时，热面的温度恒定在650℃。图3-10为四种无机纤维毡增强SiO₂气凝胶复合材料的冷面温度测试结果，从图中可以直接看出冷面温度由低到高排列为：莫来石纤维毡增强SiO₂气凝胶复合材料（M-S）（116℃）、硅酸铝纤维毡增强SiO₂气凝胶复合材料（G-S）（122℃）、石英纤维毡增强SiO₂气凝胶复合材料（S-S）（139℃）、玻璃纤维毡增强SiO₂气凝胶复合材料（B-S）（152℃）。这点与短切无机纤维增强SiO₂气凝胶复合材料的趋势一样，但纤维毡增强SiO₂气凝胶复合材料在650℃时的隔热保温效果更好。

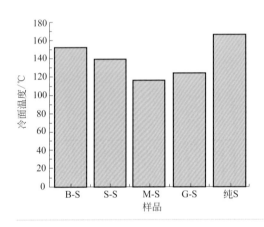

图3-10

无机纤维毡增强SiO₂气凝胶复合材料的冷面温度

注：B-S为玻璃纤维毡增强SiO₂气凝胶，S-S为石英纤维毡增强SiO₂气凝胶，M-S为莫来石纤维毡增强SiO₂气凝胶，G-S为硅酸铝纤维毡增强SiO₂气凝胶，纯S为纯SiO₂气凝胶图

（2）热导率　表3-4是莫来石纤维毡增强SiO₂气凝胶复合材料25～650℃的热导率，作为对比也测试了纯SiO₂气凝胶和莫来石纤维毡的热导率，为了更直观比较几种材料的差距，将其转换成曲线图，见图3-11。

表3-4　无机纤维毡增强SiO₂气凝胶复合材料的热导率　　　　　　　　单位：W/(m·K)

测试温度/℃	M-S	纯SiO₂气凝胶	莫来石纤维毡
25	0.021	0.023	0.036
150	0.025	0.028	0.065
300	0.032	0.035	0.092
450	0.042	0.058	0.14
650	0.058	0.082	0.20

注：M-S为莫来石纤维毡增强SiO₂气凝胶复合材料。

由图3-11可知，常温下莫来石纤维毡增强SiO₂气凝胶复合材料的热导率与另外两种材料相差不大，从25℃时热导率值为0.036W/(m·K)上升到650℃时的0.2W/(m·K)，但随着温度的升高，莫来石纤维毡的热导率快速升高，纯SiO₂气凝胶上升得慢些，但仍然比莫来石纤维毡增强SiO₂气凝胶复合材料快，且任何温度下，莫来石纤维毡增强 SiO_2 气凝胶复合材料的热导率均低于另外两种材料，仅由从 25℃时的 0.021W/(m·K) 上升至 650℃时的 0.058W/(m·K)，表明莫来石纤维毡增强 SiO_2 气凝胶复合材料中气体辐射热传导和对流传热都受到了较大程度的削弱，提高了材料的隔热及力学性能。

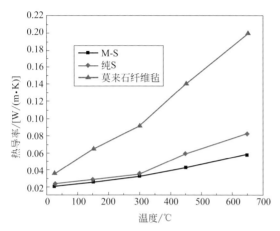

图3-11　莫来石纤维毡增强SiO_2气凝胶（M-S）、纯SiO_2气凝胶和莫来石纤维毡的热导率

4. 纤维增强 SiO_2 气凝胶复合材料的绝热机理

由以上测试和讨论发现，气凝胶材料因为其特殊的微观结构，使得纤维增强 SiO_2 气凝胶复合材料具有更好的保温效果，更低的热导率，可见增强纤维的引入与气凝胶共同改善其综合性能。

（1）纤维与 SiO_2 气凝胶接触阻隔效应　纤维增强体本身存在约 90% 以上的孔洞，孔径绝大部分是微米级的，如图 3-12 所示，这些微米级孔洞的存在正好

(a)　　　　　　　　　　　(b)

图3-12　纤维增强SiO_2气凝胶复合材料前后接触方式的变化：（a）纤维的疏松结构；（b）纤维被气凝胶包裹

可以填充 SiO_2 气凝胶，填充的方式就是以硅溶胶先驱体，即流动性较大且黏度较小的时候采用浸胶方式让气凝胶充满纤维毡的孔隙，纤维增强 SiO_2 气凝胶复合材料中包含几种接触界面，如图 3-13 所示，有纤维与气凝胶的接触、纤维丝间的接触、气凝胶颗粒之间的接触，相应的传热方式也有了改变，纤维与纤维之间的简单的固体传热被气凝胶所阻隔，是复合材料整体呈现气凝胶的传热特性。且纤维的掺入，有效降低了气凝胶材料的收缩，使得气凝胶纳米孔结构更加均匀，有利于降低气相传导 [13]。

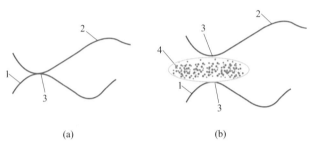

图3-13 纤维增强SiO₂气凝胶复合材料传热模型：（a）纤维-纤维接触；（b）纤维-气凝胶-纤维接触

1，2—纤维；3—接触点；4—气凝胶颗粒

（2）纤维丝的吸收与散射作用　不同纤维增强 SiO_2 气凝胶复合材料隔热性能与纤维的密度结构等参数有关，本实验所选用的三种无机纤维的纤维丝直径的尺寸分布如图 3-14 所示，该分布图是通过观察其微观形貌分别取 60 根，统计其所有尺寸画成柱形图。可以发现，硅酸铝纤维因为含有较多的杂质，如大小不均匀的渣球（尺寸约为几十微米），其纤维直径的尺寸分布也很不均匀，粗的有

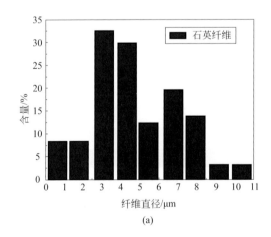

(a)

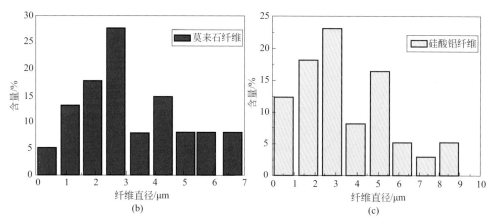

图3-14 不同种类纤维的纤维直径分布：（a）石英纤维；（b）莫来石纤维；（c）硅酸铝纤维

10μm 以上的，细的很多不足 1μm；而莫来石和石英纤维丝直径尺寸分布均匀，成分比较单一，几乎没有多余杂质存在，莫来石纤维直径主要分布在 2 ~ 7μm，平均尺寸相对较小，石英纤维直径集中分布在 6 ~ 11μm，直径较大[12]。

在热力学平衡状态下，根据普朗克定律，高温下红外热辐射成为主要传热方式，以下是黑体辐射强度与温度及波长的关系，可表示为[14]：

$$E_{b\lambda} = \frac{C_1 \lambda^{-5}}{\exp[\dfrac{C_2}{\lambda T}]-1}$$

（3-1）

式中，$E_{b\lambda}$ 为黑体的光谱辐射强度；T 为热力学温度；C_1 为第一辐射常数，$3.7418 \times 10^8 W \cdot \mu m^4/m^2$；$C_2$ 为第二辐射常数，$1.4388 \times 10^4 \mu m \cdot K$；$\lambda$ 为波长，μm。

如图 3-15 是根据式（3-1）而得到黑体辐射强度随温度和热辐射波长变化的曲线，可以看出，随着温度继续上升到900K，单色辐射波长的最大强度降低到大约 3μm，在波长 2 ~ 8μm 的累积辐射强度范围高达总辐射强度的 85% 左右，该波段辐射热贡献最大；随着温度上升，辐射强度明显增强，当800K时，波长 4μm 为单色辐射的最大强度，辐射强度为 2 ~ 8μm 波段范围占到总辐射强度60% 左右。可见温度越高，辐射越能发生在短波长区域中，而红外辐射强度的峰值，则向更短波长侧移动[13]。

研究发现，当纤维直径和红外辐射的波长差不多属同一数量级时，纤维会强烈地在表面发生对热辐射入射电磁波散射和吸收，从而削弱辐射的强度。由于温度上升，单色辐射的最大强度波长更小，因此，为了使隔热材料的效果在高温下更有优势，需要更细而均匀的纤维[15]。

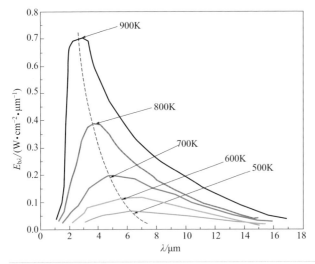

图3-15
黑体辐射强度与波长和温度的变化曲线

在纤维掺入量相同的基础上，较小丝径的莫来石纤维（2 ～ 7μm）具有较大的比表面积，对短波红外辐射的散射和吸收效应更大更明显，且较小的纤维直径也表示单位体积的纤维数目越多，会产生更明显的红外辐射屏蔽效应。在900K，总辐射强度高达65%的累积辐射强度为2 ～ 7μm的波段，所以以莫来石纤维为增强体改性的SiO_2气凝胶复合材料对辐射热传递的阻断作用是最明显的，热导率也最小。石英纤维直径分布在6 ～ 11μm，相对粗些，900K下该波段的累积辐射强度占总辐射强度的20%左右，因此，石英纤维红外辐射热屏蔽效果不如莫来石纤维材料，表现为材料冷面温度测试较高。硅酸铝纤维中还含有一些渣球，渣球的存在降低了纤维的含量，而且渣球多为实心球状或鳞片状杂质，固态热导率较高，在传热过程中起到"热桥"的作用，导致硅酸铝纤维增强SiO_2气凝胶复合材料的热导率相对较高[12]。

因此，为了将高温红外线辐射的热传递降低至最小值，需提高纤维直径分布的均匀性和减小纤维直径，并尽量减少纤维的杂质含量，以提高其对短波红外辐射吸收和散射的效果。

（3）氧化物杂质的遮光作用　材料的热导率主要含有以下四个部分：固体材料的热传导、气体分子的热传导、气体的对流传热、红外辐射传热。气凝胶由于其特殊的三维网络结构，在这四个方面都具有特殊的热传导性能。

① 固体热传导　固态传导率$\lambda_s \propto \rho^{1.5}$。由于$SiO_2$气凝胶的孔隙率较高，经超临界干燥制备的$SiO_2$气凝胶，孔隙率至少在90%以上，这样其固体体积分数连10%都不到，如此低的固含量，使得气凝胶的固体热传导很低。

② 气体热传导　气体分子平均自由程越大，气体分子越活跃，导热性能越好。常温常压下，组成空气的氧气氮气分子的平均自由程为70nm左右，气凝胶

结构中孔洞的绝大部分孔径尺寸均小于 60nm，因此孔结构中的气体分子的热运动受限，使得 SiO₂ 气凝胶气体分子的热传导很小。

③ 对流传热　气凝胶孔隙内由于不均匀空气温度场引起自身气体对流的现象叫做自然对流。温度场不均匀所造成的气体密度场不均匀，是气凝胶孔结构内气体分子自然对流的源动力。在 SiO₂ 气凝胶中，孔内的气体和胶体粒子组成的网络骨架间发生热量传递，两者之间热量可以从气孔中气体传输到孔壁上，也可以从孔壁传回气孔中。由此可见，气孔内的气体或者做层流运动，或者静止不动，则气 - 固表面热传递的过程本质上属于传导型，而在 SiO₂ 气凝胶的纳米多孔结构中，该气体通常是被分隔封闭在无数细小的空间内，所以对流传热占总的热量传递的比例很小[13,16]。

④ 红外线辐射传热　辐射是通过电磁波来传输能量，热辐射是由于热的原因放出具有一定能量的辐射。可由斯蒂芬 - 玻尔兹曼定律的经验修正公式来表示单位时间放出的辐射，如下：

$$\Phi = \varepsilon A \sigma T^4 \tag{3-2}$$

式中，Φ 为物体自身向外辐射的热流量，W；T 为物体的热力学温度，K；A 为辐射表面积，m²；σ 为斯蒂芬 - 玻尔兹曼常量，即黑体辐射常数，值为 5.67×10^{-8} W/(m² • K⁴)；ε 为物体的发射率，又称黑度，无量纲，其值总小于 1，与物体的种类及表面状态有关。

由式（3-2）可知，辐射传热与热力学温度的四次方成正比，随着温度的上升，辐射传热增加很快，所以高温环境下辐射传热为主要的传热方式。

假定一束辐射强度为 I 的辐射能，当此光束在介质中传播了一段路程 ds，介于介质的局部吸收和散射作用使该光束的辐射强度被衰减为 dI，则该衰减能可以表达为：

$$dI = -\beta I ds \tag{3-3}$$

式中，β 为消光系数，消光系数定义为：

$$\beta = k + \gamma \tag{3-4}$$

式中，γ 为介质散射系数；k 为介质吸收系数。可以看出消光系数是由于吸收的辐射能量和散射的衰减引起的，对多孔绝热材料而言是一个非常重要的参数。

对于 SiO₂ 气凝胶，对波长为 630nm 的可见光的消光系数为 0.1m²/kg，对波长为 8 ～ 25μm 的中红外光的消光系数为 10m²/kg，SiO₂ 气凝胶的折射率接近 1，对中红外光与可见光的消光系数之比可达 100 以上[17]。因此，在室温下，气凝胶具有良好的透光性，对红外光具有良好的屏蔽效果，有明显的透明绝热材料的性能。然而，SiO₂ 气凝胶对 3 ～ 8μm 波段具有良好的透明性，这个波段属高温近红外辐射，为了减少高温辐射热传导，材料就需进行红外辐射遮光修饰。无机纤维中含 TiO_2、Al_2O_3、Fe_2O_3 等金属氧化物成分，这些物质对红外辐射具有较强的散射或反射作用，使得纤维除了有增强增韧作用外还起到一定的红外遮光作用[13]。

纤维增强 SiO_2 气凝胶复合隔热材料，既提高了纯气凝胶的机械强度，又充分发挥了气凝胶轻质、高效的绝热性能，引入增强纤维后非但没有提高总热导率，由于纤维中含有对近红外辐射有部分散射和反射作用的物质，还提高了气凝胶复合材料的高温隔热性能。

综上，莫来石纤维毡增强 SiO_2 气凝胶复合材料的表观密度最低，为 $0.189g/cm^3$，冷面温度最低，为 116℃（热面 650℃），热导率从 25℃时的 0.021W/(m·K) 上升至 650℃时的 0.058W/(m·K)，均远低于纯 SiO_2 气凝胶，材料表面规则平整（图 3-16），拉伸强度 1.34MPa，10% 和 25% 形变压缩强度分别为 0.55MPa、1.28MPa，该强度已能基本满足应用需求，可见莫来石纤维毡是相对最理想的纤维增强体。

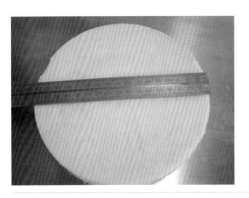

图3-16
莫来石纤维毡增强SiO_2气凝胶复合材料样品

第二节
氧化硅气凝胶复合材料的遮光改性

气凝胶材料除了保温性能远高于传统材料外，其使用温度范围广（-200 ~ 1000℃），在高温环境下辐射传热在气凝胶的总热导率中占据了很大比例，若要在高温环境下发挥更好的隔热效果，需降低气凝胶高温下的辐射传热。在之前纤维增强 SiO_2 气凝胶复合材料的研究中发现，无机陶瓷纤维也能对红外辐射起到一定的阻隔作用，但是无机陶瓷纤维中所含起遮光作用的物质含量太少，且不稳定。具有很强的光散射和吸收特性的许多矿物颗粒，可作为气凝胶的红外遮光剂，常见的有 TiO_2、炭黑等[18]，但炭黑容易氧化，只能在 300℃以下应用。通常在形成溶胶之前添加遮光剂，使其均匀分散在气凝胶的三维网络结构中，从而发挥良好的遮光效果。由于遮光剂的引入，在一定程度上会破坏气凝胶均匀的纳米多孔网络结构和引起遮光改性气凝胶表观密度的增大，产生少量的微米级孔将增加气凝胶复合材料的固相和气相热导率。然而，高温环境下辐射热传导成为传热最主要的方式，若引入很小比例的遮光剂颗粒便可起到良好的遮蔽辐射效果的话，那么遮光剂对固相和气相热导率的影响可降至最小，从而得到总热导率较低的气凝胶复合材料。

本书著者团队以二氧化钛（TiO_2）、六钛酸钾晶须（PTW）、氧化铟锡（ITO）、氧化锡锑（ATO）、碳化硅（SiC）等作为红外遮光剂，通过掺杂的方法制备出高温低热导率的 SiO_2 气凝胶复合材料，分析主要影响因素如遮光剂的掺入方式、遮光剂的掺入量、遮光剂种类等对 SiO_2 气凝胶复合材料的结构和性能的影响。

一、遮光改性氧化硅气凝胶复合材料工艺参数设计与制备

1. 遮光改性 SiO_2 气凝胶复合材料工艺参数设计

对于遮光改性 SiO_2 气凝胶复合材料而言，需从提高 SiO_2 气凝胶复合材料 $3 \sim 8\mu m$ 波段的红外消光系数和高温隔热性能的角度出发，来设计遮光剂的掺入方式、遮光剂种类、遮光剂的掺入量等。

（1）遮光剂种类的选择　考虑 SiO_2 气凝胶复合材料需要在高温下应用（$600 \sim 650℃$），因此本实验主要采用具有较强光散射或吸收性能的无机颗粒作为遮光剂，分别为二氧化钛（TiO_2）、六钛酸钾晶须（PTW）、氧化铟锡（ITO）、氧化锡锑（ATO）、碳化硅（SiC）。

TiO_2 俗称钛白粉，随着处理温度不同存在三种晶型：金红石、锐钛矿、板钛矿。TiO_2 颗粒近似于球形，当有一定能量的红外辐射入射时，可以截获该辐射能量并以次声波的形式散射向四周，从而衰减了入射红外辐射在原方向的能量；半导体 TiO_2 颗粒能带宽度为 3.2eV，具有典型的宽频吸收性能，当入射电磁波能量高于 3.2eV 时，TiO_2 分子发生能级跃迁现象以吸收这一频率的电磁辐射，将光能以热能的方式储存起来，因此将 TiO_2 颗粒引入 SiO_2 气凝胶便可以有效地吸收和散射红外辐射，从而降低复合材料的红外辐射透过率。因为金红石型 TiO_2 化学性质最为稳定，因此本实验选用金红石型 TiO_2 作为遮光剂。

PTW 最初是由美国杜邦公司开发，作为高温隔热材料用于航天领域。其化学式为 $K_2O \cdot nTiO_2$ 或 $K_2Ti_nO_{2n+1}$（$n = 1$，2，4，6，8）[19-21]，其中 n 不同，则对应的钛酸钾晶体结构不同，其理化性质也有差异，其中实用价值最大的当属六钛酸

钾（$K_2Ti_6O_{13}$）晶须和四钛酸钾（$K_2Ti_4O_9$），其中六钛酸钾晶须属单斜晶系，具有硬度高、强度高、化学性质稳定、密度低、高温隔热性能好等多种优异性能，此外 PTW 由于其较高的红外反射性能，随着温度升高，热导率不升反降，即具有负的温度系数，PTW 在常温、530℃、800℃时的热导率分别为 0.089W/(m·K)、0.038W/(m·K)、0.017W/(m·K)，由此可见 PTW 将会是一种理想的红外遮光剂[22]。

ITO 粉体是通过 Sn 在 In_2O_3 晶格中的 n 型掺杂形成的半导体，具有低电阻率、高红外光反射率（波长在 1.2 ～ 2.5μm 时的红外阻隔率为 95% 以上）、高可见光透过率，使得将 ITO 掺入气凝胶中时能够在理论上降低气凝胶高温红外热辐射[23]。

ATO 是一种高简并重掺杂的 n 型半导体，由于它在可见光波段具有高的透过率，对红外光又具有高的反射率（>80%），且具有良好的耐候性，化学性质稳定，也可用作气凝胶的红外遮光改性剂[24]。

此外 SiC 有高折射率、高比红外消光系数、较好的高温稳定性，具有很好的红外遮蔽效果，是一种性能优良的红外反射材料[25]。因此本文初步选用了以上五种遮光剂，制备了 SiO_2 气凝胶复合材料，比较复合材料的结构和绝热性能，从中确定性能较好的遮光剂种类。

（2）遮光剂掺入量的设计　遮光剂能够有效分散于 SiO_2 气凝胶复合材料中。经过前期的研究工作发现，当遮光剂掺入量低于溶胶质量的 2%（质量分数）时，对 SiO_2 气凝胶复合材料的遮光效果有限；当遮光剂掺入量高于溶胶质量的 10% 时，遮光剂较难均匀分散在 SiO_2 气凝胶复合材料中，出现较多粉体沉积在底部的现象。因此初步选择遮光剂掺入量范围在 2% ～ 10%，研究遮光剂掺入量对材料绝热隔热性能的影响，从中优化出较好的遮光剂掺入量。

（3）遮光剂掺入方式的设计　目前，大部分研究都将 TiO_2 以粉末形式分散在溶胶内，得到的复合气凝胶微观上分布较不均匀且颗粒较大。但将 TiO_2 溶胶与 SiO_2 溶胶混合均匀后凝胶，能够得到结构均匀的 TiO_2-SiO_2 气凝胶[26]。因此本文中将 TiO_2 加入硅溶胶，以两种方法加入：一种是用 TiO_2 粉体直接加入硅溶胶中，称为粉体法；另一种是以钛酸四丁酯（TBT）为原料制备 TiO_2 溶胶，并以溶胶的形式加入硅溶胶中，制得 TiO_2-SiO_2 复合气凝胶，称为溶胶法。研究了 TiO_2-SiO_2 复合溶胶的制备工艺参数，并比较了两种方法掺入 TiO_2 的 TiO_2-SiO_2 复合气凝胶的结构与性能。

2. 遮光改性 SiO_2 气凝胶复合材料的制备

遮光改性 SiO_2 气凝胶复合材料的制备，关键在于把 SiO_2 气凝胶与遮光剂有效地混合均匀，使得遮光剂均匀分散在 SiO_2 气凝胶结构中，防止遮光剂大颗粒堵塞纳米孔，最大限度地保持气凝胶的纳米网络结构。

（1）粉体法制备复合气凝胶　实验过程中，先将遮光剂粉体用硅烷偶联剂表面改性后，烘干、研磨、备用。在 SiO_2 溶胶加入碱催化剂后，继续搅拌一段时间，待溶胶具有一定黏度之后，加入一定量表面改性后的遮光剂，用超声波细胞粉碎机对遮光剂与溶胶的混合体进行超声分散，功率500W，时间10min，使其在沉淀发生之前迅速凝胶，即可得到均匀、完整的凝胶体，加入乙醇防止表面的溶剂挥发，老化一段时间，促进湿凝胶网络骨架结构的进一步生长，最后以乙醇为干燥介质进行超临界干燥，即可得到遮光改性 SiO_2 气凝胶复合材料。

（2）溶胶法制备 TiO_2-SiO_2 复合气凝胶　复合气凝胶制备工艺分两步： SiO_2 和 TiO_2 两种溶胶的分别制备与复合凝胶的制备，见图3-17。

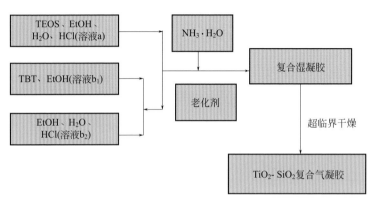

图3-17　溶胶-凝胶法制备 TiO_2-SiO_2 复合气凝胶工艺过程

SiO_2 和 TiO_2 两种溶胶的分别制备：由于在相同条件下，TBT与TEOS的水解-缩聚反应速率不同，TBT要快得多，因此需将两种溶胶分开制备，否则最终的 TiO_2-SiO_2 复合气凝胶结构不均匀。先将TEOS、去离子水、乙醇按一定比例混合均匀，用酸调节pH值后，制得硅溶胶先驱体（记为溶液a）；后将无水乙醇、去离子水、HCl混合记为溶液 b_2；将TBT与无水乙醇混合记为溶液 b_1；将溶液 b_1 与 b_2 缓慢加入溶液a中，边加边搅拌均匀制得钛溶胶。

TiO_2-SiO_2 复合气凝胶制备：将硅、钛溶胶混合后进行超声分散，得到具有均匀分散体系的 TiO_2-SiO_2 复合溶胶，加入氨水，在60℃下继续搅拌一段时间后，促进缩聚反应的进行。待黏度增大后，停止搅拌，静置凝胶，经老化、乙醇溶剂置换、乙醇超临界干燥，制得 TiO_2-SiO_2 复合气凝胶[27]。

二、遮光剂掺入方式对氧化硅气凝胶复合材料性能的影响

1. 表面改性 TiO_2 颗粒的表征

将纳米 TiO_2 采用硅烷偶联剂KH570表面改性，然后把改性后的粉体烘干、研磨，与未改性过的粉体做红外光谱分析，红外光谱图如图3-18所示，改性后

样品在 654cm⁻¹ 和 1050cm⁻¹ 处吸收峰来自 KH570 中 Si-O-Si 的振动，改性后样品 1729cm⁻¹ 处为 KH570 中 C＝O 伸缩振动峰，改性后样品 3435cm⁻¹ 和 1630cm⁻¹ 处水的吸收峰减弱，这些结果都表明 KH570 通过 TiO₂ 表面的羟基成功接枝在 TiO₂ 上。

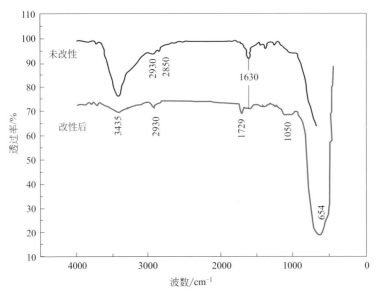

图3-18　未改性与改性后的纳米TiO₂的FT-IR谱图

　　图 3-19 是未改性的和经最佳改性条件改性后的纳米 TiO₂ 粉的透射电镜（TEM）照片：由图可见，未经改性的纳米 TiO₂ 的平均粒径较大，约为 50nm，团聚现象严重；而改性后的纳米 TiO₂ 的颗粒要小得多，约为 20nm，这是超声破碎、偶联剂改性的结果。因而，经过改性的纳米 TiO₂ 的分散性要好些。

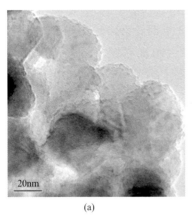
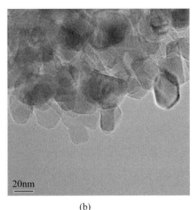

(a)　　　　　　　　　　　　　(b)

图3-19　纳米TiO₂的TEM照片：（a）未改性纳米TiO₂；（b）改性纳米TiO₂

2. 溶胶法 TiO$_2$-SiO$_2$ 复合气凝胶的表征

图 3-20 为 TiO$_2$-SiO$_2$ 复合气凝胶与纯 SiO$_2$ 气凝胶的 FT-IR 谱图。在 3480cm^{-1}、1640cm^{-1} 处的吸收峰分别为吸附水的—OH 的反对称伸缩振动和伸缩弯曲振动，970cm^{-1} 处为 Si-O-Si 的对称伸缩振动吸收峰。在纯 SiO$_2$ 气凝胶的红外谱图上可以看出在 1090cm^{-1}、563cm^{-1} 处出现吸收峰，与标准图谱中 Si-O-Si 的反对称伸缩振动吸收峰相符。而 TiO$_2$-SiO$_2$ 复合气凝胶在这两处出现吸收峰宽化现象，可推断在 1220～1100cm^{-1} 处产生了新的吸收峰，由于两个峰相隔很小使得变为一个较宽的峰，可以认为该峰即为 Ti-O-Si 键共振所产生的吸收峰，在 650cm^{-1} 左右为 Ti-O-Si 键振动所引起的。由红外谱图可以判断出，TiO$_2$-SiO$_2$ 复合气凝胶中存在 Si-O-Ti 结构，即 SiO$_2$ 与 TiO$_2$ 是化学结构复合，而不是简单的物理混合。

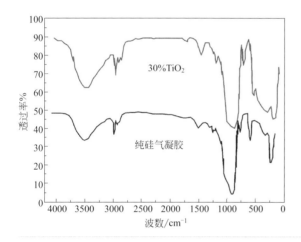

图3-20
溶胶法TiO$_2$-SiO$_2$复合气凝胶与纯 SiO$_2$气凝胶的FT-IR谱图

3. 粉体法和溶胶法 TiO$_2$-SiO$_2$ 复合气凝胶的性能比较

为比较粉体法和溶胶法制得的 TiO$_2$-SiO$_2$ 复合气凝胶的结构与性能，实验所选的两种 TiO$_2$-SiO$_2$ 复合气凝胶中 TiO$_2$ 的掺入量均为 10%，SiO$_2$ 溶胶中 nEtOH/nTEOS 均为 12。粉体法制备的称为样品 1，溶胶法制备的称为样品 2。

（1）TiO$_2$-SiO$_2$ 复合气凝胶的相结构　图 3-21 为采用两种方法制备的 TiO$_2$-SiO$_2$ 复合气凝胶的 XRD 谱图，可以看出：TiO$_2$ 均以晶态分散在 TiO$_2$-SiO$_2$ 气凝胶网络结构中，而 SiO$_2$ 均以无定形态存在，样品 1 中 TiO$_2$ 以金红石结构为主，验证了选用的 TiO$_2$ 粉体主要为金红石型，而样品 2 中 TiO$_2$ 仅为锐钛矿结构，可能是由于复合凝胶中无定形态的 TiO$_2$ 胶粒经过较高温（270℃）的乙醇超临界干燥后转化为锐钛矿结构[28]。

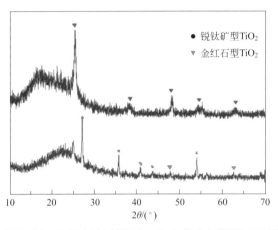

图3-21 不同方法制备TiO$_2$-SiO$_2$复合气凝胶XRD谱图

（2）TiO$_2$-SiO$_2$复合气凝胶的微观形貌 图 3-22 为样品 1 的微观形貌图，从图 3-22（a）中可以看出，所制备的气凝胶均为类似典型"胶粒状"凝胶的无序多孔结构，不规则的纳米孔和均匀分布的纳米颗粒共同构成了气凝胶的纳米多孔三维网络结构，结合图 3-22（b），可以看出粉体法制备的 TiO$_2$-SiO$_2$ 复合气凝胶样品中有较多团聚大颗粒 TiO$_2$ 分布在 SiO$_2$ 气凝胶网络结构中。

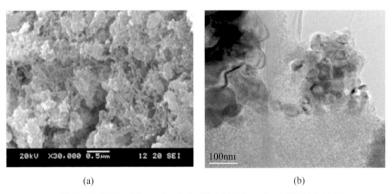

(a)   (b)

图3-22 样品1的微观形貌：（a）扫描电镜图；（b）透射电镜图

图 3-23 为样品 2 的微观形貌图，由图 3-23（a）和图 3-22（a）比较可以看出样品 2 孔径较小，且分布更为均匀，气凝胶网络结构中存在极少的大颗粒胶粒。而从图 3-23（b）中可以看出颜色较深的颗粒均匀分散在气凝胶网络结构中，结合图 3-23（c）可以推断颜色较深的颗粒为 TiO$_2$ 晶粒，故溶胶法获得的样品 TiO$_2$ 颗粒分散更为均匀。

（3）复合 TiO$_2$-SiO$_2$ 气凝胶的耐温性 图 3-24 为样品 1 的热重 - 差示（TG-DSC）扫描曲线，可以看出，在 200℃左右出现放热峰并伴随着 17.4% 的热失重，这主要是由于样品 1 在加热过程中的—OH 与网络中残留的乙醇等被氧化而导致的。

在 300 ～ 1000℃的升温过程中还出现 7.35% 的失重，可能是在高温处理过程中，气凝胶网络骨架表面残留的烷氧基团和 TiO_2 粉末表面的硅烷偶联剂分解导致[29]。

图3-23　样品2的微观形貌：（a）扫描电镜图；（b）透射电镜图（一）；（c）透射电镜图（二）

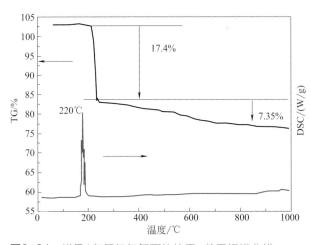

图3-24　样品1在氧气气氛下的热重-差示扫描曲线

图 3-25 为样品 2 的 TG-DSC 曲线，200℃和高温段的热失重仅为 7.93% 和 4.05%，均低于样品 1。这是由于样品 2 在 200℃时仅为乙醇的氧化分解，而在更高温的热处理过程中，由于样品 2 未引入偶联剂等额外具有较大分子结构的硅烷偶联剂，仅是胶粒骨架表面少量—OR 发生高温分解反应。

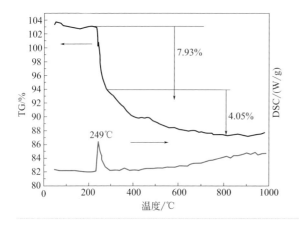

图3-25
样品2在氧气气氛下的热重-差示扫描曲线

（4）TiO$_2$-SiO$_2$复合气凝胶的综合性能比较　表 3-5 为用粉体法和溶胶法制备得到的 TiO$_2$-SiO$_2$复合气凝胶样品 1 和样品 2 的其他性能参数比较。从该表中可以看出溶胶法样品 2 性能全面占优，表观密度和常温热导率均较低，比表面积更高，再结合图 3-22 和图 3-23，样品 2 的结构更均匀。冷面温度反映了材料的高温绝热性能，样品 2 在 650℃时的冷面温度比样品 1 低了 6℃，更直观地反映了样品 2 的高温绝热性能更好。

表3-5　两种方法制备的 TiO$_2$-SiO$_2$复合气凝胶性能对比

样品名	表观密度 /(g/cm³)	热导率 /[W/(m · K)]	比表面积 /(m²/g)	冷面温度 (650℃)/℃
样品1	0.167	0.02782	657	115
样品2	0.149	0.02455	828	109

三、偶联剂对遮光改性氧化硅气凝胶复合材料的影响

为了方便比较，实验所选的 SiO$_2$ 复合气凝胶中遮光剂的掺入量均为 10%，SiO$_2$ 溶胶中 EtOH/TEOS 摩尔比均为 12。

1. 硅烷偶联剂种类对 PTW-SiO$_2$ 复合气凝胶的影响

选用了三种硅烷偶联剂 KH570（γ- 甲基丙烯酰氧基丙基三甲氧基硅烷）、KH550（γ- 氨丙基三乙氧基硅烷）、KH792（N-β- 氨乙基 -γ- 氨丙基三甲氧基硅

烷）对 PTW 颗粒进行表面修饰改性，PTW 浓度 10%，偶联剂的改性浓度均为 2%（即偶联剂用量占改性溶液的质量分数），对应的样品号分别为：PTW-570（经 KH570 改性后的 PTW-SiO$_2$ 复合气凝胶）、PTW-550、PTW-792。采用 Hotdisk 热导率仪测试上面三个复合试样热导率等热常数，如表 3-6 所示，从该表中可以看出经过不同偶联剂改性后，PTW-550 的热导率与密度最低，且 PTW-550 干燥后较为完整，而采用其他两种偶联剂得到的复合气凝胶具有一定裂纹。当复合气凝胶收缩大，并有明显裂纹等结构缺陷时，表现为表观密度增大，气凝胶内部伴有一定数量微米级大孔，直接导致复合气凝胶固相热导率和气相热导率均升高，降低其隔热效果[30]。

表3-6 PTW-SiO$_2$复合气凝胶的热导率和表观密度

样品名	PTW-792	PTW-550	PTW-570
采用偶联剂	KH792	KH550	KH570
热导率/[W/(m·K)]	0.03122	0.02827	0.0351
表观密度/(g/cm^3)	0.222	0.182	0.240

图 3-26 为样品 PTW-550 的 FT-IR 谱图，从图中可以看出，1640cm^{-1}、3450cm^{-1} 处的吸收峰是吸附水—OH 伸缩弯曲振动，以及吸附水反对称伸缩振动；在 2980cm^{-1} 处的特征峰为—CH$_2$ 的弯曲振动，而在 798cm^{-1} 处为 Si-O-C$_2$H$_5$ 的 Si-O-C 伸缩振动，1090cm^{-1} 处为 Si-O-Si 四环体的伸缩振动，这两个特征峰可以推断 KH550 与 PTW 反应，并与 Si-O-Si 形成稳定的网络结构[31]。

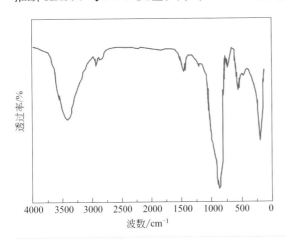

图3-26
PTW-550的FT-IR谱图

2. 偶联剂用量对 PTW-SiO$_2$ 复合气凝胶的影响

选 KH550 为表面修饰剂，PTW 浓度 10%，偶联剂的改性浓度分别取 0.2%、0.5%、1%、1.5%、2%，对应的 PTW-SiO$_2$ 复合气凝胶样品号分别为：PTW-1、

PTW-2、PTW-3、PTW-4、PTW-5。表3-7为不同偶联剂的量对复合气凝胶热导率的影响。由该表可以看出，随着偶联剂的量增加，热导率先降低后升高。这是因为当偶联剂用量较少时，PTW晶须被表面修饰不完全，在气凝胶结构中难以均匀分散，对气凝胶的遮光效果较小，此时因为PTW的引入增加的固相热导率高于因遮光改性降低的辐射热导率，总热导率表现较低；但当偶联剂用量过大时，包裹过剩，导致晶须二次团聚，破坏了复合气凝胶的结构，增加的固相和气相热导率高于因遮光改性降低的辐射热导率，总热导率表现偏高。因此偶联剂的用量有一个最佳值，由表3-7可知，当偶联剂加入量为0.5%时，为适量的偶联剂用量，得到的复合气凝胶热导率为0.02505W/(m·K)[32]。

表3-7　偶联剂量对PTW-SiO₂复合气凝胶热导率的影响

样品名	PTW-1	PTW-2	PTW-3	PTW-4	PTW-5
偶联剂量/%	0.2	0.5	1	1.5	2
热导率/[W/(m·K)]	0.02977	0.02505	0.02716	0.02761	0.02827

图3-27为掺入不同量的偶联剂制备的PTW-SiO₂复合气凝胶红外图谱。从图中可以看出，所有样品的特征峰相同，但2980cm⁻¹处的特征峰为—CH₂的弯曲振动，在798cm⁻¹处Si-O-C₂H₅的Si-O-C伸缩振动，以及1090cm⁻¹处的Si-O-Si四环体的伸缩振动，PTW-2谱图上这些特征峰较其他样品的红外谱图更强，由此当加入0.5%的KH550对PTW进行表面改性，PTW能够很好地与气凝胶复合，与Si-O-Si形成稳定的网络结构。

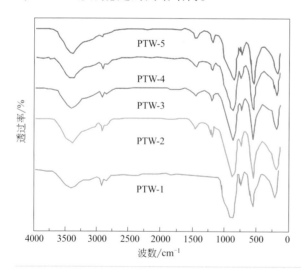

图3-27

不同偶联剂量制备的PTW-SiO₂复合气凝胶FT-IR谱图

图3-28为样品PTW-2的SEM图，从图3-28（a）中可以看出凝胶胶粒尺寸仅为几十纳米，而从图3-28（b）中可以看出PTW比气凝胶胶粒的尺寸要大很多，

晶须的直径大约在几微米，晶须贯穿在网络结构中，对网络结构起到增强作用。PTW 分散较均匀且与气凝胶网络相互结合，无明显裂纹。由此可以看出，PTW 经过 0.5% 的 KH570 表面改性后能够与气凝胶均匀复合。

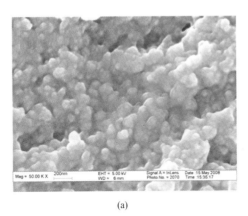 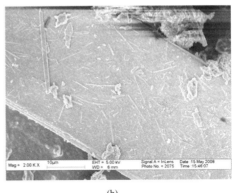

| (a) | (b) |

图3-28　样品PTW-2的微观形貌：（a）PTW-SiO$_2$复合气凝胶中SiO$_2$气凝胶颗粒微观形貌；（b）PTW-SiO$_2$复合气凝胶微观形貌

3. 偶联剂用量对 ATO-SiO$_2$ 复合气凝胶的影响

选 KH550 为表面修饰剂，ATO 浓度 10%，偶联剂的改性浓度分别取 0.2%、0.5%、1%、1.5%、2%，对应的 ATO-SiO$_2$ 复合气凝胶样品号分别为：ATO-1、ATO-2、ATO-3、ATO-4、ATO-5。由表 3-8 可以看出，随着偶联剂量的增加，热导率先增大后减小，变化趋势和原理与偶联剂改性 PTW 类似，KH550 的用量也存在一个最佳值，当偶联剂加入量为 1% 时，为适量的偶联剂用量，得到的复合气凝胶的热导率为 0.02659W/(m·K)。

表3-8　偶联剂量对ATO-SiO$_2$复合气凝胶热导率的影响

样品名	ATO-1	ATO-2	ATO-3	ATO-4	ATO-5
偶联剂量/%	0.2	0.5	1	1.5	2
热导率/[W/(m·K)]	0.03703	0.02894	0.02659	0.02774	0.03270

图 3-29 为掺入不同偶联剂量获得的 ATO-SiO$_2$ 复合气凝胶的红外谱图。从图中可以看出，当掺入偶联剂的量为 0.2%（ATO-1）时，仅存在 798cm^{-1} 处 Si-O-C$_2$H$_5$ 的 Si-O-C 伸缩振动特征峰，该处应为硅气凝胶的特征峰。随着偶联剂掺入量的增加，掺入量到达 1%（ATO-3）时，2980cm^{-1} 处为—CH$_2$ 的弯曲振动的特征峰以及 1090cm^{-1} 处的 Si-O-Si 四环体的伸缩振动的特征峰强度变大，随之又减弱。上述说明，当偶联剂掺入量达到 1%，对 ATO 的表面改性已经达到饱和状

态，故再加入偶联剂反而使得颗粒继续团聚，特征峰减弱。

图 3-30 为 ATO-3 的微观形貌图。从图中可以看出，复合气凝胶由颗粒组成，且存在两种不同的颗粒，从结构上可以判断颗粒较大的为 ATO，ATO 均匀分散在气凝胶网络结构，且尺度在 100nm 左右，并未出现大颗粒的团聚。

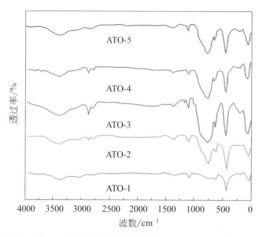

图3-29 不同偶联剂量制备的ATO-SiO₂复合气凝胶FT-IR谱图

图3-30 ATO-3的微观形貌

四、遮光剂掺入量对氧化硅气凝胶复合材料的影响

研究初步选择遮光剂的掺入量为 2% ~ 10% 制备 SiO₂ 气凝胶复合材料，分析掺入量对材料力结构与性能的影响，从中确定较为合适的掺入量。实验中所选 SiO₂ 溶胶中 EtOH/TEOS 摩尔比均为 12。

1. ATO 掺入量对 ATO-SiO₂ 复合气凝胶常温性能影响

ATO 的掺入量取 2%、4%、7%、10%，对应的 SiO₂ 气凝胶复合材料样品号分别为：ATO-6、ATO-7、ATO-8、ATO-9。表 3-9 为掺入不同量的 ATO 至硅溶胶内得到的 ATO-SiO₂ 复合气凝胶热导率的变化。从表 3-9 中可以看出随着掺入量的增加气凝胶的热导率先降低后升高，这是由于掺入少量 ATO 时，辐射热导率降低使得复合气凝胶的总体热导率有下降的趋势，但当 ATO 的量增加至一定量时，固体热传导增加大于热辐射的降低，使得复合气凝胶的总热导率增加。故当掺入量为 7% 时，能保证复合气凝胶的固体热导率的增加小于热辐射的降低，使得气凝胶的热导率最低。随着 ATO 的增加，气凝胶的密度也逐渐增加。这是由于 ATO 的密度高于气凝胶的密度，由此可以根据不同的需要，调节气凝胶的密度，可以获得低密度高热导率材料。而复合气凝胶的比表面积随着 ATO 的掺入量的增加而减小，这是由于 ATO 颗粒较大，加入至气凝胶内使得气凝胶的比表面积减小。

表3-9　ATO掺入量对复合气凝胶性能的影响

样品号	ATO-6	ATO-7	ATO-8	ATO-9
掺入量/%	2	4	7	10
热导率/[W/(m·K)]	0.02973	0.02850	0.02780	0.03001
表观密度/（g/cm³）	0.165	0.179	0.188	0.239

2. ATO 掺入量对 ATO-SiO$_2$ 复合气凝胶孔结构的影响

本文所选用的 ATO 粉体颗粒的粒径为微米级，而构成 SiO$_2$ 气凝胶纳米网络骨架的胶粒尺寸和气孔尺寸均为纳米级，ATO 的引入会在一定程度上影响 ATO-SiO$_2$ 气凝胶的微观结构。而评价气凝胶材料微观结构特别是孔结构的最好指标参数就是孔径、孔径分布和比表面积，本文采用氮气吸附 - 脱附法表征 ATO-SiO$_2$ 复合气凝胶的孔结构。

图 3-31 为不同 ATO 掺入量的 ATO-SiO$_2$ 气凝胶氮气吸附 - 脱附曲线，结合图 2-17 吸附等温线的类型，可以看出 ATO-6，ATO-7，ATO-8 三种 ATO-SiO$_2$ 复合气凝胶的氮气吸附 - 脱附曲线应属于第 IV 类等温线，吸附曲线有一定的滞后性，在低压区域曲线是向上凸起的，说明吸附剂与吸附介质的亲和力较强，属于单分子层吸附。当压力逐渐增大时，由于多层吸附作用，毛细管凝聚现象逐渐产生，因而吸附量增加剧烈，直至吸附质液体全部充满毛细管，此时吸附量不再继续增加，等温曲线保持平缓。此类型的等温吸附曲线是典型的介孔材料吸附曲线，这说明了少量 ATO 遮光剂的引入对硅气凝胶纳米孔结构网络没有造成破坏，ATO-SiO$_2$ 复合气凝胶仍然保持了介孔材料独特的纳米网络骨架。得出这三个样品的孔结构完整均匀，孔隙率较高。

从图 3-31 中还可以看出，样品 ATO-9 的吸附 - 脱附曲线属于第 II 类等温线，也被称为反 S 形等温线，首先在相对较低的压力区域产生第一单分子层吸附，随着压力的升高，逐渐形成多分子层的吸附层，当压力进一步上升至更高区域时，复合气凝胶材料气孔内的气体分子吸附量剧烈增加，这是因为此时气孔内被吸附的气体分子逐渐转变为液相凝结，但是并没有发生毛细凝聚现象，故而吸附量增大剧烈。原因可能是由于引入了较多颗粒尺寸相对大得多的 ATO，对 SiO$_2$ 凝胶的缩聚反应产生了较大程度的影响，抑制了 SiO$_2$ 胶粒相互连接，造成纳米网络骨架体积缩小，进而比表面积下降，对 SiO$_2$ 气凝胶的孔结构造成影响 [33]。

图 3-32 是不同 ATO 掺入量 ATO-SiO$_2$ 复合气凝胶的孔径分布分析计算结

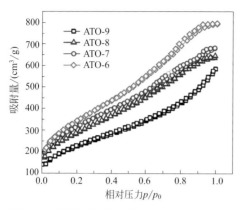

图3-31　不同ATO掺入量的ATO-SiO₂气凝胶氮气脱附-吸附曲线

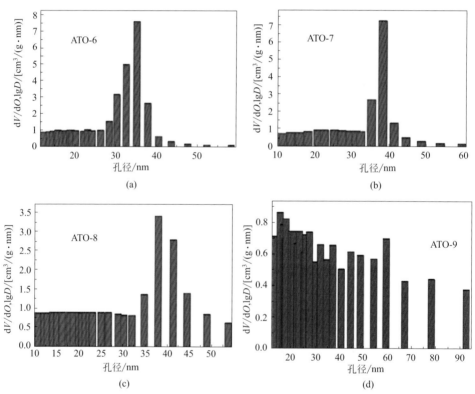

图3-32　不同ATO掺入量的ATO-SiO₂孔径分布曲线：（a）ATO-6；（b）ATO÷7；（c）ATO-8；（d）ATO-9

果。从图中可以看出随着遮光剂掺入量的增加，ATO-SiO$_2$ 复合气凝胶的孔径分布范围逐渐变宽。样品 ATO-6、ATO-7 的平均孔径分布在 20 ～ 40nm 之间，此时 ATO 的掺入量较少，故对 SiO$_2$ 气凝胶的孔结构影响也较小，样品 ATO-8 的平均孔径范围在 10 ～ 50nm 之间，相较 ATO-6、ATO-7 有所变宽，总的来说样品 ATO-6 ～ ATO-8 的孔结构比较均匀，孔径分布较窄，仍属于典型介孔材料的范畴，但是由样品 ATO-9 的孔径分布图可以看出，孔径分布范围明显变宽许多，且各尺寸的含量都比较多，孔结构均匀性变差，由孔径分布图可以看出样品没有明显的孔径分布范围，而且孔径均匀性下降，甚至出现较多数量的孔径为 60nm 以上的大孔，再次证明 ATO 掺入过多明显破坏了气凝胶的均匀纳米孔结构。

表 3-10 是通过氮气吸附 - 脱附实验测得纯 SiO$_2$ 样品与不同 ATO 掺入量的 ATO-SiO$_2$ 复合气凝胶样品的孔结构和比表面积数值。表中，d_{ave} 为平均孔径，S_{BET} 为通过 BET 法测得的比表面积，d_{peak} 为最大孔径值。

表3-10　不同ATO掺入量的ATO-SiO$_2$气凝胶比表面积及孔结构

样品编号	孔隙体积 /(cm³/g)	d_{peak} /nm	S_{BET} /(m²/g)	d_{ave} /nm
纯SiO$_2$	1.240	256.7	970.5	24.34
ATO-6	1.215	316.53	953.8	40.52
ATO-7	1.023	1458.3	892.5	38.45
ATO-8	1.072	2267.5	908.3	37.29
ATO-9	0.854	2546.6	624.7	48.25

从表 3-10 中数据可以看出 ATO 掺入量较少的样品 ATO-6、ATO-7、ATO-8 的孔径平均尺寸大约在 40nm 左右，比表面积均在 890m²/g 以上，且随着 ATO 掺入量的增加，相对于未掺 ATO 样品比表面积均下降不大。相较于纯 SiO$_2$ 气凝胶，仅减少了不足 100m²/g，但是当 ATO 掺入量达到 10% 时，即样品 ATO-9 的比表面积陡然降低，不足 650m²/g，相较于 ATO-8，降幅接近 300m²/g，平均孔径也增加到了 48.25nm，随着 ATO 掺入量的增加，ATO-SiO$_2$ 复合气凝胶内部开始出现微米级的大孔，但是复合气凝胶的平均孔径仍维持在一个较低的水平，可见微米级大孔的数量并不多，原因可能是 SiO$_2$ 胶体粒子属于非晶态，ATO 属于晶态，而晶体与非晶体物理性能差别较大，少量未经表面修饰的 ATO 晶体与 SiO$_2$ 气凝胶非晶态骨架界面相容性差而产生了较大气孔或微裂纹。

3. ATO 掺入量对 ATO-SiO$_2$ 复合气凝胶遮光性能的影响

选择对红外辐射具有高的反射率的 ATO 颗粒与 SiO$_2$ 气凝胶复合，其目的是制备能有效防止热辐射传热的 SiO$_2$ 气凝胶复合隔热材料。式（1-35）说明，SiO$_2$ 气凝胶辐射热导率的主要影响因素是其消光系数 $e*$，消光系数 $e*$ 是由吸收粒子

散射消光 e_s 和吸收消光 e_A 联合引起的光衰减能力参数[34]。因此，将遮光剂颗粒在合成气凝胶材料的过程中加入来吸收或散射近红外 $3 \sim 8\mu m$ 波段红外辐射，可有效改善气凝胶的高温绝热性能。

一定波段红外光的消光系数可以通过傅里叶红外光谱仪测定材料在此波段的透过率并计算获得，国内外许多学者将气凝胶研磨压片后测试红外透过率，该方法可以定量地得到气凝胶材料的消光系数值，但在实验中，该方法会由于压片的厚度不均而使测试的透过率出现较大偏差，因此也难以准确获得消光系数值。为了尽可能消除误差，采用 KBr 压片法来确定样品的红外透过率，KBr 与一定比例的气凝胶样品混合，用 KBr 将气凝胶均匀稀释后再进行压片处理。虽然这种 KBr 稀释方法会因为很难确定气凝胶在 KBr 压片中与研磨前块状气凝胶的等量厚度而不能获得准确的透过率定量值，但是通过控制需要测试的几种样品的浓度和压片厚度，使它们在制备压片过程中都采用同样的稀释方法，获得压片的浓度、压片的厚度以及直径也都相同，那么便可以通过对比掺入遮光剂的气凝胶和纯 SiO_2 气凝胶在 $3 \sim 8\mu m$ 波段内的红外透过率的差别，从而定性分析遮光剂对 SiO_2 气凝胶复合材料的消光作用。

图 3-33 是常温下在傅里叶红外光谱仪上测得的 ATO-6、ATO-7、ATO-8 和 ATO-9 四种样品在 $3 \sim 8\mu m$ 波段内的红外透过率，样品在测试前经过高纯 KBr 稀释，测试过程中物质浓度和试样厚度相同。从图中可以看出，$3 \sim 8\mu m$ 波段内掺了 ATO 的 SiO_2 气凝胶的红外透过率相对于纯 SiO_2 气凝胶来说明显降低，并且随着掺入量的增加，透过压片的红外透过率逐渐减小，但当掺入量增加到一定程度后，红外透过率越来越接近。ATO-8 和 ATO-9 样品的红外透过率数值便相差很小。这也表明，在 7% 的 ATO 掺入量时，就能有效地提高其消光系数，若继续增加遮光剂量，不但不能继续提高其消光能力，反而会大大增加固相热导率。

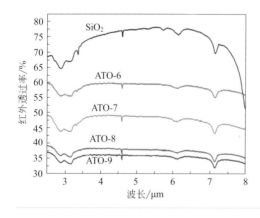

图3-33
不同ATO掺入量的ATO-SiO₂气凝胶红外透过率

以上对常温下 ATO-SiO$_2$ 复合气凝胶的红外透过率做了测试和讨论，为了进一步研究 ATO-SiO$_2$ 复合气凝胶在高温下的绝热性能，验证在高温下材料仍然有低的红外透过率，本文以 ATO-8 为测试对象，选择了 300℃、500℃、800℃和 1000℃四个温度点对其进行热处理后，研磨、压片制样，测试在波长 3 ～ 8μm 范围内的透过率，测试结果见图3-34。由图 3-34 可以看出，当处理温度升高，在 2 ～ 4μm 波长范围内的红外透过率也随之增加，可能是由于孔径在高温下开始收缩，作为有效吸收和散射的遮光剂含量下降，经前面分析，当温度升高时，红外辐射的强度一般将移动到短波长方向，材料整体抗辐射的性能随温度升高会降低，但红外透过率相比于纯二氧化硅气凝胶仍大大降低，波长 2.7μm 的红外透过率非常低，这可能是由于在热处理后的样品中，当温度快速升高后，在很短的时间内有机基团—OR 不能完全氧化分解，有机化合物的氧化残留物如碳化物能使凝胶的透光性显著降低。从 ATO-SiO$_2$ 复合气凝胶波长范围为 4 ～ 8μm 的红外线透过率分析可知，随着温度升高红外线透射下降，可能是当温度较高时，气凝胶内部不完全氧化的有机基团生成碳化物，该碳化物也有一定的光屏蔽效应，这种现象有利于提高气凝胶材料的高温隔热性能。

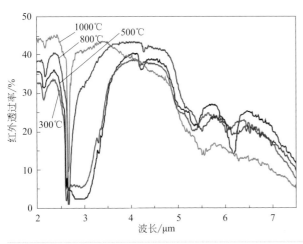

图3-34
样品ATO-8不同处理温度下红外透过率

为进一步验证 ATO-SiO$_2$ 复合气凝胶中遮光剂 ATO 在高温下对降低辐射热传导的作用，将纯二氧化硅气凝胶在 300℃、500℃、800℃和 1000℃分别处理，样品制备的过程和要求都与前面高温处理样品 ATO-8 时完全一致，两者的红外透过率结果对比如图 3-35 所示。从图 3-35 中可以看出，在所有温度点，ATO-8 的红外透过率都明显小于纯 SiO$_2$ 气凝胶样品，表明引入遮光剂 ATO 可显著降低红外辐射的透过率，从而可以证明 ATO 确实可以降低气凝胶复合材料高温辐射传导，提高其高温隔热性能，从图中还可以看出在各温度点，两个样品的红外透过率在各波长的变化趋势一致。ATO 颗粒的红外光屏蔽原理，对红外辐射具有吸收和散射效果可由图 3-36 中所示的模型图来解释[33]。

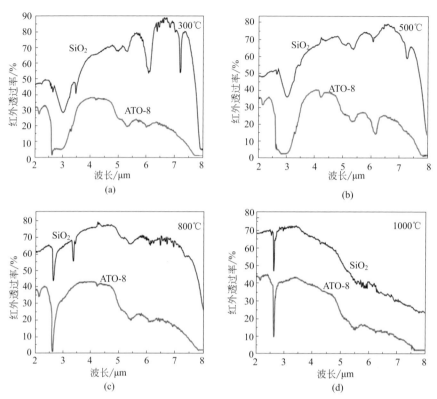

图3-35 纯SiO₂气凝胶和样品ATO-8不同温度处理下的红外透过率：（a）300℃；（b）500℃；（c）800℃；（d）1000℃

从图 3-36 可以看出：纯二氧化硅气凝胶在高温环境下对波长 3 ～ 8μm 波段的红外辐射是透明的，即可以完全透过，如图 3-36（a）所示，表现为纯二氧化硅气凝胶的高温辐射热导率急剧上升；当掺入 ATO 后，前提是 ATO 必须均匀分散在气凝胶纳米孔网络结构中，才能最大限度发挥红外阻隔作用，如图 3-36（b）所示，当红外电磁波射向 ATO-SiO₂ 复合气凝胶时，ATO 颗粒将大部分辐射波向各个方向散射出去，同时吸收部分辐射波以热能的方式储存起来，两者共同作用大大削弱了红外辐射透过气凝胶材料的能力，提高了其高温隔热性能。

4. ATO 掺入量对 ATO-SiO₂ 复合气凝胶高温绝热性能的影响

当热面温度恒定在 650℃，测试样品 ATO-6、ATO-7、ATO-8、ATO-9 的冷面温度随时间的变化，结果见图 3-37。从图中可看出，掺入遮光剂后，复合气凝胶隔热样品的隔热效果明显提高，冷面温度由低到高排列依次为 ATO-8＜ATO-9＜ATO-7＜ATO-6＜纯 SiO_2 气凝胶，30min 时，纯 SiO_2 气凝胶的冷面温度超过 150℃，掺杂了 7% ATO 的复合气凝胶样品 ATO-8 在 30min 时，冷面温度仅有 94℃。遮光剂掺入量太少，遮光效果有限，掺入量太多，会增加材料的表观密度，增大固体热传导，且粉体不易分散均匀，由此可见，7% 是一个比较优化的掺入量。

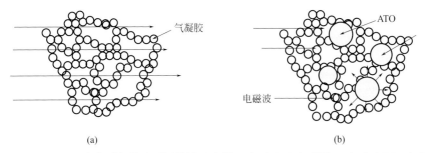

图3-36 不同气凝胶红外电磁波传递示意图：（a）SiO_2气凝胶；（b）ATO-SiO_2复合气凝胶

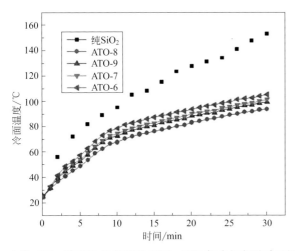

图3-37 纯SiO_2气凝胶和ATO-SiO_2复合气凝胶冷面温度随温度变化曲线

五、遮光剂种类对氧化硅气凝胶复合材料的影响

实验选择遮光剂的掺入量为 7%，SiO_2 溶胶中 EtOH/TEOS 摩尔比为 12，制备 SiO_2 气凝胶复合材料，分析不同遮光剂对材料高温绝热性能的影响，从中确定较优的一种或多种遮光剂。每种遮光剂的最佳掺入量对应的样品性能见表 3-11。

表3-11　各种复合气凝胶的性能参数

样品名	掺入量 /%	热导率 /[25℃，W/(m·K)]	比表面积 /(m²/g)	表观密度 /（g/cm³）
纯凝胶	0	0.02847	970.5	0.091
TiO₂-SiO₂	7	0.02455	828	0.149
PTW-SiO₂	7	0.02544	814.16	0.157
ITO-SiO₂	7	0.02401	873.47	0.159
ATO-SiO₂	7	0.02355	908.3	0.167
SiC-SiO₂	7	0.02625	830.20	0.166

表 3-11 中 25℃热导率的测试采用的 Hotdisk TPS-2500 热导率仪，该仪器采用的是瞬时法测量，实测结果偏大，常温热导率均高于 0.02W/(m·K)。由表可初步看出 ATO-SiO₂ 复合气凝胶在所有复合气凝胶中孔结构较优（比表面积最高、热导率最低），表观密度与其他复合气凝胶处于同一水平，接下来通过冷面温度测试和高温热导率测试进一步比较各种复合气凝胶的高温性能。

将不同遮光剂制备的遮光改性 SiO₂ 气凝胶复合材料，对其测试冷面温度（热面 650℃）；结合第二章对纤维增强 SiO₂ 气凝胶复合材料的研究，在遮光改性的同时，进行纤维增强，制得莫来石纤维毡增强和遮光剂改性的 SiO₂ 气凝胶绝热复合材料，并测试其冷面温度（热面温度 650℃），结果如图 3-38 所示。

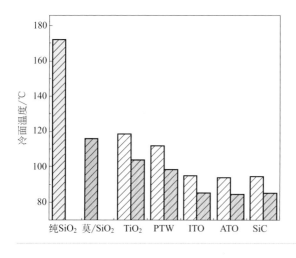

图3-38
SiO₂气凝胶绝热复合材料的冷面温度

图 3-38 中黄色表示纯 SiO₂ 气凝胶，蓝色表示莫来石纤维毡增强 SiO₂ 气凝胶复合材料，白色表示遮光改性 SiO₂ 气凝胶复合材料，灰色表示莫来石纤维增强的遮光改性 SiO₂ 气凝胶复合材料。由图可知，该五种遮光剂均起到了明显的遮光效果，冷面温度远远低于纯 SiO₂ 气凝胶，在与莫来石纤维毡复合后，冷面温度进一步降低，可见莫来石纤维毡与遮光剂共同作用进一步阻隔了红外辐射的

传导，冷面温度由低到高即高温绝热效果由优到劣的排序为：ATO、ITO、SiC、PTW、TiO$_2$，与莫来石纤维毡复合后的冷面温度依次为：84.1℃、85℃、85.3℃、98℃、103.6℃，ATO、ITO、SiC 的遮光效果处于同一等级，普遍较低，从以上结果可进一步看出 ATO 作为遮光剂对 650℃ 的红外遮蔽效果最好。

于是将 ATO 与莫来石纤维毡复合 SiO$_2$ 气凝胶，制得 SiO$_2$ 气凝胶绝热复合材料，测试其从 25～650℃ 的热导率，并与纯 SiO$_2$ 气凝胶从 25～650℃ 的热导率进行对比，见表 3-12。由表 3-12 可知，莫来石纤维增强可显著降低 SiO$_2$ 气凝胶材料的高温热导率，在此基础上掺入遮光剂 ATO 后高温热导率进一步降低，莫来石纤维毡增强、ATO 遮光改性的 SiO$_2$ 气凝胶复合材料在 650℃ 热导率比纯 SiO$_2$ 气凝胶降低 57.3%，可见经纤维增强和遮光改性的 SiO$_2$ 气凝胶复合材料是一种新型低热导绝热材料。

表3-12　复合 SiO$_2$ 气凝胶的热导率　　　　　　　　　　　　　　　　单位：W/(m·K)

测试温度/℃	25	150	300	450	650
M-ATO-S	0.018	0.020	0.023	0.028	0.035
M-S	0.021	0.025	0.032	0.042	0.058
纯SiO$_2$气凝胶	0.023	0.028	0.035	0.058	0.082

注：M-ATO-S 为莫来石纤维毡增强、ATO 遮光改性的 SiO$_2$ 气凝胶绝热复合材料；M-S 为莫来石纤维毡增强 SiO$_2$ 气凝胶复合材料。

六、新型低热导氧化硅气凝胶绝热复合材料的应用研究

新型低热导 SiO$_2$ 气凝胶绝热复合材料除了保温性能远高于传统材料外，其具有使用温度范围广（−200 ～ 1000℃）、绿色环保、防火等级高、隔声抗震、施工方便、使用寿命长等性能优势，也被越来越多的人熟知，气凝胶材料也成了研究的热题。尽管气凝胶绝热材料的首次应用的成本较高，但其绝佳的绝热性能短期便可收回成本，因此气凝胶越来越被接受和认可，气凝胶的市场需求也在呈飞快的速度增长，以目前气凝胶行业的产能远远不能满足市场对保温材料的需求。以下是以本文研究为基础制备的新型低热导 SiO$_2$ 气凝胶绝热毡在保温领域的部分应用。

（1）化工管道保温　某化工厂用来加热和输送原料的管道内壁温度为 300℃，环境温度 25℃，分别采用三种包裹保温材料的方案包裹在同一根管道上，通过测试表面温度来比较三种保温方案的隔热效果，见图 3-39（a），分别为：100mm 厚的岩棉、20mm 厚的气凝胶绝热毡、30mm 厚的气凝胶绝热毡，图 3-39（b）为该方案的红外热像图，图中越偏红表示温度越高，越偏绿表示温度越低，由此可见保温效果由好到劣的排列顺序为：30mm 气凝胶毡＞100mm 岩棉＞20mm 气凝胶毡。经测试表面温度，结果如图 3-39（c）所示，对应的表面温度分别为 31℃、32℃、35℃，可见，不到岩棉三分之一厚度的 SiO$_2$ 气凝胶绝热产品保温效果却更优。

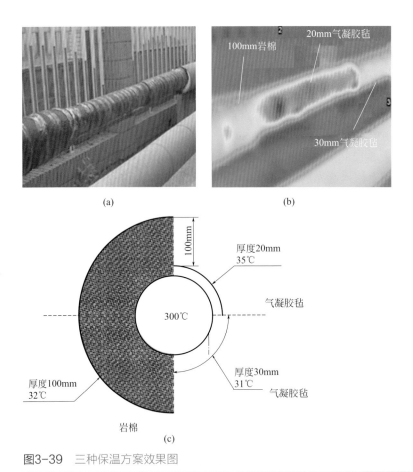

图3-39 三种保温方案效果图

（2）钢厂汽轮机及蒸汽管道　钢厂所用的汽轮机内的蒸汽温度高达650℃，传统对于这么高的温度，钢厂以前用的保温方案是200mm厚硅酸铝纤维毡+10mm硅酸盐抹面料，保温厚度达210mm，使用1个月后，表面温度就超过75℃（环温30℃），远达不到GB/T 8174—2008对管道及设备的保温要求：隔热层外表面温度55℃（环温30℃）。而包裹SiO_2气凝胶绝热复合材料产品70mm厚，表面温度为52℃（环温30℃），使用一段时间后的表面温度见图3-40。

由图3-40可见，气凝胶绝热毡的隔热效果不但好，而且性能稳定。硅酸铝纤维毡+10mm硅酸盐抹面料的保温施工烦琐，结构极易损坏，每年都需大修，每2～3年就要全部更换，而气凝胶毡具有柔性、轻薄、可随意剪裁和施工方便等优点，如图3-41所示。目前该产品还被用于城市供热管道、玻璃窑炉等的隔热保温，均表现出明显的性能优势。

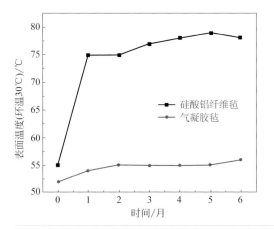

图3-40

两种保温方案的表面温度随时间
的变化曲线

(a) 硅酸铝纤维毡+10mm硅酸盐抹面料

(b) 气凝胶绝热毡

图3-41

两种保温方案的包裹外观

参考文献

[1] Woignier T, Primera J, Lamy M, et al. The use of silica aerogels as host matrices for chemical species different

ways to control the permeability and the mechanical properties[J]. Journal of Non-Crystalline Solids, 2004(350): 299-307.

[2] Leventis N, Sadekar A, Chandrasekaran N, et al. Click synthesis of monolithic silicon carbide aerogels from polyacrylonitrile-coated 3D silica networks[J]. Chemistry of Materials, 2010, 22(9): 2790-2803.

[3] Akimov Y K. Fields of application of aerogels (review) [J]. Instruments and Experimental Techniques, 2003, 46(3): 5-19.

[4] 刘开平，梁庆宣. 水镁石纤维增强 SiO_2 气凝胶隔热材料的制备方法 [P]. 中国：CN 1803602A, 2006.

[5] 沈军，周斌，吴广明，等. 纳米孔超级绝热材料气凝胶的制备与热学特性 [J]. 过程工程学报，2002, 2(4): 341-345.

[6] Kim G S, Hyun S H. Effect of mixing on thermal and mechanical properties of aerogel-PVB composites[J]. Journal of Materials Science, 2003, 38: 1961-1966.

[7] 张贺新，赫晓东，李鑫. 碳纳米管掺杂 SiO_2 气凝胶隔热材料的制备与性能表征 [J]. 稀有金属材料工程，2007, 36: 567-569.

[8] Moner-Girona M, Martinez E, Esteve J, et al. Micromechanical properties of carbon-silica aerogel composites[J]. Applied Physics A, 2002, 74: 119-122.

[9] 杨海龙，倪文，孙陈诚，等. 硅酸钙复合纳米孔超级绝热板材的研制 [J]. 宇航材料工艺，2006, 2: 18-22.

[10] Kim C Y, Lee J K, Kim B I. Synthesis and pore analysis of aerogel-glass fiber composites by ambient drying method[J]. Colloids and Surfaces A: Physicochem Eng Aspects, 2008, 313-314: 179-182.

[11] White S, Rask D. Light weight supper insulating aerogel/tile composite has potential industrial use[J]. Materials Technology, 1999, 14(1):13-17.

[12] 高庆福. 纳米多孔 SiO_2-Al_2O_3 气凝胶及其高效隔热复合材料研究 [D]. 长沙：国防科学技术大学，2009.

[13] 王小东. 纳米多孔 SiO_2 气凝胶隔热复合材料应用基础研究 [D]. 长沙：国防科学技术大学，2006.

[14] 余其铮. 辐射换热原理 [M]. 哈尔滨：哈尔滨工业大学出版社，2000.

[15] Yamada J, Kurosaki Y. Radiative characteristics of fibers with a large size parameter[J]. International Journal of Heat and Mass Transfer, 2000(43): 981-991.

[16] Leeo J, Leek H, Yn T J, et al. Determination of mesopore size of aerogels from thermal conductivity measurements[J]. Journal of Non-Crystalline Solids, 2002, 298(2-3): 287-292.

[17] Wu H J, Fan J, Du N. Thermal energy transport within porous polymer materials: Effects of fiber characteristics[J]. Journal of Applied Polymer Science, 2007, 106(1): 576-583.

[18] Sun H, Xu Z, Gao C. Multifunctional, ultra-flyweight, synergistically assembled carbon aerogel[J]. Advanced Materials, 2013, 25(18): 2554-2560.

[19] Izawa H, Kikkawa S, Koizumi M. Ion exchange and dehydration of layered titanates: $Na_2Ti_3O_7$ and $K_2Ti_4O_9$[J]. The Journal of Chemical Physics, 1982, 86: 5023-5026.

[20] He M, Feng X, Lu X H, et al. A controllable approach for the synthesis of titanate derivatives of potassium tetratitanate fiber[J]. Journal of Materials Science, 2004, 39(11): 3745-3750.

[21] Zaremba T, Hadrys A. Synthesis of $K_2Ti_4O_9$ whiskers[J]. Journal of Materials Science, 2004, 39(14): 4561-4568.

[22] 冯新，吕家栋，陆小华，等. 钛酸钾晶须在复合材料中的应用 [J]. 复合材料学报，1999, 16(4): 55-59.

[23] 刘建玲，赖琼琳，陈宗璋，等. 制备工艺对纳米级铟锡氧化物（ITO）形貌和电性能的影响 [J]. 功能材料，2005, 36(4)：559-562.

[24] 杨玲玲. 纳米氧化锡锑（ATO）透明隔热涂料的研究 [D]. 武汉：中南民族大学，2012.

[25] 封金鹏，陈德平，杨淑勤，等. SiC 作为纳米 SiO_2 多孔绝热材料红外遮光剂的试验研究 [J]. 宇航材料工艺，2009, (1): 38-41.

[26] 邓忠生，张哲，王珏，等. TiO$_2$-SiO$_2$ 二元气凝胶的制备及其结构表征 [J]. 功能材料，2001, 32(2): 200-202.

[27] 冷映丽，沈晓冬，崔升，等. SiO$_2$-TiO$_2$ 复合气凝胶的制备工艺研究 [J]. 材料导报，2008, 5(22): 169-172.

[28] 冷映丽，沈晓冬，崔升，等. 不同制备方法对 TiO$_2$-SiO$_2$ 复合气凝胶结构的影响 [J]. 化工新型材料，2008, 36(8): 56-58.

[29] Shlyakhtina A V, Young-Jei Oh. Transparent SiO$_2$ aerogels prepared by ambient pressure drying with ternary azeotropes as components of pore fluid[J]. Non-Crystalline Solids, 2008, 354 (15): 1633-1642.

[30] 杨宁，贵大勇，刘吉平. 硅烷偶联剂对晶须的表面处理及应用 [J]. 塑料科技，2004, 160(2): 14-17.

[31] 林本兰，崔升，沈晓冬，等. 六钛酸钾晶须掺杂改性气凝胶的结构和性能 [J]. 南京工业大学学报（自然科学版），2012, 34(1)：20-23.

[32] Wu J, Sung W, Chu H. Thermal conductivity of polyurethane foams[J]. International Journal of Heat and Mass Transger. 1999, 42: 2211-2217.

[33] 袁江涛，杨立，谢骏，等. 基于 Mie 理论的水雾粒子多光谱消光特性研究 [J]. 光学技术，2007, 32(3): 459-461.

[34] 吴晓栋，崔升，王岭，等. 耐高温气凝胶隔热材料的研究进展 [J]. 材料导报，2015, 29(09): 102-108.

第四章

氧化硅气凝胶功能化改性及吸附性能

随着社会进步和经济发展，尤其是现代工业的快速发展，给生态环境带来了沉重的负担。温室效应、水体污染、酸雨、雾霾等愈发严重，人类赖以生存的地球正经受严峻的考验。就 CO_2 气体排放而言，自 18 世纪人类进入工业革命时期以来，随着工业的兴起与发展，造成了 CO_2 气体含量的急剧增加，现如今大气当中 CO_2 含量已经比 16 万年前可预测 CO_2 含量增加 25%，且目前依旧呈现出继续增长的迹象。其中，化石燃料的燃烧与利用是造成 CO_2 含量增加的最主要的原因之一。与此同时，与人类生活息息相关的水资源，现如今也受到越来越严重的威胁与挑战。以往在人们的传统观念里，水资源属于"取之不尽、用之不竭"的可再生资源，水体本身具有较强的自净化能力，然而这种自净化能力是有限的，如今大量的未经处理或经不当处理后的生活污水、工农业废水等被直接排入江河湖海，已经远远超出了水体的自然净化能力极限，造成了水资源的严重污染，最主要表现为难分解的有机物污染和重金属污染。尤其是重工业废水中的难降解物质和有毒有害物质极易对水生动植物产生急性毒性和生物积累效应，并污染水生生态系统中的整条食物链。诸如此类的生态环境问题，都亟待采取行之有效的方法去解决。

SiO_2 气凝胶作为一种纳米多孔非晶态固体材料，具有三维纳米骨架构成的连续网络结构，具有极高的孔隙率（80%～99.8%）、比表面积（500～1000m^2/g）和超低密度（0.003g/cm^3），典型的孔洞尺寸和纳米骨架颗粒均在 1～100nm 范围内。SiO_2 气凝胶优秀的吸附特性源于其相互贯通的孔结构和可剪裁的化学组成和表面化学结构，气体或液体可以借助互相连通的孔选择性地扩散流通至整块材料，这种特性使得 SiO_2 气凝胶成为理想的新型吸附剂，在水处理、气体分离和载药等领域有良好的应用前景。

本书著者团队在上述背景下开展了多种应用领域的 SiO_2 气凝胶吸附剂研究工作，通过对 SiO_2 气凝胶化学组成调控、表面化学结构改性以及复合掺杂等方法，将其应用于多种介质的吸附，取得了一定的成果：主要包括气体（CO_2、NH_3 等酸性和碱性气体）、难分解的有机物（饱和烷烃类、芳香族苯类和硝基类）、重金属离子（Cu^{2+}、Cr^{3+} 和 Ni^{2+}）。

第一节
CO$_2$ 吸附用氨基功能化氧化硅气凝胶

CO_2 是导致全球变暖的主要温室气体之一。大气中 CO_2 的浓度在过去几十年正在加速增长，近十年来大气中的 CO_2 浓度平均每年增加约 2.07ppm

（1ppm＝$1×10^{-6}$），这一数值是 20 世纪 60 年代的两倍。根据气候研究和可持续发展的相关论证，大气中 CO_2 浓度的安全上限约为 350ppm，早在 1988 年大气中 CO_2 浓度就已超过这一安全数值，近几年来大气中 CO_2 的浓度都保持在 400ppm 以上。大气中 CO_2 浓度的急剧增加带来的最直接的问题就是全球范围的气候问题，如全球变暖、极端天气和自然灾害。因此，CO_2 捕集和分离（CCS）是应对全球范围内气候和环境的挑战的有效途径。

CO_2 捕集的方式多种多样，如溶液法、低温法、膜分离技术、电化学方法和固体吸附剂法。目前，工业中主要使用溶液法，但是溶液法有许多缺点，包括需要大型、高成本的设备，易腐蚀设备，吸附剂易被氧化降解，能耗高，二次污染等。

为了克服传统的溶剂法捕集 CO_2 的缺点，研究人员近年来对固体吸附剂进行了大量的研究，主要包括多孔材料和纳米颗粒。沸石、金属有机骨架材料（MOF）和活性炭（AC）等多孔材料是很好的物理吸附剂，在 CO_2 吸附中可以克服上述溶液法的缺点。但是，物理吸附剂在混合气体中对 CO_2 的吸附选择性差，而且水蒸气的存在会严重影响沸石类材料的 CO_2 吸附性能。

解决物理吸附剂选择性差、吸附量低等问题的有效方法是对多孔材料进行氨基（—NH_2）功能化，而且氨基的存在有利于潮湿环境下的 CO_2 吸附量（现实中的 CO_2 吸附分离大都在潮湿环境中进行）。SiO_2 气凝胶作为一种高孔隙率和比表面积的纳米多孔材料已经实现工业化生产，是廉价、高性能 CO_2 吸附剂的优选材料之一。

气凝胶等固体吸附剂的氨基功能化一般通过三种方式实现：一是通过浸渍法将氨基基团物理地固定在耐水气凝胶（如疏水 SiO_2 气凝胶、SiC 气凝胶）颗粒表面或孔隙中[1,2]，这种方法得到的吸附剂为 I 类吸附剂；二是利用硅烷键把氨基固定在气凝胶表面，如对 SiO_2 气凝胶进行表面氨基改性得到氨基改性 SiO_2 气凝胶[3]，这种方法得到的吸附剂为 II 类吸附剂；三是通过原位聚合获得氨基杂化气凝胶[4]，这种方法得到的吸附剂为 III 类吸附剂。I 类吸附剂制备方法简单快捷，但其氨基稳定性差、负载量较低；II 类吸附剂的氨基稳定性较好，但难以获得高的氨基负载量；III 类吸附剂的氨基负载量高、稳定性好，但由于其制备方法不同于传统的气凝胶，需要开发出新的制备工艺。本书著者团队与佐治亚理工的 Armistead G. Russell 教授和怀俄明大学的 Maohong Fan 教授合作，开发了一系列 I 类、II 类和 III 类气凝胶 CO_2 吸附剂，并对其吸附性能进行了系统研究，本节所讨论的氨基功能化 SiO_2 气凝胶主要为表面氨基改性 SiO_2 气凝胶（II 类吸附剂）和氨基杂化 SiO_2 气凝胶（III 类吸附剂）。

一、CO_2吸附测试方法和原理

1. CO_2 吸附测试方法

包括氨基功能化的固体吸附剂 CO_2 吸附性能测试一般在固定床吸附装置或

热重仪器上进行。固定床吸附装置如图 4-1 所示，流量计控制气体流量，微量注射泵控制水蒸气含量，管式炉控制测试温度。实验中，将吸附剂装入玻璃管形成固定床；在 130℃下用 N_2 吹扫吸附剂 30min 以除去样品中吸附的水蒸气和 CO_2 等杂质；降至测试温度后，将 N_2 切换为 N_2/CO_2 混合气（CO_2 浓度一般为 1%、10% 或 400ppm）进行 CO_2 吸附，同时根据测试要求引入预先设置并达到稳定状态的水蒸气，当流出固定床的 CO_2 浓度与进入固定床的 CO_2 初始浓度相同（或接近且无变化）时，吸附达到平衡，记录这一过程的 CO_2 浓度随时间变化曲线即得到 CO_2 吸附穿透曲线；吸附完成后，将 N_2/CO_2 混合气切换为 N_2，升温至脱附温度进行吸附剂再生，记录这一过程的 CO_2 浓度随时间变化曲线即得到脱附曲线；重复上述吸附和脱附过程可以测试吸附剂的循环吸附量，以考察其循环稳定性。计算吸附剂的 CO_2 吸附量时需要扣除背景，当固定床中不加吸附剂时即可获得测试装置的背景穿透曲线，背景穿透曲线与吸附剂的 CO_2 吸附穿透曲线联合计算 CO_2 吸附量和吸附动力学曲线，如图 4-2 所示[1,4-10]。

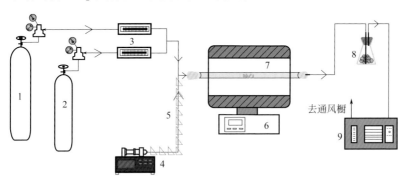

图4-1　CO_2吸附测试装置

1—高纯 N_2 钢瓶；2—N_2/CO_2 钢瓶；3—气体流量计；4—微量注射泵；5—加热带；6—管式炉；7—玻璃管；8—除湿单元；9—气体分析仪

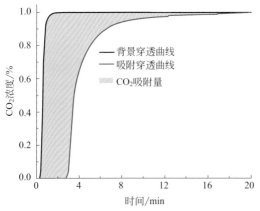

图4-2　固体吸附剂在固定床中测得的CO_2吸附穿透曲线及吸附量计算示意图

如图 4-2 所示，吸附剂的 CO_2 吸附量可以通过计算吸附剂和背景的吸附量之差获得。计算任一穿透曲线的吸附量可以采用图 4-3 所示的方法，根据穿透曲线数据采集的时间间隔将吸附过程分为多个 Δt 时间区域，在 Δt 时间内吸附剂（或背景）的吸附量 A_i 用公式（4-1）计算

$$\Delta A_i(\text{mmol}) = \frac{\frac{1}{2}(C_i + C_{i+1})}{100} \times \Delta V_i \div 22.4 \times 1000 \qquad (4\text{-}1)$$

式中，C_i 为 t_i 时间点处固定床的 CO_2 浓度，%；ΔV_i 为 Δt 时间内流过固定床的气体体积，L。

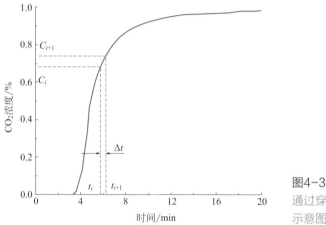

图4-3
通过穿透曲线计算吸附剂CO_2吸附量示意图

实验中一般每秒记录一次数据，ΔV_i 可以用式（4-2）表示

$$\Delta V_i = \frac{v}{60} \qquad (4\text{-}2)$$

式中，v 为一定浓度的 CO_2 混合气体流速，L/min。

式（4-2）代入式（4-1）得到 Δt 时间内的吸附量

$$\Delta A_i(\text{mmol}) = \frac{v(C_i + C_{i+1})}{268.8} \qquad (4\text{-}3)$$

由此可以得到吸附剂的 CO_2 吸附量计算公式

$$A_i(\text{mmol/g}) = \frac{\sum_0^i \Delta A_{i,a} - \sum_0^i \Delta A_{i,b}}{m} \qquad (4\text{-}4)$$

式中，a、b 分别为吸附剂和背景；m 为吸附剂的质量，g。

吸附剂的脱附量同样可以采用上述方法计算得到。

热重仪器同样可以用来评估固体吸附剂的 CO_2 吸附性能，吸附剂的 CO_2 吸附过程通过记录样品的重量变化而获得，吸附量可以从热重曲线轻易获得[4]。典

型的测试曲线如图 4-4 所示：吸附剂先在一定流速的 N_2 气氛吹扫下通过升温除去样品中吸附的水蒸气和 CO_2；然后将温度降至吸附温度（如 25℃ 或 50℃），N_2 切换为一定浓度的 CO_2 气体进行 CO_2 吸附；重复上述脱附 - 吸附过程可以对吸附剂的 CO_2 吸附性能进行持续测试。需要说明的是，热重法虽然自动化程度高、操作简单、测试误差较小，但其测试条件与实际吸附环境相去甚远。因此，热重法可以作为固定床测得的吸附剂吸附性能的佐证，也可以评价吸附剂在不同条件下的吸附性能，但不代表吸附剂在实际应用中的吸附性能。这是由于热重法测试中吸附剂用量极少，而且热重仪器腔体中的气体流动和扩散受到限制，而实际应用中大多采用固定床或流化床等传热和传质效率更高的装置。

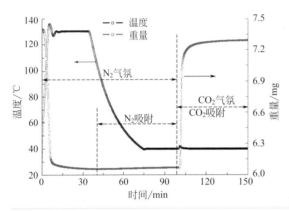

图4-4
典型氨基改性气凝胶 CO_2 吸附热重曲线

2. CO_2 吸附机理

氨基功能化气凝胶吸附 CO_2 气体是通过表面的氨基（—NH_2）基团实现的。CO_2 与氨基（—NH_2）在潮湿和干燥情况下的理想反应方程分别如式（4-5）和式（4-6）所示，其具体反应机理如图 4-5 所示[3,4,10,11]。在干燥情况下，气凝胶表面的—NH_2 与 CO_2 以 2∶1 的摩尔比通过反应（a）生成氨盐（—NHCOO$^-$ $^+_3$HNR）。在有水蒸气时，CO_2 可以通过反应（e）与水反应生成 H^+ 和 HCO_3^-，使气凝胶表面的—NH_2 质子化生成—NH_3^+，质子化的氨基通过反应（f）与 HCO_3^- 反应生成碳酸氢铵（—$NH_3^+HCO_3^-$）；水分子也可以通过反应（b）直接与 SiO_2 气凝胶表面的—NH_2 作用生成质子化的氨基（—NH_3^+），然后再通过反应（c）与 CO_2 反应生成—$NH_3^+HCO_3^-$；另外，干燥情况下吸附剂与 CO_2 反应形成的氨盐在潮湿的 CO_2 气体中仍然可以通过反应（d）进一步与 CO_2 反应形成碳酸氢铵。

$$2-NH_2 + CO_2 \xleftrightarrow{k_1,k_{-1}} (-NH_3^+)(-NHCOO^-) \qquad (4-5)$$

$$-NH_2 + CO_2 + H_2O \xleftrightarrow{k_2,k_{-2}} -NH_3^+ + HCO_3^- \rightarrow -NH_3^+HCO_3^- \qquad (4-6)$$

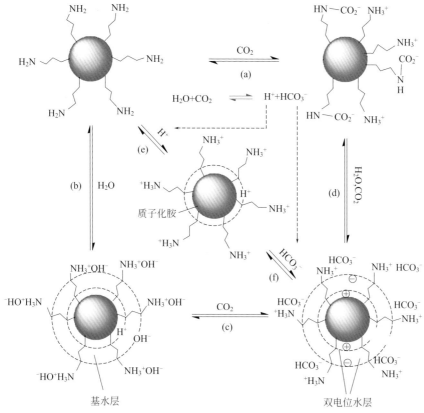

图4-5 氨基功能化气凝胶CO₂吸附机理

3. 吸附剂设计原则

研究表明，孔结构对氨基功能化气凝胶 CO₂ 吸附剂的 CO₂ 吸附量的影响不大，对 CO₂ 吸附起决定作用的是吸附剂表面的氨基基团数量[5]。以氨基杂化 RF/SiO₂ 复合气凝胶（AH-RFSA）为例，在 AH-RFSA 制备过程中，由于 RF 凝胶形成的动力学速率远远小于 SiO₂ 凝胶，最初形成的复合凝胶中的液体中仍含有一定量的未反应的 RF 溶胶，这些 RF 溶胶在后期的老化过程中继续进行凝胶反应后包覆在最初形成的凝胶骨架的表面，导致样品表面的氨基基团数量降低。同样地，AH-RFSA 制备时提高溶胶-凝胶反应温度也会促进 RF 凝胶网络结构的形成，从而不利于更多的氨基基团暴露在复合凝胶网络结构的外表面。基于上述因素，在 CO₂ 吸附用 AH-RFSA 制备过程中应该尽量采用低的溶胶-凝胶反应温度，并且尽量避免长时间的老化。

表 4-1 和图 4-6 分别为不同凝胶温度合成的 AH-RFSA 的孔结构数据和 CO₂

吸附穿透曲线，结果表明：虽然较低的凝胶温度合成的 AH-RFSA 的比表面积和孔体积较小，但其 CO_2 吸附性能更好，这与上述预期相符。图 4-7 为老化对 AH-RFSA 的 CO_2 吸附性能影响，其结果也是符合预期的。

表4-1　不同凝胶温度合成的AH-RFSA的孔结构数据[9]

凝胶温度/℃	BET比表面积/(m²/g)	孔体积/(cm³/g)
50	129	1.04
65	225	1.68
80	331	2.55

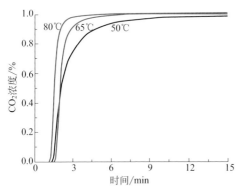

图4-6　不同凝胶温度合成的AH-RFSA的 CO_2吸附穿透曲线（1%CO_2；300mL/min；吸附温度25℃；无水蒸气）

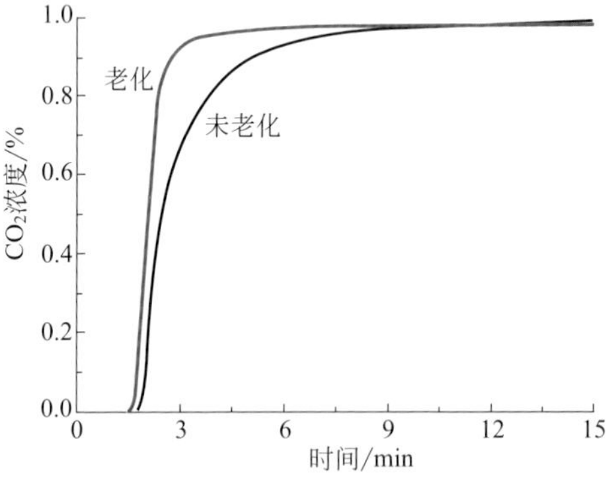

图4-7　老化对AH-RFSA的CO_2吸附性能影响（1%CO_2；300mL/min；吸附温度25℃；无水蒸气）

上述结果并非表明良好的孔结构（如高的比表面积和孔隙率）对 CO_2 吸附没有积极作用：一方面，大的孔隙率和比表面积有利于 CO_2 与吸附剂表面活性点位的接触和 CO_2 在气凝胶网络结构中的扩散，从而提高吸附速率，这点从表 4-1 和图 4-6 的结果可以得到证明，当 AH-RFSA 比表面积和孔体积较高时，其 CO_2 吸附穿透曲线更容易得到平衡；另一方面，溶胶 - 凝胶过程原料配比不变时，通过工艺优化获得的更高比表面积氨基功能化气凝胶吸附剂的 CO_2 吸附量也更大[6]。

既然氨基功能化气凝胶的 CO_2 吸附性能与表面氨基含量相关，那么在制备吸附剂时，应该尽可能采用相应的工艺措施来提高表面氨基含量。但氨基负载量不能无限制地提高，当氨基负载量高至一定程度的时候，比表面积的急剧下降反而会导致表面氨基基团含量的降低。因此，在比表面积和氨基负载量之间应寻求平衡，以获得最大的表面氨基含量，达到最大 CO_2 吸附效果。比如，以原位聚合法制备氨基杂化 SiO_2 凝胶为例，3- 氨丙基三乙氧基硅烷（APTES）与正硅酸四乙酯（TEOS）的摩尔比为 4。

二、氨基改性SiO₂气凝胶

采用典型的酸/碱催化两步溶胶-凝胶工艺制备SiO₂凝胶，然后将SiO₂凝胶浸渍在3-氨丙基三乙氧基硅烷（APTES）的乙醇溶液中进行表面氨基改性和乙醇超临界干燥制备了氨基改性SiO₂气凝胶（AMSA）[3]。氨基改性使SiO₂气凝胶的比表面积由895m²/g降至628m²/g，孔体积由4.57cm³/g降至3.25cm³/g；CO_2吸附性能测试结果表明：纯SiO₂气凝胶几乎不吸附CO_2，而氨基改性SiO₂气凝胶在25℃和50℃下的CO_2吸附量高达6.97mmol/g和3.81mmol/g。

氨基改性SiO₂气凝胶还可以通过低成本的稻壳灰为原料制得。以农业废料稻壳为硅源，通过高温燃烧得到高SiO₂含量的稻壳灰，然后采用碱提取生成水玻璃，再经溶胶-凝胶工艺制备SiO₂凝胶，SiO₂凝胶用3-氨丙基三乙氧基硅烷进行表面改性后进行超临界干燥或常压干燥得到氨基改性SiO₂气凝胶。

图4-8是SiO₂气凝胶氨基改性前后的SEM图。氨基改性后，SiO₂气凝胶的微观形貌没有发生明显的变化，SiO₂纳米粒子通过桥接方式组成气凝胶的网络骨架，大量纳米级的孔洞均匀分布在纳米颗粒周围，形成疏松的纳米多孔结构。与未改性气凝胶相比，氨基改性SiO₂气凝胶的组成颗粒粒径较大，且纳米孔的数量有所减少，这与APTES实施氨基改性后APTES进入孔洞与孔壁上的羟基反应发生接枝有关。

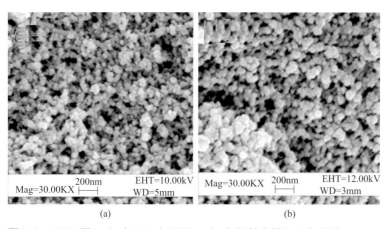

图4-8 SEM图：（a）SiO₂气凝胶；（b）氨基改性SiO₂气凝胶

三、氨基杂化SiO₂气凝胶

1. 氨基杂化SiO₂气凝胶合成

氨基杂化SiO₂气凝胶（AHSA）的制备采用一种简捷的自催化一步溶胶-凝

胶工艺。具体地，正硅酸乙酯（TEOS）、3-氨丙基三乙氧基硅烷（APTES）、乙醇（EtOH）和去离子水（W）直接混合均匀后进行溶胶 - 凝胶反应即可得到湿凝胶，湿凝胶经超临界干燥得到氨基杂化 SiO$_2$ 气凝胶。典型的氨基杂化 SiO$_2$ 气凝胶样品照片、表面疏水特性和微观形貌如图 4-9 所示。图 4-9（a）的样品照片可以看出氨基杂化 SiO$_2$ 气凝胶外观完整、无裂纹，表明上述自催化一步溶胶 - 凝胶工艺的可靠性。图 4-9（b）为氨基杂化 SiO$_2$ 气凝胶表面滴上水滴后的状态，结果表明氨基杂化 SiO$_2$ 气凝胶具有良好的亲水性，这归因于其表面大量的极性氨基基团。图 4-9（c）的 SEM 照片表明氨基杂化 SiO$_2$ 气凝胶具有 SiO$_2$ 气凝胶的典型微观形貌，而且其网络结构中有一定量的大孔，这点从图 4-10 的氨基杂化 SiO$_2$ 气凝胶的孔径分布曲线得以证明。氨基杂化 SiO$_2$ 气凝胶中的大孔是由 APTES 中的氨丙基导致的，大孔存在有利于气体扩散，从而提高 CO$_2$ 吸附效率。

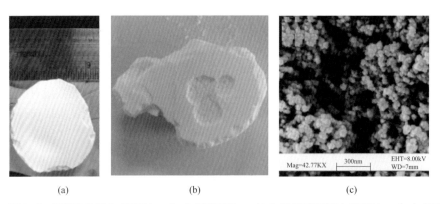

(a)　　　　　　　　(b)　　　　　　　　(c)

图4-9　氨基杂化SiO$_2$气凝胶：（a）样品照片；（b）样品表面滴水后照片；（c）SEM照片

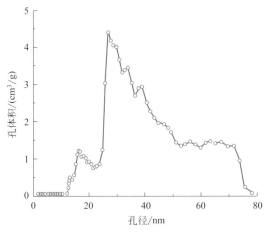

图4-10　氨基杂化SiO$_2$气凝胶孔径分布

氨基杂化 SiO₂ 气凝胶的表面化学状态可以用 XPS 和 ATR-IR 表征。氨基杂化 SiO₂ 气凝胶的 N 1s 光谱（图 4-11）可以拟合为两个峰，399.0eV 和 400.1eV 的峰分别代表自由氨基 NH_2 和氢键结合 / 质子化氨基 $NH_3^{+[8]}$。氨基杂化 SiO₂ 气凝胶的 ATR-IR 光谱如图 4-12 所示，样品测试前进行脱气处理以除去样品中吸附的水蒸气和 CO_2。ATR-IR 光谱图中 1562cm⁻¹ 处的峰为自由氨基—NH_2 的变形振动；1630cm⁻¹ 处的峰为 OCO_2 不对称伸缩振动；1562cm⁻¹、1485cm⁻¹ 和 1321cm⁻¹ 处的峰为 NH_3^+ 的变形振动，NH_3^+ 的出现一是由于氨基杂化 SiO₂ 气凝胶表面的氨基与其他氨基或羟基之间存在氢键，当作用力强的时候会产生质子化，另外红外光谱测试在空气环境中进行，样品会吸附空气中的水蒸气和 CO_2；1432cm⁻¹、1385cm⁻¹、2884cm⁻¹、2937cm⁻¹ 处的峰源自样品中的甲基、亚甲基等有机基团；1092cm⁻¹ 和 1048cm⁻¹ 处的峰分别源自 Si-O-Si；967cm⁻¹ 处的峰为硅羟基的面内伸缩振动；770cm⁻¹ 和 695cm⁻¹ 分别为 Si-O 和 Si-O-Si 的对称伸缩振动。

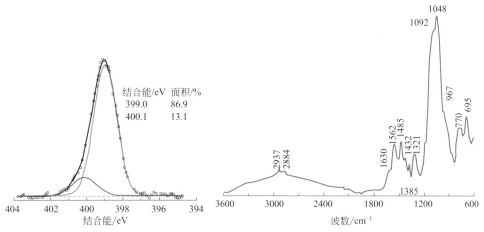

图4-11　氨基杂化SiO₂气凝胶XPS光谱（N 1s）

图4-12　氨基杂化SiO₂气凝胶红外光谱

氨基杂化 SiO₂ 气凝胶热重曲线如图 4-13 所示。130℃之前的质量损失源自样品中吸附的水蒸气和 CO_2，130 ~ 280℃的质量损失源自样品中的结合水，280℃以后的质量损失源自样品中的有机成分。

2. 氨基杂化 SiO₂ 气凝胶 CO₂ 吸附性能

不同温度下氨基杂化 SiO₂ 气凝胶的 CO_2 吸附动力学曲线（图4-14）表明氨基杂化 SiO₂ 气凝胶 CO_2 吸附量随温度升高先增加后降低。氨基杂化 SiO₂ 气凝胶 20℃ 时吸附量为 2.38mmol/g，随着温度逐渐升高至 50℃吸附量增加至 3.34mmol/g，温度继续升高吸附量降低。氨基功能化吸附剂与 CO_2 的反应为放热反应，理论

上其 CO_2 吸附量应随温度升高而降低，氨基杂化 SiO_2 气凝胶的 CO_2 吸附行为与热力学理论相悖。上述现象的合理解释为：低温下的反应动力学速率较低、较低的气体扩散能力导致传质驱动力也较低，吸附过程需要更长的时间达到平衡（实验中的测试时间为20min，这时的平衡吸附量实际上是伪平衡吸附量），因而较低温度下测得的 CO_2 吸附量并非平衡吸附量，并不能反应吸附剂在相应温度下的最大吸附量。因此，不考察温度对吸附性能影响时，文献中一般选择约50℃或75℃进行 CO_2 吸附测试。有些实际应用中固体吸附剂进行 CO_2 捕集和分离时也应选择较高的吸附温度，如燃煤烟气温度较高，若选用较低的吸附温度实际操作上会增加热量损失。但需要说明的是，低浓度 CO_2 吸附分离一般在较低的温度下进行，如生命维持系统中的 CO_2 分离、微藻养殖等。对于氨基杂化 SiO_2 气凝胶，虽然温度对其 CO_2 吸附性能有影响，但影响并不大，其在较宽的温度范围内均保持了较高的 CO_2 吸附量。

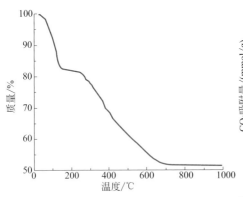

图4-13 氨基杂化 SiO_2 气凝胶热重曲线（空气气氛）

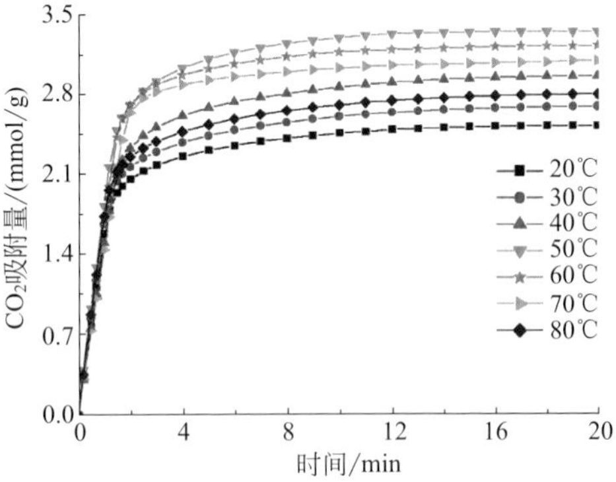

图4-14 氨基杂化 SiO_2 气凝胶不同温度下在干燥1% CO_2 吸附动力学曲线（气体流速300mL/min；吸附剂质量0.101g；吸附时间20min）

水蒸气对氨基杂化 SiO_2 气凝胶的 CO_2 吸附性能影响如图4-15所示，20℃下引入水蒸气后吸附量由2.38mmol/g增加至4.51mmol/g，50℃下吸附量由3.34mmol/g增加至3.75mmol/g。潮湿条件下的较高吸附量是由上文提到的氨基功能化吸附剂与 CO_2 的反应机理决定的。幸运的是，实际应用中 CO_2 吸附也大多在潮湿环境下进行。与图4-14干燥条件下温度对氨基杂化 SiO_2 气凝胶的 CO_2 吸附性能影响相反，有水蒸气存在时氨基杂化 SiO_2 气凝胶在低温下可以获得极大的 CO_2 吸附量，这是由于氨基杂化 SiO_2 气凝胶具有良好的亲水性，CO_2 与水结合后可形成碳酸氢根（HCO_3^-），氨基与水结合后形成质子化氨基（NH_3^+），新物质的形成大大增加了吸附剂与吸附质间的传质驱动力。

氨基杂化 SiO_2 气凝胶的循环吸附性能如图 4-16 所示，干燥情况下经过 30 次循环后吸附剂的吸附量几乎没有变化（$3.32 \sim 3.40\text{mmol/g}$），然而潮湿情况下的 CO_2 吸附量随着循环次数的增加有轻微的下降，这是由于氨基杂化 SiO_2 气凝胶亲水性强，水蒸气在其中的积聚会破坏其网络结构，导致表面氨基含量衰减。

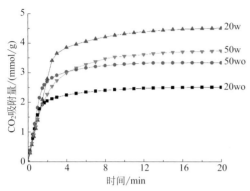

图4-15　氨基杂化SiO_2气凝胶有无水蒸气时吸附动力学曲线［图中数字代表温度（℃），w和wo分别代表有无水蒸气；气体流速300mL/min；吸附剂质量0.101g；水蒸气含量1%；吸附时间20min］

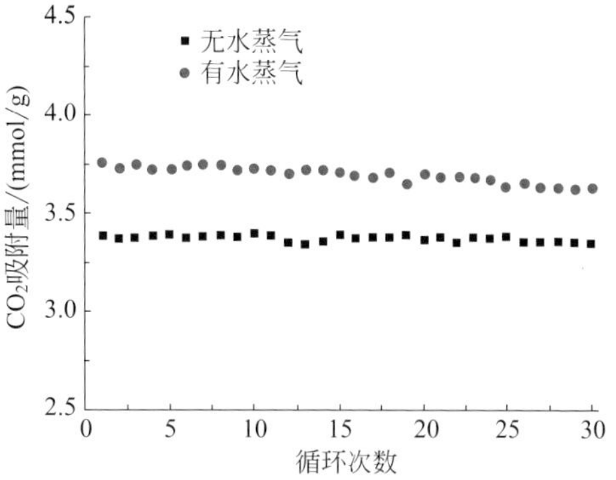

图4-16　氨基杂化SiO_2气凝胶循环吸附量（气体流速300mL/min；吸附剂质量0.11g；吸附时间20min；吸附温度50℃；吸附剂再生温度90℃）

除了温度和水蒸气，气体流速同样影响固体吸附剂的 CO_2 吸附性能。图 4-17 为氨基杂化 SiO_2 气凝胶不同气体流速下的吸附动力学曲线和吸附速率曲线，相应的平衡吸附量如表 4-2 所示。结果表明：随着气体流速的增加，氨基杂化 SiO_2 气凝胶的 CO_2 吸附量逐渐降低，CO_2 吸附速率逐渐增加，这是由于高的气体流速有利于提高传质效率。即使最高气体流速下得到的 2.42mmol/g 的吸附能力仍然是十分可观的。在吸附剂的 CO_2 性能评估时，在保证测试准确度的前提下应该尽可能提高气体流速，因为在实际应用中需要大的气体流速以获得大吸附速率和高气体处理效率。半吸附时间（adsorption half time，即达到伪平衡吸附量的 50% 时所用的时间[13]）可以用来表示固体吸附剂的 CO_2 吸附动力学性能。图 4-18 所示的不同气体流速下的半吸附时间如表 4-2 所示，随着气体流速从 300mL/min 增加至 700mL/min，氨基杂化 SiO_2 气凝胶的半吸附时间从 55s 降至 22s，其下降幅度远远大于平衡吸附量的下降幅度，氨基杂化 SiO_2 气凝胶在使用过程中可以适当增加气体流速。氨基杂化 SiO_2 气凝胶的半吸附时间均不足 1min，表明该吸附剂具有优异的活性。

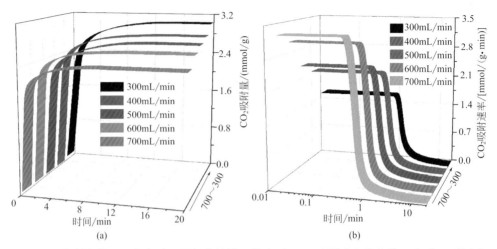

图4-17　氨基杂化SiO₂气凝胶不同气体流速下的（a）CO₂吸附动力学曲线；（b）吸附速率曲线（吸附温度50℃，吸附剂质量0.12~0.13g；吸附时间20min；无水蒸气）

表4-2　不同气体流速下的半吸附时间与平衡吸附量（根据图4-17数据）

气体流速/(mL/min)	半吸附时间/s	平衡吸附量/(mmol/g)
300	55	3.04
400	37	2.84
500	33	2.74
600	25	2.63
700	22	2.42

3. 氨基杂化 SiO₂ 气凝胶再生性能

吸附剂的吸附量固然重要，但好的 CO₂ 吸附剂应该具有良好的脱附性能，吸附的 CO₂ 应该在较低温度下可以被快速脱除。氨基杂化 SiO₂ 气凝胶不同温度下的脱附行为如图 4-18 所示，实验采用相同的吸附条件（时间和温度）。从图 4-18 可以获得氨基杂化 SiO₂ 气凝胶的脱附动力学特征：温度越高，吸附剂中脱出的 CO₂ 浓度越高，表明高温可以加速吸附剂中的 CO₂ 的解吸；氨基杂化 SiO₂ 气凝胶的再生温度应该大于 80℃，低于这一温度时脱附速率较慢、时间较长；80℃以上，升高温度对脱附动力学速率（脱附速率和时间）影响不大，这是由于气凝胶本身具有高比表面积和孔隙率，其内部结构不会限制 CO₂ 气体的扩散，只要热力学上达到脱附条件即可。从脱附量而言，温度升高 CO₂ 脱附量随温度变化不大（2.68 ~ 2.85mmol/g），特别是在 80 ~ 110℃ 范围内（2.83 ~ 2.85mmol/g），因此 80 ~ 90℃ 是氨基杂化 SiO₂ 气凝胶比较合理的再生温度，较低的温度不仅可以避免吸附剂中氨基基团的分解，还能降低能耗。

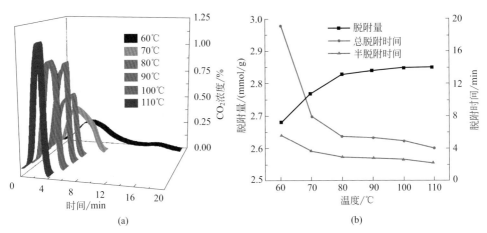

图4-18 温度对氨基杂化SiO₂气凝胶脱附行为影响（吸附和脱附气体流速300mL/min；吸附温度50℃；吸附时间20min；干燥吸附）：（a）脱附动力学曲线；（b）脱附量和脱附时间数据

气体流速对氨基杂化 SiO₂ 气凝胶脱附性能的影响如图 4-19 所示，实验采用相同的吸附条件，与气体流速对吸附行为的影响不同，脱附气体流速对脱附性能影响不大，通过提高气体流速来提高脱附效率效果并不如调节温度那么明显。

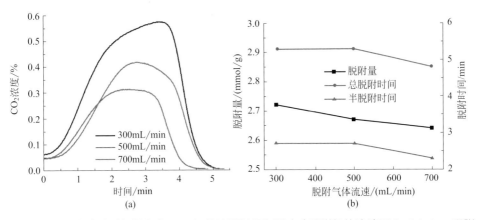

图4-19 气体流速对氨基杂化SiO₂气凝胶脱附行为影响（吸附气体流速300mL/min；吸附温度50℃；吸附时间20min；干燥吸附；脱附温度80℃）：（a）脱附动力学曲线；（b）脱附量和脱附时间数据

前文提到，实际应用中CO₂吸附一般在潮湿环境下进行，因此考察干燥吸附和潮湿吸附后吸附剂的再生性能对实际应用有指导价值。图 4-20 为干燥和潮湿环境吸附后 80℃下吸附剂的再生性能，结果表明没有水蒸气时吸附剂具有更高的 CO_2 脱附速率，这是由于吸附剂再生过程中水蒸气的蒸发会带走一部分热量。

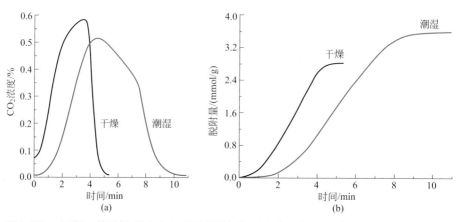

图4-20　水蒸气对氨基杂化SiO₂气凝胶脱附行为影响（吸附和脱附气体流速300mL/min；吸附温度50℃；吸附时间20min；脱附温度80℃）：（a）脱附动力学曲线；（b）脱附量累积曲线

4. 氨基杂化 SiO₂ 气凝胶 CO₂ 吸附性能优化

如前所述，在保持溶胶-凝胶过程中原料配比不变的情况下，通过工艺优化提高气凝胶的比表面积可以增加 CO_2 的吸附量，其中行之有效的方法就是通过采用与 CO_2 相溶性更好的溶剂进行溶剂置换来增强 CO_2 超临界干燥效果，从而获得更高比表面积（即更高表面氨基含量）的吸附剂。图 4-21 为采用不同溶剂

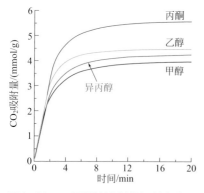

图4-21　不同置换溶剂的氨基杂化SiO₂气凝胶的CO₂吸附动力学曲线（吸附时间20min；气体流速300mL/min；吸附剂质量0.10g；水蒸气含量1%；CO₂浓度1%）

进行溶剂置换得到的氨基杂化 SiO_2 气凝胶的 CO_2 吸附动力学曲线，可以看出，采用丙酮为溶剂置换液得到的氨基杂化 SiO_2 气凝胶具有最好的 CO_2 吸附性能。这是由于丙酮与 CO_2 相溶性更好，经其溶剂置换后获得的湿凝胶更容易被 CO_2 超临界流体干燥，相应得到的氨基杂化 SiO_2 气凝胶的比表面积也最大，如表 4-3 所示。此外，根据吸附剂设计原则和氨基杂化 SiO_2 溶胶-凝胶反应机制，可以采取在氨基杂化 SiO_2 气凝胶制备过程中掺杂过渡金属元素氧化物前驱体的方式来获得更大的表面氨基含量，进而获得更好的 CO_2 吸附性能[7,10]。

表4-3 不同种类溶剂置换得到的氨基杂化 SiO_2 气凝胶的孔结构数据

置换溶剂	比表面积/(m²/g)	孔体积/(cm³/g)	Zeta电位/mV
甲醇	51	0.19	9.7
乙醇	70	0.51	15.2
异丙醇	69	0.48	12.5
丙酮	118	0.75	20.4

四、钛掺杂氨基杂化 SiO_2 气凝胶

1. 钛掺杂氨基杂化 SiO_2 气凝胶制备

（1）合成方法 钛掺杂氨基杂化氧化硅气凝胶的合成工艺流程如图 4-22 所示。-5℃下将钛酸四丁酯（TBOT）、3-氨丙基三乙氧基硅烷（APTES）、无水乙醇（EtOH）和去离子水（W）在容器中混合均匀，充分水解形成澄清

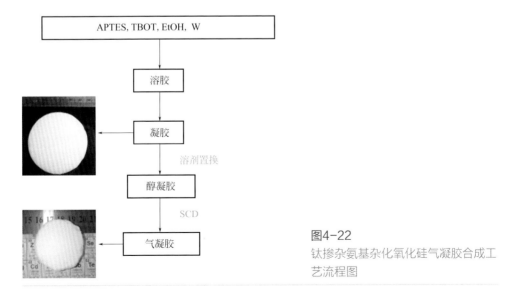

图4-22

钛掺杂氨基杂化氧化硅气凝胶合成工艺流程图

透明的溶胶，其中加入的 TBOT 与 APTES 的摩尔比为 1:1、1:5、1:10 与 1:20，制备出的气凝胶的名字分别为 AT1、AT5、AT10 与 AT20。然后将溶胶倒入事先准备好的凝胶模具中，利用保鲜膜密封后将反应物溶液置于室温下反应得到氨基杂化氧化钛/氧化硅凝胶，同样使用表面张力较小的乙醇浸泡进行溶剂置换和老化。将氨基杂化氧化钛/氧化硅凝胶在室温下老化，将老化完成的醇凝胶样品脱模后，用乙醇进行溶剂置换，更换 3～4 次，每 3 天更换一次，置换的目的是除去湿凝胶中的水以及残留的反应物，再经过 CO_2 超临界干燥得到钛掺杂氨基杂化氧化硅气凝胶（TiO_2 AHTSA）。CO_2 超临界干燥过程操作步骤同上。

（2）反应机理　将所有原料简单直接地混合并搅拌均匀进行溶胶 - 凝胶反应，很快就可以形成凝胶。在制备钛掺杂氨基杂化氧化硅气凝胶的 TBOT/APTES/EtOH/W 体系中，无需添加任何催化剂即可形成凝胶，这一现象可以解释为 APTES 中呈碱性的氨基基团（—NH_2）对反应的影响，APTES 在本反应体系的溶胶 - 凝胶过程中不仅作为反应物参与形成凝胶网络结构，还可以起到"内部催化剂"的作用[13]。本体系中 TEOS 在碱性条件下就可以水解，然而 TEOS 的水解反应一般是在酸性条件下进行的，这是由于 APTES 中的 Lewis 碱性基团（—NH_2）会通过 N 携带的孤对电子与 Si 原子之间的亲核活化作用来控制水解和聚合反应。如图 4-23 所示，前驱体（TEOS 和 APTES）与水和氨基基团（—NH_2）相互作用形成不稳定过渡态（TS1），TS1 随即转化为质子化胺和负五配位中间体。紧接着这一反应，负五配位中间体进一步与质子化胺相互作用形成不稳定过渡态（TS2），最终消除一个乙醇分子后形成 M-OH。经过上述水解反应后，在—NH_2 的催化下，会形成高度亲核的物质如 M-O^-，说明此时聚合反应被活化了。如图 4-24 所示，氨基基团从水解产物（a）的—OH 中捕获 H^+ 形成阴离子中间体（b）和质子化胺，阴离子中间体（b）会再与一个水解产物的硅原子作用形成 M-O-M 键（c），并生成 H_2O 与氨基基团。本研究制备出的 AHSA 不同于传统浸渍法制备的表面覆盖有胺类物质的氨基功能化吸附剂，其氨基杂化网络结构有利于 CO_2 捕集过程中的气体扩散。

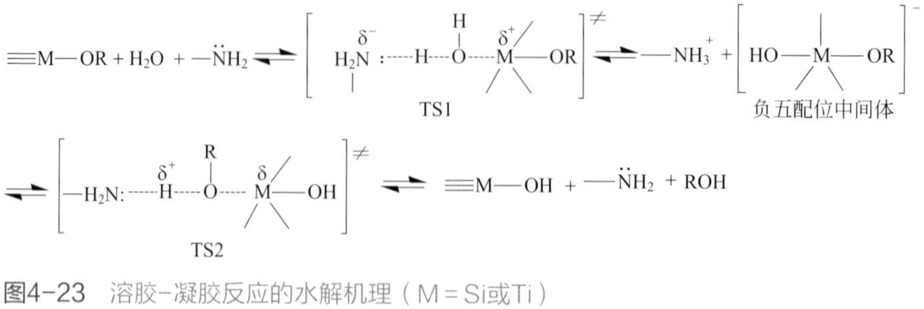

图4-23　溶胶-凝胶反应的水解机理（M＝Si或Ti）

$$\equiv M{-}OH \ + \ {-}NH_2 \ \rightleftharpoons \ \equiv M{-}O^- \ + \ {-}NH_3^+$$

(a)   (b)

$$\equiv M{-}O^- \ + \ \equiv M{-}OH \ +{-}NH_3^+ \ \rightleftharpoons \ \equiv M{-}O{-}M\equiv \ + \ H_2O \ +{-}NH_2$$

(b)   (c)

图4-24 溶胶–凝胶反应的聚合机理（M=Si或Ti）

Ti 和 Si 会在分子形式上相互作用形成均匀的杂化网络结构［图 4-25（a）］，这有利于形成多孔结构，且本研究制备出的钛掺杂氨基杂化氧化硅气凝胶不同于传统浸渍法制备的表面覆盖有胺类物质的氨基功能化吸附剂［图 4-25（b）］，钛掺杂氨基杂化氧化硅气凝胶的均匀氨基杂化网络结构会提供更多的胺类位点来促进 CO_2 捕集过程中的气体扩散。

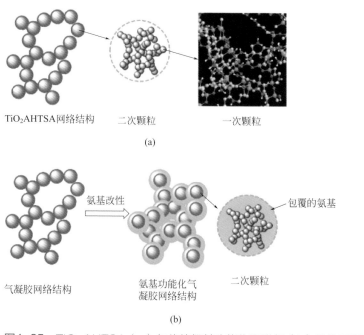

TiO₂AHTSA网络结构 　　二次颗粒 　　一次颗粒

(a)

气凝胶网络结构 　　氨基功能化气凝胶网络结构 　　二次颗粒

(b)

图4-25 TiO₂ AHTSA（a）与传统氨基功能化吸附剂（b）结构示意图

（3）组成表征　　氨基负载量是影响氨基功能化吸附剂 CO_2 吸附量的关键因素，经计算 AT1、AT5、AT10 与 AT20 的氨基负载量分别为 5.26mmol/g、7.94mmol/g、8.47mmol/g 以及 8.77mmol/g。采用红外光谱（FT-IR）和 X 射线电子能谱（XPS）法测定了 AT10 的化学结构。为了确定 AT10 的化学结构与表面氨基基团含量进行 XPS 测试，对 CO_2 吸附前样品表面的 N 元素状态进行了表征，其 XPS 图谱如图 4-26（a）所示。根据 XPS 图谱［图 4-26（a）］可得 AT10

的表面氨基基团含量为 11.45mmol/g，表面氨基基团含量远高于基体氨基负载量（8.47mmol/g），这是因为 XPS 检测的是 AT10 结构的外层，而在外层氨基基团比较集中。对 CO_2 吸附前 AT10 样品 N 1s 化学结构进行表征，如图 4-26（a）所示，在 398.8eV 与 400.4eV 处的两个峰分别归因于游离胺与氢键或质子化胺，其形成来自氨基之间和氨基与羟基之间的氢键作用。结果表明，在干燥的环境下，AT10 中的胺基与其他有机基团相互作用，形成分子间或分子内的氢键，有利于提高氨基的效率。如图 4-26（b）所示，1632cm^{-1}、1561cm^{-1} 和 1491cm^{-1} 处的峰归因于胺盐或质子化胺的 NH^{3+}（—$NH^{3+}\cdots O$—）。相应地，1332cm^{-1} 处检测到碳酸氢铵的 OCO_2 不对称伸缩峰，915cm^{-1}（Si-O-）与 757cm^{-1}（Si-OH）处的峰为 Si-O 伸缩振动，以及 1435cm^{-1} 处氨丙基与—OH 之间的氢键形成的分子间 7 元环构象的振动。这表明 AT10 一旦暴露于空气中，就会与 CO_2 发生反应，而 AT10 中的氨基很容易通过氢键与—OH 等基团结合。在 3420cm^{-1} 左右的—OH 强峰来自键合水、吸附水和游离—OH 基团，这有利于上述氢键的形成。在 2932cm^{-1} 和 1385cm^{-1} 处的峰归属于有机分子的 C-H 振动，1134cm^{-1}、1035cm^{-1} 和 697cm^{-1} 处为 Si-O 伸缩振动。960cm^{-1} 和 490cm^{-1} 可分别归属于 Si-O-Ti 和 Ti-O 振动。FT-IR 图谱表明，吸附剂一旦暴露在空气中就能与 CO_2 发生反应，CO_2 捕集氨基基团可能通过氢键与—OH 等基团结合。

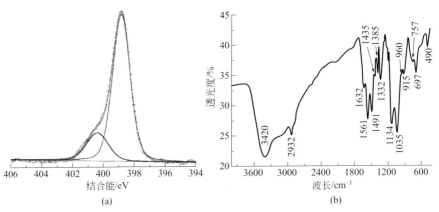

图4-26　AT10的XPS N 1s图谱（a）和FT-IR光谱图（b）

AT10 在空气气氛中的 TG 曲线如图 4-27 所示。低于 120℃的质量损失（14.4%）为样品中吸附的水分以及 CO_2 等。在 120 ~ 230℃之间继续减重 3.4%，这一部分失重是由结合水产生的。高于 230℃的质量损失是由样品中的有机部分如氨基团、羟基基团等引起的。在计算 CO_2 吸附量时，应减去 120℃以下的质量损失。通过 TG 测得的 AT10 的 CO_2 吸附曲线如图 4-28 所示，经计算得出，在等温过程中，60min 内 N_2 吸附量仅为 0.052mmol/g，而 90min 内 30℃下，CO_2 吸附量为 4.61mmol/g，AT10 具有高达 89 的 CO_2/N_2 选择性。较低的 N_2 吸附量归因于 AT10 孔径很大，这些大孔会减弱 N_2 物理吸附。在将 N_2 切换至 10% CO_2 后，样品的质量急剧增加，这一现象表明 AT10 与 CO_2 之间的反应活性非常高。通过 TG 法在 10% CO_2 条件下测得的 CO_2 吸附量（4.61mmol/g）低于在 10% CO_2 条件下于固定床上测得的 CO_2 吸附量（6.66mmol/g），这可以解释为在 TG 装置的腔室中 CO_2 扩散受到一定程度的限制，也就不能使吸附剂孔隙中的气体扩散更自由。将 N_2 转换为 CO_2 时，温度曲线存在峰值，说明 CO_2 与 AT10 之间的反应是放热的。

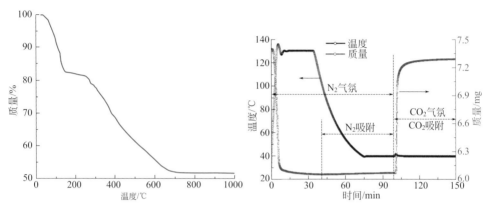

图4-27　AT10的TG曲线（30mL/min空气　图4-28　通过TG测得的AT10的 CO_2 吸附曲线
气氛；10℃/min）

（4）结构表征　钛掺杂氨基杂化氧化硅气凝胶（AT10）的微观结构如图 4-29

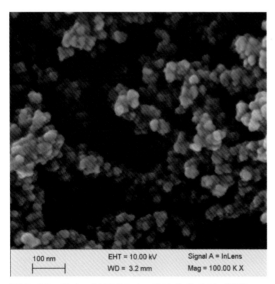

图4-29　TiO_2 AHTSA（AT10）的SEM图像

所示。SEM 图像显示钛掺杂氨基杂化氧化硅气凝胶的网络类似于具有胶体结构的典型氧化硅气凝胶网络，它是被无序孔包围的聚集颗粒组成的。根据 SEM 图像，钛掺杂氨基杂化氧化硅气凝胶中存在一定量的大孔。

钛掺杂氨基杂化氧化硅气凝胶的 N_2 吸附 - 脱附等温线与孔径分布曲线如图 4-30 所示，从图中可以看出钛掺杂氨基杂化氧化硅气凝胶是具有 H1 和 H3 组合型回滞环的 Ⅳ 型等温线，表明其具有由聚集颗粒组成的介孔和大孔网络结构。p/p_0 < 0.05 时极低的吸附量以及孔径分布都表明在钛掺杂氨基杂化氧化硅气凝胶中没有微孔。在钛掺杂氨基杂化氧化硅气凝胶的 N_2 吸附 - 脱附等温线中不存在饱和吸附，这表明钛掺杂氨基杂化氧化硅气凝胶具有一定量的大孔（> 50nm），可以通过孔径分布曲线得到证实。压汞试验法可用于检测大孔，但由于钛掺杂氨基杂化氧化硅气凝胶本身的力学性能，很难用该方法研究钛掺杂氨基杂化氧化硅气凝胶的孔结构。在汞注入过程中样品可能会被压碎，因此采集的数据不正确，并且很难正确分析数据。钛掺杂氨基杂化氧化硅气凝胶中的大孔有利于化学吸附燃烧后的 CO_2，尤其是对低浓度 CO_2 捕集有利。一方面，较大的孔径使吸附剂孔隙中的气体扩散更自由，进而会导致较高的 CO_2 吸附量和吸附速率。另一方面，较大的孔可以避免 N_2 的物理吸附并会提高 CO_2/N_2 的选择性，因为物理吸附主要依靠微孔。从表 4-4 可以直接看到钛掺杂氨基杂化氧化硅气凝胶的相关孔结构数据。

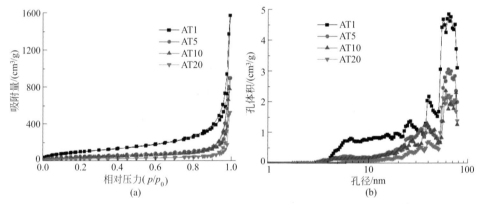

图4-30　TiO$_2$ AHTSA的N$_2$吸附-脱附等温线（a）与孔径分布曲线（b）

表4-4　TiO$_2$ AHTSA孔结构数据

样品	表观密度/（g/cm³）	真密度/（g/cm³）	比表面积/（m²/g）	孔体积/（cm³/g）	孔隙率/%
AT1	0.131	2.2059	374	2.43	94.1
AT5	0.123	2.2124	170	1.38	94.4
AT10	0.112	2.2187	138	1.20	95.0
AT20	0.108	2.2247	66	0.81	95.1

2. 钛掺杂氨基杂化 SiO₂ 气凝胶 CO₂ 吸附性能

（1）氨基负载量对吸附性能的影响　由于加入 TBOT 与 APTES 比例不同，会导致钛掺杂氨基杂化氧化硅气凝胶四个样品的氨基负载量也不同，因此分别在 30℃干燥 1% CO_2 条件下对这四种气凝胶材料进行 CO_2 吸附性能测试，从图 4-31 中可以清楚地看到 AT10 这个样品的 CO_2 吸附性能优于其他三个样品。从表 4-4 可以看出，AT10 的孔体积及比表面积数值都不是四个样品中最高的，经前面计算得知其氨基负载量也不是最高的，但 AT10 这个样品的 CO_2 吸附性能优于其他三个样品，说明由这个比例制备出的气凝胶有较好的孔结构，此时氨基杂化氧化硅气凝胶的氨基负载量与比表面积的搭配比较适宜得到优异的 CO_2 吸附量。因此，之后在 CO_2 吸附性能测试方面将集中对 AT10 这个样品进行研究。

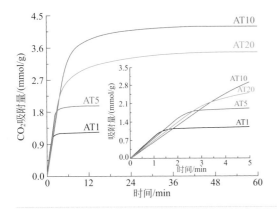

图4-31

干燥1% CO_2条件下TiO₂ AHTSA的 CO_2吸附量（吸附剂质量：0.12g；CO_2混合气流速：300mL/min；吸附温度：30℃）

（2）温度对吸附性能的影响　对于氨基功能化吸附剂来说，吸附温度是影响 CO_2 吸附性能的一个因素。不同温度干燥 1% CO_2 条件下 AT10 的穿透曲线以及 CO_2 吸附量如图 4-32 所示，在 30℃、50℃、70℃以及 90℃下 AT10 的 CO_2 吸附量分别为 4.19mmol/g、4.17mmol/g、3.47mmol/g 以及 2.96mmol/g，CO_2 吸附量随着温度的升高而降低，这一结果符合热力学理论，即 AT10 与 CO_2 的反应是放热的。尽管在较低温度下 AT10 会得到较高的 CO_2 吸附量，但同时较低温度也会使氨基基团具有较低的反应活性，这就需要较长的时间来达到 CO_2 吸附平衡。另外值得注意的一点是，AT10 在 30℃、50℃和 70℃时具有相同的穿透时间，这表明在这些条件下 AT10 的 CO_2 完全去除性能处于同一水平。从图 4-32（a）可以看出，90℃的穿透曲线存在明显的弯折，这应该是由于此时的温度与脱附温度接近，脱附会占据更主导的位置，因为在 80℃的低温下 AT10 中吸附的 CO_2 就可以进行有效脱附。

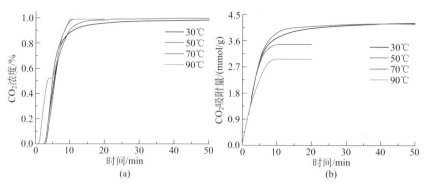

图4-32 不同温度干燥1% CO_2条件下AT10的穿透曲线（a）与CO_2吸附量（b）（吸附剂质量：0.21g；CO_2混合气流速：300mL/min）

（3）水蒸气对吸附性能的影响　除了温度以外，水蒸气也是影响钛掺杂氨基杂化氧化硅气凝胶 CO_2 吸附量的一个重要因素。不同温度潮湿 1% CO_2 条件下 AT10 的穿透曲线和 CO_2 吸附量如图 4-33 所示。在水蒸气存在下，30℃、50℃、70℃和90℃时 AT10 的 CO_2 吸附量分别为 4.86mmol/g、5.04mmol/g、3.79mmol/g 和 3.15mmol/g。正如预期的那样，水蒸气对 CO_2 吸附性能的影响是积极的，因为在潮湿条件下氨基基团与 CO_2 之间形成碳酸氢盐［式（4-6）］而不是氨基甲酸酯［式（4-5）］。然而，30℃时 AT10 的 CO_2 吸附量低于 50℃时的 CO_2 吸附量，这一结论与 CO_2 和氨基之间的反应是放热的理论相反，这可能归因于 AT10 具有高度多孔性以及亲水性，网络结构表面存在水膜的影响，增加传质阻力，同时会减少吸附剂与 CO_2 之间的相互作用，也就是说 AT10 在 CO_2 捕集过程中必须与来自水膜的动力学屏障作斗争。显然的是，在较低温度下，水蒸气更容易凝结

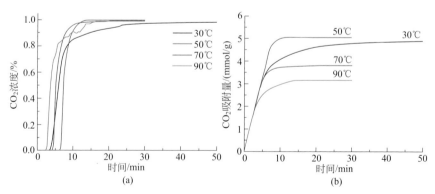

图4-33 不同温度潮湿1% CO_2条件下AT10的穿透曲线（a）与CO_2吸附量（b）（吸附剂质量：0.21g；CO_2混合气流速：300mL/min；水蒸气流速：30mL/min）

也就使得水膜的影响变得更加明显。而当温度高于50℃时，将再一次符合热力学理论，温度对AT10的CO_2吸附量的影响与其他氨基功能化吸附剂相同。90℃穿透曲线的中间阶段存在波动，这也可以通过高温下脱附的影响来解释，即CO_2脱附将在吸附-脱附平衡过程中占据主导位置。另外，在30℃没有水蒸气参与时AT10的CO_2吸附量为4.19mmol/g，当通入水蒸气与CO_2摩尔比为1:1时，AT10的CO_2吸附量为4.86mmol/g。根据方程式（4-5）和式（4-6），水蒸气存在时氨基功能化吸附剂CO_2吸附量是不存在时CO_2吸附量的两倍，但实际情况却是，水蒸气使AT10的CO_2吸附量增加了不到10%。

（4）CO_2浓度对吸附性能的影响　在30℃不同CO_2浓度下AT10的CO_2吸附量如图4-34所示，AT10在CO_2浓度为400ppm、1%和10%时的CO_2吸附量分别为1.64mmol/g、4.19mmol/g和6.66mmol/g，研究发现CO_2浓度的提高会使AT10的CO_2吸附量数倍增长，即CO_2浓度越高则越有利于AT10的CO_2吸附能力，高浓度的CO_2不仅有利于提高吸附剂的吸附量，而且会成倍提高其吸附速率。这一现象可以解释为，较高的CO_2浓度会促进AT10孔隙中的CO_2扩散，同时也会使CO_2与AT10表面的氨基基团之间进行更强的相互作用。

（5）CO_2吸附动力学　CO_2吸附动力学可以评估吸附剂的CO_2吸附性能，可以用吸附半时间（定义为吸附剂达到其吸附总量一半的时间）来评估CO_2吸附剂的动力学。在潮湿与干燥1% CO_2条件下，不同吸附量AT10的吸附半时间如图4-35所示，从图中可以看出AT10的CO_2吸附量越大，其吸附半时间越长，并且无论是否存在水蒸气，AT10的吸附半时间与CO_2吸附量之间都会呈现出近似线性相关性。同时也可以发现AT10的吸附半时间都低于4min，这也可以变相证明AT10是一种用于低浓度CO_2捕集的动态吸附剂。

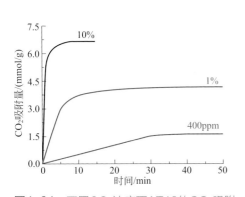

图4-34　不同CO_2浓度下AT10的CO_2吸附量（9.68% CO_2吸附剂质量：0.17g；1%和400ppm CO_2吸附剂质量：0.12g；CO_2混合气流速：300mL/min；吸附温度：30℃）

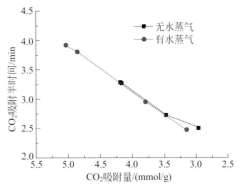

图4-35　有无水蒸气条件下AT10的CO_2吸附动力学曲线（吸附剂质量：0.21g；CO_2混合气流速：300mL/min）

（6）吸附循环稳定性　AT10在50℃干燥与潮湿条件下的循环CO_2吸附量如图4-36所示。经过30次循环吸附-脱附测试后，AT10的CO_2吸附量在干燥（从4.17mmol/g降至4.13mmol/g）与潮湿（从5.04mmol/g降至4.93mmol/g）条件下均未发生显著降低，尤其是在干燥条件下CO_2吸附量基本没有变化。AT10的优异再生性能与稳定性能是由于脱附需要的温度（90℃）较低，这一温度基本不会对表面氨基基团进行破坏。另外AT10的性能优异也与制备方法有关，本章制备的AT10是通过原位聚合法制备出来的，也就是说气凝胶多孔网络结构与氨基基团之间是通过化学键连接的，这样使得表面的氨基基团与网络结构之间的结合更牢固，不易被破坏。AT10中的氨基基团衍生自APTES，在其溶胶-凝胶反应过程中APTES作为反应物参与以形成AT10网络结构，即AT10的氨基基团通过化学键固定在气凝胶网络结构上。然而，传统氨基功能化吸附剂通常采用浸渍法制备，此时氨基基团是物理负载在吸附剂表面上的。Sayari等发现水的存在可以避免尿素的形成并提高固体氨基吸附剂的稳定性。然而，AT10在有水蒸气存在下的再生性能比没有水蒸气存在下的再生性能差，这是因为实际上在循环吸附过程中固定床中的冷凝水会在一定程度上堵塞并破坏AT10原有的孔隙，更会使其表面氨基基团数量减少，最终也就会导致CO_2吸附量有少量减少现象。

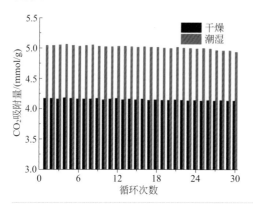

图4-36
干燥与潮湿条件下AT10的循环CO_2吸附量（吸附温度：50℃；脱附温度：90℃；吸附剂质量：0.22g；CO_2混合气流速：300mL/min；再生气体：N_2）

五、氨基杂化RF/SiO_2复合气凝胶

1. 氨基杂化RF/SiO_2复合气凝胶合成

室温下将间苯二酚（R）、甲醛（F）、3-氨基丙基三乙氧基硅烷（APTES）、正硅酸四乙酯（TEOS）、无水乙醇（EtOH）和去离子水在容器中混合均匀，其中原料的摩尔比为R∶F∶Si（APTES∶TEOS=3∶2）=1∶2∶2。将反应物溶液置于50℃烘箱中反应得到凝胶，凝胶溶剂置换后经过CO_2超临界干燥得到氨基杂

化 RF/SiO$_2$ 复合气凝胶，简称 RF/SiO$_2$ 复合气凝胶。RF/SiO$_2$ 复合气凝胶的表观密度为 0.125/cm^3，比表面积为 351m^2/g，孔体积为 1.69cm^3/g。

上述 CO$_2$ 超临界干燥设备装置图如图 4-37 所示。干燥过程操作步骤如下：

（1）准备工作　CO$_2$ 超临界干燥在室温（25℃）下进行，首先将低温水槽打开；

（2）液态 CO$_2$ 置换　低温水槽达到设定温度后，将醇凝胶置于分离釜中，密封后用 CO$_2$ 泵把分离釜加压至 10MPa，用标准状态下 15L/min 的液态 CO$_2$ 置换醇凝胶中的无水乙醇至收集釜中没有乙醇流出，这一过程的时间与分离釜中样品的多少有关，样品越多，这一过程持续时间越长；

（3）超临界 CO$_2$ 置换　将分离釜升温至 50℃，CO$_2$ 流速设为标准状态下 10L/min，用超临界 CO$_2$ 置换样品中剩余的乙醇，保持 4h；

（4）泄压　关闭 CO$_2$ 供气系统，以标准状态下 <5L/min 的放气速率缓慢将分离釜中的 CO$_2$ 排空后取出样品，即得到 RF/SiO$_2$ 复合气凝胶。

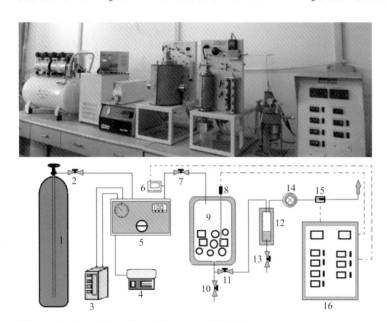

图4-37　CO$_2$超临界干燥设备照片及其装置图

1—液态CO$_2$钢瓶；2—液态CO$_2$阀；3—低温浴；4—空气压缩机；5—CO$_2$泵；6—压力传感器；7—CO$_2$进气阀；8—热电偶；9—分离釜；10—分离釜底部排空阀；11—分离釜底CO$_2$放气阀；12—收集釜；13—收集釜底部排空阀；14—背压调节；15—质量流量计；16—控制器

2. 氨基杂化 RF/SiO$_2$ 复合气凝胶 CO$_2$ 吸附性能

（1）水蒸气含量对 CO$_2$ 吸附性能影响　图 4-38 为不同水蒸气含量时 RF/SiO$_2$ 复合气凝胶对 CO$_2$ 吸附量的影响。可以看出，随着水蒸气量的增加，CO$_2$ 吸附量先增加后减小。其中没有水蒸气时的吸附量为 2.54mmol/g，当水蒸气与 CO_2 的摩尔比为 1:1 时，吸附量为 2.89mmol/g。当水蒸气两倍化学计量时，吸附量急剧下降至 2.16mmol/g。理论上，水蒸气存在时的吸附量是干燥气体吸附量的两倍。实际情况是，水蒸气使样品的 CO_2 吸附量增加不到 10%。这是由于气凝胶网络结构纳米颗粒表面有机基团之间的氢键作用（如图 4-39 所示）使氨基基团在没有水蒸气情况下对 CO_2 的吸附比例在 2:1 与 1:1 之间，并且接近 1:1。

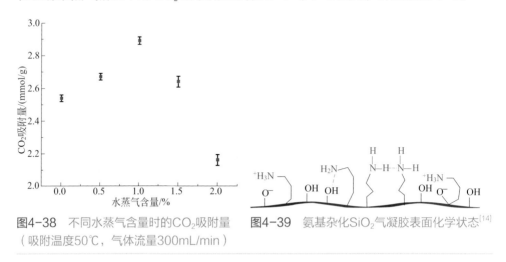

图4-38　不同水蒸气含量时的 CO_2 吸附量
（吸附温度50℃，气体流量300mL/min）　　图4-39　氨基杂化 SiO_2 气凝胶表面化学状态[14]

　　为了证明图 4-39 中氢键作用的存在，采用 ATR-FTIR 对 RF/SiO_2 复合气凝胶表面的基团进行了表征。图 4-40 给出了干燥状态下样品 CO_2 吸附前后的 ATR-FTIR 图谱，对应的基团见表 4-5。CO_2 吸附前，3360cm^{-1} 和 3290cm^{-1} 分别为氨基的不对称和对称伸缩振动 [v_{as}（NH_2）和 v_s（NH_2）]。研究发现 APTES 单体的不对称和对称伸缩振动分别在 3384cm^{-1} 和 3324cm^{-1}。RF/SiO_2 复合气凝胶中的伸缩振动向低波数方向位移是由于氢键的存在。3175cm^{-1} 处来自—NH_2 的伸缩振动较弱，表明—NH_2 处在一个很强的氢键体系中。1597cm^{-1} 处的峰来自—NH_2 的变形振动。1640cm^{-1} 处的峰来自被羟基质子化的氨基（NH_3^+）。940cm^{-1} 处较弱的峰为与—NH_2 通过氢键结合的 SiO-H 伸缩振动峰 [v(SiO-H$\cdots$HN)]。1471cm^{-1}、1448cm^{-1} 和 1412cm^{-1} 处为氨丙基中的 CH_2 的变形振动。2932cm^{-1} 和 2865cm^{-1} 处为 CH_2 的伸缩振动。1113cm^{-1}、1045cm^{-1} 和 454cm^{-1} 处分别为 Si-O-C、Si-O-Si 和 O-Si-O 的吸收峰。790cm^{-1} 和 695cm^{-1} 附近的峰分别为 Si-O 和 Si-O-Si 的对称伸缩振动。CO_2 吸附后，3360cm^{-1} 和 3290cm^{-1} 处的峰消失，在 1630cm^{-1} 处出现了新的峰，这是源于 CO_2 与—NH_2 反应后产生的 OCO_2 的不对称伸缩振动。1432cm^{-1} 和 1384cm^{-1} 处为 CH_2 的变形振动，相对于 CO_2 吸附前，这一吸收峰向低波数位移是由于—NH_2 与 CO_2 的相互作用。967cm^{-1} 处为 Si-O 的面内伸缩振动。

1564cm^{-1}、1488cm^{-1} 和 1326cm^{-1} 处为—NH$_3^+$(HCO$_3$)$^-$ 中的 NH$_3^+$ 变形振动。红外光谱表征结果表明，样品中的氨基与其他有机基团（如羟基或氨基本身）之间存在着强烈的氢键导致在没有水蒸气的情况下氨基与 CO$_2$ 反应生成了碳酸氢盐，提高了样品在没有水蒸气时的 CO$_2$ 吸附量。

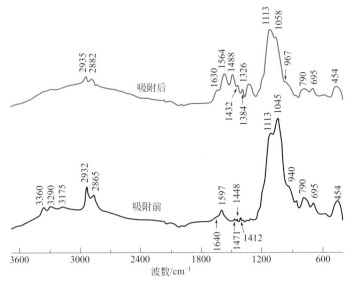

图4-40　RF/SiO$_2$复合气凝胶CO$_2$吸附前后的ATR-FTIR图谱

表4-5　图4-40中的峰对应的基团[14]

吸附前/cm^{-1}	对应基团	吸附后/cm^{-1}	对应基团
3360	NH$_2$不对称伸缩振动	2935,2882	CH$_2$伸缩振动
3290	NH$_2$对称伸缩振动	1630	OCO$_2$不对称伸缩振动
3175	氢键作用的NH$_2$伸缩振动	1564,1488,1326	NH$_3^+$变形振动
1597	NH$_2$变形振动	1432,1384	CH$_2$变形振动
1640	质子化的氨基（NH$_3^+$）	1113	Si-O-C
940	SiO-H···HN	1058	Si-O-Si
1471,1448,1412	CH$_2$变形振动	967	Si-O面内伸缩振动
2932,2865	CH$_2$伸缩振动	790	Si-O对称伸缩振动
1113	Si-O-C	695	Si-O-Si对称伸缩振动
1045	Si-O-Si	454	O-Si-O
790	Si-O对称伸缩振动		
695	Si-O-Si对称伸缩振动		
454	O-Si-O		

综合上述结果，RF/SiO$_2$ 复合气凝胶与 CO$_2$ 在干燥情况下和有水蒸气存在时的反应机理如图 4-41 和图 4-42 所示。由于氢键的作用，RF/SiO$_2$ 复合气凝胶呈

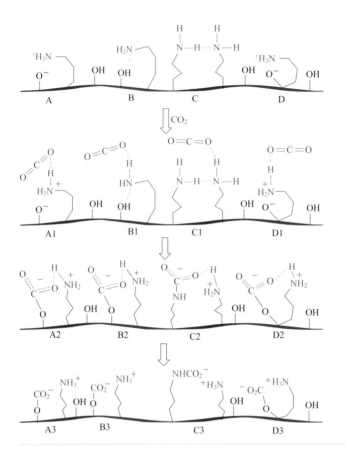

图4-41
干燥环境下RF/SiO₂复合气凝胶与CO₂反应机理

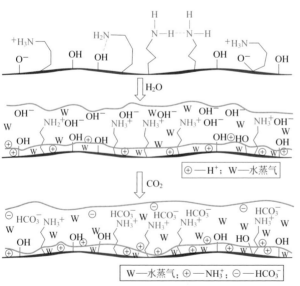

图4-42
潮湿环境下RF/SiO₂复合气凝胶与CO₂反应机理

现两性离子的特征，使 CO_2 与氨基之间在没有水蒸气的情况下可以通过接近 $1:1$ 的形式形成铵盐。当水蒸气存在时，首先在 RF/SiO₂ 复合气凝胶的表面形成一个 Zeta 双电层，双电层的存在使得 RF/SiO₂ 复合气凝胶表面带正电荷的基团与带负电荷的 HCO_3^- 基团之间更容易相互作用形成碳酸氢铵，有利于提高吸附剂对 CO_2 的吸附量。但是如图 4-38 所示，当水蒸气过量时，RF/SiO₂ 复合气凝胶的 CO_2 吸附量急剧下降，这是由于，过量的水蒸气会凝结在纳米颗粒表面形成一层厚厚的水膜，导致 CO_2 和 HCO_3^- 与 RF/SiO₂ 复合气凝胶表面活性点位之间的接触距离和阻力增加，使两者之间的相互作用降低。综上所述，在过量水蒸气存在时，样品的 CO_2 吸附量会急剧降低。另外，RF/SiO₂ 复合气凝胶表面的有机基团及高比表面积和孔隙率的特性使 RF/SiO₂ 复合气凝胶具有良好的亲水性和吸潮性，如图 4-43 所示，当水滴滴在 RF/SiO₂ 复合气凝胶表面，其网络结构立刻被破坏，实验发现 RF/SiO₂ 复合气凝胶在空气中的吸水率按质量分数计在 15% ～ 20% 之间。RF/SiO₂ 复合气凝胶的亲水性使其在过量的水蒸气环境下吸附大量的水蒸气，导致其孔结构的破坏，从而导致其比表面积和孔体积下降，使 RF/SiO₂ 复合气凝胶表面的可以吸附 CO_2 的氨基基团数量大大降低。

图4-43
RF/SiO₂复合气凝胶亲水性示意图

（2）温度对 CO_2 吸附性能影响　目前 CO_2 吸附剂在低温下的吸附性能研究较少，50 ～ 75℃ 的吸附温度（大多是 75℃ 或 50℃）被广泛采用。一方面，如上所述，适当提高温度可以明显提高吸附速率；另一方面，大多 CO_2 吸附研究主要针对温度为 100 ～ 150℃ 的燃煤烟气。而对于低 CO_2 浓度的气体，吸附主要是在较低的温度下进行，如空气中 CO_2 的吸附一般在室温下进行。因此，本书著者团队将对室温（25℃）、50℃ 和 75℃ 下 RF/SiO₂ 复合气凝胶的 CO_2 吸附性能进行了研究以考察温度对所合成的吸附剂在 CO_2 吸附上的影响。

与其他水溶液吸附和含有氨基基团的固体吸附剂类似，RF/SiO₂ 复合气凝胶与 CO_2 的化学反应是放热反应，即对于上文中的式（4-6）：

$$\Delta H_{4-6} < 0 \tag{4-7}$$

根据 Gibbs-Helmholtz 方程：

$$\left[\frac{\partial}{\partial T}\left(\frac{\Delta G_{4-6}}{T}\right)\right]_P = -\frac{\Delta H_{4-6}}{T^2} \qquad (4\text{-}8)$$

式中，P 和 T 分别为式（4-6）的压力和温度；ΔG 是式（4-6）的 Gibbs 自由能变化。

假设 ΔH 和 ΔG 不随温度变化，那么式（4-8）可以写成：

$$\left[\frac{\mathrm{d}\ln k_{4-6}}{\mathrm{d}T}\right] = \frac{\Delta H_{4-6}}{T^2} \qquad (4\text{-}9)$$

式（4-9）表明影响 CO_2 吸附量的反应速率常数（k）随着温度的降低而增加。也就是说，理论上 RF/SiO_2 复合气凝胶在实验范围内应该在最低温度下得到最高的 CO_2 吸附量。

图 4-44 为不同温度下 CO_2 吸附动力学曲线。25℃、50℃和75℃的 CO_2 吸附速率分别为 3.15mmol/g、2.89mmol/g 和 2.26mmol/g，随着温度的升高吸附速率降低，结果与热力学理论的预期相同。RF/SiO_2 复合气凝胶在低温和高温下都有较好的吸附性能，在 25 ～ 50℃范围内，吸附速率变化不大。说明 RF/SiO_2 复合气凝胶既可以用作室温下低浓度 CO_2 的吸附分离，如空气中 CO_2 的吸附分离、宇宙飞船中 CO_2 的吸附，又可以用作高温下高浓度 CO_2 的吸附分离，如燃煤烟气中 CO_2 的吸附分离。

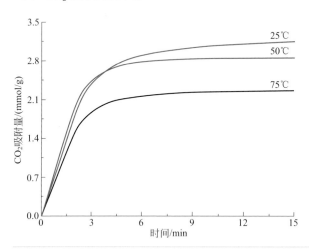

图4-44
不同温度下RF/SiO₂复合气凝胶的CO₂吸附动力学曲线（气体流量300mL/min）

从图中还可以看出，随着温度的升高达到饱和吸附的时间缩短。50℃和75℃下 10min 后吸附量的增加幅度已非常小，基本达到饱和；25℃时吸附量 - 时间曲线则没有明显的平台，说明在整个吸附过程中（15min）吸附一直在进行中，离饱和状态仍有一定距离。虽然升高温度对吸附量有消极影响，但是从动力学理论和上述结果可以看出升高温度可以增加氨基基团的活性，提高 CO_2 与氨基之间的反应速率。图 4-45 为不同温度下 CO_2 与样品在整个吸附过程的吸附速率。可以看出，吸附初始阶段为恒速率吸附阶段，在 50℃而不是 75℃时的吸附速率最大，这是由于吸附和脱附两种反应相互竞争的结果，随着温度的升高脱附逐渐起到主导作用，导致高温时的吸附速率降低。高温下吸附中期已经基本达到吸附饱和或吸附 - 脱附平衡，而低温下由于吸附量较大、反应速率较低，吸附一直持续到中后期。总之，好的 CO_2 吸附剂不仅需要具有高的吸附量，更应该具有高的吸附速率，在实际应用中更是如此。相对于其他氨基功能化的吸附剂，RF/SiO_2 复合气凝胶对 CO_2 的吸附是相当有活力的，数分钟即可完成接近饱和的吸附，而且具有较高的吸附量，这是其他吸附剂在室温下处理低浓度 CO_2 气体时无法达到的。

（3）气体流速　图 4-46 为不同流速下 RF/SiO_2 复合气凝胶的 CO_2 吸附量。在实验条件下，CO_2 吸附量随着流速的增加而降低，尤其是在 700mL/min 后降幅更加明显，从 300mL/min 到 900mL/min 的总降幅为 0.88mmol/g。

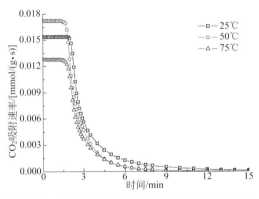

图4-45　不同温度下RF/SiO$_2$复合气凝胶的CO$_2$吸附速率（气体流量300mL/min）

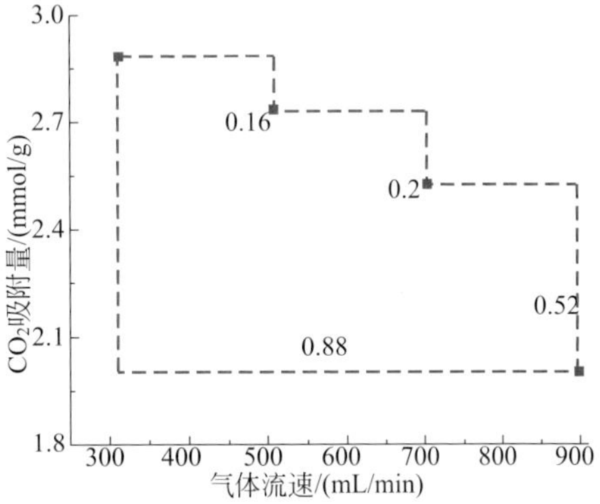

图4-46　不同气体流速下RF/SiO$_2$复合气凝胶的CO$_2$吸附量（吸附温度50℃，水蒸气：CO$_2$=1:1）

气体流速对 CO_2 吸附量的影响可以通过 Wheeler-Jonas 方程来解释，如式（4-10）和式（4-11）。由于使用低浓度的 CO_2 气体，本实验的数据适合使用 Wheeler-Jonas 方程[11]。

$$q_e = \frac{C_{0,CO_2}t_b}{(W/F)-(\beta_B/k_v)\ln[(C_{0,CO_2}/C_{CO_2})-1]} \tag{4-10}$$

即

$$t_b = \frac{Wq_e}{FC_{0,CO_2}} - \frac{q_e\beta_B}{k_vC_{0,CO_2}}\ln(\frac{C_{0,CO_2}-C_{CO_2}}{C_{0,CO_2}})$$

式中，q_e 为 RF/SiO$_2$ 复合气凝胶的吸附量；C_{0,CO_2} 为进口 CO$_2$ 浓度；C_{CO_2} 为出口 CO$_2$ 浓度；F 为气体流速；t_b 为穿透时间；W 为 RF/SiO$_2$ 复合气凝胶的质量；β_B 为填料床的表观密度；k_v 为总体吸附速率常数，min^{-1}。

这里块状 RF/SiO$_2$ 复合气凝胶的作为吸附剂的优势又体现出来了，填料床的表观密度就是气凝胶本身的表观密度，而 RF/SiO$_2$ 复合气凝胶具有完整规则的外形，表观密度计算起来容易且精准。为了考察气体流速到底如何影响吸附量，下面对式（4-10）的几个部分进行研究。

方程（4-10）分母中的第一部分 W/F 与流速 F 相关，即：

$$\frac{W}{F} = f_1(F) \tag{4-11}$$

另外，分母中第二部分的 k_v 和 C_{CO_2} 同样与流速 F 相关。

根据 Lodewyckx 等人的研究，k_v 与 $F^{0.75}$ 的关系为：

$$\frac{\beta_B}{k_v} = f_2(F, x_1, x_2 \cdots x_i \cdots) \tag{4-12}$$

式中，$x_1, x_2 \cdots x_i \cdots$ 为除 F 外影响 k_v 的其他因素。

分母中的第三部分 C_{CO_2} 与 F 的关系可以通过关于 CO$_2$ 和 RF/SiO$_2$ 复合气凝胶的连续性方程，即微分平衡表示：

$$\frac{\partial}{\partial t}(\varepsilon_{RFSA}) = \frac{1}{r^2}\frac{\partial}{\partial r}\left(D_{e,CO_2} r^2 \frac{\partial C_{CO_2}}{\partial r}\right) - r_{CO_2}\beta_{RFSA} \tag{4-13}$$

$$\frac{\partial C_{-NH_2}}{\partial t} = -r_{-NH_2}\rho_{RFSA} \tag{4-14}$$

式中，ε_{RFSA} 为 RF/SiO$_2$ 复合气凝胶的孔隙率；C_{CO_2} 为某一时间（t）RF/SiO$_2$ 复合气凝胶的纳米颗粒中 CO$_2$ 的浓度；r 为 RF/SiO$_2$ 复合气凝胶的纳米颗粒中已反应层和未反应层边界之间的距离；D_{e,CO_2} 为 CO$_2$ 的扩散系数；C_{-NH_2} 为 RF/SiO$_2$ 复合气凝胶中 -NH$_2$ 的浓度；β_{RFSA} 为 RF/SiO$_2$ 复合气凝胶的密度；r_{CO_2} 和 r_{-NH_2} 分别为 CO$_2$ 和 -NH$_2$ 的反应速率。

根据反应式（4-6）的化学计量比，r_{CO_2} 和 r_{-NH_2} 关系为：

$$r_{CO_2} = r_{-NH_2} \tag{4-15}$$

方程（4-13）～（4-15）表明 C_{CO_2} 和 C_{-NH_2} 都与 D_{e,CO_2} 相关。另外，根据达西（Darcy）和菲克（Fick）定律以及 Reichenauer 对气凝胶的研究结果，D_{e,CO_2} 与 CO$_2$ 的速率成反比，即：

$$D_{e,CO_2} \propto v_{CO_2}^{-1} \tag{4-16}$$

另外由于

$$v_{CO_2} \propto F \tag{4-17}$$

和
$$C_{CO_2} \propto D_{e,CO_2}{}^{-1} \qquad (4\text{-}18)$$

结合方程（4-13）～（4-15）可以得出：
$$C_{CO_2} \propto F \qquad (4\text{-}19)$$

从而得出：
$$\ln\left(\frac{C_{0,CO_2}}{C_{CO_2}} - 1\right) = f_3(F, y_1, y_2 \cdots y_i \cdots) \qquad (4\text{-}20)$$

式中，y_1，y_2，y_i 为除 F 外其他影响 C_{CO_2} 的因素。

结合方程（4-12）～（4-14）和方程（4-20）可以得出：
$$q_e = \frac{C_{0,CO_2}}{f_1(F) - f_2(F, x_1, x_2 \cdots x_i \cdots) f_3(F, y_1, y_2 \cdots y_i \cdots)} \qquad (4\text{-}21)$$

从方程（4-21）可以明显看出流速 F 对 RF/SiO$_2$ 复合气凝胶的 CO$_2$ 吸附量的影响，即升高气体流速 RF/SiO$_2$ 复合气凝胶的 CO$_2$ 吸附量降低。

此外，该 RF/SiO$_2$ 复合气凝胶还可以用于空气捕集（air capture），即从空气中捕集 CO$_2$。虽然都是 CO$_2$ 吸附过程，由于 CO$_2$ 浓度极低，从空气中捕集 CO$_2$ 显得尤为困难，对吸附剂的要求也更苛刻。

第二节
重金属离子吸附用氨基改性氧化硅气凝胶

一、Cu^{2+}吸附

1．Cu^{2+} 吸附研究进展

由于重金属具有不易降解性和毒效长期持续性，使得水体重金属污染已经成为当今世界上最严重环境问题之一，有效地解决重金属物质对水体的污染意义重大。目前常用去除水体中重金属离子的方法主要有化学沉淀法、物理吸附法、氧化还原法、电解法和离子交换树脂法等。化学沉淀法的工作原理是通过化学沉淀反应将废水中的重金属离子转化为难溶于水的沉淀物，然后经过凝聚、沉降、浮选、过滤、离心等一系列工艺过程使得离子态重金属转化为不溶性的重金属盐与

无机颗粒一起沉降，如形成氢氧化物沉淀物、碳酸盐沉淀物和钡盐沉淀物等。化学沉淀法曾用来处理工业区排放的污水，但是处理效果不佳，大量的重金属离子形成的沉淀污泥难以有效被处理，容易引发二次污染，且处理量小、运行成本高、操作管理麻烦、不能有效地解决金属和水资源再生利用等问题。电解法的原理是重金属离子在阴极表面得到电子被还原为金属。该方法的主要优点是去除效率高，无二次污染，但是其缺点在于单阴/阳极体中阴极电流效率较低，沉积速度较慢，在稀溶液中进行电解时，电解过程中会产生大量氢气致使电流效率较低，难以实现对废水大规模使用和深度净化。因此该方法用于处理重金属含量浓度高的废水比较经济，且处理效率高并便于回收利用，但因其电耗大、投资成本高，一般不选用该方法处理重金属离子浓度较低的废水。离子交换法的原理是依靠交换剂本身携带的可以自由移动的离子与被处理溶液中的同类离子发生离子相互交换作用，实现定向去除某种离子的目的。树脂中含有的各种活性基团是推动离子发生交换的动力，主要是由于树脂中含有的大量的—OH、—COOH、—NH$_2$等官能团，能够与重金属离子发生螯合反应生成螯合物，因而这些功能性树脂材料能十分有效地去除废水中的重金属离子。常见的功能性树脂主要可分为阴、阳离子交换树脂，其中阳离子交换树脂是由聚合体阴离子和可供交换的阳离子构成，常用于去除废水中的 Cu^{2+}、Zn^{2+}、Cr^{3+} 和 Ni^{2+} 等重金属阳离子；阴离子树脂主要是树脂中可供交换的阴离子与废水中 $Cr_2O_7^{2-}$ 或者 $HCrO^{4+}$ 发生阴离子交换作用，从而达到净化含 Cr^{6+} 废水的目的。相比较前面的两种方法而言，离子交换法处理重金属离子被认为是较为理想的处理方法之一，主要是因为其重金属离子脱除率高、占地面积小、操作工艺简单且易于再生，不会对环境造成二次污染。与此同时，离子交换法也有一次性投资比较大、树脂易受污染或氧化失效、再生频繁、操作费用较高等缺点。

SiO_2 气凝胶是一种新型轻质纳米多孔材料，具有高比表面积（高达 1000m^2/g）、高孔隙率（高达 99%）、低密度（0.02g/cm^3）等优点，可用作隔热材料、隔音材料以及吸附材料等。作为吸附材料，鉴于硅基气凝胶的三维网络结构、比表面积大、表面基团可控且制备工艺简单、成本低等优点，在吸附材料中引入特定基团可以实现对金属阳离子、含氧阴离子和有机污染物的选择性吸附与分离。将气凝胶和特定基团集合在一起可制备出功能化阴离子改性硅基气凝胶复合材料，将对重金属离子废水处理行业起到革命性变化，可用于冶金、电镀、印刷、化工和石油工业所产生废水中的铜、锌、银、铅、镉、汞、铬等重金属的吸附与分离，为处理重金属废水污染问题提供一条新的途径。

研究人员用二氧化碳超临界干燥制得的海藻酸钙多孔气凝胶珠来吸附水体中的 Cu^{2+}、Cd^{2+}，该二氧化碳超临界干燥制得的海藻酸钙多孔凝胶的有效活性成分比原材料干凝胶的活性成分高出 20%，其对 Cu^{2+}、Cd^{2+} 的吸附量分别为

126.82mg/g、244.55mg/g。用氧化石墨烯气凝胶吸附铜离子，相比于传统的活性炭来说，能很快达到吸附平衡状态，且吸附量最高能达到29.59mg/g，去除率能达到96.8%。要提高其吸附性能，关键在于选择适宜的表面改性剂对气凝胶进行改性制备出含阴离子基团SiO_2气凝胶。用未改性的炭气凝胶吸附Ca^{2+}、Pb^{2+}，有很好的效果，Ca^{2+}在pH值为6.0～7.0，温度为70℃时，其吸附量达到最大，为15.53mg/g；Pb^{2+}在pH值为4.0～7.0，温度为70℃时，其吸附效果最佳。以硫基为改性基团制得SiO_2气凝胶吸附Cu^{2+}和Hg^{2+}，且在pH为4时，对Cu^{2+}吸附最好，可达97%以上；pH为6时，对Hg^{2+}吸附最好，可达99%以上。以用4-氨基-5-甲基-1,2,4-三唑-3(4H)-硫羰改性二氧化硅气凝胶，发现4-氨基-5-甲基-1,2,4-三唑-3(4H)-硫羰改性二氧化硅气凝胶对Ag^+的最大吸附量为17.24mg/g。

2. Cu^{2+} 吸附用改性 SiO_2 气凝胶制备

关于改性 SiO_2 气凝胶用于重金属吸附方面的研究，本书著者团队也开展了相关实际工作，通过在 SiO_2 气凝胶中引入一些含活泼官能团单体的方法将对重金属离子具有良好吸附效果的氨基嫁接到 SiO_2 气凝胶中，从而制备具有特殊功能组分的 SiO_2 气凝胶；深入研究该类特殊功能组分的 SiO_2 气凝胶对重金属离子特别是 Cu^{2+} 的吸附行为。课题组成员采用溶胶-凝胶法结合表面改性后处理法，经乙醇超临界干燥，分别制备了氨基功能化 SiO_2 气凝胶、γ-脲丙基功能化 SiO_2 气凝胶、低成本氨基功能化 SiO_2 气凝胶。制得的氨基功能化的 SiO_2 气凝胶比表面积为 $100～500m^2/g$；孔体积为 $0.47～1.49cm^3/g$；材料孔径为 $1～80nm$。重点研究功能化 SiO_2 气凝胶对重金属离子吸附性能的规律，并结合 XPS 表面分析技术研究其吸附机理。研究表明氨基功能化 SiO_2 气凝胶吸附 Cu^{2+} 的拟合效果非常好，符合准二阶动力模型，反应过程是吸热过程。吸附等温曲线符合Langmuir 等温方程，即 Cu^{2+} 在吸附剂表面通过单分子层吸附，吸附量理论饱和值为 176.68mg/g。γ-脲丙基功能化 SiO_2 气凝胶吸附 Cu^{2+} 过程适合 Langmuir 等温吸附模型，最大吸附量 $Q_e=153.14mg/g$，与最大吸附量为 152.81mg/g 相近，根据 XPS 分析结果，N 与 Cu^{2+} 发生络合反应。低成本氨基功能化 SiO_2 气凝胶吸附Cu^{2+} 过程适合 Langmuir 等温吸附模型，最大吸附量 $Q_e=148.14mg/g$，与最大吸附量 147.17mg/g 相近，且根据 XPS 分析结果，N 与 Cu^{2+} 发生络合反应。

图 4-47 所示的是纯气凝胶、氨基功能化 SiO_2 气凝胶、γ-脲丙基功能化气凝胶、低成本氨基功能化 SiO_2 气凝胶的样品图。

图 4-48 所示的是纯气凝胶、氨基功能化 SiO_2 气凝胶、γ-脲丙基功能化气凝胶、低成本氨基功能化 SiO_2 气凝胶的 SEM 图。由图 4-48 可以看出，改性前后，气凝胶的表面形貌并没有发生多大的变化，可以看出其三维网络状的结构还是纳米结构。

图4-47 SiO₂气凝胶的样品图：（a）未改性；（b）氨基功能化；（c）γ-脲丙基功能化；（d）低成本氨基功能化

图4-48 SiO₂气凝胶的SEM图：（a）未改性；（b）氨基功能化；（c）γ-脲丙基功能化；（d）低成本氨基功能化

图 4-49 所示的是纯气凝胶、氨基功能化 SiO$_2$ 气凝胶、γ- 脲丙基功能化气凝胶、低成本氨基功能化 SiO$_2$ 气凝胶的 N$_2$ 吸附脱附曲线。由图 4-49 可以看出两者都是在整个压力范围向下凹曲线，表明与 N$_2$ 吸附表面最初形成一个多层复合材料。从等温线的形状可以观察到，气凝胶吸附类似Ⅲ型等温线。

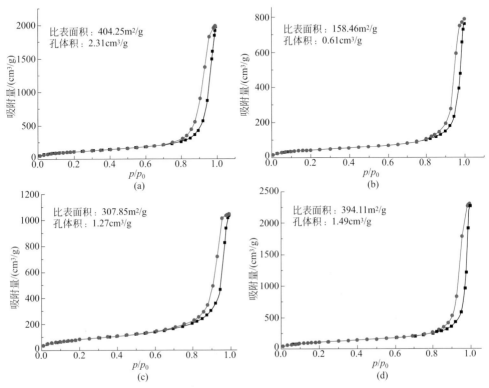

图4-49 SiO$_2$气凝胶的N$_2$吸附（黑）脱附（红）曲线：（a）未改性；（b）氨基功能化；（c）γ-脲丙基功能化；（d）低成本氨基功能化

3. 改性 SiO$_2$ 气凝胶 Cu^{2+} 吸附性能

研究结果表明四种因素均对吸附性能有明显影响（图 4-50）：pH<3 时吸附剂的吸附性能有明显降低，pH 在 3.5 ～ 4.5 时吸附性能基本维持不变；温度越高吸附性能越好，这是由于较高的温度有利于吸附质的扩散传质，低于 35℃时温度效应显著，高于 55℃时几乎没有温度效应；吸附剂用量越小，吸附量越大，但去除率越小，这是因为过量的吸附质有利于吸附剂在一定时间内达到饱和吸附；溶液中 Cu^{2+} 浓度越高吸附量越大。总体而言，吸附剂的吸附量最高可达 160mg/g 以上。

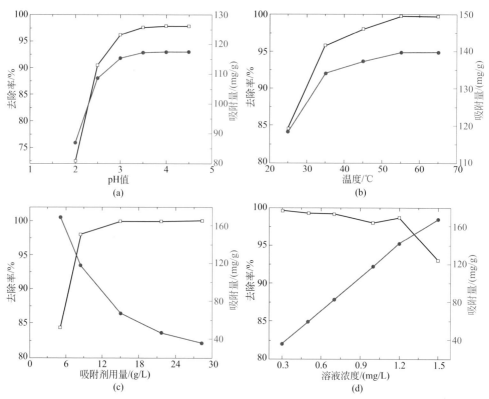

图4-50　不同影响因素氨基功能化SiO₂气凝胶对Cu²⁺吸附性能的影响：（a）pH；（b）温度；（c）吸附剂用量；（d）溶液浓度

氨基功能化 SiO₂ 气凝胶吸附 Cu²⁺ 的 Langmuir 和 Freundich 吸附等温线如图 4-51 所示，Langmuir 和 Freundich 吸附等温方程相关参数如表 4-6 所示。吸附

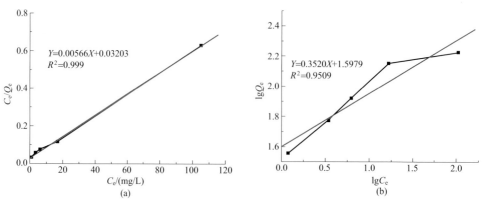

图4-51　氨基功能化SiO₂气凝胶吸附Cu²⁺的Langmuir（a）和Freundich（b）吸附等温线

剂的用量 8.33g/L，溶液浓度为 1mg/mL，pH 值为 4，并在室温 25℃下振荡 1h，固振频率为 200r/min，吸附平衡所需的时间为 60min，准二阶动力模型的相关数 R^2 为 0.999，氨基功能化 SiO_2 气凝胶吸附 Cu^{2+} 的拟合效果非常好，符合准二阶动力模型，反应过程是吸热过程。吸附等温曲线符合 Langmuir 等温方程，即 Cu^{2+} 在吸附剂表面通过单分子层吸附，吸附量理论饱和值为 176.68mg/g。

表4-6　氨基功能化 SiO_2 气凝胶吸附 Cu^{2+} 的 Langmuir 和 Freundich 吸附等温方程相关参数

Langmuir吸附等温方程			Freundich吸附等温方程		
Q_m/(mg/g)	b/（L/mg）	R^2	K_f	$1/n$	R^2
176.68	0.1767	0.999	39.62	0.3520	0.951

γ- 脲丙基功能化 SiO_2 气凝胶吸附 Cu^{2+} 的 Langmuir 和 Freundich 吸附等温线如图 4-52 所示，Langmuir 和 Freundich 吸附等温方程相关参数如表 4-7 所示。Langmuir 等温方程式的相关系数 R^2 为 0.992，Freundich 等温方程式的相关系数 R^2 为 0.983，比较 R^2 可知 γ- 脲丙基功能化 SiO_2 气凝胶吸附 Cu^{2+} 符合 Langmuir 等温吸附模型，同时也符合 Freundich 等温吸附模型。在 Langmuir 等温吸附模型中 γ- 脲丙基功能化 SiO_2 气凝胶吸附 Cu^{2+} 的最大吸附量为 153.14mg/g。

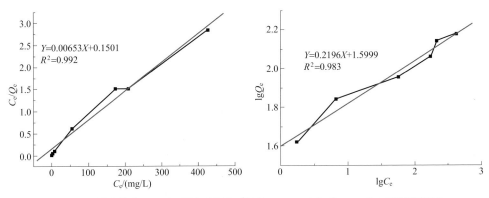

图4-52　γ-脲丙基功能化 SiO_2 气凝胶吸附 Cu^{2+} 的 Langmuir 和 Freundich 吸附等温线

表4-7　γ- 脲丙基功能化 SiO_2 气凝胶吸附 Cu^{2+} Langmuir 和 Freundich 吸附等温方程参数

Langmuir吸附等温方程相关参数			Freundich吸附等温方程相关参数		
Q_m/(mg/g)	b/（L/mg）	R^2	K_f	$1/n$	R^2
153.14	0.0435	0.992	39.80	0.2196	0.983

低成本氨基功能化 SiO_2 气凝胶吸附 Cu^{2+} 的 Langmuir 和 Freundich 吸附等温线如图 4-53 所示，Langmuir 和 Freundich 吸附等温方程相关参数如表 4-8 所示。Langmuir 等温方程式的相关系数 R^2 为 0.997，Freundich 等温方程式的相关系数 R^2 为 0.996，比较 R^2 可知氨基功能化 SiO_2 气凝胶吸附 Cu^{2+} 吸附同时符合两个等

温吸附模型。在 Langmuir 等温吸附模型中氨基功能化 SiO$_2$ 气凝胶吸附 Cu^{2+} 的最大吸附量为 148.14mg/g，与实际结果 147.17mg/g 相近。

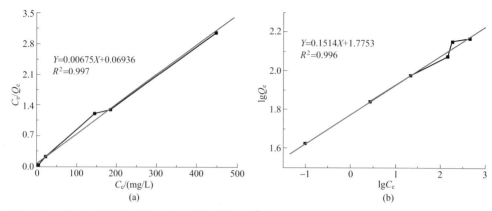

图4-53　低成本氨基功能化SiO$_2$气凝胶吸附Cu^{2+}的Langmuir（a）和Freundich（b）吸附等温线

表4-8　氨基功能化 SiO$_2$ 气凝胶吸附 Cu^{2+} 的 Langmuir 和 Freundich 吸附等温方程相关参数

Langmuir方程			Freundich方程		
Q_m/(mg/g)	b/（L/mg）	R^2	K_f	$1/n$	R^2
148.14	0.9732	0.997	59.61	0.1514	0.996

　　鉴于 SiO$_2$ 气凝胶具有高通透的三维网络结构、非常高的比表面积且表面基团可控，是作为吸附剂材料的选材之一。实验主要是去除水中的重金属离子，以正硅酸四乙酯为前驱体，分别制备出湿凝胶，然后分别添加 APTES 和 γ- 脲丙基三甲氧基硅烷为改性剂，制备出氨基功能化 SiO$_2$ 气凝胶、γ- 脲丙基功能化 SiO$_2$ 气凝胶。同时也考虑到正硅酸四乙酯价格比较高昂，本着从实际应用的角度出发，又以水玻璃为前驱体，APTES 为改性剂，制备了以水玻璃为原料的氨基功能化 SiO$_2$ 气凝胶。同时也研究了功能化 SiO$_2$ 气凝胶对 Cu^{2+} 吸附性能的影响，该材料对低浓度的重金属离子有很好的吸附效果，吸附后的废水能达到其排放的标准，对其工业化生产也是该课题值得拓展的一个方向。

二、Cr^{3+}吸附

1. Cr^{3+} 吸附研究进展

　　铬是一种重金属元素，广泛存在于电镀、印刷、冶金、鞣革和制铬酸等行业所排放的工业废水中，其主要以 Cr^{3+} 和 Cr^{6+}（铬酸盐）的形式存在，Cr^{3+} 的毒

性要低于 Cr^{6+}，但 Cr^{3+} 易于氧化成为具有强致癌作用的 Cr^{6+}，因此工业废水中的 Cr^{3+} 和 Cr^{6+} 均会对生态环境及生物产生极大危害，以及会对水源及动、植物产生非常严重的毒害作用。对于人而言，其可通过皮肤、呼吸道等各种途径侵入体内，引起病态反应其至引发强致癌作用。

目前含铬离子废水处理方法主要有物理吸附法、膜分离法、离子交换法、电解还原法及沉淀还原法等，但是这些方法就本身而言存在一定的局限性，或因形成了沉淀难以被处理掉，极易发生二次污染；或因处理能力有限，难以用于大规模处理；或因处理费用高昂，不宜用于低利润行业，使其在实际应用中受到限制。就重金属的吸附而言，SiO_2 气凝胶凭借自身高孔隙率、大的比表面积、密度低、脱吸附能力强的特点也对水体中的 $Cr(VI)$ 起到很好的去除作用。常亮亮[15] 等以疏水型 SiO_2 气凝胶为吸附剂，研究其对 $Cr(VI)$ 的吸附性能，重点考察 pH、吸附时间、气凝胶用量对 $Cr(VI)$ 吸附率的影响，阐明了吸附 $Cr(VI)$ 的动力学吸附特性，符合准二级动力学模型，在 pH 为 2，气凝胶量为 0.4g 时，在 75min 后，疏水 SiO_2 气凝胶对 $Cr(VI)$ 最大吸附量为 122mg/g。朱建军等[16] 以正硅酸乙酯（TEOS）为原料，通过酸（草酸）- 碱（氨水）两步催化，采用溶胶 - 凝胶法常压干燥制备了改性 SiO_2 气凝胶，并用其处理含 Cr^{3+} 废水，考察了改性剂种类、气凝胶用量、吸附时间、pH 对吸附率的影响。结果表明：利用 $V(HMDZ):V($正己烷$)$ 为 1:15 的改性气凝胶，当 pH 为 6.0、吸附时间为 20h 时，吸附率最高，高达 99%，能有效处理含 Cr^{3+} 废水。

2. 改性 SiO_2 气凝胶制备及 Cr^{3+} 吸附性能

关于去除水体中的 Cr^{3+} 所用的改性 SiO_2 气凝胶，本书著者团队也开展了相关的研究工作。

将 TEOS、H_2O、C_2H_5OH 及酸性催化剂 HCl 按不同体积比混合，并倒入烧杯中，在 50℃ 条件下搅拌水解 1.5h，加入碱性催化剂调节 pH 值到 7 左右，碱性催化剂为 NH_3，继续搅拌 5～10min，倒出，于室温下 25℃ 静置凝胶。凝胶 4h 后，加入 APTES 与 C_2H_5OH 体积比为 1:2 的改性剂溶液，改性时间为 9 天，每一天换一次上述的改性剂。9 天后，加无水乙醇溶液置换未反应的 APTES，12h 换一次，直到无水乙醇的 pH 值为 7 左右，在 275℃ 及 10MPa 条件下通过乙醇超临界干燥获得氨基功能化 SiO_2 气凝胶。

本书著者团队以正硅酸四乙酯为原料，以 ATPES 为改性剂通过乙醇超临界干燥获得疏水性氨基功能化 SiO_2 气凝胶，该气凝胶的孔径为 1～50nm、比表面积 759m^2/g、孔体积 2.2cm^3/g，重点研究了吸附时间、吸附 pH 值、吸附剂用量、溶液浓度对水体中 Cr^{3+} 吸附性能影响。该吸附材料显示出对 Cr^{3+} 较强吸附能力。

图 4-54 为不同影响因素下疏水性氨基功能化 SiO_2 气凝胶对 Cr^{3+} 吸附性能的影响，主要从吸附时间、pH 值、吸附剂的用量以及溶液浓度这四个因素入手。

从图中可知，当溶液浓度为 0.4mg/mL，pH 值为 6.5，当吸附剂的量为 21g/L 时，在 50min 内吸附剂的吸附量达到 42mg/g 左右。

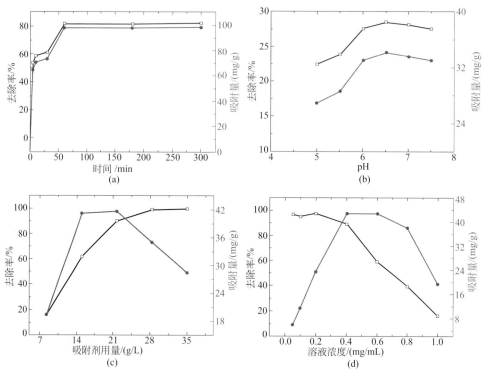

图4-54　不同影响因素下氨基功能化SiO$_2$气凝胶对Cr^{3+}吸附性能的影响：（a）吸附时间；（b）pH；（c）吸附剂用量；（d）溶液浓度

三、其他重金属离子吸附

不同类别的 SiO$_2$ 气凝胶复合材料除了上述重金属离子吸附外还可用于其他重金属的吸附，如对水体中 Fe^{3+}、Hg^{2+}、Pb^{4+}、Cd^{2+} 等离子的吸附。Faghihian 等[17]以丙基三乙氧硅烷为 SiO$_2$ 气凝胶修饰剂获得氨基化 SiO$_2$ 气凝胶，用于去除水体中的重金属粒子 Pb^{4+} 和 Cd^{2+}，重点考察了 pH、吸附时间、吸附质浓度和吸附剂用量对 Pb 和 Cd 吸附行为的影响，获得了最佳吸附条件下对 Pb^{4+} 和 Cd^{2+} 吸附的最大量分别为 45.45mg/g 和 35.7mg/g。以 TEOS、氧氯化锆为前驱体，分相法制备的 SiO$_2$-ZrO$_2$ 复合气凝胶用于离子的吸附，最大的吸附值高达 215.67mg/g。Kabiri 等[18]用一种简单的自组装法合成了一种石墨烯-硅藻硅气凝胶用于吸附水中的汞离子，研究了该吸附材料在不同 pH 值、吸附时间、汞离子浓度对汞离子吸附的最佳吸附条件，结果显示该吸附材料对汞离子的最大吸附值超过 500mg/g，吸附平衡曲线很好地符合了 Langmuir 模型，显示出了对汞离子超强的吸附作用。朱建军等[19] 以三甲基氯硅烷（TMCS）和六甲基二胺烷（HMDZ）为改性剂制备出改性 SiO_2 气凝胶，重点考察了改性剂种类和用量对改性 SiO_2 气凝胶吸附去除 Fe^{3+} 效果的影响，结果显示经 TMCS 改性的 SiO_2 气凝胶具有更好吸附效果，最佳条件下静态吸附过程中对 Fe^{3+} 的去除率高达 98.32%，吸附后剩余 Fe^{3+} 质量浓度仅为 0.168mg/L，且动态吸附后废水中剩余 Fe^{3+} 质量浓度仅为 0.196mg/L。国外研究人员还制备出了疏水性纳米 SiO_2 气凝胶修饰活性炭复合材料并用于水溶液中有毒无机物铀的吸附处理。

第三节
有机物吸附用疏水氧化硅气凝胶

一、烷烃吸附

1. 烷烃吸附研究进展

烷烃类有机物，即饱和烃化合物，属于碳氢化合物下的一种饱和烃类物质，其整体构造大多仅由碳、氢、碳碳单键与碳氢单键所构成，同时也是最简单的一种有机化合物，其主要包括甲烷、乙烷、丙烷、丁烷、戊烷、己烷、庚烷和辛烷等饱和烷烃。其中甲烷、乙烷和丙烷是天然气的重要组成成分，而石油是含有烷烃种类最多的混合有机物。烷烃化合物不仅是燃料的重要来源，同时也是现代化学工业的重要原料。烷烃类污染问题主要是由我国矿物燃料大规模消耗、化学制造和石化废料废水的肆意排放等原因造成的，部分烷烃化合物对人体表现出较强的致癌作用和致突变性，部分烷烃化合物还对生态环境恶化产生刺激作用，易对土壤、水体、大气、地下水和各类生物造成不同程度的污染。大多数烷烃类有机物在土壤和沉积物环境中因具备较强的疏水性而易趋向于迁移到土壤或沉积物颗粒当中，并且与天然水体中富含的其他有机物发生相互作用，真正保留在水体中的很少。当土壤或沉积物遭受一定程度的其他污染时，会与其所接触水体之间发生相当频繁的交换行为，引发水体二次污染行为。所以必须采取行之有效的控制措施来避免烷烃类有机物对水体和土壤的污染。

目前，烷烃类有机物的处理方法按作用机理大致可分为物理法、化学法和生化法。吸附是物理法中最为常见的一种处理方式，通常是将一些具有吸附特性和吸附容量的材料作为吸附剂，如活性炭、活性炭纤维、沸石和交换树脂等，加入含有高浓度的有机物或者重金属离子的废水中，通过吸附剂本身的吸附接触位点起到降低水体中污染物浓度的作用，从而净化水体。但是该法存在着很大的弊端，残留在吸附材料表面的污染物并没有被降解，传统的吸附材料容量有限，极易造成二次污染。目前研究者更多的是寻求更好的吸附材料或将物理吸附与其他处理方式进行有机结合，以求获得更好的处理效果。吸附过程一般多用于前期的预处理过程，从而为后续的其他处理方法起到降低降解负荷的作用，同时也能够提升处理效率和效果。单思行等[20]将吸附处理法同臭氧氧化法进行联合使用，用于对含有维生素 B_{12} 的废水进行脱色处理，该法对废水的色度去除率可达到68.8%，极大地方便了后续处理过程。膜分离技术是起源于 20 世纪 80 年代广泛用于气体分离、工业用水处理和结晶纯化等方面的一种高效节能技术，现已被引入废水中用于处理难降解的有机物，同时也与其他的处理方面进行了有机结合，显示出广阔的应用前景。Mozia 等[21]将膜分离技术与光催化技术耦合处理废水中的有机碳，先用 TiO_2 光催化处理废水然后再用超滤膜进行后续处理，两次处理之后的印染废水中的有机碳的浓度低于 1.5g/L，实现了对废水中良好的光降解作用和净化效果。光催化氧化处理技术是目前用于有机污染物氧化处理的一种新型技术，通过在光照作用下促使光催化剂的电子发生电子跃迁现象产生极强氧化性的光生空穴从而对有机污染物催化降解。与现有其他处理技术相比，该技术具有活性高、绿色安全、经济高效和可循环利用等特点。王伶俐等[22]以十六烷基硫酸吡啶为表面活性剂作为改性模板，结合水热溶剂法制备出了具有片状结构的 BiOI 光催化材料，该样品显示出了对罗丹明 B 和无色小分子 4- 氯苯酚良好的光催化性能，光照20h 后其对以罗丹明为模拟污染物的水体中有机碳的含量（TOC）降低 90%。罗利军等[23]制备出以活性炭作为载体的纳米 TiO_2 光催化材料，在微波辐射作用下用于处理印染工业废水。由研究结果发现，微波能诱导 TiO_2 产生光生电子和空穴，从而表现出较强的光催化特性，在实验条件下实现了对废水中有机污染物的彻底降解。从烷烃类有机物的处理效果来看，光催化法是一种十分有潜力的处理方法。

疏水改性的二氧化硅气凝胶对有机溶剂的吸附效果远好于其他吸附材料。区叶秀[24]在常压条件下制备出以六甲基二硅氮烷（HMDZ）为表面疏水改性剂的疏水性 SiO_2 气凝胶材料，研究了该疏水性 SiO_2 气凝胶对甲烷、乙醇等有机物的吸附性能，结果该吸附材料对水体中的三氯甲烷显示出较好的祛除效果，且在常温下风干 24h 后仍然保有高达 50.23% 的残余吸附率，重复使用 10 次之后，依然保有 30.5% 的残余吸附率。以 MTMS 为原料制备的疏水型 SiO_2 气凝胶，分别研究了其对烷烃类、醇类、苯类和油类物质的吸附效果，发现在 30℃下即可解吸附，但不同物质解吸附时间不同，最大的吸附量可达到自身重量的 20 倍。因此表面改性剂对疏水性 SiO$_2$ 气凝胶的疏水性能及其吸附效果的影响尤为重要。疏水性 SiO$_2$ 气凝胶对苯、甲苯、对二甲苯、邻二甲苯、三氯乙烯、氯苯等 6 种有机物的吸附量均在 16mL/g 以上，其吸附能力显著强于纯 SiO$_2$ 气凝胶和活性炭。

2. 疏水 SiO$_2$ 气凝胶制备及烷烃吸附性能

本书著者团队采用原位聚合法，分别以 MTES、乙烯基三乙氧基硅烷（VTES）和苯基三乙氧基硅烷（PTES）为改性剂均制备出疏水性良好的 SiO$_2$ 气凝胶，其接触角分别为 125°～165°、123°～157° 和 120°～154°，孔径分别为 14.71～24.52nm、14.49～16.51nm 和 13.48～16.52nm，孔体积分别为 3.13～4.33cm^3/g、3.02～3.06cm^3/g 和 2.19～3.45cm^3/g，比表面积分别为 674.47～850.22m^2/g、742.25～833.36m^2/g 和 651.07～835.89m^2/g。疏水性 SiO$_2$ 气凝胶对烷烃类有机物的吸附性能研究结果表明，对于同种 SiO$_2$ 气凝胶，吸附量与液体的表面张力成正比，其中对戊烷的表面张力为 15.49mN/m，吸附量高达 8.23g/g。脱附时间与液体的表面张力和沸点成正比，戊烷的沸点为 36.1℃，脱附时间为 37min。

图 4-55（a）、（b）、（c）分别为 MTES、PTES 和 VTES 改性的 SiO$_2$ 气凝胶的 SEM 图。

图4-55　不同改性剂改性后所制备的SiO$_2$气凝胶的SEM图：（a）MTES；（b）PTES；（c）VTES

表 4-9 为几种样品对戊烷的吸附性能参数。从表中可以看出，疏水改性后的 SiO_2 气凝胶的吸附量均大于改性前 SiO_2 气凝胶（M_0）的吸附量，即改性可以达到疏水的目的，又提高了其对有机物的吸附量，其中吸附量最大的是样品 M_2，因此以下实验选用样品 M_2（MTES 疏水改性 SiO_2 气凝胶）。

表4-9　疏水 SiO_2 气凝胶对戊烷的吸附性能

样品	M_0	M_2	V_3	H_{40}	H_{20}	P_1
孔径/nm	16.53	26.73	16.94	17.14	17.13	16.52
接触角/（°）	116	138	139	157	152	120
吸附量/（g/g）	6.16	8.23	6.56	6.90	6.87	6.32

图 4-56 为 M_2 对烷烃类有机化合物的吸附量和脱附时间的关系。由图可以看出，初始阶段吸附量随着时间的延长成急剧下降趋势，这说明脱附时吸附量能在很短时间内降到很低。图 4-57 为吸附了戊烷的 SiO_2 气凝胶的再生效率随着再生次数的变化关系。从图中可以看出，随着再生次数的增多，再生率逐渐降低，再生次数为 20 次时，再生率仍在 94% 以上，说明 SiO_2 气凝胶的再生效果非常好，可以作为吸附剂来循环使用。

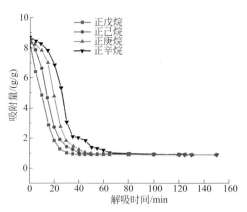

图4-56　烷烃的吸附量和脱附时间的关系

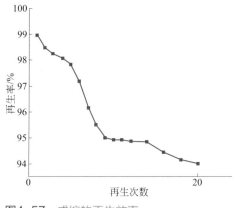

图4-57　戊烷的再生效率

图 4-58 分别为疏水 SiO_2 气凝胶吸附戊烷前后的 N_2 吸附 - 脱附等温线。由图 4-58 可以看出，吸附后气凝胶的 BET 吸附曲线没有发生明显的变化，仍有明显的滞后环，说明有机溶剂没有破坏气凝胶的孔结构。

图 4-59 为疏水 SiO_2 气凝胶 M_2 吸附戊烷前后的孔径分布图。由图 4-59 可见：

吸附后孔体积略有降低，最大孔径也有所降低，但仍在 20nm 以上，说明吸附后气凝胶仍具有较大的孔径，可循环使用。

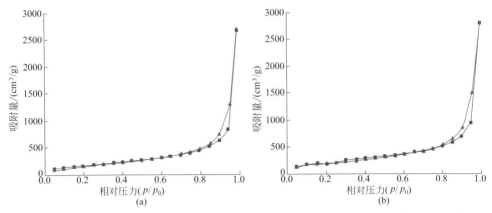

图4-58 疏水SiO$_2$气凝胶吸附戊烷前后的N$_2$吸附-脱附等温线：（a）吸附戊烷前；（b）吸附戊烷后

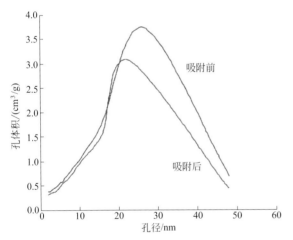

图4-59 疏水SiO$_2$气凝胶M$_2$吸附戊烷前后的孔径分布图

综上可得，疏水性 SiO$_2$ 气凝胶对烷烃有机液体的吸附性能优于活性炭，吸附量可以达到自身重量的 12 倍。当 SiO$_2$ 气凝胶的结构一定时，吸附量和液体的表面张力成正比，脱附时间和液体的表面张力和沸点有关，表面张力越低，沸点越低，脱附时间越短。并且 SiO$_2$ 气凝胶的再生效果很好，吸附了戊烷的 SiO$_2$ 气凝胶再生 20 次后再生率仍在 94% 以上，这表明 SiO$_2$ 气凝胶在吸附方面具有很好的应用前景。

二、苯类有机物吸附

1．苯类有机物吸附研究进展

苯环类有机物多是指含有一个或多个苯环的芳香族有机化合物，常见的有苯、甲苯、间二甲苯、对二甲苯、乙苯、氯苯和联苯等。苯类化合物大多是无色具有特殊芳香气味的液体，主要存在于煤焦油或石油中，作为常用的有机溶剂，广泛应用于油漆、涂料、塑胶和农药化工行业。其中目前室内装修中经常用到甲苯和二甲苯等化合物作为各类油漆、涂料及防护材料的溶剂和稀释剂。一些苯环类化合物具有易挥发、易燃、蒸气易爆的特点，使用和存放都有着严格的限制，主要是由于该类有机物对人的危害性极大。如果人在短时间内吸入或接触高浓度的苯或苯的化合物，可能会产生不同程度精神问题，轻者可致头晕头痛、恶心乏力，严重者可致意识模糊甚至昏迷，如果长期接触一定浓度的苯或苯的有机物会出现精神衰弱、血小板降低导致再生障碍性贫血以及不同程度的肝、肾损伤，更严重的还可导致胎儿先天性障碍。目前苯系污染物已经被世界卫生组织确定为致癌物质。

苯及苯系物的防治方法依然以物理法、化学法和生化法为主。常用的材料如物理处理法采用吸附性材料，如活性炭、沸石及其他硅酸盐材料等；化学处理法主要以活性炭或沸石为载体，加上各种反应物质使其与苯系化合物发生化学反应，还有光催化材料、离子交换型材料、喷雾型化学反应材料和纳米性多功能净化材料。在 CO_2 吸附处理中已经提到了，传统的吸附性材料，如活性炭，虽具备一定的吸附效果，但是易于引发二次污染，不能够重复使用。

刘善云等[25]以稻壳灰为原料制备出甲基官能团改性的疏水性 SiO_2 气凝胶，并研究了其对水中苯酚和甲醛的吸附性能，研究结果显示该材料对苯酚和甲醛的吸附容量分别为 1.93mg/g 和 0.92mg/g，说明疏水性 SiO_2 气凝胶对苯酚和甲醛具有一定的吸附能力。而且还发现，对水中微量苯酚和甲醛的平衡吸附容量提升在一定程度上可以通过增大气凝胶的疏水化程度来完成；且对苯酚的吸附平衡过程很好地符合 Langmuir 和 Freundlich 模型，且对甲醛的吸附也符合 Freundlich 模型。Hrubesh 等[26]以 TMOS 为硅源、3，3，3，-三氟丙基-三甲氧基硅烷为改性剂，制备出了一种超疏水的改性 SiO_2 气凝胶，水性接触角为 150°，针对水溶液中甲苯、乙醇、三氯乙烯和氯苯表现出了很好的吸附效果，吸附容量值均远超同等条件下的颗粒活性炭，吸附等温线均符合 Freundlich 等温线。Dou 等[27]通过静态、动态吸附过程研究了一种碳复合 SiO_2 气凝胶（CSA）对苯分子的吸附动力学关系，通过与活性炭的对比分析，证明了 CSA 由于吸附-脱附过程中较少的传质作用而具备更强的吸附-脱附能力。Standeker 等[28]以 MTMS 和 TMES 分别为改性

剂制备出疏水性 SiO_2 气凝胶，其对水中有毒有机物（如苯、甲苯和氯苯等）的吸附效果为活性炭的 15～400 倍，且在 100℃惰性气体下处理后即可得到再生，经过 20 次吸附/解吸附过程后吸附效果基本不变。钱明娟等[29]采用溶胶凝胶法制备的 SiO_2 气凝胶与无纺布或毡可以在一定的工艺条件下进行复合，将得到的复合材料对苯进行吸附研究。结果表明，复合材料对苯的吸附效率超过了传统吸附材料的饱和吸苯率，且吸附率随着单位面积所复合气凝胶的量的增加而增加。Qin 等[30]在常压条件下制备了以正硅酸乙酯为硅源，结合溶胶凝胶法和表面修饰技术制备出一种高孔隙率和高比表面积的疏水性 SiO_2 气凝胶，该疏水性 SiO_2 气凝胶对去除水中苯酚吸附的最大浓度值为 142mg/L，显示出对去除水体中苯酚的巨大潜力。吸附机理表明，疏水性 SiO_2 气凝胶颗粒对苯酚的吸附过程比较复杂，主要包括边界层扩散和颗粒间扩散两个阶段。

2. 疏水 SiO_2 气凝胶制备及苯类有机物吸附性能

本书著者团队以正硅酸四乙酯为硅源，以甲基三乙氧基硅烷、苯基三乙氧基硅烷和乙烯基三乙氧基硅烷为改性剂，通过原位聚合法制备疏水 SiO_2 气凝胶。制备过程中采用溶胶-凝胶工艺合成出湿凝胶，然后通过老化和乙醇超临界干燥制备出疏水性 SiO_2 气凝胶。再以疏水性 SiO_2 气凝胶为吸附剂，以硝基苯为吸附质，研究疏水性 SiO_2 气凝胶对硝基苯的吸附性能，结果表明，该疏水性 SiO_2 气凝胶吸附材料针对水体中硝基苯的吸附容量最大值可达 7.29mg/g，吸附效率为 68.76%。

表 4-10 为 SiO_2 气凝胶添加量对吸附性能的影响。可以看出：随着 SiO_2 气凝胶的添加量增加，硝基苯的吸附率亦增加，在初始阶段，上升趋势比较快，但是当 SiO_2 气凝胶的添加量达到 3.33g/L 以后，吸附率的变化不明显。而且随着 SiO_2 气凝胶的添加量不断增加，吸附容量（X）反而变小。本研究以该疏水性 SiO_2 气凝胶的添加剂量为 3.33g/L 时吸附效果较佳，此时吸附率为 85.45%，吸附容量为 9.07mg/g。

表 4-10　SiO_2 气凝胶添加剂量对吸附性能的影响

$\rho(SiO_2)/(g/L)$	0.67	1.67	2.33	3.33	5.0	6.67	13.33
$C_e/(mg/L)$	21.20	15.42	8.46	5.14	4.06	3.23	2.71
吸附率/%	40.05	56.39	76.08	85.45	88.52	90.86	92.35
$X/(mg/g)$	21.24	11.96	11.53	9.07	6.26	4.82	2.45

在控制振荡频率为 200r/min、吸附温度 25℃、吸附 pH 值为 8.35 时，吸附剂的添加量为 3.33g/L，硝基苯水溶液初始浓度在 35.36～500mg/L 之间时，30min 后测定残余浓度计算吸附量，获得吸附量疏水改性 SiO_2 气凝胶对废水中硝基苯的吸附等温线如图 4-60 所示，符合 Freundlich 吸附等温式。

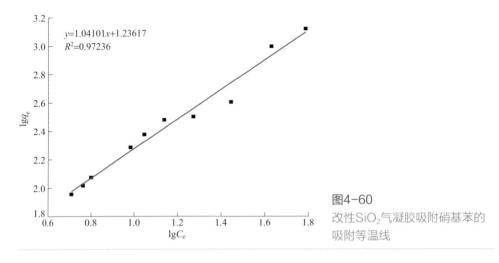

图4-60
改性SiO$_2$气凝胶吸附硝基苯的
吸附等温线

　　从图4-60可以看出，改性SiO$_2$气凝胶对硝基苯的吸附等温线近似成一条直线，获得的回归方程式为lgq_e=1.04101lgC_e+1.23617，其线性相关系数为R^2=0.97236。进而表明，改性SiO$_2$气凝胶对废水中硝基苯的吸附机制为单分子层吸附，针对硝基苯具有良好的吸附效率。

三、硝基类有机物吸附

1．硝基类有机物吸附研究进展

　　硝基类化合物作为一类重要的化工原料，被广泛地应用于军事、医药、化工、染料等工业，常见的包括硝基苯、梯恩梯（TNT）、黑索今（RDX）、奥克托金（HMX）以及其他硝基化合物。硝基类化合物具有毒性大、性质稳定、难以被微生物降解的特点，少量即会对水源、动植物、人类产生非常严重的毒害作用。此类化合物化学性质稳定，苯环容易发生亲电取代，但不易发生氧化反应，因而在一般情况下，很难利用氧使芳环破裂而达到使硝基苯类化合物分子裂解的目的。这些物质会对土壤和水源产生严重的污染，其中黑索今中毒会引起狂躁症、头痛、呕吐等症状，严重的甚至死亡；动物对黑索今的中毒表现为体重减轻、易兴奋、全身痉挛等，若含有硝基类化合物的废水排入河流中，会将树木、农作物以及河流中的鱼虾等毒害。为了保证人类的可持续发展，保护环境、有效控制降低污染物的排放是十分必要的。这些污染物通常含量高、化学性质稳定、毒性较大、爆炸性强、危险性和伤害性极大。20℃时炸药废水中TNT和RDX在水中的溶解度分别为130mg/L和100mg/L。目前我国对于炸药废水中的污染物排放要求（一级排放标准）为：TNT 2.0mg/L，RDX 1.0mg/L，HMX 2.0mg/L。国内外火炸药废水处理的手段主要有物理处理方法、化学处理方法和生化处理方法。物理处理方法一般是固体吸附剂的物理吸附作用去除水体中的污染物；化学处理方法主要包括空气氧化法、光催化氧化法、Fenton氧化法以及光电Fenton法、臭氧氧化法及其组合氧化法等；生化处理方法是利用自然界中微生物自身的新陈代谢作用，从而对有机污染物进行分解或者转化，但是火炸药废水中所含的有机毒物质较多，故生化处理效果不佳。物理处理方法主要包括萃取法、混凝沉淀法、膜分离法、焚烧法以及吸附法。而最常用的吸附材料是活性炭，研究人员利用改性褐煤活性炭作为吸附剂吸附TNT生产过程中产生的高毒性、高色度的红水溶液，研究结果发现低成本的褐煤活性炭可以解决TNT废水处理的高成本问题，且在利用双氧水、浓硫酸对褐煤活性炭进行改性后吸附效果更佳，经处理后的TNT溶液可达国家排放标准。国外研究人员使用离子交换法改性活性炭来吸附有机溶剂，将吸附数据拟合后符合Langmuir吸附等温线，吸附可以很好地进行。此外，通过褐煤活性炭吸附炸药废水中的TNT红水结果发现，在pH为6.28，温度为20℃，搅拌3h，褐煤活性炭用量为160g/L时，对2,4-DNT-3-SO_3^-和2,4-DNT-5-SO_3^-的吸附效率分别为80.5%和84.3%。氧化法是将火炸药废水中的有害物质部分降解，如臭氧氧化法、臭氧紫外法、臭氧双氧水法、光催化氧化法、超临界水氧化法以及超声波空气氧化法等。国外人员研究TiO_2作为光催化剂在不同操作条件（如温度、压强等）下对TNT、RDX和HMX降解的效果，结果显示无催化剂参与时，TNT在200℃才会被氧化，而在催化剂参与时，180℃即可被氧化。也有研究人员通过上流式厌氧填料床法对含有RDX和HMX的混合炸药废水进行处理，对两者去除率均超过了90%。在一定条件下，利用连续厌氧生物处理对含黑索今的混合炸药废水进行连续处理，结果显示该方法针对炸药中RDX的平均去除率高达94%。由于炸药污染物中绝大部分都含有硝基，生化法处理的效果仍不理想。

在目前的处理技术当中，物理法处理技术操作简便，但容易产生二次污染且处理成本高，化学法处理技术虽然处理周期短，但是原料和能源消耗大，且工业化难度大，生物处理技术成本低，虽然操作安全但是降解速率慢，且微生物耐受污染物浓度低。如何使炸药废水中的硝基化的含量降到排放标准，成了各国科研人员关注的焦点。在目前的处理方法当中，吸附法凭借操作条件简单、选择性强等优点依然被作为废水处理的首选方法。因而，选择一种更强的吸附材料能进一步巩固吸附法在环境处理领域的地位。

对气凝胶材料的研究目前已经从最初的建筑保温领域用隔热材料不断延伸到吸附、载药和催化材料应用，更是凭借高孔隙率和高比表面积在吸附方面显示出极广阔的应用前景，可广泛应用于废水、废气等方面的处理。其中SiO_2气凝胶是一种典型的具有多孔网络结构的纳米材料，比表面积大、孔隙率高、理化性能稳定，能够耐酸、碱，且同等条件下吸附性能极大优于活性炭和活性炭纤维，还具有活性炭难以比拟的循环利用价值，可用于有害气体及污水中的无机粒子、重金属离子和有机物的吸附。通过溶胶 - 凝胶法同时结合常压干燥和表面修饰等多种工艺技术可以制备出具有不同表面特性的 SiO$_2$ 气凝胶，通过对其吸附特性的研究发现：在不同制备条件下，SiO$_2$ 气凝胶的表面亲水、疏水特性差异非常大，比表面积、孔体积、孔径以及对有机物吸附量的变化也很大。还有研究人员采用溶胶 - 凝胶工艺，以多聚硅（E-40）为硅源，通过表面修饰工艺，在常压条件下制备了 SiO$_2$ 气凝胶。并用微量电子真空吸附天平对 SiO$_2$ 气凝胶的吸附特性进行了研究。研究表明：SiO$_2$ 气凝胶具有纳米多孔结构、较好的疏水和亲水可调性，是一种极好的高活性吸附材料。

2. 疏水改性 SiO$_2$ 气凝胶 / 活性炭复合材料制备及硝基类有机物吸附性能

在 SiO$_2$ 气凝胶用于硝基类有机物吸附方面，本书著者团队也进行许多相关研究，制备出一种疏水改性 SiO$_2$ 气凝胶应用于对水中硝基苯的吸附研究，通过控制吸附 pH 值、温度、吸附剂用量及接触时间等影响因素，获得了针对硝基苯最佳吸附条件：振荡时间 30min，温度 25℃，pH= 8.35，SiO$_2$ 气凝胶用量 3.33g/L 时，改性 SiO$_2$ 气凝胶对废水中硝基苯的吸附率为 68.76%，吸附容量为 7.29mg/g[31]。

疏水 SiO$_2$ 气凝胶 / 活性炭复合材料的制备首先通过两步溶胶 - 凝胶法，以正硅酸四乙酯为硅源、乙醇为溶剂、水为水解催化剂、苯基三乙氧基硅烷（PTES）为疏水改性剂、活性炭为载体结合超临界干燥工艺而获得。图 4-61 为 PTES 疏水改性 SiO$_2$ 气凝胶 / 活性炭复合材料。

图4-61
PTES疏水改性SiO$_2$气凝胶/活性炭复合材料

图 4-62 显示的是 PTES 疏水改性 SiO$_2$ 气凝胶 / 活性炭复合材料的 N$_2$ 吸附 - 脱附等温曲线和孔径分布曲线。由图 4-62（a）可以看出，N$_2$ 和复合材料表面在初始阶段的吸附机制为多分子层吸附，表明该吸附曲线属于第 Ⅲ 类等温线。而当 p/p_0 在 0.8 左右时 N$_2$ 吸附 - 脱附曲线发生了分裂，则说明该吸附材料具有两端开孔结构；位于低压区时吸附量不高，而当 p/p_0 接近于 1 时，此时吸附曲线几乎与纵轴趋于平行；相对压力越高，吸附效果越明显，一定程度上提升吸附量可以通过提升压强来实现。图 4-62（b）显示的是 PTES 疏水改性 SiO$_2$ 气凝胶 / 活性炭

复合材料的孔径分布图。样品 C_{P5} 和 C_{M5} 比表面积分别为 772.3m²/g 和 759.2m²/g、孔体积分别为 3.2cm³/g 和 4.38cm³/g。

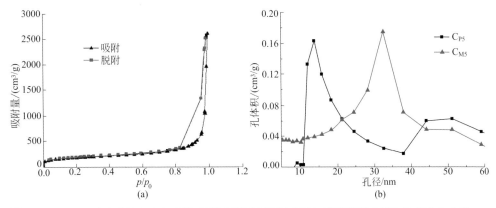

(a)　　　　　　　　　　　(b)

图4-62 PTES疏水改性SiO₂气凝胶/活性炭复合材料N₂吸附-脱附等温曲线和孔径分布曲线：（a）N₂吸附-脱附等温曲线；（b）孔径分布曲线

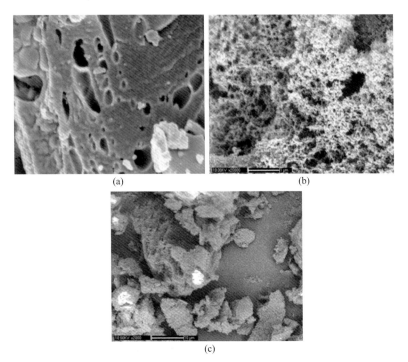

图4-63 活性炭和PTES改性复合材料的SEM照片：（a）活性炭；（b）放大20000倍，复合材料；（c）放大2000倍，复合材料

图 4-63 为活性炭和不同放大倍数下 PTES 改性后的复合材料的 SEM 照片。从图 4-63（b）能够清晰地看出 PTES 疏水改性 SiO_2 气凝胶 / 活性炭复合材料的表面呈现出连续的纳米网络结构，孔结构非常丰富，而单纯的活性炭［图 4-63（a）］的微结构呈现块状结构。而由图 4-63（c）可以看出，似乎每个活性炭颗粒表面都被 PTES 疏水改性 SiO_2 气凝胶完整包裹起来，整个骨架结构疏松，由疏水性 SiO_2 气凝胶和活性炭形成整个复合材料。

图 4-64 显示的是样品 $C_{P2.5}$ 对 TNT 吸附的动力学曲线。从图 4-64 可以看出，TNT 吸附量曲线是随着时间的延长呈现出先急剧增加、后缓慢增加、再趋于稳定的趋势。吸附早期阶段，TNT 的吸附量随时间增加而快速增长，主要是由于早期吸附剂的表面吸附点位聚集了高浓度的 TNT，以固体表面吸附为主；吸附后期随着时间的延长，由于吸附点位和 TNT 浓度均有所下降致使吸附速率整体放缓，吸附量增加得比较慢，但是在吸附过程当中，早期被吸附的 TNT 分子可能穿过复合材料渗入到活性炭表面及亚表面内，使复合材料表面的吸附点位重新暴露，因而能吸附废水中更多的 TNT，使得吸附反应依然能够继续进行，直到吸附时间在 60min 时基本达到平衡。

图 4-65 是样品 C_{P0} 和 C_{P5} 重复五次循环吸附的再生率。由图 4-65 可以看出五次循环吸附后，样品 C_{P0} 和 C_{P5} 的再生率均大于 90%，分别为 92.2% 和 90.2%，可见样品可以重复使用。

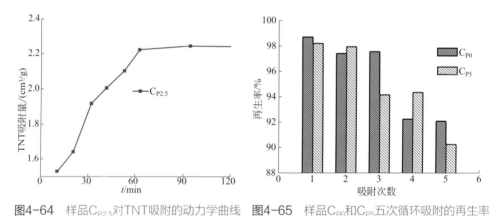

图4-64　样品$C_{P2.5}$对TNT吸附的动力学曲线　　图4-65　样品C_{P0}和C_{P5}五次循环吸附的再生率

四、其他有机物吸附

不同类别的 SiO_2 气凝胶复合材料除了上述有机物外还可用于其他有机物的吸附，如对甲醛、罗丹明红、涂料、油脂类污染物的吸附，国外研究人员以正硅酸四甲酯为硅源通过溶胶 - 凝胶法和超临界干燥技术制备出了经三氟丙基三甲氧基硅烷改性的疏水性 SiO$_2$ 气凝胶，该材料针对有机污染物显示出很强的吸附性能，同等条件下，用于油类物质的吸附能力为活性炭的 3.5 倍，且能够将有机物以固体的形式从水中分离；当油与疏水性 SiO$_2$ 气凝胶比值（质量比）为 4.6 ～ 14 时，大部分油类物质可以很容易地从水中分离；当比值大于 16 时，只能将部分油类物质吸附分离；研究表明改性 SiO$_2$ 气凝胶吸附能力远强于未经改性 SiO$_2$ 气凝胶，吸附容量比值在 40 ～ 140 倍之间。随后 Reynolds 等[32] 又以正硅酸甲酯为硅源，CF$_3$(CH$_2$)$_2$Si(OCH$_3$)$_3$ 为改性剂，按照摩尔分数分别为 30%、10% 和 1.5% 的量来改性合成疏水性气凝胶，然后在甲醇超临界条件下干燥。研究表明在 375 ～ 400℃下热处理，疏水性可转变为亲水性。本书著者团队以水玻璃为硅源、三甲基氯硅烷（TMCS）为疏水改性剂，制备出一种接触角为 138° 的疏水性 SiO$_2$ 气凝胶材料，吸附试验结果表明该材料对罗丹明 B（RhB）吸附效果不错，且还具备一定的循环吸附能力。此外，通过常压干燥制备的 SiO$_2$ 气凝胶和水热合成法制备的 WO$_x$-TiO$_2$ 复合光催化粒子作为兼具吸附和光催化效应的无机添加相，合成制备出了 SiO$_2$ 气凝胶 /WO$_x$-TiO$_2$ 复合空气净化涂料，针对 RhB 和甲醛气体具有较好的吸附和光催化降解效应。吸附实验结果表明，当无机物添加量仅占涂料质量的 5% 时，该净化涂料即能显示出稳定且较高的吸附 / 光催化降解效率，短时间即可达 69.6%，3h 内该材料针对甲醛气体的吸附 / 光催化降解效率高达 84.62%，在作为新型涂料方面展示出很好的应用前景。以有机硅高沸物和 Na$_2$SiO$_3$·9H$_2$O 为硅源，采用一步溶胶 - 凝胶法制备出疏水性的类氧化硅气凝胶材料，该吸附材料呈现出海绵状多孔结构，其比表面积为 294.48m^2/g，孔径分布较宽（2 ～ 140nm），平均孔径为 8.95nm，该吸附材料对罗丹明 B（RhB）溶液显示出非常好的吸附特性，RhB 质量吸附浓度为 0.124mg/L，去除率为 98.8%。各种改性获得的 SiO$_2$ 气凝胶在用于各种有机污染物的吸附方面都表现出相当出色的吸附能力。

第四节
氨气吸附用超亲水氧化硅气凝胶

一、氨气吸附研究进展

氨气（NH$_3$）是目前化工厂排放量较多的一种危害性气体，尤其是氮肥厂，其排放的 NH$_3$ 主要来源于原料及中间产物。NH$_3$ 具有恶臭，如不加以节制地将其排放到空气中，将会对环境造成严重污染。NH_3水溶性极强，可损害黏膜上皮组织，削弱人体抵抗力，诱发各类炎症。人体短期内吸入大量NH_3可出现流泪、咽痛、呼吸困难等症状，严重的可引发肺水肿甚至危及生命。不仅高浓度的NH_3危害巨大，低浓度的NH_3（约$3mg/m^3$）也会引起人体血液中氨含量的明显增加。为了减少NH_3的危害，世界各国都对空气中NH_3含量做了严格规定。例如：中国（MAC：$30mg/m^3$）、俄罗斯（MAC：$20mg/m^3$）。我国在 GB 14554—93《恶臭污染物排放标准》中也对NH_3排放做了严格规定（一级标准）：$1.0mg/m^3$。因此，处理好NH_3排放使其降低到规定排放标准引起了国内外学者的高度关注。

NH_3的处理方法主要有吸收塔处理法、生物降解法和吸附剂法等。其中吸收塔处理法在工业生产中应用最广泛、效果最显著，但存在高能耗、高成本和高空间占用率等缺点。生物降解法较为绿色环保，但存在效率低、适用范围窄等劣势。吸附剂法主要包括物理吸附和化学吸附两大类，常用的吸附剂有氧化铝、沸石、活性炭等。氧化铝是一种多孔介质材料，具有活性高、吸附能力强等特点，但与气凝胶相比，其比表面积和孔隙率都小得多，作为气体吸附剂不如气凝胶优势明显；沸石是一种被广泛应用于环境保护行业的重要吸附材料，其无毒无害且具有选择吸附性，发展前景良好。但是目前吸附性能较好的 NaCl改性沸石，如装填 108g 的改性沸石吸附柱对 20mg/L 浓度氨水的有效处理量也仅为 40L，无法满足高吸附量的要求；活性炭作为一种环境友好型气体吸附剂，其吸附量高、化学性质稳定，但也存在很多不足之处。首先，活性炭本身高温可燃，有潜在安全隐患；其次使用寿命短，循环利用时会出现疏松、碎裂等现象。因此，国内外学者都在积极寻求一种新型的气体吸附剂，实现真正意义上的高效、环保、节能。

气凝胶具有比表面积高、孔容大和再生性强等优点，是一种优秀的广谱吸附剂。但气凝胶用于NH_3吸附的报道则非常少。在国内外对NH_3的诸多吸附研究中，NH_3吸附效果更多是被用来表征气凝胶的酸性强弱。例如国外研究人员通过NH_3吸附红外光谱研究了一种藻酸盐气凝胶薄膜的酸性，结果表明游离—COOH的存在可以导致过渡金属离子凝胶 Lewis 和 Bronsted 双位点的出现；采用NH_3升温脱附（NH_3-TPD）法也能够证实键接在一种三级递阶结构 γ- 氧化铝气凝胶里的纳米晶体组件（致密度为 $2 \sim 2.5nm$）可以有效提高该气凝胶的酸性，且其活性高达键接前的 10 倍以上；也有研究人员通过NH_3-TPD 法研究了一种气凝胶合成沸石（ERB-1）的酸性，研究结果表明 ERB-1 的弱酸性主要集中在其酸性位点处。此外，介孔氧化铁复合 SiO_2 气凝胶在 500℃下对NH_3选择性氧化过程中对氮的选择率高达 97%。这些方法虽然可以证明气凝胶的NH_3吸附效果，但还是不能得到具体的NH_3吸附量数值。

二、超亲水SiO₂气凝胶制备及氨气吸附性能

SiO₂ 气凝胶吸附 NH₃ 之所以少的原因在于经两步溶胶 - 凝胶法制备的纯的 SiO₂ 表面不可避免会残留下—CH₂、—CH₃ 疏水基团，这类疏水基团的存在很不利于强水溶性气体的吸附。因此，要提高纯的 SiO₂ 的 NH₃ 吸附量，必须实现其亲水型转化。此外，本书著者团队已经通过亲水改性获得了用于 NH₃ 吸附的超亲疏水性 SiO₂ 气凝胶，相关最新成果已经发表在 *Current Nanoscience* 上。下面会做相关重点介绍。

超亲水 SiO₂ 气凝胶（SHSA）首先采用两步溶胶 - 凝胶法，以正硅酸四乙酯为硅源、乙酸为溶剂和反应物、去离子水为水解催化剂，配以 CO₂ 超临界干燥技术来获得。制得的超亲水 SiO₂ 气凝胶孔洞分布密集、均匀，比表面积为 680.08m²/g，孔体积为 3.95cm³/g。水蒸气处理后的 SHSA 样品对 NH₃ 动态吸附量影响显著，在 25℃、NH₃ 流速为 1L/min 的条件下吸附 20min 后，经水蒸气处理 1min 的纯 SiO₂ 气凝胶（PSA）其 NH₃ 动态吸附量约为 129.08mg/g，而 SHSA 的 NH₃ 动态吸附量最高可达到 188.72mg/g。通过 10 次对 NH₃ 的吸附 - 脱附过程，吸附质量损失比为 22.28%，结果显示为一种非常有潜力的氨气吸附材料。

图 4-66 为 SHSA₁ 和 SHSA₅（下标 1 ～ 5 为六甲基二硅胺烷 / 乙醇的体积比）的扫描电镜照片。可以看出，SHSA₅ 颗粒的分散性良好。SHSA 较好保留下了 PSA 优越的孔结构性能，是一种典型的纳米多孔材料。

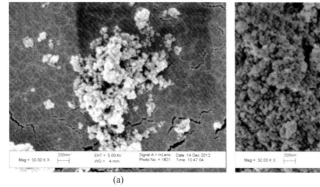

(a)   (b)

图4-66 SHSA₁（a）和SHSA₅（b）的SEM图

图 4-67 为 PSA、SHSA₅ 的孔体积和孔径分布规律图。可以看出，SHSA₅ 相对于 PSA 的孔径分布范围较窄，同时 SHSA 的孔径分布更加规则，平均孔径在 15nm 左右。

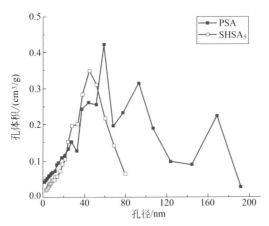

图4-67 PSA和SHSA₅的孔体积与孔径分布规律

图 4-68 显示的是将 2g PSA、SHSA₁ 粉末分别在 100mL NH₃·H₂O 条件下进行 NH₃ 的静态吸附测试，研究吸附温度（25℃、35℃、45℃、55℃）对静态吸附效果的影响。

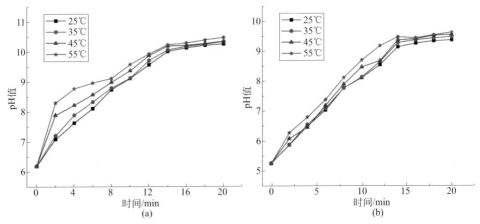

图4-68 吸附温度对PSA和SHSA₁样品NH₃静态吸附效果的影响：（a）PSA；（b）SHSA₁

从图 4-68 中可以看出，PSA 的起始 pH 值为 6.19，呈现极微的弱酸性，这是由于 PSA 的制备过程中 TEOS 的水解以及加入了 0.2mL HCl 溶液（1mol/L）作为水解催化剂所致。整个 NH₃ 的静态吸附过程中，PSA 的 pH 值总体随吸附温度的升高而上升。SHSA₁ 起始 pH 值为 5.27，呈现比 PSA 强得多的弱酸性，这主要是由于在 SHSA₁ 的制备过程中采用 CH₃COOH 作为溶剂和反应物所致。整个 NH₃ 静态吸附过程中，SHSA₁ 的 pH 值总体也是随吸附温度的升高而上升，可以看出吸附温度的升高对 PSA 和 SHSA$_1$ 的 NH$_3$ 静态吸附效果均有促进作用，55℃下，PSA 和 SHSA$_1$ 的 NH$_3$ 静态吸附效果均较佳。

图 4-69 显示的是 NH$_3$ 浓度对 SHSA 样品 NH$_3$ 静态吸附效果的影响，可以看出，在整个 NH$_3$ 的静态吸附过程中，SHSA$_2$ 的 pH 值总体随 NH$_3$ 浓度的增加而上升，当 NH$_3$·H$_2$O 体积为 200mL 时 SHSA$_2$ 的 pH 值上升最明显，吸附 20min 后的 pH 值达到 9.88。SHSA$_6$ 的情况也与 SHSA$_2$ 类似。很显然，这是由于在吸附过程中，足量的 NH$_3$·H$_2$O 可以提供足够的 NH$_3$ 分子浓度，以便于大量 NH$_3$ 分子可以较快占据 SHSA$_2$、SHSA$_6$ 表面的吸附位，提高对 NH$_3$ 的静态吸附效率。

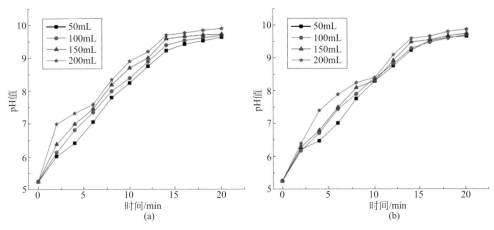

图4-69 NH$_3$浓度对SHSA$_2$和SHSA$_6$样品NH$_3$静态吸附效果的影响：（a）SHSA$_2$；（b）SHSA$_6$

图 4-70 显示的是吸附过程中 1min 水蒸气处理对 NH$_3$ 静态吸附效果的影响，可以看出水蒸气处理对 PSA 和 SHSA 的 NH$_3$ 静态吸附效果均有影响。未经水蒸气处理的 PSA 在吸附 20min 后，pH 值为 10.25；经 1min 水蒸气处理后，吸附 20min 的 pH 值为 11.21，相比水蒸气处理前 pH 值提高了 1.56。未经水蒸气处理的 SHSA$_7$ 在吸附 20min 后，pH 值为 9.59；经 1min 水蒸气处理后，吸附 20min 的 pH 值为 11.66，相比水蒸气处理前 pH 值提高了 2.07。可以得出结论，水蒸气处理对 SHSA 的 NH$_3$ 静态吸附效果影响较 PSA 显著。SHSA 具备非常优越的亲水性能，经水蒸气处理后其有效捕获了大量的水分子，从而为 NH$_3$ 的静态吸附营造了一个极为湿润的环境，大大提高了 SHSA 对 NH$_3$ 的静态吸附能力，导致吸附后其 pH 值得到了显著提高。且 PSA 对 NH$_3$ 的吸附仅为物理吸附，而 SHSA 具备一定的弱酸性，其孔结构中及表面上的 CH$_3$COOH 分子在湿润环境下会对 NH$_3$ 分子发生特定的化学吸附，以至于经 1min 水蒸气处理后表现出了较 PSA 明显得多的 NH$_3$ 静态吸附效果。

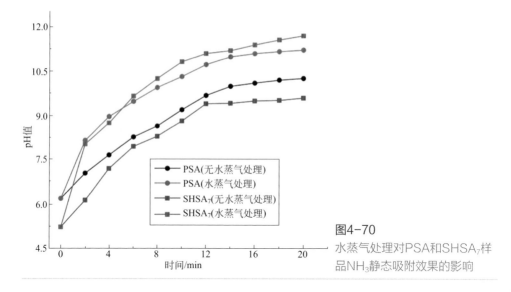

图4-70
水蒸气处理对PSA和SHSA₇样品NH₃静态吸附效果的影响

目前，国内外对超亲水 SiO₂ 气凝胶的研究越来越多，但将其用于 NH₃ 吸附的报道则非常少，因此本课题具有很大的创新性和实用价值。但本书著者团队对超亲水 SiO₂ 气凝胶的研究刚刚起步，该材料的制备、纳米孔的控制、对 NH₃ 的吸附机理和再生应用等方面都还有待进一步的研究，相信在未来的研究和探索中，超亲水 SiO₂ 气凝胶会不断发展成熟，以满足对高吸附效率、可再生吸附剂的需求，带来吸附行业的快速发展。

参考文献

[1] Kong Y, Shen X, Cui S, et al. Use of monolithic silicon carbide aerogel as a reusable support for development of regenerable CO₂ adsorbent[J]. RSC Advances, 2014, 4(109): 64193-64199.

[2] Linneen N, Pfeffer R, Lin Y S. CO₂ capture using particulate silica aerogel immobilized with tetraethylenepentamine[J]. Microporous and Mesoporous Materials, 2013, 176: 123-131.

[3] Cui S, Cheng W, Shen X, et al. Mesoporous amine-modified SiO₂ aerogel: A potential CO₂ sorbent [J]. Energy & Environmental Science, 2011, 4(6): 2070-2074.

[4] Kong Y, Jiang G, Fan M, et al. Use of one-pot wet gel or precursor preparation and supercritical drying procedure for development of a high-performance CO₂ sorbent[J]. RSC Advances, 2014, 4(82): 43448-43453.

[5] Kong Y, Shen X, Cui S, et al. Development of monolithic adsorbent via polymeric sol–gel process for low-concentration CO₂ capture[J]. Applied Energy, 2015, 147: 308-317.

[6] Kong Y, Jiang G, Fan M, et al. A new aerogel based CO₂ adsorbent developed using a simple sol-gel method along with supercritical drying[J]. Chemical Communications, 2014, 50(81): 12158-12161.

[7] Kong Y, Jiang G, Wu Y, et al. Amine hybrid aerogel for high-efficiency CO_2 capture: Effect of amine loading and CO_2 concentration[J]. Chemical Engineering Journal, 2016, 306: 362-368.

[8] Kong Y, Shen X, Fan M, et al. Dynamic capture of low-concentration CO_2 on amine hybrid silsesquioxane aerogel[J]. Chemical Engineering Journal, 2016, 283: 1059-1068.

[9] Kong Y, Shen X, Cui S, et al. Facile synthesis of an amine hybrid aerogel with high adsorption efficiency and regenerability for air capture via a solvothermal-assisted sol–gel process and supercritical drying[J]. Green Chemistry, 2015, 17(6): 3436-3445.

[10] Kong Y, Shen X, Cui S. Amine hybrid zirconia/silica composite aerogel for low-concentration CO_2 capture[J]. Microporous and Mesoporous Materials, 2016, 236: 269-276.

[11] He L, Fan M, Dutcher B, et al. Dynamic separation of ultradilute CO_2 with a nanoporous amine-based sorbent[J]. Chemical Engineering Journal, 2012, 189: 13-23.

[12] Cui S, Yu S, Lin B, et al. Preparation of amine-modified SiO_2 aerogel from rice husk ash for CO_2 adsorption[J]. Journal of Porous Materials, 2017, 24(2): 455-461.

[13] Choi S, Gray M M L, Jones C W. Amine-tethered solid adsorbents coupling high adsorption capacity and regenerability for CO_2 capture from ambient air[J]. ChemSusChem, 2011, 4(5): 628-635.

[14] 孔勇. RF/SiO_2 复合气凝胶的制备、结构控制及应用研究 [D]. 南京：南京工业大学，2014.

[15] 常亮亮，李春，于艳. 疏水型 SiO_2 气凝胶对 Cr（Ⅵ）的吸附及动力学研究 [J]. 商洛学院学报，2015, 29(2): 28-32.

[16] 朱建军，姜德立，魏巍，等. 表面改性 SiO_2 气凝胶对含 Cr^{3+} 废水的吸附性能研究 [J]. 工业水处理，2013, 33(12): 28-30.

[17] Faghihian H, Nourmoradi H, Shokouhi M. Performance of silica aerogels modified with amino functional groups in PB (Ⅱ) and CD (Ⅱ) removal from aqueous solutions[J]. Polish Journal of Chemical Technology, 2012, 14(1): 50-56.

[18] Kabiri S, Tran D N H, Azari S, et al. Graphene-diatom silica aerogels for efficient removal of mercury ions from water[J]. ACS Applied Materials & Interfaces, 2015, 7(22): 11815-11823.

[19] 朱建军，姜德立，魏巍，等. 改性 SiO_2 气凝胶对废水中 Fe^{3+} 的吸附性能 [J]. 化工环保，2013, 33(6):3.

[20] 单思行，范鹏飞，邢奕，等. 改性矿物吸附法和 O_3 氧化法对维生素 B_{12} 废水脱色处理 [J]. 环境工程学报，2014, 8(1): 6.

[21] Mozia S, Morawski A W. Integration of photocatalysis with ultrafiltration or membrane distillation for removal of azo dye direct green 99 from water[J]. Journal of Advanced Oxidation Technologies, 2009, 12(1): 111-121.

[22] 王伶俐，方艳芬，顾彦，等. 模板法制备 BiOI 及其可见光降解有机污染物 [J]. 太阳能学报，2014, 35(5): 919-924.

[23] 罗利军，王娟，潘学军，等. 二氧化钛选择性光催化降解有机污染物研究进展 [J]. 化学通报，2013, 76(4): 6.

[24] 区叶秀. 疏水 SiO_2 气凝胶的常压溶胶 - 凝胶法合成及其性能研究 [D]. 长沙：中南大学，2010.

[25] 刘善云，王涛. 疏水性二氧化硅气凝胶吸附水中微量苯酚和甲醛的研究 [J]. 离子交换与吸附，2009, 25(4):8.

[26] Hrubesh L W, Coronado P R, Satcher Jr J H. Solvent removal from water with hydrophobic aerogels[J]. Journal of Non-Crystalline Solids, 2001, 285(1-3): 328-332.

[27] Dou B, Li J, Wang Y, et al. Adsorption and desorption performance of benzene over hierarchically structured carbon–silica aerogel composites[J]. Journal of Hazardous Materials, 2011, 196: 194-200.

[28] Štandeker S, Novak Z, Knez Ž. Adsorption of toxic organic compounds from water with hydrophobic silica

aerogels[J]. Journal of Colloid and Interface Science, 2007, 310(2): 362-368.

[29] 钱明娟，杨庙祥，顾小春，等. SiO$_2$ 气凝胶 - 无纺布或毡纳米复合材料的吸苯性能 [J]. 上海纺织科技，2005, 33(12): 11-13.

[30] Qin G, Yao Y, Wei W, et al. Preparation of hydrophobic granular silica aerogels and adsorption of phenol from water[J]. Applied Surface Science, 2013, 280: 806-811.

[31] 崔升，刘学涌，刘渝，等. SiO$_2$ 气凝胶对废水中硝基苯的吸附性能研究 [J]. 中国科学：技术科学，2011, 41(2): 229-233.

[32] Reynolds J G, Coronado P R, Hrubesh L W. Hydrophobic aerogels for oil-spill clean up-synthesis and characterization[J]. Journal of Non-Crystalline Solids, 2001, 292(1-3): 127-137.

第五章

稻壳为原料制备氧化硅气凝胶

近年来，随着经济的快速发展，温室效应已成为全世界普遍关注的重大环境问题之一。SiO_2 气凝胶以其独特的多孔结构以及易于改性的优点，在 CO_2 温室气体吸附分离领域有着令人瞩目的应用前景。然而，传统上采用有机硅为原料，通过超临界干燥工艺来制备 SiO_2 气凝胶，不但成本较高，而且高温高压具有一定的危险性，不利于 SiO_2 气凝胶的大规模生产和实际应用。为了充分发挥 SiO_2 气凝胶的优异性能，使其在 CO_2 吸附分离领域的实际应用得以实现，首先要解决 SiO_2 气凝胶制备过程中存在的问题。

因此，本章以 SiO_2 气凝胶的低成本制备为重点，采用农业废料稻壳为原料，研究确定常压干燥制备 SiO_2 气凝胶的工艺路线，尽量减小与传统方法制备气凝胶性能上的差距，并对气凝胶氨基改性进行研究，考察氨基改性 SiO_2 气凝胶对 CO_2 的吸附性能，为今后 SiO_2 气凝胶的大规模生产以及 CO_2 吸附分离应用提供一定的实验数据和理论基础。

第一节
由稻壳制备高纯纳米 SiO_2

稻壳是稻米加工过程中数量最大的副产物，约占稻谷质量的30%，是一种量大、面广、价廉的可再生资源。我国是世界稻谷生产第一大国，年产稻谷约2亿吨，按此计算，我国稻谷加工厂年副产稻壳约6000万吨以上 [1]。然而，稻壳堆积密度小，运输不便，外壳坚硬，难以被土壤消化，营养价值低，不适合作饲料，于是大量的稻壳被当作农业废料丢弃，这不但造成了资源的极大浪费，还污染了环境。因此，开展稻壳资源的综合利用研究，变废为宝，意义重大。

稻壳中约含40%的粗纤维，25%的木质素，20%的五碳糖聚合物以及 $15\% \sim 20\%$ 的 SiO_2 [2]。根据稻壳的化学组成可将它的利用分为三大类 [3]：利用稻壳中纤维素类物质，采用水解的方法生产如木糖、糠醛、乙酰丙酸等化工产品；利用稻壳的硅资源生产如泡花碱、白炭黑、二氧化硅等含硅化合物；利用稻壳中的碳、氢元素，通过热解获得能源。

自然界中的矿物硅质材料多以规则的晶体形式存在，其结构稳定，化学反应活性低。而稻壳中的 SiO_2 则是以水合无定形的形式存在，SiO_2 经生物矿化作用后具有高纯、高活性等特征，更重要的是经过了植物再加工的 SiO_2 具有一些形态各异的纳米结构 [4]。稻壳中含有质量分数为20%左右的 SiO_2，燃烧产物稻壳灰中 SiO_2 含量更是达到90%以上，且仍为无定形结构，具有良好的活性，是制备 SiO$_2$ 很好的原料。因此，直接从稻壳中制备 SiO$_2$ 是解决稻壳综合利用的关键之处，也是硅生产的绿色捷径[5]。Real 等[6] 将稻壳于氧气气氛中 600℃燃烧，得到纯度（质量分数）大于 99%、比表面积为 220m^2/g、颗粒大小均匀的纳米 SiO$_2$。侯贵华等[7] 先用盐酸预处理稻壳，再在 540℃条件下煅烧 4h，制备得到了高纯高比表面积的 SiO$_2$，经重量法测定表明其 SiO$_2$ 纯度高达 99.9%。Liou[8] 在空气气氛中以不同加热速率热解稻壳，制备出平均粒径为 60nm，比表面积为 235m^2/g 的无定形 SiO$_2$ 纳米颗粒。

虽然已有一些针对稻壳制备 SiO$_2$ 的研究报道，但关于 SiO$_2$ 纯度影响因素的系统研究却很少涉及。因此，本章以廉价的农业废料稻壳为原料制备高纯纳米 SiO$_2$，利用单因素实验、正交实验和 BP 神经网络，系统研究盐酸体积分数、燃烧温度和燃烧时间对 SiO$_2$ 纯度的影响规律，并由 BP 神经网络建立稻壳制备高纯纳米 SiO$_2$ 的数学模型。

一、高纯纳米SiO$_2$制备

1．合成技术路线

取一定量稻壳，用蒸馏水反复洗涤、浸泡，以除去稻壳中的泥土等机械杂质，然后放入 110℃烘箱干燥 3h。取一定体积分数的盐酸浸泡、沸煮稻壳，冷凝回流 4h，待冷却下来之后，过滤并用蒸馏水清洗稻壳至 pH 为 7，再在 110℃烘箱中干燥 3h，以除去稻壳中的无机杂质，得到预处理的稻壳。最后将预处理过的稻壳置于高温电炉中燃烧，控制一定燃烧温度和燃烧时间，得到白色、粒状的 SiO$_2$，具体的工艺流程如图 5-1 所示。

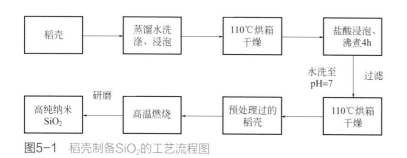

图5-1　稻壳制备SiO$_2$的工艺流程图

2．盐酸体积分数对 SiO$_2$ 纯度的影响

稻壳中含有 Ca、K、Mg、Na、Fe 等金属元素，主要以氧化物和有机盐形式存在，如不除去会影响 SiO$_2$ 的纯度[8]。酸预处理稻壳可以使其中的金属化合物

与酸反应，生成可溶性的盐，再经蒸馏水多次洗涤而除去。同时，稻壳经酸预处理后，其表面致密结构遭到破坏而变得疏松，有利于稻壳热解。实验采用盐酸浸泡、沸煮稻壳，改变酸的体积分数，探讨盐酸体积分数对 SiO_2 纯度的影响，实验结果如表 5-1 所示。

从表 5-1 可以看出，未经盐酸处理的稻壳燃烧得到的产物中 SiO_2 质量分数仅为 90.83%，而金属杂质的含量偏高，其中 CaO 杂质的含量最大，达到了 1.48%。经盐酸处理后，金属杂质含量急剧降低，SiO_2 质量分数明显增加，且随着盐酸体积分数的增加，SiO_2 质量分数不断增加，然后趋于平衡。这是因为随着盐酸体积分数的增加，盐酸和金属杂质反应的推动力也增加，但是当盐酸体积分数达到一定量时，金属杂质的去除量达到极限，再增加盐酸体积分数，反而会因 Cl^- 的过多残留使 SiO_2 纯度略微下降。实验表明：当盐酸体积分数为 5% 以上时，SiO_2 质量分数的增加已很小。

表5-1　盐酸体积分数对 SiO_2 纯度的影响

$\varphi(HCl)/\%$	$\omega(SiO_2)/\%$
0	90.83
1	95.97
3	97.93
5	98.18
7	98.22
10	98.24
15	98.19

注：实验燃烧温度 T 为 600℃，燃烧时间 t 为 4h，盐酸体积分数以 $\varphi(HCl)$ 表示，SiO_2 纯度以 SiO_2 的质量分数 $\omega(SiO_2)$ 表示，$\omega(SiO_2)$ 由 X 射线荧光光谱（XRF）确定。

3. 燃烧温度对 SiO_2 纯度的影响

燃烧温度对 SiO_2 纯度影响很大，燃烧温度过高，会使无定形 SiO_2 发生晶化，导致 SiO_2 活性下降；而燃烧温度过低，稻壳中的有机物燃烧不完全，影响 SiO_2 的纯度（质量分数）。实验将 3%（体积分数）盐酸预处理过的稻壳分别在 450℃、500℃、550℃、600℃、650℃、700℃、800℃下各燃烧 4h，实验结果如图 5-2 所示。

由图 5-2 可知，SiO_2 纯度随着燃烧温度的升高而迅速增加，之后增加缓慢。当燃烧温度为 450℃时，产物为灰黑色，SiO_2 质量分数很低，只有 70% 左右，这是因为燃烧温度较低，有机物燃烧不够完全，导致稻壳中的碳没有完全去除。当燃烧温度升至 650℃时，产物呈白色，SiO_2 质量分数也随之增加到 98.72%，再增加燃烧温度，SiO_2 纯度提高不明显，且当温度大于 800℃后，无定形 SiO_2 开始向晶态 SiO_2 转变[9]。

4. 燃烧时间对 SiO_2 纯度的影响

燃烧时间对 SiO_2 纯度也有很大影响，燃烧时间越长，有机物燃烧越完全，SiO_2 纯度也就越高。实验将体积分数为 3% 的盐酸预处理过稻壳在 600℃ 下燃烧不同时间，研究燃烧时间对 SiO_2 纯度的影响规律，如图 5-3 所示。

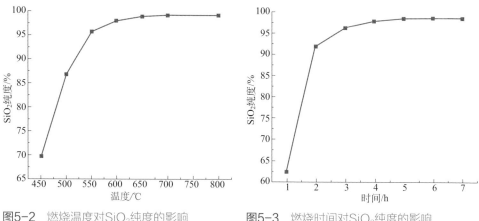

图5-2　燃烧温度对SiO_2纯度的影响　　　　图5-3　燃烧时间对SiO_2纯度的影响

从图 5-3 可以看出，随着燃烧时间的增加，SiO_2 质量分数开始增加很快，随后逐渐趋于平缓，说明燃烧前段时间对 SiO_2 纯度影响较大，这期间主要为稻壳碳的燃烧。随着碳的燃烧耗尽，SiO_2 质量分数不断增加，直至碳完全燃烧后，SiO_2 质量分数趋于平衡。实验发现：当燃烧时间超过 5h 后，SiO_2 纯度提高很小，如继续增加燃烧时间，就会增加产品成本，不利于生产。

5. BP 神经网络优化

由前期单因素实验可知，盐酸预处理体积分数、稻壳的燃烧温度及燃烧时间对 SiO_2 纯度有很大的影响。因此，以盐酸体积分数、燃烧温度和燃烧时间为考察因素，SiO_2 纯度作为考察对象，对每个因素考虑 4 个水平，根据 $L_{16}(4^5)$ 正交设计实验表进行正交实验，实验方案及结果见表 5-2、表 5-3。

表5-2　正交实验结果

实验	$\varphi(HCl)/\%$	$T/℃$	t/h	空列	空列	$\omega(SiO_2)/\%$
1	1	550	3	1	1	92.32
2	1	600	4	2	2	95.97
3	1	650	5	3	3	96.88
4	1	700	6	4	4	97.04
5	3	550	4	3	4	95.67
6	3	600	3	4	3	96.49

实验	$\varphi(HCl)/\%$	$T/℃$	t/h	空列	空列	$\omega(SiO_2)/\%$
7	3	650	6	1	2	99.02
8	3	700	5	2	1	99.15
9	5	550	5	4	2	96.51
10	5	600	6	3	1	98.56
11	5	650	3	2	4	98.53
12	5	700	4	1	3	99.18
13	7	550	6	2	3	96.40
14	7	600	5	1	4	98.54
15	7	650	4	4	1	98.89
16	7	700	3	3	2	98.52
K_1	382.21	380.90	385.86	389.06	388.92	
K_2	390.33	389.56	389.71	390.05	390.02	
K_3	392.78	393.32	391.08	389.63	388.95	
K_4	392.35	393.89	391.02	388.93	389.78	$\Sigma\omega=1557.67$
$K_1/4$	95.55	95.23	96.47	97.27	97.23	$\overline{\omega}=97.35$
$K_2/4$	97.58	97.39	97.43	97.51	97.51	
$K_3/4$	98.20	98.33	97.77	97.41	97.24	
$K_4/4$	98.09	98.47	97.76	97.23	97.45	
极差	2.65	3.24	1.30	0.28	0.28	

表5-3　方差分析表

方差来源	平方和	自由度	均方	F比
盐酸体积分数	18.25	3	6.08	82.33
燃烧温度	26.84	3	8.95	121.08
燃烧时间	4.47	3	1.49	20.15
误差	0.44	6	0.074	
总和	50.0	15		

注：$F_{0.95}(3,6)=4.76$。

　　根据方差分析可知，影响 SiO_2 纯度的主次因素依次为：燃烧温度（T）>盐酸体积分数 [$\varphi(HCl)$]>燃烧时间（t），即燃烧温度对 SiO_2 纯度的影响最大，而燃烧时间对 SiO_2 纯度的影响最小。通过对正交结果分析可以得到正交实验的最好方案为盐酸体积分数 5%，燃烧温度 700℃，燃烧时间 5h。但是，此最好方案在 16 组实验中没有出现，与它接近的是 12 号实验，其对应的 SiO_2 纯度为 99.18%，是 16 组实验中 SiO_2 纯度最高的，说明选出的最好方案基本符合实际情况。为了最终确定最好方案的准确性，按照 $T_{4\varphi 3t3}$ 实验条件进行补充实验，得到 SiO_2 纯度为 99.34%，高于正交表中任何一组结果，所以 $T_{4\varphi 3t3}$ 为此正交实验的最好方案。

由于正交实验仅考虑了给出实验点之间的实验结果，并没有从整个实验条件区间进行考虑，所以尝试利用 BP 神经网络建立模型以研究各因素之间的变化关系。BP 神经网络是目前应用最为广泛的人工神经网络之一，具有强大的非线性映射能力和容错功能[10]。本实验选取 3 层 BP 网络结构，其中以盐酸体积分数、燃烧温度和燃烧时间作为输入层的 3 个神经元，通过试算确定隐层神经元数为 5，输出层的设置根据需要预测的性能参数确定，在此网络中以 SiO₂ 纯度为评价指标，具体的网络结构如图 5-4 所示。

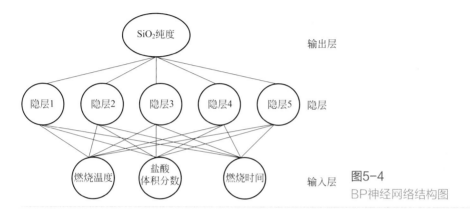

图5-4
BP神经网络结构图

选择表 5-2 中 16 组正交实验数据作为网络的训练学习样本，由于网络所采用 batchnet 程序的激活函数为 Sigmoid 函数，要求输入、输出样本值在 0 ～ 1。因此，将实验数据按照公式（5-1）进行归一化：

$$x = \frac{y - y_{min}}{y_{max} - y_{min}}$$

（5-1）

式中，y 为任一个输入或输出神经元；y_{max}，y_{min} 分别为神经元的最大和最小值。

在转换输出神经元时，由于 SiO₂ 纯度最高不超过 100%，而最小在此正交实验中不会低于 90%，所以 y_{max}、y_{min} 分别取 100% 和 90%。将归一化后的数据利用 batchnet 程序反复计算、比较、处理，在学习因子为 0.15，动量因子为 0.075 时，经 200000 次迭代得到精度为 0.0000004 的网络模型。此时，模型中各神经元的连接权重已经确定，可对同类型样本进行预测。由正交实验结果可知，各因素中燃烧时间对 SiO₂ 纯度的影响最小，为次要因素。因此，固定燃烧时间，然后对其他因素利用逐项密集扫描技术在 0 ～ 1 之间各取 500 个值，作为模型的预测样本。图 5-5 是将选取的预测样本输入模型进行预测，然后将预测得到的结果进行反归一化处理，再利用 STATISTICA 软件作图，得到的燃烧时间为 3h、4h、5h、6h 时，盐酸体积分数和燃烧温度与 SiO₂ 纯度的关系。

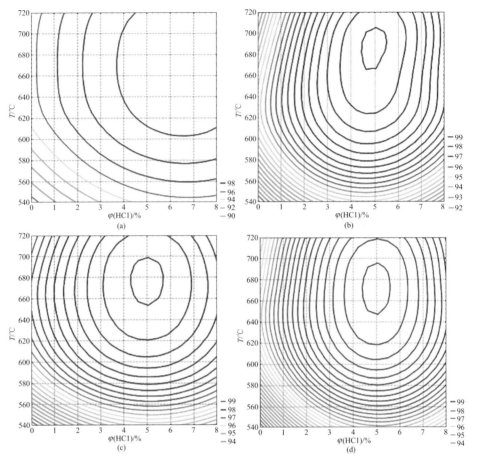

图5-5 燃烧时间3h（a）、4h（b）、5h（c）、6h（d）时盐酸体积分数和燃烧温度与SiO₂纯度的关系

从图 5-5 可以看出，当燃烧时间较短时（$t=3h$），SiO$_2$ 质量分数随着燃烧温度和盐酸体积分数的增加而不断增加。当燃烧时间较长（$t \geqslant 4h$）且盐酸体积分数一定时，燃烧温度增加，SiO$_2$ 质量分数持续增加；而在燃烧时间较长且燃烧温度一定的情况下，随着盐酸体积分数的增加，SiO$_2$ 质量分数表现出先增加后减小的规律。增加燃烧时间，可使获得 SiO$_2$ 质量分数最大时所需要的燃烧温度有所下降。通过对模型预测值的优选，可以得到稻壳制备高纯纳米 SiO$_2$ 的最佳工艺条件：盐酸体积分数为 4.5%，燃烧温度为 697℃，燃烧时间为 5h，与正交实验分析结果相符。在此工艺条件下重复实验，得到 SiO$_2$ 纯度为 99.45%，与模型预测值 99.58% 的相对误差仅为 0.13%，模型的预测精度较高，可作为稻壳制备高纯纳米 SiO$_2$ 的参考依据。

二、高纯纳米SiO₂结构分析

根据正交实验和 BP 神经网络的分析结果，确定以体积分数为 4.5% 的盐酸预处理稻壳，再经 697℃ 高温燃烧 5h 制备高纯纳米 SiO_2，并对其采用 XRD、SEM、FT-IR 和 BET 进行表征。

1. X 射线衍射分析

图 5-6 为所得 SiO_2 样品的 X 射线衍射图，可以看到在 XRD 谱中无明显的结晶衍射峰，只有在 $2\theta = 22°$ 左右出现一弥散峰，说明经盐酸预处理及高温燃烧后，SiO_2 仍为无定形状态。

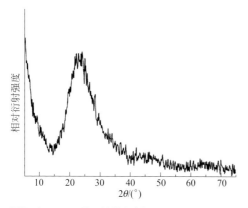

图5-6 SiO₂的X射线衍射图

2. 扫描电镜分析

图 5-7 是 SiO_2 样品的 SEM 照片，可以看出，SiO_2 颗粒呈球形，大小分布均

(a)

(b)

图5-7 SiO₂的SEM照片：（a）×15000；（b）×30000

匀，平均粒径为 80nm 左右，SiO_2 在结构中起着网络骨架的作用。同时，图中还分布有许多形状不规则的纳米孔，这是由于稻壳在燃烧过程中有机组分被完全裂解，提供类似模板的作用，形成了疏松的多孔结构。

3. 红外光谱分析

图 5-8 是 SiO_2 的红外光谱图，在 $1097cm^{-1}$、$807cm^{-1}$ 和 $465cm^{-1}$ 处呈现明显的 SiO_2 特征谱带，其中 $1097cm^{-1}$ 处为 Si-O-Si 不对称伸缩振动引起的强吸收谱带，$807cm^{-1}$ 处谱带是由 Si-O-Si 对称伸缩振动引起的，$465cm^{-1}$ 处的谱带则与 Si-O 的弯曲振动有关。而 $3429cm^{-1}$ 和 $1632cm^{-1}$ 处的吸收谱带则分别对应于 SiO_2 物理吸附水及 KBr 压片引入水的伸缩和弯曲振动。

4. 比表面积分析

不同材料的吸附 - 脱附等温线以及滞后环形状是不同的，这反映了多孔材料孔结构的差异。SiO_2 的 N_2 吸附 - 脱附等温线如图 5-9 所示。从图 5-9 可知，SiO_2 的吸附 - 脱附曲线属于 Ⅳ 型等温线，在低相对压力区由形成单分子吸附曲线凸向上，与 Ⅱ 型等温线类似。当相对压力大于 0.4 时，发生毛细管凝聚，等温线迅速上升，出现吸附曲线与脱附曲线不重合的吸附滞后现象，表明 SiO_2 具有介孔结构。SiO_2 的滞后环属于 H3 形态，此类滞后环通常是由相互连接的盘状粒子形成的狭缝形孔洞所造成 [11]。根据相对压力在 $0.05 \sim 0.25$ 之间的氮气吸附实验结果，由 BET 法计算得到 SiO_2 的比表面积为 $243m^2/g$，这与 SEM 图中 SiO_2 存在大量的不规则纳米孔相吻合，SiO_2 纳米级的颗粒及孔隙是其具有较大比表面积的根本原因。

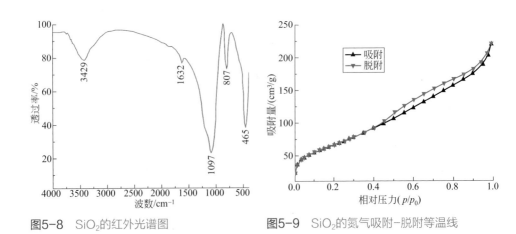

图5-8　SiO_2的红外光谱图　　　　图5-9　SiO_2的氮气吸附–脱附等温线

第二节
由稻壳超临界干燥制备 SiO$_2$ 气凝胶

SiO$_2$ 气凝胶是由胶体粒子相互聚集构成的一种结构可控的轻质纳米多孔固体材料。SiO$_2$ 气凝胶因其独特的纳米多孔网络结构而具有许多优异的性能，如超低密度、高孔隙率、高比表面积、极低的热导率、低声传播速度、低介电常数以及良好的吸附催化性能等。这些优异的性能使得 SiO$_2$ 气凝胶在隔热保温、隔音材料、微电子、催化吸附和环保等诸多领域有着广阔的应用前景[12]。目前，SiO$_2$ 气凝胶的制备主要以正硅酸乙酯（TEOS）、正硅酸甲酯（TMOS）等有机硅化合物为原料，采用溶胶 - 凝胶工艺在溶液中形成具有连续网络结构的 SiO$_2$ 凝胶，并结合超临界干燥技术去除凝胶孔洞中的溶剂，由此获得轻质多孔的 SiO$_2$ 气凝胶。然而，有机硅化合物存在原料价格昂贵和具有一定的毒性等问题，这就在成本和安全两方面阻碍了 SiO$_2$ 气凝胶的大规模生产及商业化应用。因此，近年来采用廉价而丰富的废弃物资源，如含硅量较高的稻壳，制备 SiO$_2$ 气凝胶的研究越来越受到重视。

在 SiO$_2$ 气凝胶制备过程中，凝胶参数决定了凝胶的物理性质，并将对最终所获得的气凝胶的性能产生重大影响，如凝胶 pH 值、含硅量等都会影响 SiO$_2$ 气凝胶的密度、比表面积、孔径和孔体积等。为此，合理控制凝胶参数对获得性能优良的 SiO$_2$ 气凝胶有着至关重要的作用。SiO$_2$ 凝胶的制备方法可分为一步法和两步法[13]：一步法为直接在溶液中加催化剂形成 SiO$_2$ 凝胶，这种方法形成的凝胶组成骨架结构的 SiO$_2$ 粒子较大，比表面积较小；两步法是先在酸性条件下水解形成硅酸，再通过碱性催化剂调节 pH 值得到 SiO$_2$ 凝胶，由两步法获得的凝胶中组成 SiO$_2$ 网络骨架的颗粒较小，具有较大的比表面积，更适于气凝胶的改性与嫁接。

本节以第一节制备得到的高 SiO$_2$ 含量的稻壳灰为起始原料，稻壳灰经碱提取生成水玻璃溶液，考察提取过程中碱种类、碱用量和反应时间对水玻璃质量的影响，再结合两步溶胶 - 凝胶法和乙醇超临界干燥技术制备 SiO$_2$ 气凝胶。通过比较研究不同凝胶参数和老化液对凝胶过程以及 SiO$_2$ 气凝胶性质的影响，确定凝胶制备工艺，为下一步 SiO$_2$ 气凝胶的疏水改性和氨基改性提供基础。

一、水玻璃制备及影响因素

1. 制备方法

取一定量稻壳灰与 1mol/L 的氢氧化钠溶液按一定比例混合于三口烧瓶中，边加热边搅拌，待反应溶液开始沸腾，记为反应初始时间。在反应过程中，水分蒸发很快，需用冷凝管冷凝回流。反应一定时间后，关闭电热套，溶液自然冷却，然后进行抽滤，除去未反应的残留物，并将残留物干燥、称重以计算 SiO_2 的溶出率，收集到的滤液即为水玻璃，保存在棕色瓶中用于检测及后续实验。

矿物型 SiO_2 与稻壳灰中的 SiO_2 在性质上存在很大的差别，前者以晶体形式存在，性质稳定；而后者以水合无定形形式存在，活性较高，更容易与碱反应。据此，实验采用碱提取稻壳灰中的 SiO_2，生成一定模数的水玻璃溶液。在碱提取过程中，主要考虑的是稻壳灰中 SiO_2 的溶出率和水玻璃的模数两个指标。SiO_2 溶出率反映了原料的利用程度，模数显示了水玻璃的组成，影响水玻璃的物理、化学性质，是水玻璃的重要指标。实验就碱的种类、碱用量和反应时间对 SiO_2 溶出率及水玻璃模数的影响进行了研究。

2．碱种类的选择

实验分别采用 NaOH 和 Na_2CO_3 提取稻壳灰中的 SiO_2，其反应方程式为：

$$2NaOH + mSiO_2 \mathop{=\!=\!=} Na_2O \cdot mSiO_2 + H_2O \qquad (5\text{-}2)$$

$$Na_2CO_3 + mSiO_2 \mathop{=\!=\!=} Na_2O \cdot mSiO_2 + CO_2 \qquad (5\text{-}3)$$

研究发现，Na_2CO_3 溶液与稻壳灰按反应方程式（5-3）的化学计量比配料进行反应的结果并不理想，SiO_2 溶出率不高，只有当 Na_2CO_3 用量加倍时，溶出率才有所提高，因此可认为 Na_2CO_3 与稻壳灰中 SiO_2 的反应按以下方程式进行：

$$2Na_2CO_3 + mSiO_2 + (1+x)H_2O \mathop{=\!=\!=} Na_2O \cdot mSiO_2 + 2NaHCO_3 + xH_2O \qquad (5\text{-}4)$$

$NaHCO_3$ 溶液加热不分解是造成 Na_2CO_3 用量加倍的原因，这导致使用 Na_2CO_3 的成本增加，而 NaOH 的碱性强，更容易与稻壳灰反应，综合以上考虑，决定选用 NaOH 来提取稻壳灰中的 SiO_2。

3．碱用量的影响

NaOH 与稻壳灰中 SiO_2 的化学反应按方程式（5-2）进行，其中 m 为所生成水玻璃的理论模数。实验根据方程式中 m 值确定 NaOH 的摩尔用量，依次加入不同量的 NaOH 溶液与稻壳灰反应 4h，得到不同碱用量时所对应的 SiO_2 溶出率和水玻璃模数，如表 5-4 所示。

表5-4　碱用量对 SiO_2 溶出率和水玻璃模数的影响

$m(SiO_2) : n(NaOH)$	SiO_2 溶出率/%	实测模数	理论模数
5 : 3	81.21	3.08	3.33
3 : 2	89.58	2.73	3.00
5 : 4	93.47	2.36	2.50
1 : 1	93.83	1.84	2.00
3 : 4	94.12	1.31	1.50

从表 5-4 可以发现，SiO_2 溶出率随着 NaOH 用量的增加而增加，当 SiO_2 与 NaOH 的摩尔比为 5：4 时，SiO_2 溶出率可达 90% 以上，继续增加碱用量，SiO_2 溶出率提高并不显著。水玻璃的模数随着 NaOH 用量的增加而减小，当碱用量较小时可得到高模数的水玻璃溶液。实测的水玻璃模数比理论模数要低，这是稻壳灰中含有少量杂质以及 SiO_2 没有完全反应的结果。NaOH 用量较少时，体系中稻壳灰的相对含量较大，物料混合不均匀，碱液不能够充分与稻壳灰中的 SiO_2 反应，导致 SiO_2 溶出率较低，而此时溶液中碱的实际含量较小，故水玻璃的模数并不低；随着 NaOH 用量的增加，稻壳灰与碱溶液混合更加充分，NaOH 与 SiO_2 反应生成硅酸钠的量增加，则 SiO_2 溶出率增加，但由于溶液中 NaOH 的量较大，最终导致水玻璃模数减小；随着 NaOH 用量进一步增加，SiO_2 溶出率只有微小的增加，但水玻璃的模数却因此大为降低。所以，应选择 SiO_2 溶出率较高且水玻璃模数适中的碱用量为宜，即 $n(SiO_2)$：$n(NaOH) = 5：4$。

4. 反应时间的影响

在 SiO_2 与 NaOH 摩尔比 5：4、碱液浓度 1mol/L 的条件下，不同反应时间对 SiO_2 溶出率及所得水玻璃模数的影响结果，如图 5-10 所示。

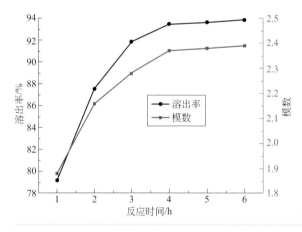

图5-10
反应时间对SiO_2溶出率和水玻璃模数的影响

从图 5-10 可以看出，当碱用量一定时，SiO_2 溶出率和水玻璃模数随着反应时间的增加而不断增加，但当反应到达一定时间后，SiO_2 溶出率和水玻璃模数基本不再变化。这是因为在反应前期，NaOH 的浓度很高，反应速率快，SiO_2 溶出率和模数增加明显；反应到达后期，碱浓度下降，同时溶液中生成的水玻璃的量增多，导致反应速度减小，SiO_2 溶出率和水玻璃模数逐渐趋于稳定。根据 SiO_2 溶出率和水玻璃模数确定碱提取反应的最佳时间为 4h。

二、SiO₂气凝胶制备及影响因素

1. 制备方法

根据国标 GB/T 5476—2013《离子交换树脂预处理方法》[14] 对钠型 732 阳离子交换树脂进行预处理和转型。首先用蒸馏水反复洗涤、浸泡，使树脂充分溶胀，除去树脂中的机械杂质，然后分别用 1mol/L 的盐酸和氢氧化钠溶液浸泡树脂 12h 除去树脂中的可溶物，之后用蒸馏水清洗至 pH 为 7 左右。树脂经预处理后，再用 1mol/L 的盐酸浸泡 12h 以使树脂转型为氢型，最后再用蒸馏水清洗至 pH 为 7 左右，即可投入使用。

取一定 SiO₂ 含量的水玻璃溶液，以 10mL/min 的速度通过装有预处理过阳离子交换树脂的交换柱，得到 pH 为 2.1～2.3 的硅酸，再用 1mol/L 的 NaOH 溶液作为催化剂，调节溶液 pH 至一定值，继续搅拌 5min 后，倒入模具，静置得到 SiO₂ 凝胶。凝胶经老化、乙醇溶剂置换，最后乙醇超临界干燥，控制干燥压力 10MPa、干燥温度 270℃，即可制得 SiO₂ 气凝胶，具体工艺流程如图 5-11 所示。

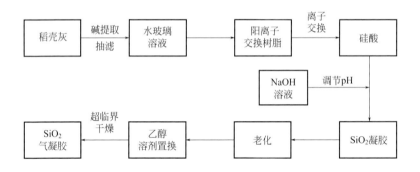

图5-11 SiO₂气凝胶超临界干燥制备工艺流程图

2. 凝胶形成过程

在气凝胶制备过程中，SiO₂ 凝胶的凝胶化过程极为重要，其在很大程度上决定了 SiO₂ 气凝胶的结构与性质。实验将稻壳灰提取到的水玻璃通过阳离子交换树脂进行离子交换得到硅酸，再用 NaOH 溶液调节 pH 值实现凝胶化。凝胶时间是凝胶形成过程的重要指标，凝胶时间过长使得制备过程耗时较多，而凝胶时间过短则会因为凝胶速度太快导致凝胶过程无法控制。因此，实际操作中需要既不是很长也不是很短的合理凝胶时间。为能准确控制凝胶过程，首先研究凝胶 pH 值和水玻璃中 SiO₂ 含量对凝胶时间的影响，实验结果见图 5-12。

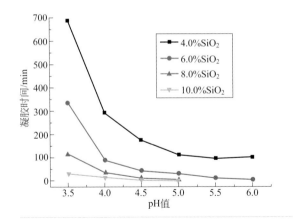

图5-12

凝胶pH与SiO₂含量（质量分数）对凝胶时间的影响

从图 5-12 可知，不同 SiO₂ 含量的溶胶，其凝胶时间均随着凝胶 pH 值的升高而缩短，当 pH 在 3.5 ～ 5.0 之间时，凝胶 pH 值升高，凝胶时间急剧缩短；当 pH=5.0 ～ 6.0 时，凝胶时间变化不明显。这是因为 SiO₂ 溶胶的等电点在 pH=1 ～ 3 之间，当凝胶 pH 值大于等电点以后，硅羟基的缩聚反应是亲核取代过程，其反应速率与 OH⁻ 的浓度成正比[15]。因此，随着凝胶 pH 值的增加，OH⁻ 浓度逐渐增大，缩聚反应速率加快，致使凝胶时间不断减少。

从图 5-12 还可知，在凝胶 pH 值一定时，随着水玻璃中 SiO₂ 含量的增加，凝胶时间呈缩短趋势。当 SiO₂ 含量小于 4.0% 时，无论加入多少催化剂，都不能形成凝胶；而当 SiO₂ 含量大于 10.0% 时，刚加入催化剂，溶胶体系就立刻发生凝胶，这样得到的凝胶中含有大量气泡，凝胶结构极不均匀，容易破碎。出现这种现象的原因是，水玻璃中 SiO₂ 含量较少时，形成的溶胶体系中反应粒子的浓度较低，粒子间相互碰撞交联的概率就小，导致缩聚反应速率减小，凝胶时间增加，甚至最后都无法形成凝胶；随着 SiO₂ 含量的增加，反应粒子的浓度增加，缩聚反应大大加快，很快就形成具有三维网络结构的 SiO₂ 凝胶。

另外，在滴加碱性催化剂过程中发现，NaOH 溶液一次性快速加入所形成的凝胶中出现少许乳白色现象，而 NaOH 溶液缓慢（5 滴 /min）加入形成的凝胶呈均匀的透明状。当快速加入碱性催化剂时，体系中 NaOH 浓度局部过大，使得 SiO₂ 粒子在短时间内迅速长大，导致溶胶在短时间内失去流动性，形成凝胶，而部分 SiO₂ 粒子因为形成沉淀，产生了凝胶中的乳白色现象。当缓慢加入碱性催化剂时，体系首先生成较小的 SiO₂ 粒子，并迅速形成表面正电层，稳定分散于溶液中，继续滴加碱性催化剂，粒子表面的正电层被破坏，促使 SiO₂ 粒子逐渐长大交联，最终形成结构均匀的 SiO₂ 凝胶。为此，在接下来的实验中，选择以 5 滴 /min 的速度缓慢加入碱性催化剂来调节 pH 形成凝胶。

3. 凝胶 pH 值对 SiO₂ 气凝胶的影响

取水玻璃 SiO₂ 含量为 6.0%，凝胶 pH 值与 SiO₂ 气凝胶的密度及线收缩率的关系，如图 5-13 所示。从图 5-13 可以看出，SiO₂ 气凝胶的密度和线收缩率随凝胶 pH 值的变化趋势基本一致。凝胶 pH 值在 3.0 ～ 5.0 范围内时，气凝胶的密度和线收缩率随着凝胶 pH 值增大而减小，当凝胶 pH=5.0 时，气凝胶的密度和线收缩率达到最小，分别为 0.0713g/cm³ 和 6.85%。但随着凝胶 pH 值的进一步增大，气凝胶的密度和线收缩率开始上升，当凝胶 pH=6.0 时，气凝胶的密度增大到 0.0792g/cm³，线收缩率增大到 8.34%。

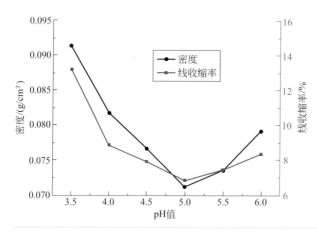

图5-13
凝胶pH值对SiO₂气凝胶密度及线收缩率的影响

为了进一步研究凝胶 pH 值对 SiO₂ 气凝胶结构与性质的影响规律，对不同凝胶 pH 值制备的气凝胶样品进行 BET 测试，得到氮气吸附 - 脱附等温线，如图 5-14 所示。从图中可知，不同凝胶 pH 值制备的 SiO₂ 气凝胶的吸附 - 脱附等温线均为 Ⅳ 型等温线，都出现了吸附曲线与脱附曲线不重合的吸附滞后环，且吸附滞后环属于 H1 型，说明所得 SiO₂ 气凝胶均为具有两端开口的圆柱形孔洞结构的介孔材料。其中，当凝胶 pH=5.0 时，所制备的气凝胶比表面积和孔体积最大，分别为 729.82m²/g 和 3.39cm³/g，凝胶 pH 值增加或减小，气凝胶的比表面积和孔体积均有所降低，这与气凝胶密度随凝胶 pH 值的变化规律相一致。

图 5-15 为不同凝胶 pH 值所制备的 SiO₂ 气凝胶的孔径分布图。当凝胶 pH 值为 3.0 时，气凝胶的平均孔径为 9.84nm，孔径分布较宽，在 5 ～ 25nm 范围内；当凝胶 pH 增加到 5.0 时，SiO₂ 气凝胶的平均孔径为 16.32nm，孔径分布范围很窄，主要集中在 10 ～ 20nm 之间；随着凝胶 pH 值进一步增加到 5.5 和 6.0 时，气凝胶的平均孔径分别为 20.46nm 和 24.73nm，孔径分布在 10 ～ 40nm 之间，分布范围很宽。通过对不同气凝胶孔径分布的比较可以发现，在凝胶 pH 值为 5.0 时，SiO₂ 气凝胶的孔径大小分布较为均匀、集中，说明此气凝胶的多孔网络结构也比

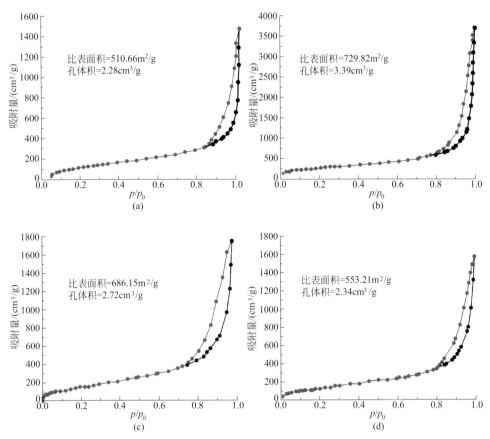

图5-14 不同凝胶pH值制备SiO₂气凝胶的N₂吸附-脱附等温线：（a）pH=3.0；（b）pH=5.0；（c）pH=5.5；（d）pH=6.0

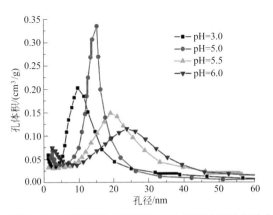

图5-15 不同凝胶pH值制备SiO₂气凝胶的孔径分布图

较均匀，因此其密度相对较小，而凝胶 pH 值为 3.0、5.5、6.0 时，孔径大小分布不一，故造成气凝胶密度较大。

分析上述情况的原因可能是，在溶胶 - 凝胶过程中硅酸的水解速率与缩聚速率不一致造成的。在凝胶 pH 较小时，硅酸的水解速率远远大于缩聚速率，体系中存在大量的硅酸单体，有利于成核反应，因而形成较多的核，但尺寸都较小，最终生成低交联、结构疏松的聚合状凝胶。由于聚合状凝胶的网络结构不够完善，强度较低，在凝胶溶剂置换和干燥过程中，局部团聚现象比较严重，凝胶收缩较大，造成所得到的气凝胶密度较大，比表面积和孔体积较小，孔径分布不均。随着凝胶 pH 值的升高，硅酸的缩聚反应速率加快，当 pH = 5.0 时，其水解速率与缩聚速率相当，即硅酸一经水解，就立刻发生缩聚反应，因而体系中单体浓度相对较低，有利于核的长大和交联，最终形成结构完善、强度较高的胶粒状凝胶。这样在溶剂置换和干燥过程中，凝胶的收缩减小，因此气凝胶的密度较小，比表面积和孔体积较大，孔径分布也比较均匀。但是，凝胶 pH 值过高，缩聚反应剧烈，导致生成的 SiO_2 粒子过大，团聚明显，凝胶脆性增加，使得气凝胶的密度有所上升，比表面积和孔体积下降，孔径较大且分布范围很宽。

综合凝胶 pH 值对 SiO_2 气凝胶密度、比表面积及孔结构的影响结果，本研究得出，当凝胶 pH = 5.0 时，SiO_2 气凝胶的密度最小，比表面积最大，孔径分布均匀，且微观结构良好。因此，优选 pH = 5.0 作为 SiO_2 气凝胶制备的最佳凝胶 pH 值。

4. 水玻璃中 SiO_2 含量对气凝胶的影响

水玻璃中 SiO_2 含量对气凝胶的结构和性质影响很大，因此固定凝胶 pH = 5.0，选择 SiO_2 含量为 4.0%、6.0%、8.0% 和 10.0% 进行实验，得到不同 SiO_2 含量条件下所制备的 SiO_2 气凝胶的性质，如表 5-5 所示。

表5-5 SiO_2含量对气凝胶性质的影响

SiO_2含量 /%	线收缩率 /%	密度 /(g/cm³)	比表面积 /(m²/g)	孔体积 /(cm³/g)	平均孔径 /nm
4.0	13.76	0.0565	553.27	1.96	10.45
6.0	6.85	0.0713	729.82	3.39	16.32
8.0	5.23	0.0876	714.36	3.43	16.74
10.0	1.47	0.124	642.59	2.38	12.21

从表 5-5 可以看出，气凝胶的密度随着 SiO_2 含量的增加而增加，而气凝胶的线收缩率随着 SiO_2 含量的增加而减小。这是因为在 SiO_2 含量较小时，所形成的凝胶交联度很低，凝胶强度较弱，导致在溶剂置换和干燥过程中，凝胶

很难保持其完整的多孔结构，线收缩率较大，但由于本身 SiO_2 含量很低，所以气凝胶的密度也较低。随着 SiO_2 含量的增加，凝胶的强度得到提高，气凝胶的线收缩率降低。当 SiO_2 含量增加到 10.0% 时，所形成的凝胶具有致密的网络结构，其强度很高，使得气凝胶的线收缩率很低，只有 1.47%，但同时 SiO_2 气凝胶单位体积内的固体含量也很高，故此时气凝胶的密度较高，达到 $0.124g/cm^3$。

从表 5-5 还可以发现，SiO_2 含量对气凝胶的孔结构也有很大的影响。当 SiO_2 含量为 4.0% 时，由于凝胶强度较弱，气凝胶的收缩明显，造成气凝胶的孔体积和平均孔径均很小，比表面积也随之减小。而当 SiO_2 含量为 10.0% 时，溶液中含有大量的 SiO_2 粒子，迅速形成致密的凝胶结构，导致气凝胶的平均孔径较小，孔体积和比表面积也相应减小。因此，SiO_2 含量过高或过低都不利于形成高比表面积、高孔体积且孔径分布均匀的气凝胶多孔网络结构。表 5-5 中 SiO_2 含量为 6.0% 和 8.0% 时所得到的气凝胶的性质最好，孔体积和平均孔径分别为 $3.39cm^3/g$ 和 16.32nm 以及 $3.43cm^3/g$ 和 16.74nm，比表面积也很高，达到 $729.82m^2/g$ 和 $714.36m^2/g$，相关性质已非常接近于由正硅酸乙酯为原料制备的 SiO_2 气凝胶材料。但是，当凝胶 pH = 5.0，SiO_2 含量为 8.0% 时，凝胶时间较短，只有 5min，不利于实验操作；而 SiO_2 含量为 6.0% 时，凝胶时间增加到 30min，因此确定制备 SiO_2 气凝胶的水玻璃溶液 SiO_2 含量为 6.0% 比较合适。

图 5-16 是不同 SiO_2 含量所制备的气凝胶的 FE-SEM 照片。由图可知，当 SiO_2 含量为 4.0% 时，气凝胶的颗粒较小，有明显的团聚现象，气凝胶的孔径分布不均，颗粒之间形成的孔隙较小，而团聚体之间的孔隙较大，这是由于 SiO_2 含量较低，凝胶强度不够，导致气凝胶收缩不均造成的。当 SiO_2 含量为 10.0% 时，组成气凝胶的颗粒较大，结构比较致密，孔隙较少。当 SiO_2 含量为 6.0% 和 8.0% 时，气凝胶呈现出海绵状的纳米多孔连续网络结构，孔洞分布比较均匀，构成网络骨架的 SiO_2 粒子的圆滑性和均一性较好。SiO_2 气凝胶的 FE-SEM 分析结果与其性质随 SiO_2 含量的变化规律相符合。

5. 老化液对气凝胶的影响

老化是 SiO_2 气凝胶制备过程中不可缺少的一个阶段。如果不对凝胶进行适当的老化处理，气凝胶会发生较大的收缩，出现孔径分布不均、开裂甚至破碎等现象；而经过老化处理后，凝胶网络骨架强度得到改善，骨架的柔韧性增加，气凝胶的收缩明显减小，能得到高质量的 SiO_2 气凝胶材料。实验分别采用体积分数为 30% 的水/乙醇（$H_2O/EtOH$）和正硅酸乙酯/乙醇（TEOS/EtOH）溶液对凝胶进行老化处理，比较两种不同的老化液对 SiO_2 气凝胶性质的影响。

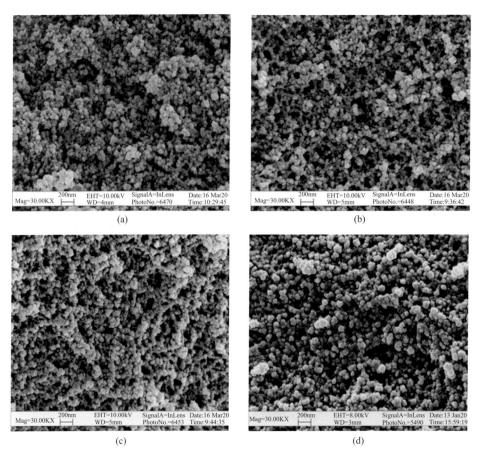

图5-16 不同SiO₂含量制备气凝胶的FE-SEM照片：（a）4.0% SiO₂；（b）6.0% SiO₂；（c）8.0% SiO₂；（d）10.0% SiO₂

凝胶在不同老化液中老化时，其凝胶增强机制是不同的。当凝胶在 H₂O/EtOH 溶液中老化时，受不同曲率半径的表面之间溶解度不同的驱使，较小颗粒溶解并在较大颗粒上沉积，或是 SiO₂ 从颗粒表面溶解，再在负曲率半径的颗粒颈部接触处沉淀，这种溶解 - 再沉淀过程使得凝胶网络结构更加均匀，凝胶的交联程度增加，凝胶强度得到提高。而在 TEOS/EtOH 溶液中老化时，溶液中的 TEOS 会进入到凝胶的孔洞中并与网络骨架上的羟基发生缩合反应，以硅氧键（Si-O-Si）连接到凝胶骨架上，起到支撑凝胶网络结构的作用，使其能更好地抵抗干燥时的收缩与开裂。

图 5-17 为经两种不同老化液老化的 SiO₂ 气凝胶的红外光谱图，可以看到在波数 1089cm⁻¹、799cm⁻¹ 和 463cm⁻¹ 处都呈现明显的气凝胶 SiO₂ 网络骨架的特征吸收峰[16]，其中 TEOS/EtOH 老化的气凝胶的 SiO₂ 特征吸收峰强度要比 H₂O/EtOH

老化的强，说明经 TEOS/EtOH 老化后，TEOS 连接到网络骨架上，增加了气凝胶的硅氧桥键数。TEOS/EtOH 老化的气凝胶在 2982cm^{-1} 处出现—CH$_3$ 的吸收峰，在 2935cm^{-1} 和 1390cm^{-1} 处出现—CH$_2$ 的吸收峰，这些都与 TEOS 中的—OC$_2$H$_5$ 基团有关，同时 962cm^{-1} 处硅羟基（Si-OH）的吸收峰以及 3452cm^{-1} 和 1631cm^{-1} 处水的吸收峰强度减弱，进一步表明了 TEOS 已连接到 SiO$_2$ 气凝胶的网络骨架上[17]。

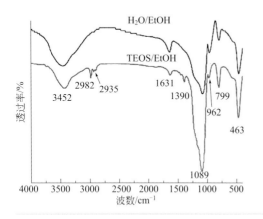

图5-17
不同老化液老化的SiO$_2$气凝胶的红外光谱图

表 5-6 对两种不同老化液老化所制备的 SiO$_2$ 气凝胶的性质进行了比较。从表中可以看出，经 TEOS/EtOH 老化的 SiO$_2$ 气凝胶的线收缩率和密度均比 H$_2$O/EtOH 中老化的要小，这是因为在 TEOS/EtOH 中老化，TEOS 能以硅氧键（Si-O-Si）连接到网络骨架上，对凝胶强度的改善效果比在 H$_2$O/EtOH 中老化要好，所以其线收缩率较小。尽管 TEOS 的引入，会使气凝胶中 SiO$_2$ 固含量增加，但其对收缩率的影响更为显著，使得最终 SiO$_2$ 气凝胶的密度较小。另外，由于 TEOS 接枝到 SiO$_2$ 气凝胶的网络骨架上，增加了气凝胶骨架颗粒的粗糙度，这些粗糙颗粒的存在相当于增加了气凝胶的表面，因而其比表面积较大，但同时也造成气凝胶中的孔隙被 TEOS 所占据，导致所得到的气凝胶具有较小的孔体积和平均孔径。

表5-6　不同老化液对SiO$_2$气凝胶性质的影响

老化液	线收缩率/%	密度/(g/cm³)	比表面积/(m²/g)	孔体积/(cm³/g)	平均孔径/nm
H$_2$O/EtOH	6.85	0.0713	729.82	3.39	16.32
TEOS/EtOH	3.78	0.0684	761.56	2.92	13.89

综合以上分析，在 TEOS/EtOH 溶液中老化，虽然对 SiO$_2$ 气凝胶的线收缩率、密度和比表面积有所改善，但是效果不是很明显，反而还造成气凝胶的孔体积和

孔径减小，而且凝胶经 TEOS 老化后，凝胶表面的羟基数大为降低，不利于下一步气凝胶疏水改性及氨基改性的进行。此外，TEOS 原料价格昂贵，且对人体有一定的危害作用，因此本着低成本制备 SiO_2 气凝胶的原则，最终决定以 H_2O/EtOH 溶液对凝胶进行老化处理。

第三节
由稻壳常压干燥制备 SiO_2 气凝胶

SiO_2 气凝胶是一种新型的纳米多孔固体材料，其独特的三维网络结构和许多优异性能的获得与制备方法密切相关。一般来说，SiO_2 气凝胶制备的关键步骤是干燥工艺，通过干燥使凝胶孔洞中的液体被空气所取代，从而获得低密度的 SiO_2 气凝胶。传统上，SiO_2 气凝胶的制备多采用超临界干燥工艺，在高于液体临界温度和临界压力的超临界状态下除去湿凝胶孔隙中的液体，由于消除了毛细管压力的影响，因而可有效地避免干燥过程中凝胶收缩和破裂的发生[18]。但是，超临界干燥需要用到高温高压釜，操作复杂，成本高，而且还具有一定的危险性。此外，超临界干燥得到的 SiO_2 气凝胶表面含有大量的羟基，气凝胶呈现亲水性，极易吸收空气中的水分，导致气凝胶多孔结构发生坍塌甚至破坏，影响其声、光、热、电学等性能，极大限制了 SiO_2 气凝胶的实际应用[19]。因此，为了尽快实现 SiO_2 气凝胶的大规模生产及商业化应用，研究 SiO_2 气凝胶的非超临界干燥技术——常压干燥是非常必要的。

常压干燥是指在常压下对湿凝胶进行干燥的过程，目前研究中采取的工艺措施主要有凝胶网络增强和溶剂置换 - 表面疏水改性。由于单纯的网络增强难以获得低密度、结构完整的 SiO_2 气凝胶，因此常压干燥工艺技术的关键是凝胶的溶剂置换 - 表面疏水改性，即用低表面张力的溶剂置换凝胶孔隙中的表面张力较大的水，并通过疏水改性使凝胶表面的极性羟基基团转变为非极性或极性很小的烷基基团，从而减少凝胶干燥收缩和破裂问题，实现 SiO_2 气凝胶的常压干燥制备，而且所获得的气凝胶具有一定的憎水性，可有效避免吸附空气中的水分，使气凝胶的环境稳定性得到提高。

在凝胶疏水改性中，使用最多的改性剂是三甲基氯硅烷（TMCS），其硅氯键的活性较高，能与凝胶表面的硅羟基（Si-OH）迅速发生反应，同时硅原子连有三个甲基，形成了一个疏水的伞状结构。当 TMCS 完成改性后，凝胶表面的—OH 转化为—$OSi(CH_3)_3$，疏水的伞状结构相互搭连，在凝胶表面形成疏水膜结构，从而达到疏水改性的效果 [20,21]。

为了进一步降低成本及提高常压干燥工艺制备 SiO_2 气凝胶的性能与应用价值，本节在第二节的研究基础上，分别采用多步溶剂置换 - 表面改性和一步溶剂置换 - 表面改性对凝胶进行疏水改性处理，再在常压干燥条件下制备多孔疏水的 SiO_2 气凝胶。系统研究两种改性工艺对 SiO_2 气凝胶结构与性质的影响，并对乙醇 / 三甲基氯硅烷 / 正己烷的一步溶剂置换 - 表面改性机理进行探讨。

一、SiO_2 气凝胶制备及改性工艺

1. 凝胶制备

将 SiO_2 含量为 6.0% 的水玻璃溶液，以 10mL/min 的速度通过充满阳离子交换树脂的交换柱进行离子交换，得到 pH 值为 2.1～2.3 的硅酸，然后用 1mol/L 的 NaOH 溶液作为催化剂，调节溶液 pH 值至 5.0，继续搅拌 5min 后，倒入模具，静置得到 SiO_2 凝胶，再将刚胶凝的 SiO_2 凝胶在 H_2O/EtOH 溶液中浸泡、老化 24h 以增强凝胶网络结构。

2. 溶剂置换 - 表面改性

（1）多步溶剂置换 - 表面改性　凝胶老化后，首先用无水乙醇浸泡凝胶，每 12h 更换新的无水乙醇，共更换 4 次，以置换凝胶中的孔隙水；接着用正己烷浸泡凝胶，每 12h 换一次正己烷，共更换 4 次，以使正己烷充分替换凝胶中的乙醇；然后将凝胶浸入一定浓度的 TMCS/ 正己烷溶液中改性一定时间，待改性结束后，再用正己烷对凝胶清洗 3 次，每次 6h，以除去残留的改性剂和反应副产物。

（2）一步溶剂置换 - 表面改性　凝胶经老化后，直接浸入乙醇 /TMCS/ 正己烷的混合溶液中进行改性 24h，其中正己烷作为溶剂，与 TMCS 的体积比为 10∶1，乙醇与 TMCS 的摩尔比为 1∶1，在改性过程中孔隙水逐渐从凝胶中渗出，出现水相与有机相的分层；待改性结束后，再用正己烷洗涤凝胶 3 次，每次 6h，以除去凝胶中残留的改性剂和反应副产物。

3. 常压干燥

凝胶完成疏水改性后，将凝胶置于正己烷气氛中室温干燥 24h，然后再将凝胶放入恒温干燥箱，分别在 50℃、75℃、100℃、125℃、150℃、200℃下各保温干燥 2h，即可在常压条件下制备得到疏水 SiO_2 气凝胶，具体常压干燥工艺流程如图 5-18 所示。

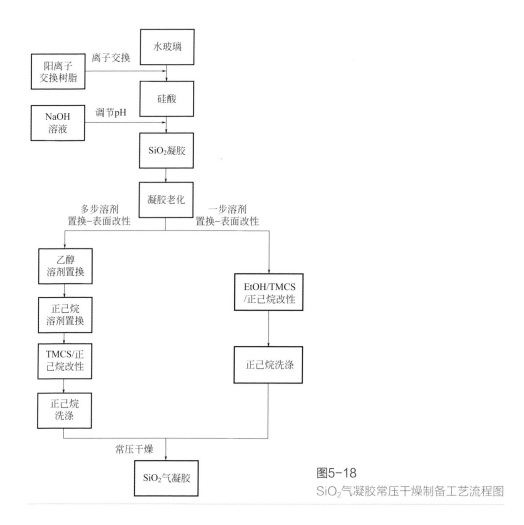

图5-18

SiO$_2$气凝胶常压干燥制备工艺流程图

二、多步溶剂置换-表面改性工艺

大量研究表明，通过 TMCS 对湿凝胶进行疏水改性，可以有效避免干燥过程中凝胶表面羟基之间相互缩合而引起的不可逆收缩，使疏水改性后的凝胶能够在常压干燥条件下得到 SiO$_2$ 气凝胶。但是，TMCS 与水的反应活性明显高于与凝胶表面羟基的反应活性，如果湿凝胶中直接加入 TMCS，其与孔隙水之间的剧烈反应将导致凝胶结构的破坏。因此，在改性前须将凝胶中的水交换成对 TMCS 呈惰性的溶剂，如正己烷等。实验采用多步溶剂置换-表面改性工艺，其原理为：首先用乙醇置换凝胶中的水，再用正己烷置换凝胶中的乙醇，最后用 TMCS 进行改性，使凝胶表面带有—CH$_3$基团。多步溶剂置换-表面改性后，凝胶中低表面张力的溶剂和凝胶表面疏水—CH₃基团将有利于抑制干燥过程中凝胶收缩和裂纹的产生，从而获得理想的多孔气凝胶结构。

1. 改性剂浓度的影响

改性剂的浓度大小是影响凝胶表面改性的最主要因素，若浓度太小，达不到表面改性的目的；浓度太大，造成试剂浪费，还可能会给后续处理带来困难。实验通过改变 TMCS 在正己烷中的体积分数，来研究改性剂浓度对常压干燥制备的 SiO_2 气凝胶结构与性质的影响。

（1）改性剂浓度对气凝胶密度的影响　在凝胶表面改性中，TMCS 通过反应将凝胶表面亲水的羟基转变为疏水的硅甲基，这会造成气凝胶骨架质量的增加，从而影响气凝胶的密度；另一方面，经疏水改性后，在常压干燥过程中凝胶表面的羟基不再发生缩合反应，使气凝胶的收缩降低，密度减小。因此，改性剂的浓度对气凝胶密度的影响较为复杂，两者之间的关系如图 5-19 所示。

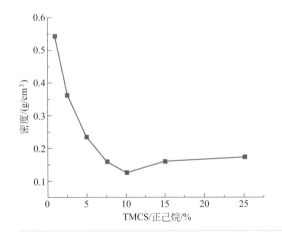

图5-19
改性剂浓度对气凝胶密度的影响

由图 5-19 可知，TMCS 浓度在 10.0% 以内时，改性剂浓度增加使气凝胶的密度呈现下降趋势；当 TMCS 浓度大于 10.0% 时，气凝胶密度开始逐渐上升，但随着 TMCS 浓度增加到 15.0% 以后，气凝胶密度的上升趋势不明显。这是因为硅甲基 $Si\text{-}(CH_3)_3$ 取代凝胶表面羟基—OH 中的 H，生成—$O\text{-}Si(CH_3)_3$，导致气凝胶骨架质量增加，反应的—OH 越多，表面—$O\text{-}Si(CH_3)_3$ 基团越多，气凝胶增重就越大；但同时，改性剂浓度增加，改性越完全，凝胶在干燥过程中的收缩就越小。当 TMCS 浓度在 10.0% 以内时，气凝胶的体积因素占主导地位，骨架质量增重较少，因此气凝胶密度随着改性剂浓度的增加而降低；当 TMCS 浓度高于 10.0% 时，骨架质量的增加起主要作用，使得气凝胶的密度呈上升趋势；而当 TMCS 浓度高于 15.0% 以后，凝胶表面疏水改性基本完成，多余改性剂不再进入凝胶内，气凝胶的质量和体积均不再发生明显的改变，因而气凝胶密度也逐渐趋于稳定。

（2）改性剂浓度对气凝胶孔结构特性的影响　表5-7是改性剂TMCS的浓度对气凝胶比表面积、孔体积和平均孔径的影响，从表中可知，随着TMCS浓度的增加，气凝胶比表面积、孔体积和平均孔径均随之增加。这是因为改性剂浓度增加，改性后凝胶表面的羟基减少，使得干燥过程中由于表面羟基之间缩合而导致的不可逆收缩以及结构破坏减弱，气凝胶能较好地保持其多孔网络结构的缘故。当TMCS浓度大于15.0%以后，凝胶表面疏水改性趋于完全，气凝胶的孔结构特性改善很小，继续增加改性剂浓度对改性效果影响不大，而且还会造成试剂浪费，使后续处理变得困难。

表5-7　改性剂浓度对气凝胶比表面积、孔体积和平均孔径的影响

TMCS浓度 /%	比表面积 /（m²/g）	孔体积 /（cm³/g）	平均孔径 /nm
1.0	536.53	1.03	5.61
2.5	587.84	1.58	8.34
5.0	628.52	2.19	11.76
7.5	661.23	2.56	13.45
10.0	689.67	2.84	14.68
15.0	698.16	2.95	15.01
25.0	706.45	3.07	15.37

（3）改性剂浓度对气凝胶疏水性能的影响　物体的疏水性可通过物体表面与水的接触角来表征，接触角小表明物体与水的亲润性好，疏水性弱，反之接触角大则表明物体的疏水性强。SiO_2气凝胶的疏水性能与改性剂浓度的关系，如图5-20所示。

从图5-20可以看出，当TMCS浓度为1.0%时，气凝胶与水的接触角较小，只有91°，说明气凝胶表面仍含有大量亲水性羟基基团，改性不完全。随着TMCS浓度的增加，气凝胶表面更多的羟基被疏水甲基基团所取代，使得水分子与气凝胶表面的亲和作用减弱，导致接触角不断增大，当TMCS浓度为10.0%时，气凝胶的接触角达到147°，气凝胶表现出很强的疏水性。TMCS浓度进一步增加到15.0%以后，气凝胶的接触角基本保持不变，出现这种现象的主要原因是：对于特定配方合成的凝胶，其比表面积是一定的，因而凝胶表面的羟基数目相对保持恒定，当羟基反应完全后，凝胶表面被甲基基团所覆盖，多余的TMCS不再进入凝胶内实施改性，因此对气凝胶的疏水性不再有贡献。

为进一步研究改性剂浓度对气凝胶表面改性效果的影响，将经不同 TMCS 浓度改性的 SiO_2 气凝胶进行红外光谱分析，以确定各基团在气凝胶表面的存在情况。图 5-21 为不同改性剂浓度改性后 SiO_2 气凝胶的红外光谱对比图，其中曲线 1～7 分别代表了不同浓度 TMCS 改性的气凝胶的红外谱线。从图中可以看出，所有气凝胶样品在波数 $1088cm^{-1}$、$759cm^{-1}$ 和 $463cm^{-1}$ 处都出现了明显的组成 SiO_2 气凝胶网络骨架的 Si-O-Si 键不对称伸缩振动、对称伸缩振动以及弯曲振动所产生的特征吸收谱带。谱线 1 中 $3432cm^{-1}$ 和 $1633cm^{-1}$ 处为气凝胶吸附水所产生的吸收峰，$962cm^{-1}$ 处较强的吸收峰则与 Si-OH 有关，由此可知 1.0%TMCS 改性的气凝胶表面仍存在大量的羟基，表面呈亲水性。随着改性剂浓度的增加，$3432cm^{-1}$、$1633cm^{-1}$ 和 $962cm^{-1}$ 处的吸收峰明显减弱，而在 $2966cm^{-1}$ 和 $1384cm^{-1}$ 处以及 $1258cm^{-1}$ 和 $847cm^{-1}$ 处逐渐出现与硅甲基有关的 C-H 吸收峰和 Si-C 吸收峰，说明气凝胶表面接枝上了疏水的 $Si-CH_3$ 基团，所以随着改性剂浓度增加，气凝胶表面的 Si-OH 逐渐被 $Si-OSi(CH_3)_3$ 所取代，使得气凝胶与水之间的接触角增大，疏水性增强。当 TMCS 浓度为 10.0% 以后，Si-OH 吸收峰已经几乎消失，而羟基在干燥过程中的相互缩合是影响气凝胶多孔结构的主要因素，因此可知在该条件下改性得到 SiO_2 气凝胶性能较好，由此确定在 TMCS 进行表面改性时，体积比浓度选择在 10.0%～15.0% 范围内较为适合。

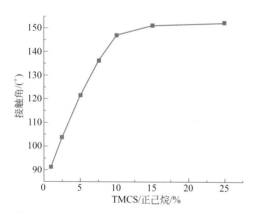

图 5-20　改性剂浓度对气凝胶接触角的影响

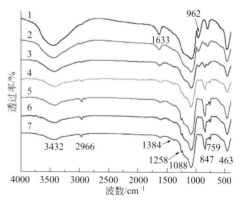

图 5-21　不同改性剂浓度改性的 SiO_2 气凝胶红外光谱图
1—1.0%TMCS；2—2.5%TMCS；3—5.0%TMCS；
4—7.5%TMCS；5—10.0%TMCS；6—15.0%TMCS；
7—25.0%TMCS

2. 改性时间的影响

改性时间是凝胶表面改性过程的一个重要参数，选择适当的改性时间，可以缩短 SiO₂ 气凝胶的制备周期，对气凝胶的大规模生产有着重要的意义。改性反应刚开始时，反应较快，随着反应的进行，改性剂浓度降低，反应速率逐渐变慢。为了确定合适的改性时间，选取体积比浓度为 10.0% 的 TMCS/正己烷溶液对凝胶进行改性，研究不同改性时间对 SiO₂ 气凝胶性能的影响。

（1）改性时间对气凝胶密度和接触角的影响　改性时间的长短与凝胶表面羟基的反应程度有关，因而对气凝胶的密度和疏水性能影响较大。图 5-22 为不同改性时间与气凝胶的密度及接触角的关系曲线。由图 5-22 可知，当改性时间从 1h 增加到 12h 过程中，气凝胶与水之间的接触角迅速增加，疏水性增强，密度也随之快速降低；而当改性时间达到 24h 后，气凝胶接触角和密度的变化趋于平缓。这是因为随着改性时间的延长，凝胶表面的—OH 转为—O-Si(CH₃)₃ 变多，从而在干燥过程中凝胶的收缩减小，气凝胶密度不断降低，而且改性后气凝胶表面大量疏水基团的存在使气凝胶表现出较好疏水性；当改性时间为 24h 时，改性反应已进行得比较完全，凝胶表面的羟基得到了充分反应，故继续增加改性时间，气凝胶密度与接触角的变化很小。

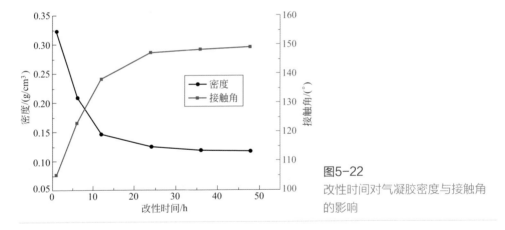

图5-22
改性时间对气凝胶密度与接触角的影响

（2）改性时间对气凝胶孔结构特性的影响　为了达到表面改性的效果，往往需要一定的反应作用时间，表 5-8 为不同改性时间下气凝胶孔结构特性的比较。由于 TMCS 在凝胶孔洞的扩散较慢，当改性时间为 1h 时，改性只在凝胶表面进行，而凝胶内部只有很少一部分改性到，因此气凝胶的比表面积、孔体积和平均孔径均较小，且凝胶收缩不均导致孔径分布范围较大。随着改性时间的延长，改性逐渐向凝胶内部延伸，凝胶改性程度趋于均匀，气凝胶的比表面积、孔体积和平均孔径也随之增加。当改性时间超 24h 后，气凝胶的孔结构特性变化很小，说明凝胶改性已基本达到饱和状态。因此，从缩短 SiO₂ 气凝胶制备周期，节省成本的角度出发，选择改性时间为 24h。

表5-8　改性时间对气凝胶比表面积、孔体积和平均孔径的影响

改性时间/h	比表面积/（m²/g）	孔体积/（cm³/g）	平均孔径/nm
1	595.31	1.61	9.24
6	642.85	2.23	12.05
12	665.23	2.65	13.61
24	689.67	2.84	14.68
36	697.58	2.92	14.84
48	695.42	2.95	14.92

三、一步溶剂置换–表面改性制备SiO₂气凝胶的结构与性质

多步溶剂置换 - 表面改性有利于制备完整的大块 SiO₂ 气凝胶，但同时也存在溶剂置换用时太长、消耗溶剂过多等问题。此外，对于多步溶剂置换来说，无水乙醇完全置换凝胶中的孔隙水以及正己烷完全置换乙醇是获得轻质多孔 SiO₂ 气凝胶的关键，但由于整个溶剂置换过程中凝胶与浸泡液没有明显的现象，难以判断每一步的溶剂置换是否进行彻底，从而影响气凝胶的结构均一性。为了能够快速制备具有轻质多孔结构的 SiO₂ 气凝胶，本节采用一种新的改性工艺，以乙醇 /TMCS/ 正己烷对凝胶进行一步溶剂置换 - 表面改性来制备 SiO₂ 气凝胶，其中正己烷作为溶剂，TMCS 为表面改性剂，TMCS 一方面与凝胶中的孔隙水反应，以此排除凝胶中的水，另一方面与凝胶表面的 Si-OH 反应，使之改性为 Si-OSi(CH₃)₃；乙醇的作用是缓冲 TMCS 与孔隙水之间的剧烈反应，有利于获得均匀的大块气凝胶。与多步溶剂置换 - 表面改性相比，一步溶剂置换 - 表面改性明显缩短了制备周期，节约了成本，降低了能耗，更适合于气凝胶的工业化生产。

1. 收缩反弹现象

图 5-23 为常压干燥过程中不同干燥温度与气凝胶线收缩率的关系曲线。从图 5-23 可以看出，随着干燥温度的升高，气凝胶的线收缩率不断增大，到干燥温度为 100℃时，气凝胶的线收缩率最大，达到 55.45%；当干燥温度继续升高，气凝胶出现膨胀，线收缩率开始下降，直至 200℃干燥结束，最终气凝胶的线收缩率为 14.37%。一般情况下，湿凝胶在干燥过程中发生收缩是不可避免的，但收缩有不可逆收缩和可逆收缩两种。不可逆收缩是由于凝胶表面存在 Si-OH 基团，在干燥过程中，这些基团会发生缩合反应形成 Si-O-Si 键，导致不可逆收缩的发生，形成高密度的 SiO₂ 干凝胶。而 TMCS 对凝胶进行改性后，表面的 Si-OH 基团被惰性的 Si-OSi(CH₃)₃ 基团所取代，干燥过程中，在毛细管压力的作用下凝胶也会发生收缩，但是当收缩达到一定量时，由于相邻的—CH₃ 基团呈化学惰性，不会发生缩合，反而会因彼此之间的斥力使凝胶重新膨胀，出现凝胶的

可逆收缩，即所谓的"收缩反弹现象"。

2. 红外光谱分析

为了研究一步溶剂置换-表面改性对凝胶的改性效果，分别对改性前后的 SiO_2 气凝胶进行红外光谱分析，如图 5-24 所示，其中谱线 a 为未改性，谱线 b 为一步溶剂置换-表面改性。

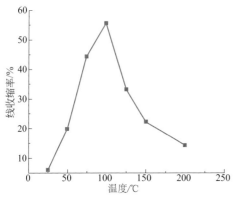

图5-23 不同干燥温度下 SiO_2 气凝胶的线收缩率

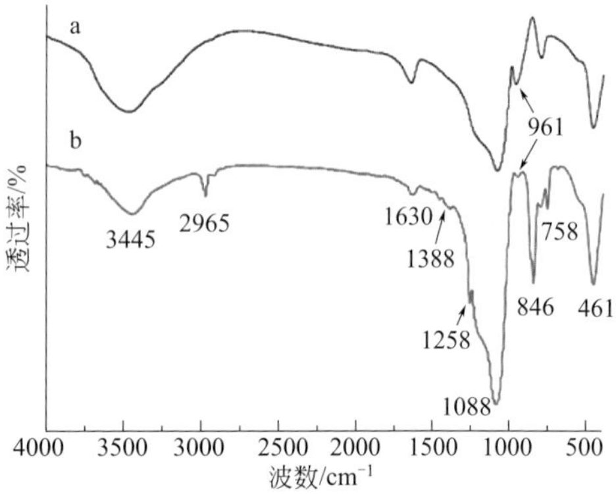

图5-24 改性前后 SiO_2 气凝胶的红外光谱图
a—未疏水改性；b—一步溶剂置换-表面改性

从图 5-24 可以看出，谱线 a 在 961cm⁻¹ 附近出现代表 Si-OH 的振动吸收峰，表明气凝胶含有亲水性的羟基基团；在 3445cm⁻¹ 和 1630cm⁻¹ 处出现的较大吸收峰分别对应于 H-OH 的不对称伸缩及弯曲振动，这与气凝胶吸附空气中的水蒸气有关。谱线 b 中 1088cm⁻¹、758cm⁻¹ 和 461cm⁻¹ 处为 SiO_2 气凝胶网络骨架的特征吸收峰，改性前后并没有发生变化；在 3445cm⁻¹、1630cm⁻¹ 和 961cm⁻¹ 附近的吸收峰强度明显减弱，而在 2965cm⁻¹、1388cm⁻¹、1258cm⁻¹ 和 846cm⁻¹ 处出现了新的吸收峰，这些峰是由 Si-CH₃ 键振动引起的，可见凝胶经一步溶剂置换-表面改性后，凝胶表面的羟基已被有效地转变为惰性的 Si-CH₃ 基团，凝胶表面 Si-CH₃ 基团的存在阻止了干燥过程中的进一步缩合反应，使得在干燥后期出现凝胶的收缩反弹现象。

3. 比表面积分析

吸附等温线是指在一定温度下，固体表面的气体吸附量与气体压力的关系曲线，不同吸附体系的吸附等温线形状是不同的，因此可根据等温线所提供的信息得到材料的孔结构特性。为了研究表面改性对常压干燥制备的气凝胶孔结构的影响，对所制备的气凝胶进行 BET 分析，得到改性前后 SiO_2 气凝胶的氮气吸附-脱附等温线，如图 5-25 所示。

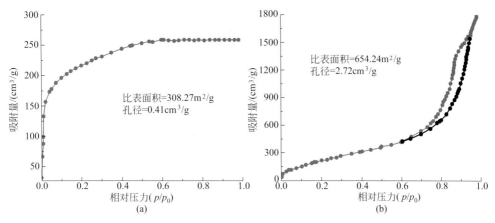

图5-25 改性前后SiO₂气凝胶的N₂吸附-脱附等温线：（a）未疏水改性；（b）一步溶剂置换-表面改性

在图 5-25 中，图（a）为未经疏水改性的 SiO₂ 气凝胶的氮气吸附 - 脱附等温线，图（b）为乙醇 /TMCS/ 正己烷一步溶剂置换 - 表面改性的气凝胶的氮气吸附 - 脱附等温线。由图可知，未改性气凝胶的等温线在低压区一开始就迅速上升，随后呈平坦阶段直至吸附结束，最后气凝胶的氮气吸附量仅为 250cm³/g 左右，且吸附曲线与脱附曲线基本重合，没有滞后环出现，是典型的 I 型等温线，说明该气凝胶是微孔材料。改性后的气凝胶，其等温线在低压区凸向上，表明吸附剂与吸附质之间有较强的亲和力，是单分子层吸附；随着压力的增大，氮气吸附量快速增加，并且出现了吸附曲线与脱附曲线不重合的吸附滞后现象，这类等温线属于 IV 型等温线，说明改性后的气凝胶为介孔结构。根据 BET 法得到未改性气凝胶的比表面积为 308.27m²/g，孔体积为 0.41cm³/g，而改性后气凝胶的比表面积和孔体积均显著提高，分别为 654.24m²/g 和 2.72cm³/g，这是因为湿凝胶未进行疏水改性，在常压干燥过程中表面相邻的羟基之间相互缩合，使凝胶发生不可逆收缩和坍塌，导致气凝胶多孔结构的消失，因而其比表面积和孔体积均很小。

图 5-26 中（a）和（b）分别为疏水改性前后 SiO₂ 气凝胶的孔径分布图。从图中可以看出，未经改性的气凝胶的孔径很小，平均孔径只有 1.98nm，孔径大小分布也很窄，主要集中在 0.5 ~ 2.5nm 范围内；而经乙醇 /TMCS/ 正己烷一步溶剂置换 - 表面改性的气凝胶孔径大小主要分布在 5 ~ 20nm 范围内，平均孔径较大，达到 12.38nm，属于典型的介孔材料。

4. 扫描电镜分析

图 5-27 为未改性和乙醇 /TMCS/ 正己烷一步溶剂置换 - 表面改性 SiO₂ 气凝胶的 FE-SEM 照片。由图 5-27（a）可以看出，SiO₂ 颗粒紧密堆积，失去了气凝

胶所特有的多孔网络结构，这是由于含有大量羟基的未改性湿凝胶在常压干燥过程中发生严重收缩，破坏了其原有的多孔结构，导致最终形成致密的 SiO$_2$ 干凝胶。图 5-27（b）中的 SiO$_2$ 气凝胶是经一步溶剂置换 - 表面改性所制备的，可以看出，疏水改性后的 SiO$_2$ 气凝胶是由近似球形的纳米颗粒相互连接而成的多孔连续网络，结构比较疏松，组成骨架的颗粒大小均匀，颗粒尺寸在 30nm 左右，并且在颗粒周围密集分布着纳米孔洞。同时，气凝胶结构中出现了一些小的团聚，这是由于 TMCS 与孔隙水的剧烈反应所造成的。乙醇 /TMCS/ 正己烷一步溶剂置换 - 表面改性后的 SiO$_2$ 气凝胶微观结构明显优于未改性的气凝胶，这与BET 法的分析结果相符合。

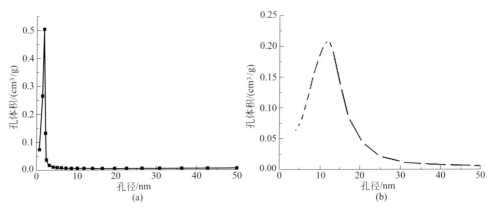

图5-26　改性前后SiO$_2$气凝胶的孔径分布图：（a）未疏水改性；（b）一步溶剂置换-表面改性

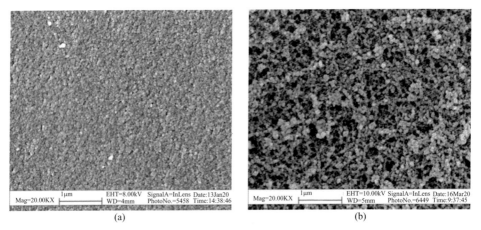

图5-27　改性前后SiO$_2$气凝胶的FE-SEM照片：（a）未疏水改性；（b）一步溶剂置换-表面改性

5．疏水性分析

图 5-28 为水滴在一步溶剂置换 - 表面改性后的 SiO_2 气凝胶表面的照片，以测定气凝胶的接触角。水滴在改性气凝胶表面基本呈球形，与气凝胶表面不润湿，接触角达到 143°，可见改性后气凝胶表现出较好的疏水性；而未改性的气凝胶，水滴会迅速渗入气凝胶内部，导致出现气凝胶破裂现象。结合红外分析结果可知，未改性的气凝胶表面含有大量的羟基，呈亲水性，遇水后结构发生破裂、倒塌，严重影响气凝胶的性能；而改性后的气凝胶表面接枝有疏水的甲基基团，能阻止水渗入气凝胶内部，有效地保持了 SiO_2 气凝胶结构与性能的完整性。

图5-28
水滴在疏水SiO_2气凝胶表面的照片

6．热重 - 差示扫描热分析

图 5-29 为空气气氛下未改性和一步溶剂置换 - 表面改性 SiO_2 气凝胶 TG-DTA 曲线。从图 5-29（a）可以看出，未经改性的气凝胶总失重率为 36.38%，其中在 150℃之前质量损失显著，失重率高达 33.06%，同时在差热曲线上 83℃左右伴随有吸热峰，这主要是由气凝胶表面和孔洞中的吸附水及少量残留有机溶剂蒸发所致，继续升高温度至 800℃，气凝胶质量基本保持不变。图 5-29（b）中，改性后的气凝胶热重曲线上有两个明显的失重台阶，在 25 ～ 150℃之间出现第一个失重台阶，在此温度范围内气凝胶的失重较小，失重率只有 1.41%；而在 350 ～ 450℃温度区间的失重明显，失重率为 7.75%，相应地在差热曲线上 382℃左右出现一较大的放热峰，这与气凝胶所带的疏水—CH_3 基团的氧化有关[22]，说明疏水 SiO_2 气凝胶的热稳定性可以保持到 382℃，高于这个温度气凝胶又转变为亲水性。相比未改性气凝胶在 150℃之前的较大质量损失，改性后的气凝胶质量变化很小，进一步表明了经一步溶剂置换 - 表面改性后，凝胶表面的羟基数量明显减少，抑制了气凝胶吸附空气中的水蒸气，达到了很好的疏水改性效果。

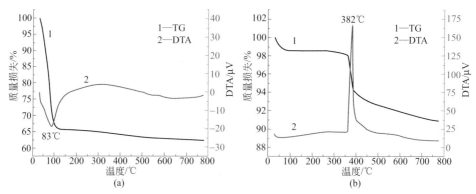

图5-29 改性前后SiO₂气凝胶的TG-DTA曲线：（a）未疏水改性；（b）一步溶剂置换-表面改性

四、一步溶剂置换-表面改性机理

为了能在常压条件下获得具有纳米多孔结构的 SiO₂ 气凝胶，消除干燥过程中毛细管压力的影响至关重要。本研究中，在常压干燥之前采用乙醇 /TMCS/ 正己烷对湿凝胶进行孔隙水溶剂交换和表面疏水改性。实验发现，在乙醇 /TMCS/ 正己烷改性处理过程中，有透明的液体从凝胶中析出，并聚集在容器的底部；改性后的凝胶位于新生成溶液的顶部，原来有机相的底部。乙醇 /TMCS/ 正己烷溶液作为凝胶的表面改性剂，TMCS 能与孔隙水、乙醇以及硅羟基（Si-OH）发生反应，乙醇的存在减缓了 TMCS 与孔隙水之间的剧烈反应，使其在较为温和的条件下被正己烷置换掉，同时凝胶表面的 Si-OH 基团被改性为 Si-OSi(CH₃)₃ 基团，凝胶改性中的主要反应过程如下：

$$2(CH_3)_3\text{-Si-Cl} + H_2O \longrightarrow (CH_3)_3\text{-Si-O-Si-}(CH_3)_3 + 2HCl \tag{5-5}$$

$$(CH_3)_3\text{-Si-Cl} + CH_3CH_2OH \longrightarrow (CH_3)_3\text{-Si-O-CH}_2CH_3 + HCl \tag{5-6}$$

$$2(CH_3)_3\text{-Si-O-CH}_2CH_3 + H_2O \longrightarrow (CH_3)_3\text{-Si-O-Si-}(CH_3)_3 + 2CH_3CH_2OH \tag{5-7}$$

$$(CH_3)_3\text{-Si-O-Si-}(CH_3)_3 + 2HCl \longrightarrow 2(CH_3)_3\text{-Si-Cl} + H_2O \tag{5-8}$$

$$(CH_3)_3\text{-Si-O-CH}_2CH_3 + HCl \longrightarrow (CH_3)_3\text{-Si-Cl} + CH_3CH_2OH \tag{5-9}$$

$$\equiv\text{Si-OH} + (CH_3)_3\text{-Si-Cl} \longrightarrow \equiv\text{Si-O-Si-}(CH_3)_3 + HCl \tag{5-10}$$

$$\equiv\text{Si-OH} + (CH_3)_3\text{-Si-O-CH}_2CH_3 \longrightarrow \equiv\text{Si-O-Si-}(CH_3)_3 + CH_3CH_2OH \tag{5-11}$$

从以上反应可以看出，乙醇 /TMCS/ 正己烷改性溶液中的乙醇起到了一种缓冲作用。通过 TMCS 与乙醇之间的反应［方程式（5-6）］，减缓了 TMCS 与孔隙水的剧烈反应，而 TMCS 与乙醇反应生成的中间产物 $(CH_3)_3\text{-Si-O-}CH_2CH_3$ 又可以进一步与孔隙水反应［方程式（5-7）］生成六甲基二硅氧醚（HMDSO）以及对凝胶表面羟基进行疏水改性［方程式（5-11）］。由于乙醇的缓冲作用，避免了改性过程中凝胶的破裂和微裂纹的出现，很大程度上改善了气凝胶的均匀性。同时，正己烷作为溶剂在一定程度上也能够减缓 TMCS 与孔隙水的反应速率，而且正己烷的表面张力较低，具有挤出凝胶中孔隙水和减小干燥毛细管压力的作用。乙醇 / TMCS/ 正己烷对凝胶进行一步溶剂置换 - 表面改性的原理示意图，如图 5-30 所示。

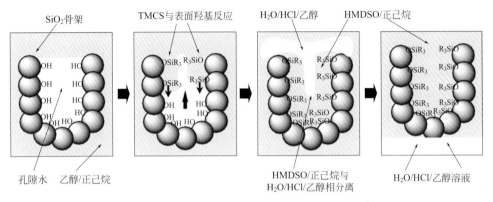

图5-30　乙醇/TMCS/正己烷一步溶剂置换-表面改性原理示意图

凝胶改性过程中，首先加入乙醇和正己烷，然后再缓慢加入 TMCS，由于有机相与水不互溶，因此在凝胶孔洞中留有大量孔隙水。改性初始阶段，TMCS 与凝胶表面的—OH 基团反应生成—$OSi(CH_3)_3$ 基团，这样就在孔表面处形成疏水区域，并且 TMCS 与水反应所生成的 HMDSO 能够在此疏水区域聚集。随着反应的进行，疏水区域以及邻近 HMDSO 层逐渐向凝胶内部延伸。最后，整个凝胶孔洞表面变成疏水，$H_2O/HCl/$ 乙醇溶液与 HMDSO/ 正己烷出现相分离，由于 HMDSO 的摩尔体积比水大，使得水相被挤出凝胶孔，并在容器底部聚集。因此，可以认为在乙醇 /TMCS/ 正己烷对凝胶进行改性过程中，凝胶的表面疏水改性和孔隙水的溶剂置换是同时完成的，即可称为一步溶剂置换 - 表面改性。

第四节
氨基改性 SiO_2 气凝胶及其 CO_2 吸附性能

SiO_2 气凝胶是一种具有高孔隙率、高比表面积的纳米多孔固体材料，其孔结构具有开孔性和相互连通性，气体或液体可以从一个孔流向另一个孔，最后通过整个材料，在此期间受到很小的束缚。正是这种独特的孔结构特性使 SiO_2 气凝胶具有很强的吸附能力，在废水处理、空气净化等领域均有很好的应用前景。

据报道，CO_2 作为造成温室效应的主要气体之一，从工业革命以来，由于经济的高速发展，在大气中的浓度上升超过30%，由1750年的280L/m^3 增加到2006年的381L/m^3[23]。20世纪50年代后，CO_2 在大气中的浓度更是呈现指数增长，如不采取有效措施，预计到2100年全球气温可能上升1.9℃，到时出现的冰川融化、海平面上升等问题，将给人类赖以生存的环境带来巨大的压力，并直接威胁人类的健康以及社会经济的可持续发展[24]。为此，控制 CO_2 排放已成为世界各国刻不容缓的重要任务。中国作为全球三大 CO_2 温室气体排放国之一，在2010年设定了减排目标，并将减排目标作为经济发展的重要指标。

目前，常用的 CO_2 吸附材料有活性炭、硅胶、介孔分子筛等。然而，这些吸附剂主要依靠物理吸附作用实现对 CO_2 的吸附分离，温度升高，材料的 CO_2 吸附量明显下降，因此其使用范围受到限制。不同于一般的活性炭等吸附材料，SiO_2 气凝胶除了本身特殊的多孔结构外，在气凝胶表面和孔壁上还分散有大量的羟基基团，可通过改性在气凝胶中引入碱性基团，将单纯的物理吸附转化为物理吸附与化学吸附结合的双重吸附机制，提高对 CO_2 的吸附效率和选择性。因此，从理论上讲，SiO_2 气凝胶可作为一种理想的 CO_2 吸附材料，达到 CO_2 吸附分离的目的。

3- 氨丙基三乙氧基硅烷（APTES）是一种含有氨基的硅烷，具有极强的碱性，其结构如下[25]

$$C_2H_5O-\overset{\overset{\displaystyle OC_2H_5}{|}}{\underset{\underset{\displaystyle OC_2H_5}{|}}{Si}}-CH_2CH_2CH_2NH_2$$

—OC_2H_5 基团具有较强的活性，能够在常温下与凝胶表面的羟基反应，使氨基（—NH_2）接枝到 SiO_2 气凝胶表面。同时，—OC_2H_5 基团又能在微量水条件下水解成活性更高的结构：

$$HO-\overset{\overset{\displaystyle OH}{|}}{\underset{\underset{\displaystyle OH}{|}}{Si}}-CH_2CH_2CH_2NH_2$$

由此可见，APTES 较高的反应活性及结构中所带有的氨基基团，使其广泛应用于材料的氨基改性研究中。在 CO_2 吸附领域，APTES 也是最主要的氨基改性剂之一。近年来的研究主要集中在介孔 SiO_2 分子筛上，通过 APTES 氨基改性分子筛，以提高其对 CO_2 的吸附性能[26,27]。但是，APTES 用于 SiO_2 气凝胶氨基改性的研究在国内外报道较少，而将氨基改性后的 SiO_2 气凝胶应用于 CO_2 吸附分离领域更是对气凝胶应用的一种新的尝试。

本章以稻壳自制的水玻璃溶液为原料，APTES 为改性剂，通过对凝胶进行氨基改性，再经乙醇超临界干燥制备氨基改性 SiO_2 气凝胶，并对其结构与性质进行表征，初步研究氨基改性 SiO_2 气凝胶对 CO_2 的吸附性能，探讨 SiO_2 气凝胶在 CO_2 吸附分离中的应用可能性。

一、氨基改性SiO_2气凝胶的制备

取 SiO_2 含量（质量分数）为 6.0% 的水玻璃溶液，以 10mL/min 的速度通过充满阳离子交换树脂的交换柱进行离子交换，得到 pH 为 2.1 ~ 2.3 的硅酸，然后以 1mol/L 的 NaOH 溶液作为催化剂，调节溶液 pH 值至 5.0，继续搅拌 5min 后，倒入模具，静置得到 SiO_2 凝胶。凝胶后，将 SiO_2 凝胶浸入 H_2O/EtOH 溶液中老化 24h 以增强凝胶网络结构。老化后，再用无水乙醇置换凝胶中的水，每 12h 更换新的无水乙醇，共 4 次。之后，在 APTES/EtOH 溶液中 50℃条件下对凝胶进行氨基改性 7 天，其中 V(APTES)∶V(EtOH)=1∶4，n(APTES)∶n(SiO_2)=1∶2。改性完成后，再用无水乙醇清洗凝胶 3 次，每次 12h，最后乙醇超临界干燥得到氨基改性的 SiO_2 气凝胶，具体工艺流程如图 5-31 所示。

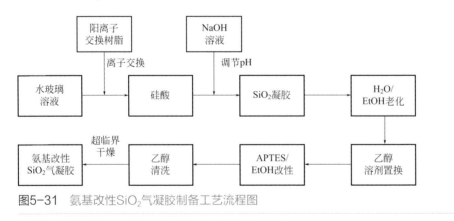

图5-31 氨基改性SiO_2气凝胶制备工艺流程图

二、氨基改性SiO_2气凝胶的结构和性质

1．X 射线衍射分析

图 5-32 为氨基改性 SiO_2 气凝胶的 X 射线衍射图，从图中可以看出，氨基改性后的 SiO_2 气凝胶在 XRD 谱图中没有明显的结晶衍射峰，只有在 $2\theta = 23°$ 左右出现一宽化的弥散峰，说明经氨基改性及超临界干燥后材料中 SiO_2 的形态仍为

无定形结构。在气体吸附中，无定形的 SiO_2 骨架为气凝胶吸附 CO_2 气体提供了一个活性较高的反应环境，有利于提高材料对 CO_2 的吸附量。

2. 红外光谱分析

为研究 APTES 对 SiO_2 气凝胶的改性效果，对氨基改性与未改性的两种气凝胶进行红外分析，如图 5-33 所示，其中谱线 a 为未改性，谱线 b 为氨基改性。

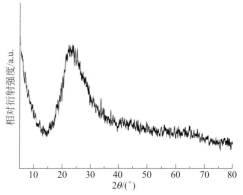

图5-32　氨基改性SiO_2气凝胶的X射线衍射图 图5-33　未改性与氨基改性SiO_2气凝胶的红外光谱图

a—未氨基改性；b—氨基改性

从图 5-33 可以看出，氨基改性前后，位于 $1086cm^{-1}$、$797cm^{-1}$ 和 $461cm^{-1}$ 处的 SiO_2 气凝胶特征吸收峰没有发生变化；而未改性气凝胶 $961cm^{-1}$ 附近属于 Si-OH 的吸收峰，在改性后消失，说明改性过程中气凝胶表面的羟基被 APTES 反应消耗掉。同时，在波数 $2973cm^{-1}$ 与 $1486cm^{-1}$ 出现—CH_3 吸收峰，在 $2935cm^{-1}$ 和 $1387cm^{-1}$ 出现—CH_2 吸收峰，这些峰的出现与 APTES 中的—OC_2H_5 基团有关；而波数 $1573cm^{-1}$ 处的—NH—特征峰以及波数 $689cm^{-1}$ 处的 Si-CH_2—特征峰[28]进一步说明 APTES 成功对 SiO_2 气凝胶实施了改性，使其表面接枝上了氨基基团。另外，由元素分析仪测试得到改性后 SiO_2 气凝胶中的 N 含量达到 3.02mmol/g，气凝胶的氨基改性效果较好。

3. 比表面积分析

图 5-34 是氨基改性 SiO_2 气凝胶的 N_2 吸附 - 脱附等温线和孔径分布图，可以看出，APTES 改性后的气凝胶，其等温线为Ⅳ型，属于典型的介孔材料等温线。在低压区，首先形成单分子层吸附，等温线凸向上；随着压力的升高，逐渐产生多分子层吸附，等温线缓慢上升；当相对压力大于 0.7 后，发生 N_2 凝聚现象，导致等温线急剧上升，出现明显的滞后环，这与气凝胶是由 SiO_2 纳米颗粒聚结而成的多孔网络结构特征相符合。根据 BET 分析结果，氨基改性气凝胶的比表

面积为593.45m²/g，孔体积为2.14cm³/g，平均孔径为12.26nm，且孔径分布较窄，主要集中在5～20nm之间。由此可见，APTES改性后的SiO₂气凝胶仍保持着较高的比表面积和孔体积，这对材料CO₂吸附性能的提高是非常重要的。

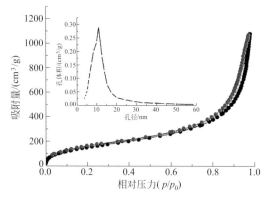

图5-34　氨基改性SiO₂气凝胶的N₂吸附-脱附等温线和孔径分布图

4．扫描电镜分析

图5-35是氨基改性SiO₂气凝胶与未改性SiO₂气凝胶的FE-SEM对比图。从图中可以看出，氨基改性后，气凝胶的微观形貌没有发生明显的变化，SiO₂纳米粒子通过桥接方式组成气凝胶的网络骨架，大量纳米级的孔洞均匀分布在纳米颗粒周围，形成疏松的纳米多孔结构。与未改性气凝胶相比，氨基改性SiO₂气凝胶的组成颗粒粒径较大，且纳米孔的数量有所减少，这与APTES实施改性后，含氨基的分子进入孔洞与孔壁上的羟基反应发生接枝有关。

（a）　　　　　　　　　　　　　　　（b）

图5-35　未改性与氨基改性SiO₂气凝胶的FE-SEM照片：（a）未氨基改性；（b）氨基改性

5. 热重-差示扫描热分析

图 5-36 为氨基改性 SiO_2 气凝胶在 N_2 气氛条件下的 TG-DTA 曲线。从图中可以看到，温度由室温升至 180℃过程中，气凝胶热重曲线上出现约为 8.50% 的失重，这是由 SiO_2 气凝胶吸附的水及 CO_2 等气体的脱附所造成。温度继续升高，当温度高于 300℃以后，气凝胶的失重严重，到 800℃时气凝胶的质量损失达到 29%，同时在差热曲线上 335℃左右出现一较大的放热峰，这主要是与气凝胶中含氨基的基团的脱附和分解有关。之后，从 800℃升温到 1000℃过程中，气凝胶的质量没有再发生明显的变化。因此，可以认为氨基改性后的 SiO_2 气凝胶在 300℃以下可以稳定存在。

6. SiO_2 气凝胶对 CO_2 的吸附性能

氨基改性 SiO_2 气凝胶含有大量的表面活性中心，同时又具有典型的纳米多孔结构，是一种具有潜在应用价值的 CO_2 吸附剂。CO_2 吸附容量是吸附剂的基本特性数据之一，也是选用吸附剂的重要参考依据。实验通过测定 0℃条件下 CO_2 在氨基改性 SiO_2 气凝胶上的吸附等温线，如图 5-37 所示，来研究气凝胶吸附剂对 CO_2 的吸附性能。

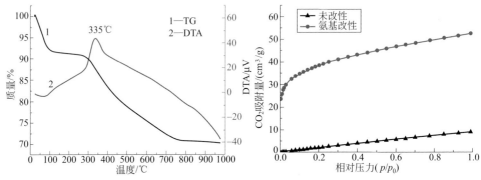

图5-36　氨基改性SiO_2气凝胶的TG-DTA曲线　图5-37　0℃条件下未改性与氨基改性SiO_2气凝胶的CO_2吸附等温线

由气凝胶吸附剂对 CO_2 的静态吸附实验结果可以发现，CO_2 的平衡吸附量随着吸附压力的增大而不断增加。其中，未改性气凝胶的 CO_2 吸附量随吸附压力的变化近似呈线性关系；氨基改性 SiO_2 气凝胶的 CO_2 吸附量要明显高于未改性气凝胶，达到 52.40cm³/g，且在初始阶段气凝胶对 CO_2 的吸附量急剧增加，到吸附中后期时，氨基改性气凝胶的吸附特点与未改性气凝胶类似，呈现近似线性变化趋势。未改性气凝胶的 CO_2 吸附机制只是 CO_2 气体在气凝胶多孔结构表面堆积的物理吸附过程，故其 CO_2 吸附量与吸附压力表现为近似线性关系。而氨基

改性 SiO_2 气凝胶的 CO_2 吸附过程比较复杂，同时包含了物理吸附和化学吸附作用，吸附初期氨基改性 SiO_2 气凝胶的 CO_2 吸附量急剧增加就是其物理吸附与化学吸附共同作用的结果。

为了将氨基改性 SiO_2 气凝胶 CO_2 吸附过程中的多孔结构物理吸附作用与氨基基团化学吸附作用区分开来，对上述吸附数据进行拟合分析。由于氨基改性气凝胶的 CO_2 吸附过程是一个复杂的过程，因此按照共同指数影响形式，如公式（5-12）进行拟合，即：

$$y = y_0 + A_1 \times \left(1 - \exp\left(\frac{-x}{t_1}\right)\right) + A_2 \times \left(1 - \exp\left(\frac{-x}{t_2}\right)\right) \qquad (5\text{-}12)$$

图 5-38 为氨基改性 SiO_2 气凝胶 CO_2 吸附实验结果的拟合曲线及物理吸附与化学吸附分离效果图。从图中可以看出，此拟合方法对氨基改性 SiO_2 气凝胶吸附 CO_2 过程的拟合是成功的，拟合度达到 0.9992。分离效果曲线中，曲线 $F2$ 在吸附压力较小时，CO_2 吸附量随着吸附压力的上升迅速增加，但当相对压力大于 0.1 以后，CO_2 吸附量几乎不再变化；而曲线 $F1$ 随着吸附压力的增加，CO_2 吸附量以近似线性的方式增长，与未改性 SiO_2 气凝胶的 CO_2 吸附等温线相似。由于未改性气凝胶主要是通过物理吸附作用实现对 CO_2 的吸附，因此可认为分离曲线 $F1$ 代表氨基改性 SiO_2 气凝胶的物理吸附作用，而分离曲线 $F2$ 代表改性后 SiO_2 气凝胶所带有的氨基基团的化学吸附作用。比较 CO_2 吸附过程中的物理吸附与化学吸附可知，化学吸附在吸附初期相对压力较小时起到主要作用，但到吸附中后期对 CO_2 吸附量几乎没什么贡献；而物理吸附作用则发生在整个 CO_2 吸附过程，且吸附相对压力越大，CO_2 物理吸附量就越大。

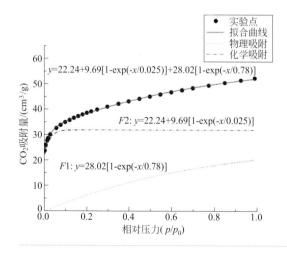

图5-38
氨基改性 SiO_2 气凝胶的 CO_2 吸附拟合曲线及分离效果

7. SiO_2 气凝胶循环吸附性能

在实际应用中，良好的吸附剂不但要求有较高的选择性和吸附容量，而且还要在多次吸附-脱附过程中保持稳定的吸附性能，即经过多次吸附-脱附循环操作后，吸附剂的吸附性能不会出现明显的劣化现象。实验对氨基改性 SiO_2 气凝胶进行多次 CO_2 吸附-脱附操作，考察气凝胶吸附剂的循环吸附性能，结果见图5-39。

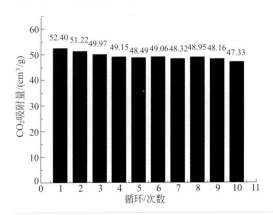

图5-39
氨基改性SiO_2气凝胶的循环吸附性能

从图 5-39 可以看出，经过 10 次 CO_2 吸附-脱附实验，氨基改性 SiO_2 气凝胶的吸附性能稳定，CO_2 吸附容量没有出现较大的损失，最大吸附降低量不超过 10%，说明氨基改性 SiO_2 气凝胶具有良好的循环吸附性能。

参考文献

[1] 侯贵华，罗驹华，陈景文. 稻壳制备高纯高表面积 SiO_2 的研究 [J]. 化学世界，2004, (9): 458-460.

[2] Sun L, Gong K. Silicon-based materials from rice husks and their applications[J]. Industrial and Engineering Chemistry Research, 2001, 40(25): 5861-5877.

[3] 张声俭. 稻壳的开发利用 [J]. 粮食与饲料工业，1999, (1): 20-22.

[4] Prasad C S, Maiti K N, Venugopal R. Effect of rice husk ash in whiteware compositions[J]. Ceramics International, 2001, 27(6): 629-635.

[5] 王卫星，曾幸荣，刘安华，等. 由稻壳制备纳米结构 SiO_2[J]. 合成材料老化与应用，2004, 33(4): 1-3.

[6] Real C, Alcala M D, Criado J M. Preparation of silica from rice husks[J]. Journal of the American Ceramic Society, 1996, 79(8): 2012-2016.

[7] 侯贵华，罗驹华，陈景文. 稻壳制备高纯高比表面积 SiO_2 的研究 [J]. 化学世界，2004, (9): 458-460.

[8] Liou T H. Preparation and characterization of nano-structured silica from rice husk[J]. Materials Science and Engineering, 2004, 364(1-2): 313-323.

[9] Kapur P C. Production of reactive bio-silica from the combustion of rice husk in a tube-in basket burner[J].

Powder Technology, 1985, 44(1): 63-67.

[10] 马正飞，殷翔. 数学计算方法与软件的工程应用 [M]. 北京：化学工业出版社，2002.

[11] Wan Y, Zhang F, Lu Y, et al. Immobilization of Ru(Ⅱ) complex on functionalized SBA-15 and its catalytic performance in aqueous homoallylic alcohol isomerization[J]. Journal of Molecular Catalysis A: Chemical, 2007, 267(1-2): 165-172.

[12] Akimov Y K. Fields of application of aerogels[J]. Instruments and Experimental Techniques, 2003, 46(3): 287-299.

[13] Husing N, Schubert U. Aerogel-airy materials: Chemistry structure and properties[J]. Angewandte Chemie International Edition, 1998, 37(1-2): 22-45.

[14] GB/T 5476—2013. 离子交换树脂预处理方法 [S].

[15] 汪华方，樊自田. 水玻璃模数快速测定方法的改进 [J]. 理化检测 - 化学分册，2008, 44(1): 47-49.

[16] Sarawade P B, Kim J K, Hilonga A, et al. Production of low-density sodium silicate-based hydrophobic silica aerogel beads by a novel fast gelation process and ambient pressure drying process[J]. Solid State Sciences, 2010, 12(5): 911-918.

[17] Oweini R A, Rassy H E. Synthesis and characterization by FTIR spectroscopy of silica aerogels prepared using several Si(OR)₄ and R″Si(OR′)₃ precursors[J]. Journal of Molecular Structure, 2009, 919(1-3): 140-145.

[18] Rolison D R, Dunn B. Electrically conductive oxide aerogels: New materials in electrochemistry[J]. Journal of Materials Chemistry, 2001, 11(4): 963-980.

[19] Rao A V, Nilsen E, Einarsrud M A. Effect of precursors, methylation agents and solvents on the physicochemical properties of silica aerogels prepared by atmospheric pressure drying method[J]. Journal of Non-Crystalline Solids, 2001, 296(3): 165-171.

[20] Kang S K, Choi S. Synthesis of low-density silica gel at ambient pressure: Effect of heat treatment[J]. Journal of Materials Science, 2000, 35(19): 4971-4976.

[21] Zhang J Y, KongY, Jiang X, et al. Synthesis of hydrophobic silica aerogel and its composite using functional precursor[J]. Journal of Porous Materials, 2020, 27: 295-301.

[22] Gao G, Miao L, Ji G, et al. Preparation and characterization of silica aerogels from oil shale ash[J]. Materials Letters, 2009, 63(30): 2721-2724.

[23] Raupach M, Marland G, Ciais P, et al. Emerging research fronts-2010[J]. Proceedings of the National Academy of Sciences of the United States of America, 2007, 104(24): 10288-10293.

[24] Stewart C, Hessami M A. A study of methods of carbon dioxide capture and sequestration–the sustainability of a photosynthetic bioreactor approach[J]. Energy Conversion and Management, 2005, 46(3): 403-420.

[25] Chatti R, Bansiwal A K, Thote J A, et al. Amine loaded zeolites for carbon dioxide capture: Amine loading and adsorption studies[J]. Microporous and Mesoporous Materials, 2009, 121(1-3): 84-89.

[26] Xu X, Song C, Andresen J M, et al. Novel polyethylenimine-modified mesoporous molecular sieve of MCM-41 type as high-capacity adsorbent for CO_2 capture[J]. Energy & Fuels, 2002, 16(6): 1463-1469.

[27] Chang A, Chuang S, Gray M, et al. In-situ infrared study of CO_2 adsorption on SBA-15 grafted with gamma-(aminopropyl)triethoxysilane[J]. Energy & Fuels, 2003, 17(2): 468-473.

[28] Ye L, Ji Z, Han W, et al. Synthesis and Characterization of silica/carbon composite aerogel[J]. Journal of the American Ceramic Society, 2010, 93(4): 1156-1163.

第六章
其他氧化物气凝胶

第一节
Al₂O₃气凝胶

氧化铝的熔点高于 2000℃，以其为主体制备的气凝胶可兼具气凝胶良好的保温隔热效果和氧化铝较好的高温稳定性，其网络结构一般由无定形态和多晶形态共同组成，30℃常压时热导率仅为 0.029W/(m·K)，800℃常压时热导率为 0.098W/(m·K)，最高使用温度可达 1000℃以上，是制备高效耐高温隔热材料的理想材料之一。

一、Al₂O₃气凝胶制备方法

自 Yoldas[1] 通过金属有机醇盐首次成功制备出 Al₂O₃ 气凝胶以来，Al₂O₃ 气凝胶的研究越发引起人们的广泛关注，研究人员开发出了多种制备 Al₂O₃ 气凝胶的方法。根据所用原料的不同，Al₂O₃ 气凝胶的制备方法可分为有机醇盐法、无机盐法、粉体分散法三种。

1. 有机醇盐法

一般采用有机醇盐制备的 Al₂O₃ 气凝胶孔结构较为均匀，综合性能较好，样品纯度和强度较高，有机铝醇盐可用一般式 $Al(OR)_3$ 表示，是一种较强的 Lewis 酸，具有 $Al^{\delta+}\text{-}OC^{\delta-}$ 结构，由于氧原子的强电负性，使 Al-O 键强烈极化为 $Al^{\delta+}\text{-}O^{\delta-}$。铝原子要求尽可能地扩大其自身的配位数的性质，使得醇盐分子之间通过配位键而形成一定程度的齐聚或缔合。

分子间产生缔合是有机铝醇盐的一个重要特性，它不仅影响铝醇盐自身的物化性质（溶解性、挥发性、黏度、反应动力学等），而且影响溶胶凝胶工艺过程和最终材料的均匀性。醇盐分子之间产生缔合的驱动力是金属原子通过键合邻近的烷氧基团以力求使自身的配位数达到最大的倾向性。空的金属轨道接受来自烷氧基配位体中氧原子的孤对电子而形成桥键。铝原子的配位数由原来的 3 个增加为 4～6 个，低聚体的大小取决于有机基团的空间排列。由于位阻效应的影响，随着烷基的增长和支链增加，缔合度会降低。例如，叔丁醇铝（ATB）为二聚体，而异丙醇铝（AIP）、仲丁醇铝（ASB）则主要为三聚体或四聚体，每个铝原子含有 4～6 个配位原子，其结构如图 6-1 所示。

由于有机铝醇盐分子中烷氧基有较强的电负性，使得铝原子极易受到亲核攻击，所以有机铝醇盐化学性质通常较为活泼，容易与—OH、NH 等基团发生反应。因此，有机铝醇盐中多聚体和寡聚单元的存在对水解较为敏感，水解速率较快，往往与水反应形成沉淀，所以 Al_2O_3 溶胶的制备相对困难。一般认为有机醇盐在催化剂的作用下水解并聚合生成 Al_2O_3 凝胶，其制备原理如下。

水解反应：$Al(OR)_3 + H_2O \longrightarrow Al(OH)_3 + 3HOR$

缩聚反应：$Al(OR)_3 + Al(OH)_3 \longrightarrow Al_2O_3 + 3HOR$

$$2Al(OH)_3 \longrightarrow 3H_2O + Al_2O_3$$

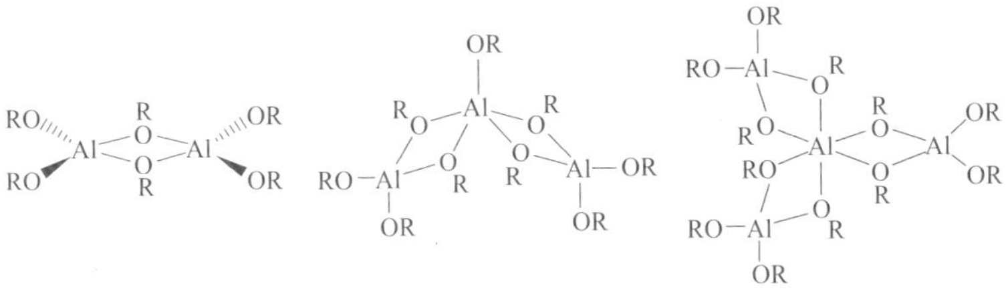

图6-1 有机铝醇盐二聚体、三聚体、四聚体结构示意图

反应式中有机醇盐一般是异丙醇铝或 2- 丁醇铝。醇铝盐的醇溶液在水的作用下水解，水解产物之间发生缩聚反应，在反应物混合后存在大量的水解和缩聚反应点，当某一区域内形成足够多时，即会形成胶体颗粒或溶胶。进一步脱水缩聚形成无序、连续凝胶网络骨架结构[2]。

一般以有机醇盐为原料可以制得纯度高、比表面积大、粒度分布均匀的凝胶。但是该方法过程复杂，如水解反应迅速且难控制，容易形成沉淀；影响反应因素众多，如胶溶剂的种类、用量、反应温度、添加剂等；同时存在有机原料对水敏感、原料价格昂贵且易燃有毒等问题。

2．无机盐法

相对于有机醇盐为原料制备 Al_2O_3 气凝胶，无机盐为原料具有低成本、溶胶 - 凝胶过程简单易控的特点，在大规模生产中有更好的应用前景。无机盐制备 Al_2O_3 气凝胶中最常用的就是九水硝酸铝和六水氯化铝，一般采用的是滴加环氧丙烷法制备 Al_2O_3 凝胶，其工艺过程简单，形成的气凝胶结构稳固，工艺流程见图 6-2，具体反应原理如图 6-3 所示。

以九水硝酸铝和六水氯化铝这两种前驱体制备得到的氧化铝气凝胶在性质和微观结构上明显不同。以九水硝酸铝为前驱体制备得到的氧化铝气凝胶是由球形的氧化铝颗粒组成，其孔洞是由颗粒之间的相互堆积形成的，颗粒的直径范围在 5～15nm；以六水氯化铝为前驱体制备得到的气凝胶是由细小的针叶状氧化铝组成的，形成了三维空间多孔网状结构，直径为 2～5nm，长度不等，其强度比九水硝酸铝制备得到的氧化铝气凝胶大很多，如图 6-4 所示。

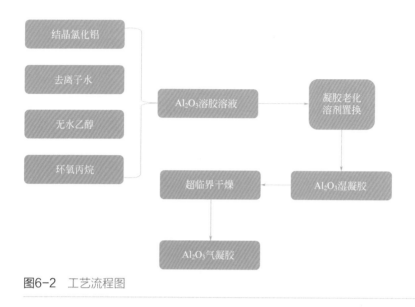

图6-2 工艺流程图

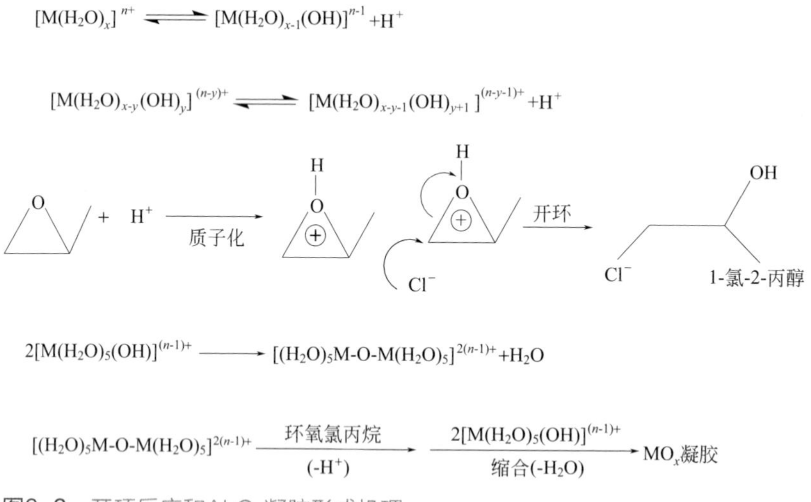

$$[M(H_2O)_x]^{n+} \rightleftharpoons [M(H_2O)_{x-1}(OH)]^{n-1} + H^+$$

$$[M(H_2O)_{x-y}(OH)_y]^{(n-y)+} \rightleftharpoons [M(H_2O)_{x-y-1}(OH)_{y+1}]^{(n-y-1)+} + H^+$$

（质子化）开环反应图

1-氯-2-丙醇

$$2[M(H_2O)_5(OH)]^{(n-1)+} \longrightarrow [(H_2O)_5M\text{-}O\text{-}M(H_2O)_5]^{2(n-1)+} + H_2O$$

$$[(H_2O)_5M\text{-}O\text{-}M(H_2O)_5]^{2(n-1)+} \xrightarrow[(-H^+)]{\text{环氧氯丙烷}} \xrightarrow[\text{缩合}(-H_2O)]{2[M(H_2O)_5(OH)]^{(n-1)+}} MO_x\text{凝胶}$$

图6-3 开环反应和Al_2O_3凝胶形成机理

　　图 6-5 是不同无机铝盐制备得到的 Al_2O_3 气凝胶样品照片，图 6-6 是对应的 SEM 图。结果发现：以九水硝酸铝为无机盐制备得到 Al_2O_3 气凝胶在外观透明性和结构强度上比六水氯化铝要差很多。

　　SEM 图说明两者都具有纳米级的多孔网络结构，但前者是颗粒堆积形成的多孔结构，孔径大小分布不够均匀，而后者是链状交错形成的三维网络结构，孔结构强度的相对强度高，稳定性较好。

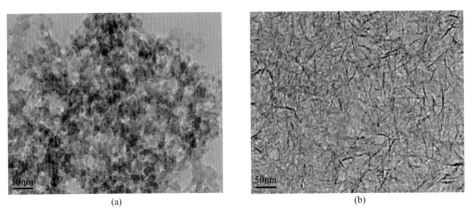

图6-4　不同无机铝盐制备的Al$_2$O$_3$气凝胶的TEM图：（a）九水硝酸铝；（b）六水氯化铝

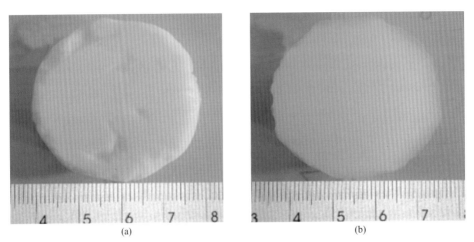

图6-5　不同无机铝盐制备的Al$_2$O$_3$气凝胶样品照片：（a）九水硝酸铝；（b）六水氯化铝

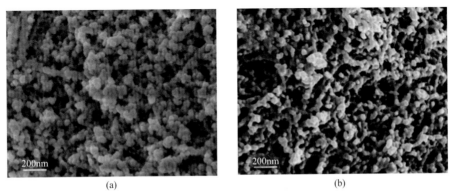

图6-6　不同无机铝盐制备的Al$_2$O$_3$气凝胶的SEM图：（a）九水硝酸铝；（b）六水氯化铝

3．粉体分散法

前两种方法是通过铝盐水解-缩聚的化学反应过程得到的 Al_2O_3 气凝胶。也可以采用已有工业产品为原料，如高纯拟薄水铝石粉（SB 粉）或氧化铝粉，通过粉体分散制取溶胶。SB 粉是一种勃姆石粉体，主要成分是 $\gamma\text{-}Al_2O_3$，含量为76.2%，其余为水分。方法是先让 SB 粉与蒸馏水混合成一定浓度的悬浊液，加热至 85℃后搅拌，加入一定量的 HNO_3，在激烈搅拌和 85℃条件下回流一定时间，就可以制得到 $\gamma\text{-}AlOOH$ 溶胶。还可以通过分散拟薄水铝石来制取氧化铝溶胶。称取一定量的拟薄水铝石，加水搅拌均匀分散，滴加酸直至混浊液变成溶胶状态[3]。用粉体分散法制备氧化铝溶胶省去了水解步骤，过程简单，且原料均为工业产品，价格便宜，便于储存，易于实现工业化。但是，原料中常含有杂质，溶胶的纯度相对较低，此法适用于制备纯度要求不太高的陶瓷涂层。表 6-1 是以上三种 Al_2O_3 气凝胶制备方法的优缺点对比说明。

表6-1　三种前驱体制备方法优缺点对比

制备方法	优点	缺点
有机原料法	产品纯度高、比表面积大、粒度分布均匀	工艺过程复杂难控制、有机原料昂贵且易燃有毒
无机原料法	原料低廉易得、工艺简单、条件易控、实现工业化概率大	产品纯度相对较低
粉体分散法	过程简单、原料价廉且易得	产品纯度、性能不佳

二、影响Al_2O_3气凝胶性能的主要因素

在 Al_2O_3 气凝胶的制备过程中，主要是通过铝盐在溶剂中水解和缩聚形成凝胶，包括反应温度的控制、添加一定量的干燥化学控制剂（如甲酰胺）或者凝胶网络诱导剂（如环氧丙烷）等。所以影响 Al_2O_3 气凝胶结构的主要因素有：先驱体种类、水解温度、催化剂、溶剂含量、水含量、溶剂置换与表面改性等[4]。

1．先驱体种类

先驱体的不同对 Al_2O_3 气凝胶性质的影响主要表现为：由于有机醇盐中多聚体和寡聚单元的存在对水解较为敏感，因此有机醇盐水解速率较快，溶胶反应较为迅速，容易产生沉淀，溶胶制备较为困难。但有机醇盐制备的 Al_2O_3 气凝胶孔结构较为均匀，具有勃姆石结构特点。而无机盐成本较低，多采用常压进行干燥制备 Al_2O_3 干凝胶，收缩较为明显，性能不如有机醇盐制备的 Al_2O_3 气凝胶[5]。

2．水解温度和催化剂

澄清的 Al_2O_3 溶胶是制备 Al_2O_3 气凝胶的关键，研究认为：当水解温度较低

时，形成的无定形态结构的 AlO(OH) 容易转变为 $Al(OH)_3$ 的拜耳石相而形成沉淀；当水解温度较高时，形成具有稳定的多晶态结构 AlOOH 易溶于醇溶剂而稳定存在。适宜的水解温度为 75℃。同样催化剂要满足以下几个条件才能得到澄清的溶胶：①催化剂与 Al_2O_3 溶胶的物质的量比大于 0.03；②催化剂的阴离子与铝离子不发生配位反应；③催化剂必须能够促进 Al_2O_3 溶胶通过铝氧桥合作用或羟基桥合作用形成 Al-O-Al 结构。一般认为，硝酸、盐酸、醋酸、甲酸等能满足上述的要求。

3. 溶剂含量

一般来说，溶剂含量的增加会延长溶胶的凝胶时间，而且通过溶剂的用量可调节所期望的 Al_2O_3 气凝胶的密度。Walendziewski 等 [6] 研究了苯、异丙醇以及甲醇溶剂对 Al_2O_3 气凝胶的影响，结果表明，以甲醇为溶剂制备 Al_2O_3 气凝胶具有高比表面积和低密度，其比表面积最高为 $498m^2/g$，密度最低仅为 $0.025g/cm^3$。Pierre 等 [7] 研究了丙酮溶剂含量对气凝胶比表面积的影响，认为随着溶剂含量的增加，Al_2O_3 气凝胶的比表面积逐渐降低。

4. 水含量

水含量对气凝胶的性能有重要的影响，当水量较多时 [$H_2O/Al(OR)_n$ 物质的量比一般为 25～100]，一般只能得到较小块的气凝胶或者气凝胶粉末，原因是该方法采用过量水制备 Al_2O_3 溶胶时形成的 γ-AlOOH 可溶于水，结果只有水被蒸发或被有机溶剂分解才能凝胶，其网络结构不稳定，容易受到破坏，形成粉末，而且其制备周期较长。例如，Janosovits 等 [8] 按物质的量比为 $ASB/100H_2O/0.07HNO_3$ 制备 Al_2O_3 溶胶经 CO_2 超临界干燥，得到的气凝胶粉末具有勃姆石结构，比表面积在 280～$390m^2/g$，平均孔径在 6.7～13.3nm，但制备时间最长达 81 天。

当水量较少时，可通过控制金属醇盐的水解使水解产物直接发生聚合反应。溶液中通过化学键形成的氧化物网络结构使溶胶直接转化为稳定溶胶。Dumeignil 等 [9] 认为水含量对 Al_2O_3 溶胶的反应机理如下：当水量较低时，水解速率较慢，过量的仲丁醇铝（ASB）的存在容易通过铝氧桥合作用（alcoxolation）形成 Al-O-Al 链。随着水量的增加，较高的水解速率容易形成 $Al(OH)_3$ 结构，减小了铝氧桥合作用，抑制了 Al-O-Al 链的形成。当水量继续增大时，过量水通过溶剂化现象使 $Al(OH)_3$ 与水配位有利于形成 $Al(OH)_3O^+H_2$，Al-HO$^+$-Al 通过羟桥合形成 Al-O-Al 链，虽然过量水形成 Al-OH，但 Al-O$^+$H-H(R) 不稳定容易与其他 Al-OH 发生缩聚反应脱水或醇形成 Al-O-Al 结构。采用少量水制备的 Al_2O_3 气凝胶往往具有较好的强度和比表面积。Poco 等 [10] 以低于化学计量比的水制备出块状 Al_2O_3 气凝胶，其具有较好的耐高温和热稳定性能，800℃热导率为 0.098W/（m·K），在 950℃热处理时气凝胶没有明显的收缩，在 1050℃时只收缩 2% 左右，比表面积约为 376m²/g，弹性模量为 550kPa。

5．溶剂置换与表面改性

湿凝胶在干燥过程中可观察到三个现象：持续的收缩和硬化、产生应力、破裂。如果在干燥过程中没有出现气-液相界面，就不会出现凝胶的破裂。很明显，采用一般的干燥过程很难阻止凝胶的收缩和破裂，因此要保持凝胶结构或得到块状气凝胶，须采用以下两类方法，即增强骨架强度和减少毛细张力。凝胶的表面改性是凝胶制备的重要一环，更是不可或缺的一个步骤，为防止气凝胶在干燥过程中发生多孔网络结构的破坏，在干燥前对湿凝胶进行了表面化学改性处理，一般选用的改性剂是硅烷联偶剂。在醇凝胶制备、老化、浸泡，完成之后，醇凝胶的表面主要为羟基（-OH）和部分乙氧基（-OC₂H₅）所覆盖。选用硅烷联偶剂的有机溶液在适当温度下对凝胶进行溶剂替换，使硅烷联偶剂硅烷分子渗入到凝胶孔洞中，与凝胶骨架上的羟基反应，接枝在凝胶骨架上，与凝胶骨架上的羟基缩合的结果，避免了干燥时凝胶骨架上原有 -OH 基团之间的缩合，减小了凝胶骨架之间的张力，从而大大减小了凝胶在干燥过程中的收缩现象；另外，硅烷联偶剂之间相互缩合连接成链状聚合物，在凝胶孔洞内起到支撑作用，从而增强了凝胶骨架的强度，抵抗凝胶在干燥过程中由毛细管作用力引起的孔洞收缩。以 Al_2O_3 气凝胶为例，Al_2O_3 气凝胶是无定形氧化铝，用超临界干燥法制备得到的气凝胶无定形氧化铝中的化学键有几种可能类型：铝氧键（-Al-O-Al-）、铝醇键（-Al-O-H）、其他有机铝键（-Al-O-R）。Al_2O_3 气凝胶表面化学键的类型及基团的性质主要取决于气凝胶的制备条件，例如，如果制备气凝胶使用超临界甲醇干燥过程，那么它的表面主要含有烷氧基（-OR）；如使用超临界 CO_2 干燥过程，那么凝胶的表面几乎全被羟基（-OH）所覆盖。

随着羟基（-OH）的增多，Al_2O_3 气凝胶的表面能表现出较强的氢键作用。因此，表面含有羟基的 Al_2O_3 气凝胶极易吸水。干燥的气凝胶会直接从潮湿的空气中吸收水分，使其重量增加约 20%。这种吸水性不会影响气凝胶的性能，因为它完全是可逆的，在 105～110℃干燥 1～2h，就会使气凝胶又完全干燥。如把气凝胶放在空气中冷却，它又会重新吸收空气中的水分，但会影响到其使用范围和使用寿命。

虽然吸收水蒸气不损害 Al_2O_3 气凝胶的特性，但是，如果把它与液态水接触，就会产生严重的后果。羟基表面对水蒸气存在的强烈吸引力同时也吸附液态水。但是，当液态水进入纳米尺度的孔道时，水的表面张力呈现为强的毛细管力，将使固体 Al_2O_3 骨架破裂，最终结果是气凝胶整体完全碎裂，材料从具有一定形状的透明固体变成白色细粉，这种具有大量羟基化表面的 Al_2O_3 气凝胶被称为"亲水的"（hydrophilic）气凝胶。因此在暴露的环境中使用亲水 Al_2O_3 气凝胶将引起较大的问题，可通过把表面极性的羟基（-OH）转变成非极性或极性很小的基团（-OR）来防止这个问题的产生，这里 R 可以是任何脂肪族基团，但最常用的是三甲基硅烷基团 $(CH_3)_3Si$。转变过程主要在湿凝胶中进行，通过消除水和 Al_2O_3 表面的吸引力，就能防止 Al_2O_3 气凝胶由液态水引起的破坏。以这种方式处理过的 Al_2O_3 气凝胶不被水润湿，为憎水（hydrophobic）气凝胶。

醇凝胶的溶剂交换与表面改性是一个漫长的过程，为了达到置换与表面改性的目的，需要的置换与表面改性时间一般为 50～100h，有时甚至更长达到 150h 左右，这使得气凝胶的制备过程大大加长，不利于工业化的推广，而在置换与表面改性的过程中引入超声波环境，会大大降低置换与表面改性所需的时间。

超声波是频率范围在 20～106kHz 的机械波，波速一般约为 1500m/s，波长为 0.01～10cm。超声波的波长远大于分子的尺寸，说明超声波本身不能直接对分子产生作用，而是主要通过液体的空化作用来完成的。当超声波作用于液体时，液体中微气泡迅速成核、生长、振动，甚至当声压力足够大时，气泡会猛烈崩溃。气泡崩溃时产生高速的微射流、冲击波，同时在极短的时间内，在空化泡周围的极小空间内产生高达 5000K 以上的高温和 100MPa 的高压，这些构成了物质进行化学和物理变化的特殊环境[11]。当这种作用发生在固体表面时，冲击波和微射流会清洗或侵蚀固体表面，从而破碎固体。同时，由于颗粒周围液体所起的强烈的混合作用，加速了热传导和物质传递过程，甚至促进了物质在固体空隙中的扩散[12]。

三、Al_2O_3 气凝胶的失效机理

Al_2O_3 气凝胶虽然具有较好的耐高温性能，但随着温度的不断升高会产生一系列的相变，如图 6-7 所示，氧化铝晶相会随着温度的变化依次以 $\gamma \to \delta \to \theta \to \alpha$ 的次序发生相变，而且相应的比表面积会逐渐变小。相变时氧化铝晶格中的活化原子在高温下会迁移扩散，O^{2-} 由立方向六角密堆积转化，而 Al^{3+} 则从随机分布于八面体或四面体空隙中转变为均匀分布在八面体空隙中，最终形成热力学稳定的 α-Al_2O_3。γ-AlOOH、γ-Al_2O_3 和 δ-Al_2O_3 都是尖晶石结构，而 α-Al_2O_3 为密排六方结构，所以在 1000℃以上发生 α 相变会导致体积收缩，破坏其纳米孔结构。这些相变使得氧化铝气凝胶的比表面积急剧下降，三维网络结构遭到破坏，导致其无法在高温条件下正常使用。

300～500℃　700～800℃　900～1000℃　1000～1200℃

γ-AlOOH $\longrightarrow$ γ $\longrightarrow$ δ $\longrightarrow$ θ $\longrightarrow$ α-Al_2O_3

图6-7 Al_2O_3 气凝胶的相变过程

纳米 Al_2O_3 颗粒之间的烧结则是氧化铝气凝胶在高温条件下失效的另一原因。随温度的升高 Al_2O_3 微晶或颗粒会烧结，烧结是 Al_2O_3 表面能降低和颗粒聚集长大的过程，因而也是 Al_2O_3 颗粒比表面积骤降的一个主要因素。其机理如下：当对固体材料进行高温煅烧时，固体颗粒间接触位置容易形成"颈部"，在该处表面曲率半径为负数，其表面化学势能比表面曲率半径为正数的颗粒表面要低。在高温烧结时，颗粒表面与它们"颈部"区域之间所存在的化学位移梯度将导致物质向"颈部"发生迁移。因而，在达到热力学平衡时，颗粒"颈部"区域相对于颗粒的其他部位存在更高的空位浓度，这导致晶格振动的增大和表面原子的重排，使得颗粒间接触面逐渐扩展，颗粒中心距离不断减小以及材料发生收缩，从而使比表面积降低。除此之外，由于气凝胶具有纳米孔结构，在高温下其表面活性较高，易于发生烧结，从而导致气凝胶微观结构遭到破坏，降低其隔热性能[13]。

第二节
TiO₂基气凝胶

TiO_2 是一种重要的无机功能材料，在涂料、传感器、介电材料、吸附剂和催化剂等许多方面具有广泛的用途[14]。1972 年，日本学者 Fujishima 和 Honda[15] 在 n 型半导体 TiO_2 单晶电极上发现了水的光电解催化能够分解制氢，之后多相光催化技术便引起了科技工作者的极大关注。1976 年 Carey 等[16] 首次将光催化技术应用到降解污染物上，揭示了光催化技术在环保领域的应用前景。TiO_2 光催化综合性能较好，是目前使用最广泛的光催化剂，其带隙能为 3.2eV，当遇到波长 <387nm 的光照射时，电子吸收光子的能量从价带被激发到导带形成带负电荷的高活性电子 e^-，价带上则产生相应的正空穴 h^+，e^- 和 h^+ 分别与 TiO_2 表面的吸附物作用生成 OH^- 或 O_2^-，显示出很强的氧化或还原能力。

光催化剂的组成和结构决定光催化性能。首先，在晶体结构（锐钛矿、金红石和板钛矿）和非晶体结构中，锐钛矿型 TiO_2 催化效果最佳[17]。其次，比表面积越大，催化效果越佳。纳米 TiO_2 材料，由于极大地提高了 TiO_2 半导体材料的比表面积和纳米材料中较多的晶体缺陷，提高了 TiO_2 半导体材料性能的有效利用率。德国 Degussa 公司的 P25 纳米 TiO_2 光催化产品已经得到社会的广泛认可，并且该产品在使用过程中可通过掺入敏化剂或过渡金属提高催化活性，也可通过负载在活性炭或 SiO_2 载体上提高活性点分散性，进而提高催化性能。因此，若在催化剂组成和结构设计中即考虑如何提高催化性能，将从本质上提高催化剂的使用性能。纳米 TiO_2 具有小尺寸效应和表面效应等特性，纳米多孔结构材料（介孔和气凝胶）的合成有利于提高纳米颗粒的分散性和颗粒与污染物的接触效率，进而提高催化剂的催化活性。制备具有高比表面积和孔道结构的锐钛矿型 TiO_2，实现纳米颗粒的有效分散，提高催化活性点与降解物的接触率，有望提高催化剂的催化性能。因此，纳米 TiO_2 多孔材料已被广泛关注，如介孔 TiO_2 材料和具有多孔网络结构的 TiO_2 气凝胶材料。介孔 TiO_2 材料前驱体比表面积可达 $200 \sim 500m^2/g$ [17]，经高温煅烧去除模板剂（P123、CTAB、三乙醇胺和十二烷胺等）[18] 产生孔结构，并实现无定形 TiO_2 向锐钛矿晶型转变。但烧结致密化和晶粒有序排列等原因导致体积收缩，比表面积减小（$100 \sim 200m^2/g$）。作为多孔材料的一种，TiO_2 气凝胶具有高比表面积和高孔隙率，是一种拥有高通透性的纳米多孔三维网络结构材料。利用超临界干燥将凝胶中的液体直接汽化移除保留了凝胶网络结构，在乙醇超临界过程中得到锐钛矿晶型，制得的 TiO_2 气凝胶具有孔道结构和较高的比表面积。超临界干燥和煅烧晶化过程中，TiO_2 晶相转变时颗粒有序排列，局部化学键断裂也存在一定收缩现象。TiO_2 气凝胶中掺入 SiO_2 减缓高温收缩现象，鉴于 SiO_2 气凝胶晶相转变温度很高，结构非常稳定，通过 SiO_2 掺入达到优化气凝胶的网络结构的目的，得到具有高比表面积、低密度和高孔体积的锐钛矿型 TiO_2-SiO_2 气凝胶。

一、TiO_2 气凝胶

TiO_2 气凝胶是由纳米 TiO_2 颗粒相互聚结堆积而成的一种高分散固态材料，具有纳米多孔网状结构，并在孔隙中充满气态介质，是国际上研究的比较早的一种具有良好发展前景的绿色环保型光催化材料。TiO_2 气凝胶是采用溶胶 - 凝胶法结合干燥技术制得由纳米 TiO_2 颗粒相互聚结构成的纳米多孔网状结构材料。

（1）溶胶 - 凝胶法是以乙醇为溶剂，在酸或酰胺化合物的作用下，钛醇盐经水解聚合得到 TiO_2 溶胶，溶胶进一步聚合得到具有三维网络结构的凝胶。溶胶 - 凝胶法大致分为 3 个阶段：溶液中的成核阶段；核长大形成溶胶阶段；溶胶交联聚合成凝胶阶段。以 $Ti(OC_4H_9)_4$ 为原料的水解缩聚反应见式（6-1）和式（6-2）。

水解反应：　　$Ti(OC_4H_9)_4 + 4H_2O \longrightarrow Ti(OH)_4 + 4C_4H_9OH$ 　　　　（6-1）

缩聚反应：　　　　$nTi(OH)_4 \longrightarrow (TiO_2)_n + 2nH_2O$ 　　　　　　（6-2）

由于反应体系中加入了酸抑制剂，大大减缓水解反应，以免生成 $Ti(OH)_4$ 白色沉降。但酸抑制剂过多时，水解反应速率则会变得很慢，溶液中的 $Ti(OC_4H_9)_4$ 水解产物太少，而使凝胶形成的表观速率减小，即凝胶时间变长。

在整个反应体系中，乙醇不会直接参与到 $Ti(OC_4H_9)_4$ 的水解和缩聚反应中，但对整个体系起到稀释的作用。同时，在 Ti(OC$_4$H$_9$)$_4$ 和 H$_2$O 分子周围形成由乙醇分子组成的包覆层，包覆层阻碍了反应物分子间的碰撞。乙醇也会在溶胶粒子的周围形成一个笼子，溶胶粒子就在这个笼子中间，这样一个笼子的存在则会阻碍溶胶粒子的积聚和增长，以及凝胶颗粒团簇间的键合。由于 TiO$_2$ 凝胶的网络结构中充斥着乙醇，形成的凝胶不牢固，干燥时脆弱的网络骨架会发生断裂。

（2）凝胶经过一定条件下的干燥处理即可得到气凝胶，干燥的方法有冷冻干燥、超临界干燥和常压干燥 3 种。

① 冷冻干燥。作为新型的气凝胶干燥技术，冷冻干燥的工作原理与超临界干燥有一定的可比性。与高温高压条件下通过消除液 - 气界面达到消除毛细管力的影响相似，冷冻干燥是在低温低压下把液 - 气界面转化为固 - 气界面，固 - 气转化消除了液相的存在，避免气液界面的张力，从而减少干燥收缩，达到制得气凝胶材料的目的。Melone 等 [19] 以纳米纤维素为模板采用溶胶 - 凝胶法结合 -80℃冷冻干燥，再经 450 ~ 800℃高温煅烧制得 TiO$_2$ 气凝胶或 TiO$_2$-SiO$_2$ 气凝胶 [n(Ti)/n(Si)=2]，气凝胶的比表面积皆为 6.10m^2/g 左右，孔隙率皆大于 99.5%。TiO$_2$ 气凝胶 600℃煅烧出现金红石相，TiO$_2$-SiO$_2$ 气凝胶 800℃煅烧未见金红石相，说明 SiO$_2$ 的存在有助于提高气凝胶的热稳定性。与纯相 TiO$_2$ 气凝胶相比，TiO$_2$-SiO$_2$ 气凝胶对亚甲基蓝（MB）和罗丹明 B（RhB）的吸附量皆显著提高，说明 SiO$_2$ 的存在有利于提高气凝胶对有机物的吸附性能。

② 超临界干燥。常规煅烧法由于存在许多不稳定的因素而导致凝胶骨架的收缩和结构的破坏，颗粒之间产生严重的团聚，从而使样品的比表面积下降而使催化性能大打折扣。为解决这一问题，超临界干燥技术开始应用于凝胶的干燥。TiO$_2$ 气凝胶的超临界干燥是将醇凝胶置于超临界干燥器中，先用乙醇或 CO$_2$ 进行溶剂置换，再在乙醇或 CO$_2$ 临界温度和临界压力条件下使凝胶干燥，获得 TiO$_2$ 气凝胶。不同的干燥溶剂（CO$_2$、乙醇和丙醇等），决定不同的超临界干燥条件（温度和压力），干燥效果差异也很大。Dagan 等 [20] 采用超临界干燥制得孔隙率 85% 的高比表面积纳米 TiO$_2$ 气凝胶，其对水杨酸的催化活性明显高于 DegussaP25 产品。Sui 等 [21] 首先制得 TiO$_2$ 水凝胶，经超临界干燥制得高比表面积和高孔容的 TiO$_2$ 气凝胶，但该气凝胶须经晶化热处理使得材料收缩很大，比表面积降低很多，且光催化活性提高不明显。Zhang 等 [22] 采用 CO$_2$ 作为超临界干燥（313 ~ 323K，7.8 ~ 15.5MPa）制备具有高比表面积的针状 TiO$_2$ 气凝胶。甘礼华等 [23] 采用溶胶 - 凝胶法结合 CO$_2$ 超临界干燥（34℃，7.9MPa）制得 TiO$_2$ 气凝胶。CO$_2$ 超临界温度较低，制得的气凝胶为非晶态，光催化性能较差。高温处理获得锐钛矿型 TiO$_2$，气凝胶剧烈收缩，孔道结构严重破坏。

③ 常压干燥。许多研究人员在干燥控制化学添加剂甲酰胺等的作用下采用常压干燥制备了 TiO$_2$ 气凝胶，但高温煅烧晶化处理使得体积收缩，气凝胶比表

面积降低明显。气凝胶烧结收缩和孔结构变化示意图见图6-8和图6-9[24]。卢斌等[25]以甲酰胺为干燥控制化学添加剂，80～130℃常压干燥制得低表观密度（0.25g/cm³）、高比表面积的 TiO_2 气凝胶和无定形 Fe^{3+} 掺杂 TiO_2，比表面积较高为529.17m²/g，平均孔径约为20.10nm，高温煅烧得到锐钛矿型 TiO_2，比表面积明显减小（136.22m²/g），平均孔径增大（22.32nm）。胡久刚等[26]采用常压干燥法制备了表观密度为0.375g/cm³、比表面积为523m²/g的 TiO_2 气凝胶。

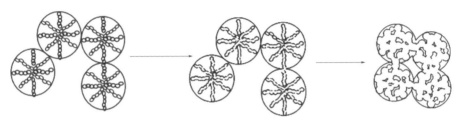

图6-8 气凝胶烧结示意图

早期烧结　　　　　　中期烧结　　　　　　烧结完成

图6-9 孔结构烧结变化示意图

综上所述可得，TiO_2 气凝胶及其复合气凝胶的制备一般采用溶胶-凝胶法，而干燥和晶化处理主要分为3种：①常压干燥与高温煅烧相结合。常压干燥要求制备过程中加入甲酰胺等干燥控制化学添加剂，高温煅烧实现去除添加剂和 TiO_2 晶化的目的。② CO_2 超临界干燥与高温煅烧结合。由于 CO_2 超临界温度较低，通过高温煅烧实现 TiO_2 晶化。③乙醇超临界干燥。乙醇超临界温度较高（280℃左右），干燥后气凝胶存在锐钛矿型结构，干燥一定时间可完全晶化，也可结合高温煅烧优化晶化程度。与常压干燥和 CO_2 超临界干燥相比，乙醇超临界干燥将凝胶中的液体直接汽化移除保留了凝胶网络结构，干燥操作温度较高（约300℃），去除溶剂的同时实现 TiO_2 晶化，制得的气凝胶具有孔道结构和较高的比表面积。因此，为了获得高比表面积和较好的孔道结构，应选择乙醇超临界干燥工艺直接获得高催化活性的锐钛矿型 TiO_2 气凝胶。

以钛酸四丁酯 $[Ti(OC_4H_9)_4]$ 为钛源，采用溶胶-凝胶法结合乙醇超临界干燥直接制得以 Ti-O-Ti 键为主、晶粒平均粒径约10nm且具有较明显孔道结构的锐钛矿型 TiO_2 气凝胶[27]。研究高温煅烧处理前后气凝胶晶体结构的变化发现：

$350 \sim 500{}^{\circ}C$ 高温煅烧后晶体结构不变，$700{}^{\circ}C$ 高温煅烧少量锐钛矿型向金红石型转变；TiO_2 气凝胶煅烧后，明显出现收缩现象，比表面积减小，但由于煅烧脱去表面吸附物质和基团，孔径增大。研究制备工艺条件对产物气凝胶结构和性能的影响，最佳工艺条件：HNO_3 用量 4mL、$n(H_2O)/n[Ti(OC_4H_9)_4] = 4$、$n(C_2H_5OH)/n[Ti(OC_4H_9)_4] = 15$ 时，凝胶时间 50min，气凝胶的比表面积、孔容和平均孔径分别为 $201.88m^2/g$、$0.42cm^3/g$ 和 19.11nm。TiO_2 气凝胶禁带宽度为 3.06eV，在波长小于 405nm 的光照下具有光催化活性。

二、TiO_2/SiO_2 复合气凝胶

TiO_2 光催化技术的应用还存在一些问题，减小禁带宽度和提高量子产率已被研究人员普遍关注，但纳米 TiO_2 的分散性差和负载困难等关键技术问题也严重阻碍了 TiO_2 光催化技术的应用，亟待解决。

光催化反应主要发生在材料表面上，表面积越大 TiO_2 的催化活性越高。粉体的粒径越小，比表面积越大，越有利于催化剂与催化质接触反应，但是具有高表面能的纳米粉体趋于团聚。气凝胶是湿凝胶中的液体被气体所取代，同时凝胶的网络结构基本保留不变的一种具有纳米结构的多孔材料。气凝胶拥有极高孔隙率、极低的密度（$0.003 \sim 0.500g/cm^3$）、高比表面积（$100 \sim 1600m^2/g$）和适宜的孔径（$1 \sim 100nm$），其结构特征是拥有高通透性的纳米多孔三维网络结构，作为光催化剂时光几乎可以穿透气凝胶颗粒。采用溶胶-凝胶法制得湿凝胶，湿凝胶具有非常高的比表面积和孔道结构，湿凝胶中溶剂的体积即为孔体积（理论上是制备溶胶时乙醇的用量），因此制得气凝胶的理想比表面积应很高。但湿凝胶中存在很多不稳定的化学键，在干燥和高温煅烧处理时，化学键断裂，若存在晶相转变，则原子有序排列结构紧密，更易发生断键破坏网络结构，出现不同程度的凝胶收缩现象。

TiO_2 气凝胶中金属 Ti 的电负性较低，与 O 之间的化学键不稳定，高温处理制备锐钛矿型 TiO_2 气凝胶时，Ti-O-Ti 化学键断裂使得凝胶结构破坏，体积收缩颗粒聚集。非金属元素 Si 与 O 之间形成的共价化学键 Si-O-Si 非常稳定，SiO_2 的晶化温度也很高（约 $1150{}^{\circ}C$）。相比而言，金属元素电负性较低，且金属氧化物的晶相转变温度较低，因此 TiO_2（晶相转变温度约 $322{}^{\circ}C$）、CuO（约 $235{}^{\circ}C$）、ZrO_2（$376 \sim 445{}^{\circ}C$）、NiO（约 $360{}^{\circ}C$）、ZnO、SnO_2（约 $200{}^{\circ}C$）和 CoO（$225 \sim 350{}^{\circ}C$）等气凝胶材料高温处理收缩性较大，气凝胶的比表面积和孔结构不稳定。有研究指出将 TiO_2 掺入网络结构较稳定的 SiO_2 或 Al_2O_3 等气凝胶中，有助于改善 TiO_2 材料的结构稳定特性[28]。

国内外许多研究者已经认识到这一点，对 SiO_2 中掺入 TiO_2 的 TiO_2-SiO_2 复

合气凝胶的制备和光催化性能开展了一系列研究。Ahmed 等[29] 采用溶胶 - 凝胶法和乙醇超临界干燥制备 TiO_2-SiO_2 气凝胶光催化剂，$n(Si)/n(Ti)=1.3$、2.6 和 3.9，随 SiO_2 含量增加（TiO_2 用量相同），收缩率和表观密度降低，透明度增加，光催化活性提高。并指出与 TiO_2 粉末和介孔材料相比，TiO_2-SiO_2 气凝胶具有优异的性能，这是由于：①比表面积和孔隙率的增加，有利于提高反应动力学和反应程度；②气凝胶透光性能好，SiO_2 的存在（TiO_2 颗粒不透明）提高光能量利用率；③气凝胶更容易回收，减小催化剂损失。Deng 等[30] 以 TEOS 和 TBOT 为原料，乙醇超临界干燥制备含有锐钛矿型 TiO_2 的 TiO_2-SiO_2 气凝胶，而 CO_2 超临界干燥制得的 TiO_2-SiO_2 气凝胶中 TiO_2 为无定形结构。气凝胶的比表面积随着 SiO_2 含量的增加逐渐增大，制得了不同硅钛摩尔比（硅钛比）的 TiO_2-SiO_2 复合气凝胶，硅钛摩尔比从 1 增加到 25，复合气凝胶的比表面积从 $395.5m^2/g$ 增大到 $537.4m^2/g$，远大于纯相 TiO_2 气凝胶（$67.1m^2/g$）和硅钛比为 1/5 的复合气凝胶（$133.4m^2/g$）。催化降解苯酚的实验发现随着 TiO_2 比例的增加，复合气凝胶对苯酚的降解效果逐渐增大。Ismail 等[31] 通过溶胶 - 凝胶法和超临界干燥制备 TiO_2-SiO_2 气凝胶光催化剂，硅钛摩尔比从 1 至 10，凝胶时间从 50min 增至 30h，这是由于 Ti 为过渡金属，具有较强的正电性，Ti 比例减少导致凝胶时间变化，气凝胶结构和性能也不同，最佳配比 $n(Si)/n(Ti)=6$ 时气凝胶的比表面积为 $850m^2/g$，孔径约为 40nm，适用于酚和氰化物的降解。甘礼华[23] 以甲酰胺为干燥控制剂，常压 70℃干燥制得 TiO_2-SiO_2 气凝胶 [$n(SiO_2)/n(TiO_2)=3$]，比表面积为 300～400m²/g，气凝胶中 TiO_2 和 SiO_2 小颗粒间结合以分子间分散为主，并分析得到低温常压干燥和 CO_2 低温超临界干燥（34℃，24MPa）的 TiO_2 和 SiO_2 皆为无定形，经高温煅烧晶化处理获得光催化效率较高的锐钛矿 TiO_2 结构。乙醇超临界干燥（270℃，6.3MPa）的气凝胶中 SiO_2 为无定形，TiO_2 存在锐钛矿结构。Amlouk 等[32] 则采用溶胶 - 凝胶法和乙醇超临界干燥制备 TiO_2 气凝胶颗粒，再置于 SiO_2 溶胶中，超临界干燥制得 $n(SiO_2)/n(TiO_2)=3$ 的复合气凝胶。

刘敬肖[33] 研究常压干燥制得高比表面积的非晶态 TiO_2-SiO_2 复合气凝胶 [$n(SiO_2)/n(TiO_2)=2$，$646.34m^2/g$]，经高温煅烧使得多孔网络结构破坏，烧结聚集，比表面积和孔体积下降很多（未具体给出数据），复合气凝胶对罗丹明 B 具有很好的光催化作用，主要是吸附和光催化共同作用的结果。Zhu 等[34] 采用溶胶 - 凝胶法制得 $n(Si)/n(Ti)=1$ 的 TiO_2-SiO_2 凝胶，经正己烷溶剂置换和六甲基二硅胺烷（HMDZ）改性处理，常压干燥制得 TiO_2-SiO_2 气凝胶。制得的纯相 SiO_2 和 TiO_2-SiO_2 气凝胶皆为非晶态，比表面积分别为 $765m^2/g$ 和 $735m^2/g$。气凝胶改性处理后成疏水性，具有较好的有机物吸附性能。光催化降解罗丹明 B 研究表明光催化剂对有机物吸附和光催化降解效率与材料的比表面积有关，也与材料的疏水性能有关。Ismail 等[31] 采用溶胶 - 凝胶法结合丙醇超临界萃取技术（235℃，

4.7MPa）制备纳米 TiO_2-SiO_2 复合气凝胶，气凝胶的结晶性能较差，TiO_2 质量分数为 20%[相当于 $n(Ti)/n(Si)=3/16$] 的 TiO_2-SiO_2 气凝胶的 X 射线衍射（XRD）图谱中只有微弱的锐钛矿衍射峰。复合气凝胶催化剂可用于光催化降解 TNT，TiO_2 质量分数为 50% 时 [相当于 $n(Ti)/n(Si)=3/4$]，制得晶体 TiO_2-SiO_2 气凝胶比表面积可达 $485m^2/g$，100ppm 的 TNT 2h 可降解至 1ppm（$1ppm=1\times10^{-6}$）。

刘朝辉等 [35] 采用常压干燥得到 TiO_2-SiO_2 复合气凝胶，经 500～900℃高温煅烧，热处理过程中 TiO_2 先由无定形向锐钛矿晶型转变，并同时发生烧结现象，复合气凝胶三维多孔结构发生坍塌，颗粒聚团导致比表面积和平均孔径减小，并且随着煅烧温度的升高，结晶度和晶粒尺寸增大且烧结团聚现象明显，500℃左右煅烧产物的比表面积约为 $210m^2/g$，2.5g/L 催化剂降解 20mg/L 甲基橙溶液（pH=3），10min 和 30min 降解率达到 42.9% 和 87.1%。Kim 等 [36] 将 SiO_2 溶胶加入 TiO_2 溶胶中，70℃凝胶，乙醇和正己烷溶剂置换，三甲基氯硅烷（TMCS）改性处理，60～150℃常压干燥制得 $n(Si)/n(Ti)$ 分别为 0.9、2.3 和 2.9 的 TiO_2-SiO_2 复合气凝胶。600℃以下煅烧产物为非晶态，Ti 分散在 Si 骨架中（存在 930～950cm^{-1} Ti-O-Si 的振动吸收峰）。比表面积较大为 623～726m^2/g，随着 Si 含量的增加而增大。并且随煅烧温度升高比表面积增大，$n(Si)/n(Ti)=2.3$ 的非晶态气凝胶比表面积为 $623m^2/g$，200℃和 400℃煅烧后分别为 $661m^2/g$ 和 $726m^2/g$，这是由于高温煅烧使得有机物分解，孔径增大，进而比表面积增大。

SiO_2 化学键稳定且晶相转变温度较高，是网络结构优化的最佳材料。以 TiO_2 气凝胶为基体，掺入少量 SiO_2 从而改善气凝胶网络结构方面进行的研究少有报道。前文综述可得 SiO_2 的存在对光催化剂的三维孔道结构、比表面积和晶体结构等产生影响，进而提高气凝胶的吸附性能、光催化活性和高温热稳定性。但诸多研究主要以 SiO_2 气凝胶为基体，掺入少量 TiO_2。催化剂中有效催化成分含量有限（锐钛矿型 TiO_2），SiO_2 作为杂质成分，含量过多阻碍 TiO_2 与降解物接触，不利于光催化反应。可见，SiO_2 的掺入对于催化剂的整体性能发挥是把双刃剑，其用量必须严格控制。因此，有必要以 TiO_2 气凝胶为基体，考察最佳 SiO_2 掺入量，使得 SiO_2 充分发挥网络结构优化作用，提高光催化性能。

Wang 等 [37] 采用溶胶 - 凝胶法结合高温煅烧制得掺入质量分数为 7% SiO_2 的 TiO_2 气凝胶（TiO_2-SiO_2 复合气凝胶）。纯相 TiO_2 气凝胶 650℃有金红石相出现，SiO_2 的掺入提高了 TiO_2 气凝胶的热稳定性，750℃未见金红石相。掺入 7% SiO_2 的 TiO_2 气凝胶比表面积随煅烧温度的升高逐渐减小，对邻仲丁基 4，7- 二硝基苯酚（DNBP）具有好的降解效果。刘朝辉等 [38] 采用溶胶 - 凝胶法制备掺杂少量 SiO_2（质量分数 0～28%）的 TiO_2-SiO_2 复合气凝胶材料，平均孔径较小（约 5nm），比表面积为 100～220m^2/g，降解甲基橙效果最佳的气凝胶中 $w(Si)=9%$，此时比表面积为 120m²/g。溶胶制备过程中为了限制 TBOT 快速水解，硝酸用量过大（pH 约为 1），通过加入甲酰胺凝胶并控制干燥过程的过度收缩，采用常温自然干燥结合高温煅烧去除甲酰胺和晶化处理，TiO₂ 团聚严重。实验还研究表明 Si 的存在有利于气凝胶的高温热稳定性，随着 Si 含量的增加，复合气凝胶中 TiO₂ 晶粒尺寸减小，结晶度降低，比表面积增加，孔径减小。因此，SiO₂ 含量的增加使得比表面积增大和晶粒尺寸减小，有利于提高光催化活性，但降低了晶体结晶度和减小了孔径尺寸，同时催化剂中 TiO₂ 比例降低，不利于光催化性能的发挥。南京工业大学气凝胶纳米材料团队通过在 TiO₂ 气凝胶中掺入少量 SiO₂，起到控制 TiO₂ 收缩团聚和连接断键阻碍 TiO₂ 大面积的晶化收缩，起到网络结构优化的作用，进而保证气凝胶具有最佳光催化活性点接触概率。采用溶胶 - 凝胶法结合超临界干燥法制备的 SiO₂-TiO₂ 复合气凝胶，制备工艺流程见图 6-10[39]。

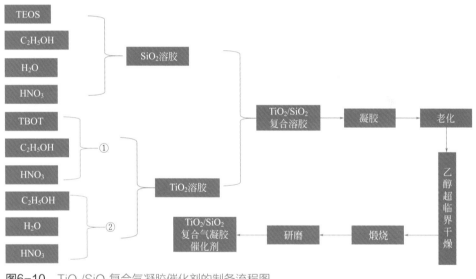

图6-10 TiO₂/SiO₂复合气凝胶催化剂的制备流程图

SiO₂-TiO₂ 复合气凝胶是由无定形结构 SiO₂ 与平均晶粒粒径约 10nm 的锐钛矿型 TiO₂ 组成，在一定相对压力范围内皆会出现毛细管凝聚现象引起的迟滞环，SEM（图 6-11）可观察到明显的孔洞结构。SiO₂ 的掺入使得 TiO₂ 气凝胶的晶相热稳定性更佳，900℃煅烧后方出现金红石相（图 6-12）。SiO₂-TiO₂ 复合气凝胶的比表面积和孔径皆介于纯相 SiO₂ 和 TiO₂ 气凝胶之间。复合气凝胶光催化降解实验可得，整体上随着硅钛摩尔比的增加，SiO₂-TiO₂ 复合气凝胶对甲基橙、对氯苯酚和 TNT 的降解率皆先增大后减小，反应速率常数也先增大后减小，最佳

硅钛比 $n(SiO_2) : n(TiO_2) = 1 : 4$。复合气凝胶催化降解对氯苯酚（4-CP）（图 6-13），
S4T 气凝胶 $[n(SiO_2) : n(TiO_2) = 1 : 4]$ 对 4-CP 催化降解效果最佳，催化降解动力学
方程为 $y = 4.499x - 0.175$，反应速率常数最大，为 $4.499 h^{-1}$。

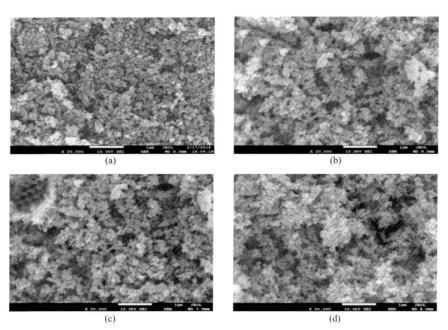

图6-11　不同钛硅摩尔比的TiO₂/SiO₂复合气凝胶的SEM图片：（a）$n(Ti) : n(Si) = 2 : 1$；
（b）$n(Ti) : n(Si) = 4 : 1$；（c）$n(Ti) : n(Si) = 6 : 1$；（d）$n(Ti) : n(Si) = 8 : 1$

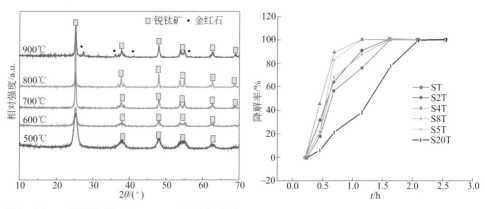

图6-12　不同煅烧温度SiO₂-TiO₂复合气凝胶的X射线衍射图谱

图6-13　SiO₂-TiO₂复合气凝胶对4-CP催化降解动力学曲线

第三节
载紫杉醇磁靶向四氧化三铁气凝胶制备及性能

进入 21 世纪以来，在一些重大疾病（肿瘤、癌症等）的治疗中，医学研究人员一直试图通过某种手段来改变治疗使用的药物在人体内的分布来最大限度地减小药物的使用量，以减小药物在治疗肿瘤或癌症的同时对正常细胞的影响。通过在目标区域血管或者局部给药等技术手段来改变药物的浓度这一方案不能很好地控制目标区域的药物浓度，也不能有效减小对正常细胞的毒副作用。同时，也出现了一些其他的技术手段，如隔离灌注法等，来实现以上目的，但此法的实验要求非常高，很难在实际手术中得以应用。

近年来，采用靶向治疗的方法是实现以上要求的一个热点领域。靶向治疗是将药物通过一定外部手段和措施，有选择地将药物输送到靶部区域，并在此释放产生一定浓度的药物，以此减少药物对正常组织的毒副作用。磁性负载抗癌药物就是实现靶向治疗的一种方式，该方法是将磁性颗粒与靶向药物复合，通过在靶向目标区域植入磁场，以此控制这种载体在体内分布位置，实现磁性药物的靶向运输目的，提高目标区域药物的浓度，并降低药物对正常组织的伤害。

磁靶向给药系统（Magnetic Targeting Drug Delivery Systme, MTDDS）是近年来国内外研究人员研究最多的一种新型靶向给药系统。该系统是由磁性材料、载体材料、药物及其他辅料组成，可通过口服、动脉导管或静脉注射等方式进行给药。MTDDS 系统在外磁场的引导作用下，使靶向药物在体内定向富集并释放药物，从而在目标区域发挥治疗效果，具有高效低毒的显著效果。

本节内容介绍具有高吸附性能、超顺磁性的载紫杉醇靶向四氧化三铁气凝胶，并研究该类靶向载体的吸附性能、动物体外释放性能、动物体内释放性能以及载药复合颗粒在动物体内对肿瘤细胞的抑制作用。

一、多孔朵状Fe_3O_4气凝胶微球制备

利用三维导向连接法，在乙醇溶液中利用酒石酸铵为软模板，Fe_3O_4前驱体与酒石酸铵软模板的表面富有的 -OH 发生脱水反应，并持续定向生长，在高温高压下的 N_2 超临界干燥过程中，酒石酸铵分解并伴随乙醇和水蒸气一起排出，一步法合成 3D 结构、较大比表面积、多孔朵状的磁性纳米 Fe_3O_4 气凝胶微球。该方法是通过软模板法在乙醇溶液中通过物理化学过程在微球中内部形成空间，不需除去模板等烦琐步骤，并且制备的材料结构完整、纯度高、性能优良。

1. 酒石酸铵／Fe_3O_4摩尔比对多孔Fe_3O_4气凝胶微球微观形貌的影响

具体地，将一定量酒石酸溶解在无水乙醇中，加入定量的氨水乙醇溶液生成不溶解于酒精的酒石酸铵，用超声破碎机超声 5min 后备用；将摩尔比为 1∶1.75 的 $FeCl_2$ 与 $FeCl_3$ 溶解在无水乙醇中，逐渐滴入定量的氨水乙醇溶液，分别生成 Fe_3O_4 的前驱体 $Fe(OH)_2$ 和 $Fe(OH)_3$，用无水乙醇洗涤数次后将前驱体加入制备好的酒石酸铵乙醇溶液中，缓慢搅拌 30～50min；将上述溶液放入乙醇超临界干燥装置中，1h 左右后排气得到朵状多孔 Fe_3O_4 气凝胶微球。控制溶液中最终生成的酒石酸铵的总量为 0.1mol，按照不同的 Fe_3O_4 与酒石酸铵的摩尔比考察酒石酸铵与 Fe_3O_4 摩尔比对多孔 Fe_3O_4 气凝胶微球微观形貌的影响，比率分别为 0.1∶1、0.2∶1、0.4∶1、0.8∶1、1∶1、1.5∶1、2∶1、3∶1、5∶1，结果如图 6-14 所示。通过扫描电镜照片发现：制备的样品都具有多孔结构，孔的结构和形状与 Fe_3O_4 和酒石酸铵的摩尔比有很大关系；随着 Fe_3O_4 与酒石酸铵的摩尔比的增大，Fe_3O_4 之间的键连程度逐渐降低，图 6-14（a）中的 Fe_3O_4 微球连接非常密实，而在图 6-14（i）中的 Fe_3O_4 微球几乎是单颗粒存在的；当 Fe_3O_4 与酒石酸铵的摩尔比为 1∶1 时，制备出的颗粒的形貌为片状物的不同排列；当 Fe_3O_4 与酒石酸铵的摩尔比为 1.5∶1 时，制备出的微球的形貌是朵状结构，粒径 200nm 左右。

(a)　　　　　　　　　　(b)　　　　　　　　　　(c)

(d)　　　　　　　　　　(e)　　　　　　　　　　(f)

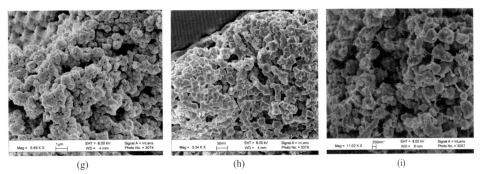

(g)　　　　　　　　　　　(h)　　　　　　　　　　　(i)

图6-14　不同酒石酸铵/Fe$_3$O$_4$摩尔比对多孔Fe$_3$O$_4$气凝胶微球微观形貌的影响：（a）0.1:1；（b）0.2:1；（c）0.4:1；（d）0.8:1；（e）1:1；（f）1.5:1；（g）2:1；（h）3:1；（i）5:1

2. 氨水浓度对多孔 Fe$_3$O$_4$ 气凝胶微球微观形貌的影响

当 Fe$_3$O$_4$ 与酒石酸铵的摩尔比为 1.5:1 时，制备出的 Fe$_3$O$_4$ 气凝胶微球为朵状多孔结构。按照此比例，控制加入氨水反应总量不变，用乙醇稀释浓氨水，考察 0.01mol/L、0.02mol/L、0.05mol/L、0.06mol/L、1.0mol/L、1.2mol/L 和 1.5mol/L 不同氨水浓度对 Fe$_3$O$_4$ 气凝胶微球微观形貌的影响。如图 6-15 所示，随着氨水浓度增大，颗粒之间结合更加紧密。这是因为当氨水浓度较小时，颗粒的前驱体与 OH$^-$ 的结合机会很小，只能是单个的颗粒进行反应，而且反应后由于周围的 OH$^-$ 较少，导致了生成的颗粒之间的聚集机会相对较小，而当氨水浓度越大时，反应越激烈，在单个颗粒生成时和生成后，颗粒周围存在高浓度 OH$^-$ 使得颗粒之间发生聚集和结合。从图 6-15 可以看出，氨水浓度在 0.05 ～ 1.0mol/L 时样品都具有朵状结构，其中图 6-15（d）朵状多孔结构更为纤细，因此 0.06mol/L 氨水浓度比较合适。

(a)　　　　　　　　　　　(b)　　　　　　　　　　　(c)

图6-15

图6-15　氨水浓度对多孔Fe₃O₄气凝胶微球微观形貌的影响：（a）0.01；（b）0.02；（c）0.05；（d）0.06；（e）1.0；（f）1.2；（g）1.5

3. 超临界干燥温度对多孔 Fe₃O₄ 气凝胶微球微观形貌的影响

按照 Fe_3O_4 与酒石酸铵的摩尔比为 1.5∶1，氨水浓度为 0.06mol/L 配制试样，控制不同的超临界干燥釜温度制备多孔 Fe_3O_4 气凝胶微球，干燥釜温度分别为 85℃、100℃、150℃、180℃、250℃、265℃、280℃、300℃，样品微观形貌照片如图 6-16 所示。较低温度时得到的样品是单分散微球，Fe_3O_4 不能在酒石酸铵表面生长，而且在较低温度时，反应釜内达不到超临界状态，因此干燥过程中发生微球的收缩堆积，出现团聚现象。温度 180℃ 以上时，微球逐渐开始聚集，并与酒石酸铵表面羟基反应，逐渐生成片状。温度 280℃ 以上时，干燥后的微球已经出现了热收缩的现象。对于多孔朵状 Fe_3O_4 气凝胶微球，超临界干燥釜温度为 265℃，样品的微观形貌更符合预期要求，此温度下也没有微球受热收缩现象。

4. Fe²⁺/Fe³⁺ 摩尔比对朵状 Fe₃O₄ 气凝胶微球晶体结构的影响

按照 Fe_3O_4 与酒石酸铵的摩尔比为 1.5∶1，氨水浓度为 0.06mol/L，保持总铁量不变的前提下调节 Fe^{2+}/Fe^{3+} 摩尔比为 3∶1、2.5∶1、2∶1、1.5∶1、1∶1、0.5∶1，不同 Fe^{2+}/Fe^{3+} 摩尔比样品 XRD 谱图如图 6-17 所示。图中红色下三角对应的衍射峰为 FeO，黑色上三角对应的衍射峰为 Fe_2O_3，绿色方格对应的衍射峰为 Fe_3O_4。结果表明，Fe^{2+} 含量较高时样品主要成分是 FeO，随着 Fe^{2+} 含量降低，FeO 衍射峰逐渐减弱，Fe_2O_3 衍射峰逐渐出现，样品的主要成分是 FeO 与 Fe_2O_3 的混合物。当 Fe^{2+}/Fe^{3+} 摩尔比为 $2:1$ 时，样品为纯净的立方晶系尖晶石结构 Fe_3O_4，根据 Scherrer 公式估算出 Fe_3O_4 晶粒粒径为 18.5nm。当 Fe^{2+} 含量较低时，主要产物是 Fe_2O_3。因此，由不同 Fe^{2+} 与 Fe^{3+} 比例 XRD 图谱可知，当 Fe^{2+} 与 Fe^{3+} 比例为 $2:1$ 时，制备的试样的主要成分是 Fe_3O_4。

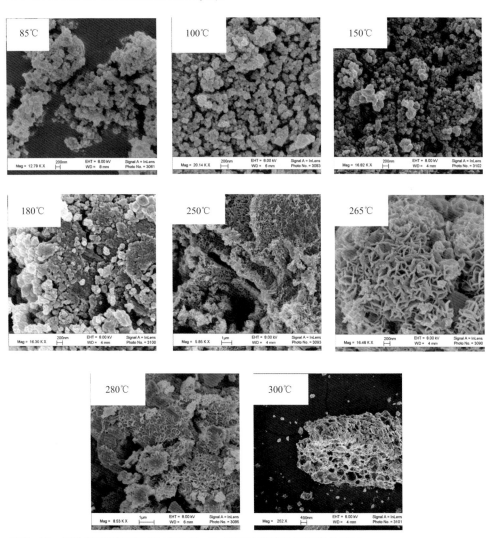

图6-16 超临界干燥釜温度对多孔 Fe_3O_4 气凝胶微球微观形貌的影响

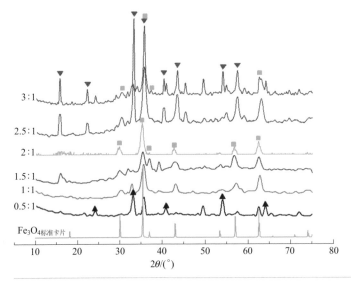

图6-17
不同Fe^{2+}/Fe^{3+}摩尔比得到的朵状Fe_3O_4气凝胶微球XRD图谱

5. 朵状多孔Fe_3O_4气凝胶微球制备工艺参数及孔结构

根据以上结果明确制备朵状多孔Fe_3O_4气凝胶微球的关键参数，即Fe^{2+}/Fe^{3+}摩尔比2:1、Fe_3O_4/酒石酸铵摩尔比为1.5:1、氨水浓度为0.06mol/L、超临界干燥温度265℃。所制备的样品主要成分是Fe_3O_4，且具有多孔朵状结构，符合靶向载药的要求。按照这些工艺参数制备出多孔朵状Fe_3O_4气凝胶微球，并对其结构和性能进一步测试表征。朵状Fe_3O_4气凝胶微球N_2吸附/脱附等温线和孔径分布曲线如图6-18所示。由N_2吸附等温线计算得到Fe_3O_4气凝胶微球比表面积为168m^2/g。从孔

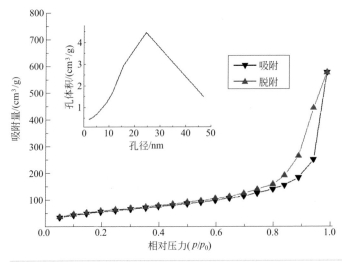

图6-18
朵状Fe_3O_4气凝胶微球N_2吸附/脱附等温线与孔径分布曲线

径分布曲线可以看出 Fe_3O_4 气凝胶微球的孔径分布较宽，主要集中在 10 ～ 30nm。

6. 朵状 Fe_3O_4 气凝胶微球磁滞回线

图 6-19 为 Fe_3O_4 气凝胶微球在室温下的磁滞回线。可以看出，样品已达到磁饱和，矫顽力接近零，其饱和磁化强度为 82.1emu/g，比水热法制备的 Fe_3O_4 纳米颗粒的饱和磁化强度（91.3emu/g）略低。按照磁性材料各向异性的原则，由于 Fe_3O_4 基础颗粒生长的各向异性，朵状 Fe_3O_4 气凝胶微球的饱和磁化强度应大于 Fe_3O_4 纳米颗粒的饱和磁化强度，Fe_3O_4 气凝胶微球的磁性能较低的原因可能是超临界干燥温度高。朵状 Fe_3O_4 气凝胶微球具有较高的矫顽力，可能原因是基础颗粒生长形成朵状微球时，产生较为明显的形状各向异性，从而导致了相对较高的矫顽力。磁性颗粒的磁性能与很多因素有关，比如颗粒的大小、形貌、晶体类型等，关于这些因素引起的磁性能变化需要进一步的研究。用 Zetasizer 粒径分布仪测试朵状多孔 Fe_3O_4 气凝胶微球的粒径分布，结果见图 6-20。粒径主要分布在 0.1 ～ 1μm。

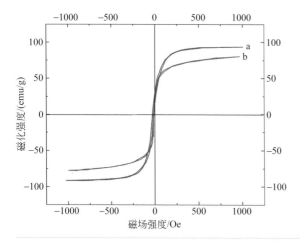

图6-19
Fe_3O_4纳米颗粒（a）与朵状多孔Fe_3O_4气凝胶微球（b）的磁滞回线

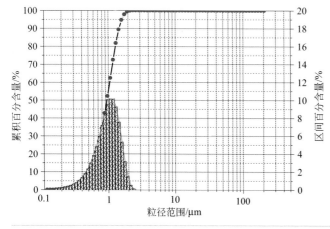

图6-20
多孔朵状Fe_3O_4气凝胶微球粒径分布

7. 朵状 Fe₃O₄ 气凝胶微球形成机理

朵状 Fe₃O₄ 气凝胶微球的形成机理如图 6-21 所示。反应初始阶段，溶液中存在很多 Fe₃O₄ 的前驱体 Fe(OH)₂ 和 Fe(OH)₃ 以及表面富有羟基的酒石酸铵，由于酒石酸铵特有的线条状结构与表面富有的羟基定向引导了朵状 Fe₃O₄ 的花瓣结构的纳米片。在乙醇溶液中，乙醇一方面抑制了前驱体的快速水解，另一方面乙醇在水中形成氢键，强化了导向生长机制，有利于形成 3D 花状结构。另外，随着反应的进行，溶液中 Fe₃O₄ 的前驱体以形成的朵状微球表面为核心继续生长，最终得到朵状多孔 Fe₃O₄。

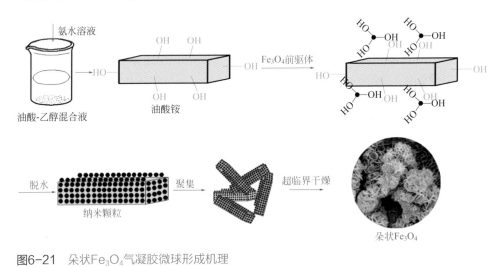

图6-21　朵状Fe₃O₄气凝胶微球形成机理

二、载紫杉醇磁靶向气凝胶微球制备及药物释放行为

1. 朵状 Fe₃O₄ 气凝胶微球载药量及释放率

朵状 Fe₃O₄ 气凝胶微球 0.5mg 加入含 2mg 紫杉醇的 50mL 去离子水中，搅拌一定时间后离心去除上层清液，得到载紫杉醇气凝胶微球。朵状 Fe₃O₄ 气凝胶微球（Ⅲ）的载药量可以达到 34.93%。

在温度为 37℃±1℃、pH=6.8 的模拟人体环境下，将载紫杉醇磁靶向气凝胶微球溶解在 50mL 离心管中，放在恒温振荡器中振荡使紫杉醇释放至溶液中，并在不同时间段下取少量溶液，用去离子水稀释 20 倍后离心 10min，测试上层清液吸光度，计算出溶液中紫杉醇含量，以确定不同时间的紫杉醇释放情况，如图 6-22 所示。朵状 Fe₃O₄ 气凝胶微球可以快速释放紫杉醇在短时间内达到较高浓度，在 16h 后浓度稳定，释放率可达到 89%。

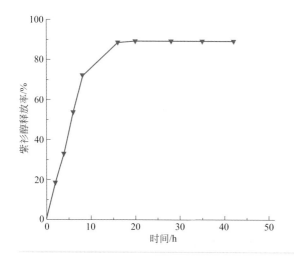

图6-22
载紫杉醇磁靶向气凝胶微球紫杉醇随时间释放率

2．载药朵状 Fe_3O_4 气凝胶微球动物体内药物释放行为

（1）实验方法　为了观察永磁粒子植入动物体内对载紫杉醇磁靶向气凝胶微球药物释放分布的影响，将磁粒子植入荷瘤裸鼠的肌肉组织后，局部或全身注射载紫杉醇磁靶向气凝胶微球，一定时间内检测局部血液和肌肉组织内药物的释放情况，并用 MRI、电镜定性以及用荧光分析仪定量检测血液与肌肉组织内的药物含量。

取 8 只体重相近的 Babl/c-nu 裸鼠分为 2 组，第一组为 1A1、1A2、2A1、2A2，第二组为 1B1、1B2、2B1、2B2，其中 A 表示在 Babl/c-nu 裸鼠前腿淋巴处种植钕铁硼磁铁，B 表示不在 Babl/c-nu 裸鼠体内种植磁铁，字母前 1 表示取样的位置是从 Babl/c-nu 裸鼠静脉血液及血管中取样，字母前 2 表示取样的位置是从 Babl/c-nu 裸鼠靶向肌肉组织中取样，字母后 1 表示载紫杉醇磁靶向气凝胶微球溶液在 Babl/c-nu 裸鼠尾部静脉注射方式，字母后 2 表示载紫杉醇磁靶向气凝胶微球溶液在 Babl/c-nu 裸鼠靶向位置进行局部注射的方式。具体分组情况见表 6-2。

表6-2　Babl/c-nu 裸鼠分组及处理方法

编号	体重/g	种磁	取样部位	注射方式
1A1	24.5	√	静脉血液及血管	尾部静脉
1A2	21.7	√	静血液及血管	靶向位置
2A1	20.2	√	靶向肌肉	尾部静脉
2A2	20.8	√	靶向肌肉	靶向位置
1B1	20.7	×	静脉血液及血管	尾部静脉
1B2	21.8	×	静脉血液及血管	靶向位置
2B1	22.5	×	靶向肌肉	尾部静脉
2B2	21.6	×	靶向肌肉	靶向位置

按照表 6-2 的分组情况，在 A 组中种植一颗钕铁硼磁铁，15 天以后，每 30min 注射载紫杉醇磁靶向气凝胶微球溶液 20μL，共 2 次，继续喂养 24h，对 8 只 Babl/c-nu 裸鼠进行解剖，取其血液血管组织和前腿淋巴处肌肉组织，利用电子显微镜观察载紫杉醇磁靶向气凝胶微球分布情况，并测试紫杉醇浓度。

　　（2）载药气凝胶微球动物体内分布　载紫杉醇磁靶向气凝胶微球在 Babl/c-nu 裸鼠血管及肌肉组织的分布情况如图 6-23 所示，黑色点代表的是载紫杉醇磁靶向气凝胶微球的位置。图 6-23 中的 1A1、1A2、1B1、1B2 表示的是 Babl/

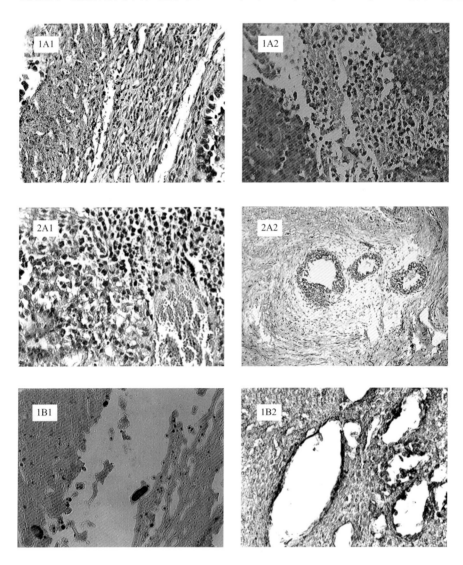

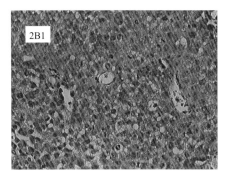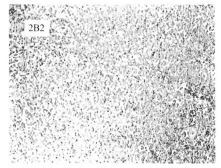

图6-23　载紫杉醇磁靶向气凝胶微球在Babl/c-nu裸鼠血管及肌肉组织的分布情况

c-nu 裸鼠前腿淋巴处血管中磁靶向微球的分布，由 Babl/c-nu 裸鼠尾部静脉注射的载紫杉醇磁靶向气凝胶微球在此处血管的分布比较均匀，而且没有出现阻塞血管的现象，效果比较理想，而在没有种磁的1B1、1B2中几乎没有载紫杉醇磁靶向气凝胶微球的出现，只有在由静脉注射的1B1出现了少量的载紫杉醇磁靶向气凝胶微球，这也说明了经尾部静脉注射的载紫杉醇磁靶向气凝胶微球可以实现在动物体内全身的游动。在种磁的2A1前腿淋巴肌肉组织中，静脉注射在靶向区域的分布是比较均匀的，而2A2中的载紫杉醇磁靶向气凝胶微球由于在种磁的影响下出现了团聚的现象，同时在靶向位置的周围也出现了载紫杉醇磁靶向气凝胶微球，说明载紫杉醇磁靶向气凝胶微球可以在动物体内实现游动；在没有种磁的经静脉注射载紫杉醇磁靶向气凝胶微球的2B1中，靶向位置的肌肉组织基本没有出现载紫杉醇磁靶向气凝胶微球，在没有种磁的经靶向位置注射的2B2中，载紫杉醇磁靶向气凝胶微球的分布比较均匀，没有出现团聚现象。

（3）药物释放行为　根据图 6-22 所示的载紫杉醇磁靶向气凝胶微球释放率与时间的关系，载紫杉醇磁靶向气凝胶微球在模拟动物体内环境下20h 内可以释放至最大程度。因此，分析载紫杉醇磁靶向气凝胶微球在 Babl/c-nu 裸鼠体内的释放情况，在注射载紫杉醇磁靶向气凝胶微球 24h 后对 8 只 Babl/c-nu 裸鼠进行解剖，取前腿淋巴处血管的血液 10μL 和肌肉组织 2g。首先将采集的血液和肌肉组织放置在 3.2% 柠檬酸钠溶液中进行保存，然后在 100mL 无水乙醇中每 1h 超声破碎 10min，超声破碎 5 次后 10000r/min 的转速下进行离心，取上层清液，用去离子水定容至 100mL，然后将定容后的溶液转移至半透膜中，将半透膜密封放置在 500mL 去离子水的 1000mL 烧杯中，保持恒温 60℃，渗析 48h 后取烧杯中的清液，利用荧光分光光度计测试溶液中紫杉醇的吸光度，其结果如图 6-24 所示。

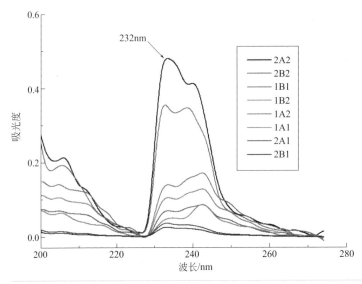

图6-24
Babl/c-nu裸鼠血管及
肌肉组织中释放药物的
荧光曲线图

血液中和肌肉组织的紫杉醇释放曲线不一样，原因是释放的紫杉醇与组织中的其他物质进行了反应或者测试溶液中有其他杂质的存在。结合标准曲线计算血液和肌肉组织中的紫杉醇浓度，计算结果如表6-3所示。采用靶向注射的经种磁的Babl/c-nu裸鼠2A2中靶向位置肌肉组织的紫杉醇含量最高，达到2.22×10^{-3}mg/mL，占注射紫杉醇总量的0.36%（注射紫杉醇总量：$20\mu L \times 2$ 次 $\times 0.152$mg/mL）；采用尾部静脉注射的不种磁的 Babl/c-nu 裸鼠 2B1 中靶向位置肌肉组织的紫杉醇含量最低，紫杉醇的浓度为1.15×10^{-4}mg/mL，占注射紫杉醇总量的0.019%。对于此浓度在靶向区域是否对肿瘤产生消解并达到治疗目的，将在下一节介绍。表6-3的数据也说明了载紫杉醇磁靶向气凝胶微球可以在动物体内实现游动，并且外置磁场的存在对于紫杉醇的游动位置是起主要作用的。靶向注射与尾部静脉注射两种注射方式比较（如1A1与1B1，1A2与1B2）可以看出，动物体内种磁的影响较小，血液总紫杉醇的浓度差别不大；而在 2A2 与 2B2 中，两者的区别在于是否种磁，靶向种磁对靶向部位紫杉醇浓度的影响较大，此现象对于靶向区域紫杉醇浓度的控制是有利的，在载紫杉醇磁靶向气凝胶微球载药量一定的情况下，可以根据靶向肿瘤大小及需药量来确定是否在肿瘤位置种磁。

表6-3 Babl/c-nu裸鼠血管及肌肉组织的紫杉醇释放量（24h）

实验编号	1A1	1A2	2A1	2A2	1B1	1B2	2B1	2B2
荧光强度	0.104	0.138	0.037	0.48	0.07	0.05	0.025	0.35
紫杉醇浓度[①]	0.482	0.638	0.171	2.22	0.324	0.231	0.115	1.618
占注射总量/%	0.078	0.103	0.028	0.36	0.052	0.037	0.019	0.26

① 为 $\times 10^{-3}$mg/mL。

三、载紫杉醇磁靶向气凝胶微球裸鼠体内抑瘤分析

载紫杉醇磁靶向气凝胶微球经全身给药和局部给药两种注射方式注射后，载紫杉醇磁靶向气凝胶微球能够在指定靶向位置进行滞留，注射3天后解剖裸鼠，观察载紫杉醇磁靶向气凝胶微球释放的紫杉醇对肿瘤细胞的影响，同时，测量新型载紫杉醇磁靶向气凝胶微球在靶向位置的药物缓释量。希望载紫杉醇磁靶向气凝胶微球对Babl/c-nu裸鼠子宫肿瘤有消解作用，结果证实了靶向药物可以改变药物在体内的分布和代谢特征，以及药物在体内的循环时间，使其在肿瘤组织和细胞中有更多的分布，提高治疗效果。

Babl/c-nu裸鼠子宫肿瘤细胞种植数量为$3×10^6$个细胞，肿瘤细胞生长于裸鼠前腿根部皮下组织。同时在部分裸鼠前腿根部附近中植入$1×10mm$圆柱形钕铁硼（4000G）。

Babl/c-nu裸鼠种植肿瘤后第23天和30天用游标卡尺测量肿瘤大小。30天后随机取出空白对照组裸鼠做药物毒性试验，每组8只裸鼠，分为两组。第一组为1A1、1A2、2A1、2A2、3A1、3A2、4A1、4A2，第二组为1B1、1B2、2B1、2B2、3B1、3B2、4B1、4B2，其中A表示在Babl/c-nu裸鼠前腿淋巴处种植钕铁硼磁铁（⊙），B表示不在Babl/c-nu裸鼠体内种植磁铁；字母前1表示注射药物为载紫杉醇磁靶向气凝胶微球，字母前2表示注射药物为紫杉醇注射液；字母后1表示在Babl/c-nu裸鼠尾部静脉注射方式，字母后2表示在Babl/c-nu裸鼠靶向位置进行局部注射的方式。Babl/c-nu裸鼠给药注射方式如图6-25所示。

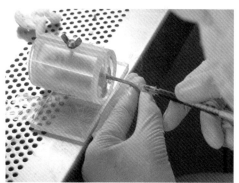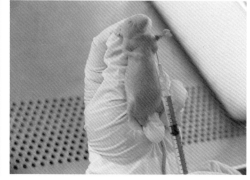

图6-25　Babl/c-nu裸鼠给药注射方式

在试验中采取载紫杉醇磁靶向气凝胶微球（∨）与紫杉醇注射液（＋）两种试剂进行对比来确定载紫杉醇磁靶向气凝胶微球的抗肿瘤效果。载紫杉醇磁靶向气凝胶微球浓度为15.18mg/100mL，按照Babl/c-nu裸鼠体重进行注射，注射

量为 32.9μL/g。每 3h 注射一次，用药四次，空白对照不做任何处理。3 天后杀死 Babl/c-nu 裸鼠，取出肿瘤及血液样品，测量肿瘤质量，并对样品进行编号。Babl/c-nu 裸鼠详细分组情况如表 6-4 所示。35d 后杀死所有 16 只 Babl/c-nu 裸鼠，取出肿瘤及部分静脉血液，并用 10mL 无水乙醇进行浸泡保存等待测量组织内紫杉醇浓度。用电子天平测量其肿瘤组织块的重量，部分宏观观察结果见表 6-4。

表6-4　Babl/c-nu裸鼠详细分组情况

编号	体重/g	种磁	药物类型	肿瘤大小（mm×mm）		病理标本编号	血液标本编号	备注
				23/天	30/天			
1A1	20.1	⊙	V	6×7	14×12	1A1	1A1	坏死点
1A2	21.5	⊙	V	6×7	11×8	1A2	1A2	坏死点
2A1	24.5		V	9×9	9×10	2A1	2A1	坏死片
2A2	21.7		V	7×7	8×11	2A2	2A2	坏死片
3A1	20.2	⊙	+	9×9	9×10	3A1	3A1	
3A2	17.8	⊙	+	9×8	9×10	3A2	3A2	
4A1	20.7		+	7×6	10×11	4A1	4A1	坏死串
4A2	21.8		+	4×5	6×7	4A2	4A2	
1B1	24.2	⊙	V	8×6	10×6	1B1	1B1	
1B2	20.5	⊙	V	10×5	10×6	1B2	1B2	
2B1	19.8		V	7×10	14×9	2B1	2B1	
2B2	19.4		V	5×5	6×5	2B2	2B2	
3B1	21.5	⊙	+	13×6	14×8	3B1	3B1	坏死点
3B2	20.1	⊙	+	4×4	5×5	3B2	3B2	
4B1	20.9		+	4×4	5×5	4B1	4B1	
4B2	19.8		+	10×3	10×3	4B2	4B2	

摘取的肿瘤组织用 10% 的甲醛浸泡脱水，二甲苯脱蜡，用酒精冲洗两次，用普鲁士蓝染色制作 4 ～ 5μm 厚的组织切片，做病理检测，观察细胞凋亡情况及载紫杉醇磁靶向气凝胶微球分布情况。部分 Babl/c-nu 裸鼠肿瘤细胞凋亡情况如图 6-26 所示。从图 6-26 可以看到，与正常组织相比，图 6-26（b）、（c）中

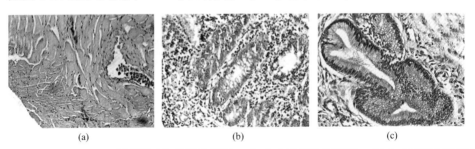

(a)　　　　　　　　　　(b)　　　　　　　　　　(c)

图6-26　Babl/c-nu裸鼠肿瘤细胞凋亡情况：（a）未种植肿瘤组织；（b）全身注射载紫杉醇磁靶向气凝胶微球后组织；（c）全身注射紫杉醇试剂后组织

有较大的肿瘤细胞，并且同时出现了肿瘤细胞的坏死现象，说明了全身注射载紫杉醇磁靶向气凝胶微球已经对肿瘤细胞产生了影响。与图6-26（c）相比，图6-26（b）中肿瘤细胞周围的正常细胞未出现凋亡，初步达到试验预期的载紫杉醇磁靶向气凝胶微球出现缓释现象及对正常组织细胞无损伤的要求。在图6-26（a）、（b）中，都出现了靶向磁性 Fe_3O_4 颗粒。

综上所述，载紫杉醇磁靶向气凝胶微球经全身给药和局部给药两种注射方式注射后，载紫杉醇磁靶向气凝胶微球能够在指定靶向位置进行滞留，有较高的分布沉积，同时载紫杉醇磁靶向气凝胶微球在靶向位置发生缓释，释放出的紫杉醇对肿瘤细胞产生影响，肿瘤细胞出现凋亡和坏死现象。载紫杉醇磁靶向气凝胶微球具有载药物进入细胞的较高能力，随着时间的进行，肿瘤细胞周围紫杉醇浓度明显增加，大概在24h后达到饱和。与游离紫杉醇相比，载紫杉醇磁靶向气凝胶微球具有较好的生物适应性，减少了单纯紫杉醇注射液试剂对裸鼠正常细胞的刺激作用，两种试剂都能够产生抗肿瘤的治疗效果和抑制肿瘤的生长，但载紫杉醇磁靶向气凝胶微球具有一定的体内缓释作用，在停止载紫杉醇磁靶向气凝胶微球的注射后，依然可以在裸鼠体内缓慢释放紫杉醇，继续发挥紫杉醇的抗肿瘤和抑制肿瘤的作用。实验同时发现，经全身注射的 Babl/c-nu 裸鼠血液中的紫杉醇含量要明显高于经局部注射的 Babl/c-nu 裸鼠血液中的紫杉醇含量，此现象更有利于紫杉醇药物进一步产生对肿瘤细胞的消解作用。

参考文献

[1] Yoldas B E. Alumina sol preparation from alkoxides. Ceramic Bulletin, 1975, 54(3): 289-290.

[2] Yasuyuki, Mizushima, MakotoHori. Propertier of alumina aerogels prepared under different conditions. Non-Crys. Solids, 1994, 167: l-8.

[3] 卢伟光，田辉平. 拟薄水铝石溶胶法制备改性氧化铝的研究. 燃料化学学报，2001, 29: 188-191.

[4] Yoldas B E, Hench L, West J K. Chemical Processing of Advanced Materials, Wiley, New York, 1992, 60.

[5] 何飞，赫晓东，李垚. 无机盐和有机盐制备 Al_2O_3 干凝胶. 硅酸盐学报，2006, 34(9): 1093-1097.

[6] Walendziewski J, Stolarski M. Synthesis and Properties of alumina aerogels(Ⅱ). React. Kinet. Catal. Lett. 2000, 71(2): 201-207.

[7] Pierre A C, Begag R, Pajonk G M. Structure and texture of alumina aerogel monoliths made by complexation with ethyl acetoacetate. J. Mater. Sci., 1999, 34: 4937-4944.

[8] Janosovits U, Ziegler G, Scharf U, et al. Structural characterization of intermediate species during synthesis of Al_2O_3-aerogels. J. Non-Cryst. Solids 1997, 210: 1-13.

[9] Dumeignil F, Sato K, Imamura M, et al. Modification of structural and acidicproperties of sol-gel prepared alumina powders by changing the hydrolysis ratio. Appl. Catal., A, 2003, 241: 319-329.

[10] Poco J F, Hrubesh L W. Method to produce alumina aerogels having porosities greater than 80 percent. US Patent, 6620458, 2003.

[11] Mason T J. The Uses of ultrasound in chemistry, Cambridge, The Royal Society of Chemistry, 1990: 1-26.

[12] Horst C, Kunz U. Activated solid-fluid reactions in ultrasound reactors, Chem. Eng. Sci., 1999, 54 (13): 2849-2858.

[13] Liu Y, Chen X Y, Niu G X, et al. High temperature themal stability of γ-Al_2O_3 modified by strontium. Chin J Catal, 2000, 21(2): 121-124.

[14] 陈春英. 二氧化钛纳米材料生物效应与安全应用 [M]. 北京：科学出版社，2010.

[15] Fujishima A, Honda K. Electrochemical photolysis of water at a semiconductor electrode [J]. Nature,1972,238(5358):37-38.

[16] Carey J H, Lawrence J, Tosine H M. Photodechlorination of PCB's in the presence of titanium dioxide in aqueous suspension [J]. Bull Environ Contam Toxicol,1976,16(3): 697-701.

[17] Ibhadon A O, Greenway G M, Yue Y, et al. The photocatalytic activity of TiO_2 foam and surface modified binary oxide titania nanoparticles [J]. Journal of Photochemistry and Photobiology A: Chemistry,2008,197(2/3): 321-328.

[18] 沈晶晶，刘畅，朱育丹，等. 介孔 TiO_2 的水热法制备及其光催化性能 [J]. 物理化学学报，2009, 25(5): 1013-1018.

[19] Melone L, Altomarea L, Alferi I, et al. Ceramic aerogels from TEMPO-oxidized cellulose nanofibre templates: Synthesis,characterization, and photocatalytic properties [J]. Journal of Photochemistry and Photobiology A:Chemistry, 2013, 261: 53-60.

[20] Dagan G, Tomkiewiez M. TiO_2 aerogels for photocatalytic decontamination of aquatic environments [J]. J Phys Chem, 1993, 97(49): 12651-12655.

[21] Sui R H, Rizkalla A, Charpentier P A. Experimental study on the morphology and porosity of TiO_2 aerogels synthesized in supercritical carbon dioxide [J]. Microporous and Mesoporous Materials, 2011, 142: 688-695.

[22] Zhang L Y, Liang Z, Yang K G, et al. Mesoporous TiO_2 aerogel for selective enrichment of phosphopeptides in rat liver mitochondria [J]. Analytica Chimica Acta, 2012,7 29: 27-35.

[23] 甘礼华，陈龙武，徐子颉. 块状 TiO_2 气凝胶的形成过程及其对品质的影响 [J]. 无机材料学报，2001, 16(5): 847-852.

[24] 王慧. SiO_2 气凝胶及其复合材料的制备与性能研究 [D]. 广州：华南理工大学，2009.

[25] 卢斌，宋森，卢辉，等. 常压干燥法制备 TiO_2 气凝胶 [J]. 复合材料学报，2012, 29(3): 90-93.

[26] 胡久刚，陈启元，李洁，等. 常压干燥法制备 TiO_2 气凝胶 [J]. 无机材料学报，2009, 24(4): 686-689.

[27] 林本兰. 锐钛矿型 TiO_2 气凝胶结构优化与光催化性能研究 [D]. 南京：南京工业大学，2014.

[28] 张文杰，李汝愿，杨波. 溶胶-凝胶法制备 TiO_2-Al_2O_3 复合光催化剂及其表征 [J]. 功能材料，2011, 42(S5): 848-851.

[29] Ahmed M S, Attia Y A. Aerogel materials for photocatalytic detoxification of cyanide wastes in water [J]. Journal of Non-crystalline solids, 1995, 186: 402-407.

[30] Deng Z S,Wang J, Zhang Y L,et al. Preparation and photocatalytic activity of TiO_2-SiO_2 binary aerogels [J]. Nanostructured Materials, 1999, 11(8): 1313-1318.

[31] Ismail A A, Ibrahim I A. Impact of supercritical drying and heat treatment on physical properties of titania/silica aerogel monolithic and its applications [J]. Applied Catalysis A: General, 2008, 346(1/2): 200-204.

[32] Amlouk A, El Mir L, Kraiem S, et al. Elaboration and characterization of TiO_2 nanoparticles incorporated in SiO_2 host matrix [J]. Journal of Physics and Chemistry of Solids, 2006, 67(7): 1464-1468.

[33] 刘敬肖，冷小威，史非，等. 常压干燥制备 TiO_2-SiO_2 复合气凝胶的结构与性能 [J]. 硅酸盐学报，2010,

38(12): 2297-2302.

[34] Zhu J J, Xie J M, Lue X M, et al. Synthesis and characterization of superhydrophobic silica and silica/titania aerogels by sol-gel method at ambient pressure [J]. Colloids and Surfaces A: Physicochemical and Engineering Aspects, 2009, 342(1/2/3): 97-101.

[35] 刘朝辉，侯根良，苏勋家，等. 热处理温度对 TiO_2/SiO_2 复合气凝胶光催化性能的影响 [J]. 无机材料学报，2012, 27(10): 1179-1183.

[36] Kim Y N, Shao G N, Jeon S J, et al. Sol-gel synthesis of sodium silicate and titanium oxychloride based TiO_2-SiO_2 aerogels and their photocatalytic property under UV irradiation [J]. Chemical Engineering Journal, 2013, 231: 502-511.

[37] Wang H L, Liang W Z, Jiang W F. Solar photocatalytic degradation of 2-sec-butyl-4,7-dinitrophenol (DNBP) using TiO_2/SiO_2 aerogel composite photocatalysts [J]. Materials Chemistry and Physics, 2011, 130, 3: 1372-1379.

[38] 刘朝辉，苏勋家，侯根良. Si 含量对 TiO_2/SiO_2 复合气凝胶结构及光催化性能的影响 [J]. 无机材料学报，2010, 25(9): 911-915.

[39] 周游. TiO_2/SiO_2 复合气凝胶的制备与性能研究 [D]. 南京：南京工业大学，2015.

第七章

炭/氧化铝复合气凝胶

炭/氧化铝复合气凝胶是炭气凝胶和氧化铝复合气凝胶的新型复合体系材料，属于有机/无机杂化气凝胶衍生物。关于有机/无机杂化气凝胶的报道并不是很多，目前研究较多的是 SiO_2/C 和 TiO_2/C 杂化气凝胶等[1-4]。C/Al_2O_3 复合气凝胶材料具有低密度、高强度、耐高温等优良特性，在钢铁冶金、太阳能光伏、电力系统等高温、高能耗行业，以及在航空、航天等领域具有潜在的应用价值。

第一节
炭/氧化铝复合气凝胶制备及影响因素

C/Al_2O_3 复合气凝胶的制备包括以下几个步骤：① RF/Al_2O_3 复合溶胶的制备；②凝胶老化与溶剂置换；③湿凝胶的干燥；④热处理过程等。其中制备工艺流程如图 7-1 所示。

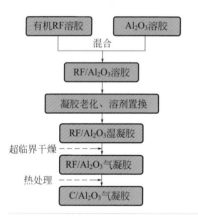

图7-1
C/Al_2O_3复合气凝胶制备的工艺流程图

首先，在室温条件下称取一定量的 $AlCl_3 \cdot 6H_2O$（Al）放置在玻璃烧杯中，加入一定比例的去离子水、无水乙醇以及一定量的干燥控制剂甲酰胺，在磁力搅拌器下均匀搅拌，使得铝盐充分水解呈澄清透明溶液，最后加入一定的网络结构形成剂环氧丙烷进一步搅拌均匀，形成 Al_2O_3 溶胶溶液；同时将一定量的碱性催化剂 Na_2CO_3 放入另一个玻璃烧杯中，加入一定量的水，搅拌至完全溶解，再称取间苯二酚（R）与甲醛（F），按完全反应的摩尔比 R：F = 1：2 配制放入玻璃烧杯中，再加入一定量的无水乙醇混合搅拌至呈淡黄色澄清溶液，形成 RF 溶胶溶液；最后将以上两种溶液混合搅拌数分钟，得到澄清 RF/Al_2O_3 复合溶胶溶液，再将溶液倒入事先准备好的凝胶模具中，室温条件下继续静置，使其进一步进行水解缩聚反应，并等待凝胶。

　　将形成的湿凝胶在室温条件下充分凝胶老化，直至形成颜色较深、凝胶强度较高的湿凝胶状态，图7-2描述的是RF/Al$_2$O$_3$复合湿凝胶在室温老化阶段随老化时间变化的性状。采用表面张力较小的乙醇作为老化液，充分浸没样品，并进行高温老化3～7天，一般温度在60～70℃，采用逐步升温的老化方式，避免样品收缩过快，出现开裂现象，其中每24h更换一次乙醇老化液，更换3～5次，充分置换出复合湿凝胶中的水分和清除残留杂质离子，最终得到RF/Al$_2$O$_3$复合湿凝胶，为暗红色不透明状，如图7-3（a）所示。

图7-2　不同室温老化时间（t）的RF/Al$_2$O$_3$湿凝胶样品照片

　　通过CO$_2$超临界干燥方式，将RF/Al$_2$O$_3$复合湿凝胶放入高压反应釜中，并倒入适量的无水乙醇把湿凝胶浸没以防止加压过程中CO$_2$流体对样品造成冲击破裂。控制好液态CO$_2$流量，一般速度维持在15L/min，当分离釜中乙醇流量很少时，说明作为养护的乙醇已经基本排除。接着将反应釜温度调至48℃，压力控制在10MPa，使得CO$_2$转变为超临界流体来置换湿凝胶中乙醇和少量的水分，将CO$_2$流量控制在10L/min，整个干燥时间控制在6～12h。最终泄压至常压后取出样品，得到RF/Al$_2$O$_3$复合气凝胶，如图7-3（b）所示。

(a)　　　　　　　　　　　(b)

图7-3　RF/Al$_2$O$_3$复合湿凝胶和气凝胶样品照片：（a）高温老化RF/Al$_2$O$_3$湿凝胶；（b）RF/Al$_2$O$_3$气凝胶

最后，选择在惰性气体 Ar 或 N$_2$ 的保护条件下，将 RF/Al$_2$O$_3$ 复合气凝胶置于管式气氛炉中进行高温热处理，得到黑色 C/Al$_2$O$_3$ 复合气凝胶。为了防止样品在热处理过程中受热不均而引起材料表面开裂、破碎，在热处理过程中必须采用程序控温、缓慢加热的方式，图 7-4 为块状 C/Al$_2$O$_3$ 复合气凝胶样品照片。

图7-4　块状C/Al$_2$O$_3$复合气凝胶样品照片

一、碳源与铝源反应摩尔比的影响

不同碳源和铝源反应摩尔比对反应过程及形成的复合气凝胶的物化性能都会产生一定的影响，取总反应物浓度为 12%（质量分数），分别以 C/Al 反应摩尔比为 2:1、1.5:1、1:1、1:1.5 和 1:2 进行实验对比研究，其中 C/Al$_2$O$_3$ 复合气凝胶是经过 RF/Al$_2$O$_3$ 复合气凝胶 800℃碳化 5h 得到的。图 7-5 为不同 C/Al 摩尔比的 C/Al$_2$O$_3$ 复合气凝胶照片，表 7-1 为不同 RF/Al 摩尔比对气凝胶相关性能参数的影响。

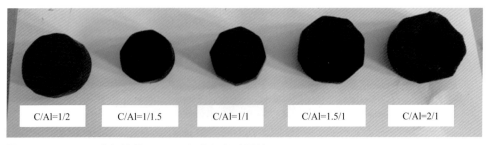

图7-5　不同C/Al摩尔比的C/Al$_2$O$_3$复合气凝胶照片

表7-1 不同RF/Al摩尔比对气凝胶相关性能参数的影响

RF：Al （摩尔比）	凝胶时间 (t) /h	凝胶强度	RF/Al$_2$O$_3$ 表观密度/ (g/cm^3)	C/Al$_2$O$_3$ 表观密度/(g/cm^3)	压缩强度/ MPa	杨氏模量/ MPa
2:1	11	较低	0.078	0.142	2.2	114.51
1.5:1	8	较低	0.102	0.155	3.8	205.26
1:1	4	较高	0.124	0.160	5.4	286.95
1:1.5	2.5	高	0.133	0.172	5.9	323.17
1:2	<1	高	0.128	0.168	6.6	355.36

从表 7-1 中可以得出以下结论。

（1）凝胶时间 在室温条件下，随着 AlCl$_3$·6H$_2$O 的相对密度加大，RF/Al$_2$O$_3$ 复合凝胶的时间也随之缩短，相对纯 Al$_2$O$_3$ 凝胶的时间稍微延迟，但比起纯碳凝胶的时间已经大大缩短了，说明 Al$_2$O$_3$ 凝胶时间决定了 RF/Al$_2$O$_3$ 复合凝胶的时间，主要是由于复合溶胶中的反应溶剂量的增大，稀释了网络形成剂环氧丙烷的相对浓度，降低了环氧丙烷开环速率，使得水合铝离子的缩聚反应减缓，凝胶时间相应延长。

（2）凝胶强度 在 RF/Al$_2$O$_3$ 复合凝胶体系中，由于 Al$_2$O$_3$ 凝胶首先完成，所以初期的凝胶骨架结构以 Al$_2$O$_3$ 凝胶骨架结构为主导，AlCl$_3$·6H$_2$O 含量的多少直接影响凝胶的强度，所以随着 AlCl$_3$·6H$_2$O 的相对密度加大，凝胶强度也会相应增强。

（3）RF/Al$_2$O$_3$ 复合气凝胶表观密度 在反应物浓度一定的条件下，气凝胶的表观密度主要受其组成成分和体积收缩率大小的影响，发现 RF/Al = 1:1 和 1:1.5 时，气凝胶的体积收缩率较大，其他情况下体积收缩率相对较小。总体而言，气凝胶的表观密度随 AlCl$_3$·6H$_2$O 含量的加大而增大，当 RF/Al = 1:2 时，由于 Al$_2$O$_3$ 气凝胶的骨架结构占了主导，体积收缩率较小，表观密度略微降低。

（4）C/Al$_2$O$_3$ 复合气凝胶表观密度 经过 800℃碳化 5h 后得到的 C/Al$_2$O$_3$ 复合气凝胶表观密度比碳化之前有明显增加，主要是在碳化过程中样品中的有机物不断脱除以及较大的体积收缩，有机碳含量较高时，体积收缩率越明显，其表观密度的增大幅度越明显，氧化铝含量相对较高时，体积收缩率和质量损失都相对较小，其表观密度变化相对较小。

（5）C/Al$_2$O$_3$ 复合气凝胶的力学性能 从 C/Al$_2$O$_3$ 复合气凝胶的压缩强度和杨氏模量的数据来看，表观密度在 0.1 ~ 0.3g/cm^3 范围内，压缩强度和杨氏模量分别能达到 2 ~ 6MPa 和 114.51 ~ 355.36MPa，说明碳与 Al$_2$O$_3$ 气凝胶的复合对提高气凝胶材料力学性能有明显效果。

经过 800℃碳化得到的 C/Al$_2$O$_3$ 复合气凝胶，其中的 Al$_2$O$_3$ 气凝胶成分还没有完全发生相变，仍然是以纤维状的 γ-Al$_2$O$_3$ 形式存在于基体中，γ-Al$_2$O$_3$ 含量的多少直接影响了复合气凝胶的力学性能，随着反应物中 AlCl$_3$·6H$_2$O 相对密度的加大，碳化得到的 C/Al$_2$O$_3$ 复合气凝胶的压缩强度以及杨氏模量也不断变大。

二、合成工艺参数对凝胶时间的影响

图 7-6 中可以看出，随着环氧丙烷含量的不断增加，凝胶时间逐渐缩短。由于在凝胶过程中，环氧丙烷作为一种非常有效的质子吸收剂，吸收络合离子 [Al(H$_2$O)$_6$]$^{3+}$，同时 Cl$^-$ 攻击环氧丙烷，使其发生不可逆转的开环反应，促使水合羟基铝离子间的羟基脱水聚合生成羟基氧化铝低聚体，同时，间苯二酚与甲醛的缩聚反应也随着溶液 pH 值的升高而加快，但凝胶速率较 Al$_2$O$_3$ 凝胶缓慢很多，所以 RF/Al$_2$O$_3$ 复合溶胶的凝胶时间的长短主要取决于 Al$_2$O$_3$ 凝胶的速率，随着环氧丙烷含量的增加，Al$_2$O$_3$ 凝胶的速率加快，使得整个反应体系凝胶时间缩短，反之，凝胶时间延长 [5]。

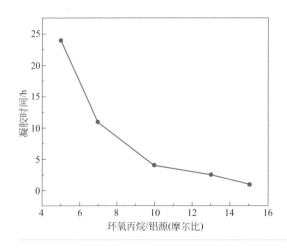

图7-6
不同环氧丙烷含量与凝胶时间关系

图 7-7 中可以发现，催化剂含量对凝胶时间影响不是很大，它们之间的差值不超过 1h，说明在室温条件下，催化剂含量 R/C 值在 50 ～ 500 范围内变化，虽然对 RF 溶胶的缩聚反应产生一定程度上的影响，但对水合铝离子的聚合反应没有产生较大的影响，所以 RF/Al$_2$O$_3$ 复合溶胶的凝胶时间受催化剂含量的变化影响不明显。

从图 7-8 中可以看出，随着反应物浓度的不断加大，凝胶时间不断缩短，主要原因是由于反应物浓度的增加，溶液中前驱体浓度增高，在整个溶胶体系中形成聚合体的胶体颗粒的数目相对增多，加大了颗粒与颗粒之间发生缩聚反应的概率，凝胶骨架结构生长加快，凝胶时间缩短。

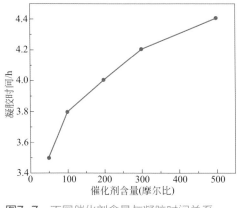
图7-7 不同催化剂含量与凝胶时间关系

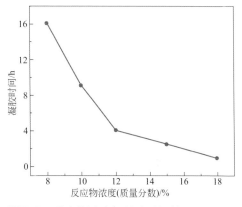
图7-8 反应物浓度与凝胶时间关系

三、合成工艺参数对气凝胶表观性质的影响

表 7-2 是不同环氧丙烷含量的气凝胶的表观密度、体积收缩率、压缩强度、杨氏模量等相关物理性能的影响。随着环氧丙烷含量的不断变大，除了碳化前后的体积收缩率有所下降之外，其他所有物理性能参数都有所上升，说明环氧丙烷含量的增加有助于网络骨架结构的增强，使相应的性能有所提高，但过量的环氧丙烷会使气凝胶的缩聚反应加剧，网络骨架结构强度降低，导致气凝胶的相关性能下降。

表7-2 不同 PO/Al 摩尔比对气凝胶的相关物理性能的影响

PO/Al	RF/Al_2O_3 表观密度/(g/cm³)	C/Al_2O_3 表观密度/(g/cm³)	体积收缩率/%	C/Al_2O_3 压缩强度/MPa	C/Al_2O_3 杨氏模量/MPa
7	0.108	0.146	61.18	4.3	219.79
8	0.115	0.151	60.05	4.9	251.97
9	0.121	0.156	59.23	5.4	276.53
10	0.126	0.167	58.20	5.6	288.84

通过控制反应物浓度和环氧丙烷的含量可以控制最终 C/Al_2O_3 复合气凝胶的表观密度，图 7-9 表示的是 C/Al_2O_3 复合气凝胶表观密度与压缩强度的关系。随着气凝胶表观密度的不断变大，压缩强度也随之变大，其中块体的 C/Al_2O_3 复合气凝胶的表观密度控制在 $0.1 \sim 0.2 \text{g/cm}^3$ 之间。

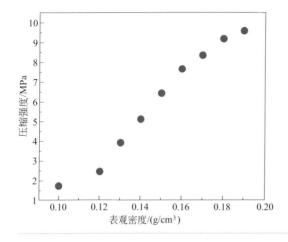

图7-9

C/Al₂O₃复合气凝胶表观密度与压缩强度的关系

通过改变热处理温度，考察了气凝胶相关物理性能的变化规律，如表 7-3 所示。其中，氧化铝气凝胶含量是通过在空气气氛下 600℃煅烧 C/Al₂O₃ 复合气凝胶 5h，彻底去除了复合气凝胶中的碳的成分而得到的。图 7-10 表示的是不同热处理温度下的 RF/Al₂O₃ 与 C/Al₂O₃ 复合气凝胶的应力应变曲线。

表7-3　不同热处理温度下的气凝胶性能参数[6]

样品	表观密度 /(g/cm³)	C（质量分数）/%	Al₂O₃（质量分数）/%	压缩强度 /MPa	杨氏模量 /MPa	热导率 (25℃)/[W/(m·K)]
RF/Al₂O₃	0.112	—	—	1.6	107.16	0.025
C/Al₂O₃ᵃ	0.158	59.95	40.05	5.4	286.95	0.033
C/Al₂O₃ᵇ	0.166	57.77	42.23	7.5	387.68	0.035
C/Al₂O₃ᶜ	0.172	57.07	42.93	8.2	424.56	0.037
C/Al₂O₃ᵈ	0.179	56.35	43.65	8.5	441.94	0.039
C/Al₂O₃ᵉ	0.184	55.85	44.15	9.1	476.71	0.044
C/Al₂O₃ᶠ	0.192	55.34	44.66	7.9	406.18	0.049

注：a～f 为热处理温度（a 为 800℃；b 为 1000℃；c 为 1200℃；d 为 1300℃；e 为 1400℃；f 为 1500℃）。

从表 7-3 中可以看出，热处理后的 C/Al₂O₃ 复合气凝胶的表观密度较热处理前的 RF/Al₂O₃ 复合气凝胶发生较大的变化，主要是 RF 有机气凝胶在转化为 C 气凝胶过程中大量的有机基团的脱除，而且发生了较大的体积收缩，所以表观密度出现了大幅度增加。随着热处理温度继续不断升高，气凝胶内部的孔结构在逐渐均匀、致密的同时，局部也开始出现孔结构坍塌，导致体积发生了进一步收缩，气凝胶的密度也有小幅度的增长，1500℃时的 C/Al₂O₃ 复合气凝胶表观密度达到最大值 0.192g/cm³。由于在持续高温情况下，部分无定形的碳颗粒会被烧蚀，使得 Al_2O_3 气凝胶的密度随着 C 气凝胶含量的减少而增大。常温条件下材料的热导率主要受其表观密度和孔结构的影响，热处理之前因为样品的表观密度较小，所以热导率相对较低；随着热处理温度的不断升高，样品的密度不断变大，热导率也相应变大，但仍然具有小于 $0.05W/(m \cdot K)$ 的较低热导率。

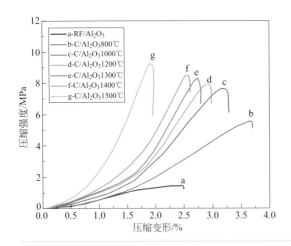

图7-10
不同热处理温度下气凝胶的应力应变曲线

热处理后的 C/Al_2O_3 复合气凝胶在强度性能上得到很大的提高，主要是由于 RF/Al_2O_3 复合气凝胶中 RF 气凝胶是以高分子长链形式存在，所以其压缩强度较低，塑性相对较强。随着热处理温度的升高，样品的体积不断收缩，使得压缩强度及杨氏模量逐渐增大，当1400℃时样品的压缩强度达到最大值9.1MPa，对应的杨氏模量为476.71MPa；当1500℃时样品的压缩强度有所下降，主要原因可能是过高温度的热处理使气凝胶内部的局部孔结构造成坍塌，导致局部裂纹缺陷的产生，同时氧化铝气凝胶的晶体结构会发生相转变，这也会对样品的压缩强度产生一定的影响。表 7-4 描述了其他拥有相近表观密度的气凝胶材料压缩强度的相关数据，相比可见 C/Al_2O_3 复合气凝胶具有低密度、高强度的特性。

表7-4　相近表观密度气凝胶的压缩强度[7~12]

样品	表观密度/(g/cm³)	压缩杨氏模量/MPa
Al_2O_3	0.181	11.4
C	0.1～0.3	10～200
SiO_2	0.180	3.88
TiO_2	0.193	3.5
$C_{2\sim50}/SiO_2$	0.15～0.21	23～52
界面/ SiO_2	0.288	8.77

第二节
炭/氧化铝复合气凝胶组织结构分析

一、红外光谱分析

如图 7-11 中所示，不同 RF/Al 摩尔比的 RF/Al$_2$O$_3$ 复合气凝胶的红外光谱曲线基本相似，以 RF/Al = 1:2 为例，在 3426cm^{-1} 处的吸收峰是由于—OH 的反对称伸缩振动，此处吸收峰的强度较大且分布较宽，主要是物理吸附水引起的，在 1619cm^{-1} 处对应的是由吸附水引起的—OH 的弯曲振动吸收峰。在 2973cm^{-1} 处对应的是 C–H 基团的反对称伸缩振动，1467cm^{-1} 处对应了苯环 C═C 的弯曲振动吸收峰，1074cm^{-1} 处为勃姆石的 AlO–H 对称形变振动吸收峰，但图中并没有出现明显的 AlO-H 非对称形变振动吸收峰。在 738cm^{-1}、623cm^{-1} 和 484cm^{-1} 处可以看到较为明显的 AlO-H 振动吸收峰。从图中 5 种不同的红外光谱曲线发现，随着 AlCl$_3$·6H$_2$O 含量的增加，在 1467cm^{-1}、738cm^{-1}、623cm^{-1} 和 484cm^{-1} 处的吸收峰强度逐渐增强，说明在 RF/Al$_2$O$_3$ 复合气凝胶体系中，加大 Al$_2$O$_3$ 气凝胶的密度有助于勃姆石结构的形成。表 7-5 为勃姆石红外光谱描述[13]。

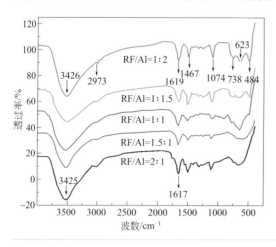

图7-11

不同RF/Al摩尔比的RF/Al$_2$O$_3$复合气凝胶的红外光谱图

表7-5　勃姆石红外光谱描述

波数/cm^{-1}	描述
3360	AlO–H振动
3092	AlO–H非对称伸缩振动

波数/cm⁻¹	描述
1625	–OH弯曲振动
1157	AlO–H非对称变形振动
1068	AlO–H对称变形振动
608	AlO–H振动
483	AlO–H振动

二、热重-差示扫描热分析

如图 7-12 所示，RF/Al$_2$O$_3$ 复合气凝胶的失重可分为三个阶段：第一个阶段为 40 ~ 300℃，此阶段的失重相对较少，仅为 5% 左右，主要是一些附着在气凝胶表面的水分子和有机物的去除，包括一些由于物理性吸附而吸附在孔结构中的有机物和水；第二个阶段为 300 ~ 700℃，主要是吸附在孔结构中的有机物的大量烧蚀，此阶段的质量损失最大，失重率高达 45% 左右；第三个阶段为 700 ~ 1200℃，此阶段的失重率很小，为 3% 左右，主要是由一些极少量残留的存在于较小的孔里面有机物进一步去除和微量的游离态碳颗粒的烧蚀所引起的质量损失。

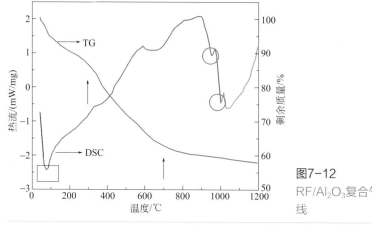

图7-12
RF/Al$_2$O$_3$复合气凝胶的热重-差热曲线

同时说明，图中小方框所标识的 80℃ 左右位置有一个吸热峰，主要是由于部分干燥所残留下来的乙醇，受热发生了分解所引起。图中小圈圈所标识的 1000℃ 左右位置有两个较小的放热峰，可能是发生了极少量的晶型转变过程。

三、微观形貌分析

图 7-13 为样品在不同热处理温度下处理 5h 的 SEM 照片，其中（a）为 RF/

Al$_2$O$_3$复合气凝胶，（b）～（f）为C/Al$_2$O$_3$复合气凝胶。

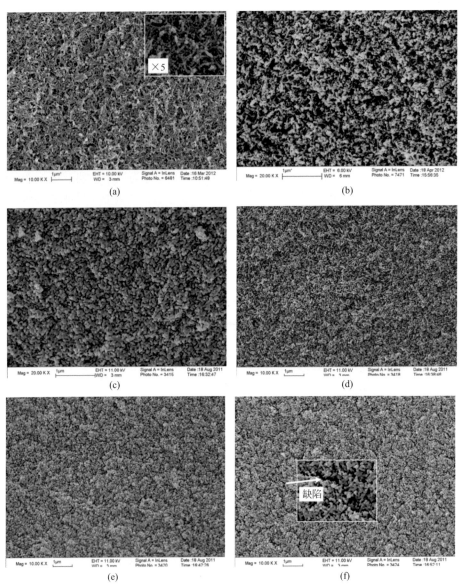

图7-13 不同热处理温度的气凝胶SEM照片：（a）RF/Al$_2$O$_3$；（b）800℃；（c）1000℃；（d）1200℃；（e）1400℃；（f）1500℃

从图中可以看出，热处理前后的复合气凝胶均属于典型的纳米多孔网络结构。从热处理前的RF/Al$_2$O$_3$复合气凝胶［图7-13（a）］中放大5倍的照片上可以看到典型的"珍珠状"形貌，但局部出现了团聚现象，孔径分布不够均匀；热处理之后的C/Al₂O₃复合气凝胶多为颗粒交联结构，并随着热处理温度的不断升高，颗粒之间堆积程度越加紧密化，不仅保持了气凝胶原有的纳米多孔网络结构，而且孔径分布更加均匀，孔径尺寸逐渐变小，1400℃时的样品表现得最为明显［图7-13（e）］。

当热处理温度高达1500℃时，由于热处理温度过高，C/Al₂O₃复合气凝胶［图7-13（f）］内部的部分孔结构发生破坏，局部出现了明显的"裂纹缺陷（1～2μm）"，也可以称这些"裂纹缺陷"为较大的孔洞，直接导致C/Al₂O₃复合气凝胶压缩强度的下降，虽然出现了这些大孔，但复合气凝胶整体的多孔网络结构并没有发生变化，样品仍然具有高达7.9MPa的压缩强度。

图7-14是样品在氩气气氛下，经过不同热处理温度得到的C/Al₂O₃复合气凝胶TEM照片。从图7-14（a）中可以看出，经过800℃热处理后的C/Al₂O₃复合气凝胶，氧化铝气凝胶主要是以纤维状存在，宽度在2～5nm之间，长度不等（图中黑色的区域），炭气凝胶主要是以无定形的碳颗粒形式存在，而且这些纤维状的氧化铝气凝胶错综复杂地分散在碳气凝胶中，从宏观角度上讲氧化铝气凝胶起到类似于"纤维增强体"的效果，气凝胶的强度得到明显加强。

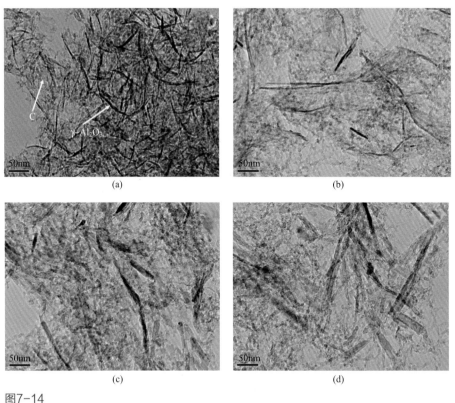

图7-14

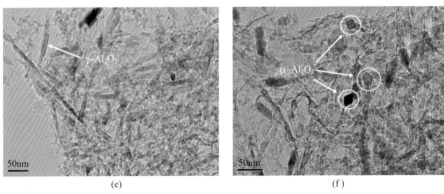

图7-14　不同热处理温度的C/Al₂O₃复合气凝胶TEM照片：（a）800℃；（b）1000℃；（c）1200℃；（d）1300℃；（e）1400℃；（f）1500℃

随着热处理温度的不断升高，氧化铝气凝胶颗粒开始不断成核长大的过程，氧化铝气凝胶的形貌逐渐由纤维状向柱状转变［图7-14中（b）～（f）］，而且越来越粗，宽度在10～15nm之间，长度不均，当热处理温度高达1500℃时，局部开始出现了少量的菱形形貌的氧化铝气凝胶，但大多数还是以柱状形式存在于复合气凝胶的基体中，数目有下降趋势，可能由于氧化铝晶型开始转变的原因，导致了气凝胶压缩强度有所下降（表7-3）。

图7-15为氧化铝气凝胶两种晶型的高分辨率像，分别为（220）晶面的γ-Al₂O₃和（012）晶面的α-Al₂O₃（PDF#11-661），进一步说明了当热处理温度高于1500℃时，组成Al₂O₃气凝胶的纳米颗粒局部出现了相变现象。

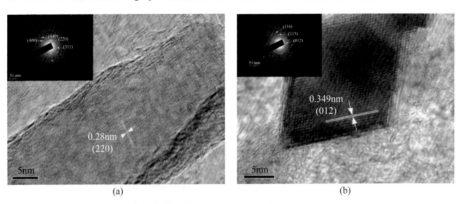

图7-15　氧化铝气凝胶的高分辨率像：（a）γ-Al₂O₃；（b）α-Al₂O₃

四、物相组成分析

图7-16为样品热处理前后的XRD谱图，其中（a）为RF/Al₂O₃复合气凝胶，

（b）～（g）为C/Al₂O₃复合气凝胶。一般情况下，RF/Al₂O₃复合气凝胶是典型的无定形态；800℃后碳化得到的C/Al₂O₃复合气凝胶隐约出现了γ-Al₂O₃相，但由于其晶型很不完整，衍射峰强度较弱，峰宽而且弥散，所以仍处于无定形态。

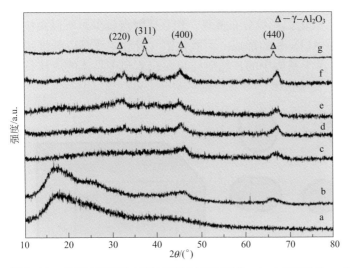

图7-16 不同热处理温度下的气凝胶XRD图谱：（a）RF/Al₂O₃；（b）800℃；（c）1000℃；（d）1200℃；（e）1300℃；（f）1400℃；（g）1500℃

随着热处理温度不断升高，结晶峰强度逐渐增强，在1500℃时，结晶峰最为明显，说明产生了晶形较好的γ-Al₂O₃，其中在2θ为31.9°、37.5°、45.7°和66.8°位置分别对应了γ-Al₂O₃的（220）、（311）、（400）和（440）晶面（PDF#2-1420）。由于只有极少数的γ-Al₂O₃转变为α-Al₂O₃［图7-14（f）TEM照片］，所以XRD谱图上并没有出现明显的α-Al₂O₃结晶峰，可能是大量的碳颗粒组成的C气凝胶包裹了氧化铝气凝胶，使得氧化铝颗粒成核长大受到了抑制，再加上气凝胶较低的体积密度，氧化铝颗粒难以顺利聚集成核长大，最终抑制了氧化铝的相转变，从侧面反映了这些无序分布的柱状γ-Al₂O₃对增加气凝胶的强度起到了关键性的类似于纳米级的"纤维增强"效果。

一般情况下，随着热处理温度的不断升高，氧化铝会经历从γ-Al₂O₃相向δ-Al₂O₃、θ-Al₂O₃、α-Al₂O₃相的转变过程，α-Al₂O₃相最为稳定，正常情况下Al₂O₃气凝胶在高温1200～1300℃以上处理后将会完全转变为α-Al₂O₃相[14-17]。

但是，由于气凝胶属于一种纳米多孔网络结构材料，其相变过程与正常的物相的转变具有特殊性，不同表观密度的Al₂O₃气凝胶的相变温度也各不相同，在Al₂O₃气凝胶的表观密度在0.1g/cm³以下的情况下，高温1300℃热处理的Al₂O₃气凝胶并没有发生α-Al₂O₃相的转变[18]。如果γ-Al₂O₃相在相转变的过程中受到其他原子阻碍，导致 α 相氧化铝纳米颗粒难以成核长大，其相变过程也会受到抑制，另外氧化铝的颗粒形貌也会影响其相转变，球形的颗粒比柱状的更容易成核长大[19]，图 7-17 为晶体聚合生长的示意图[20]。

对于 C/Al₂O₃ 复合气凝胶而言，其表观密度较低且小于 $0.2g/cm^3$，其中 Al₂O₃ 气凝胶所占密度更小，氧化铝颗粒分布稀疏，相互接触点较少，所以颗粒之间难以成核长大，抑制了 $α-Al_2O_3$ 相的形成。而氧化铝气凝胶主要是以纤维状或柱状的 $γ-Al_2O_3$ 颗粒形式存在于基体中的，然而柱状颗粒不利于晶体的成核长大，相比球形颗粒的成核概率要小很多。

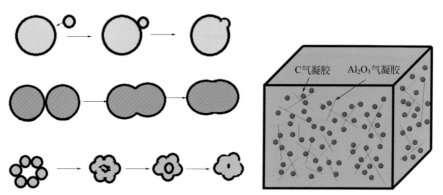

图7-17　晶体聚合生长示意图　　　　图7-18　C/Al₂O₃复合气凝胶的结构示意图

图 7-18 为 C/Al₂O₃ 复合气凝胶的结构示意图。从图中可以看出，柱状的 $γ-Al_2O_3$ 颗粒被大量的球形碳颗粒所包围，根据分子动力学可知，氧化铝表面的阳离子空位被 C 原子所占据，阻止了 Al 原子的表面扩散，这就阻止了颗粒与颗粒之间的接触成核，从而抑制了 $α-Al_2O_3$ 相转变以及正常的晶粒生长过程。

五、孔结构分析

1. 不同催化剂含量下的孔结构

通过改变反应体系中的催化剂含量，考察 RF/Al₂O₃ 复合气凝胶 800℃ 碳化 5h 前后孔结构的变化规律，其中，图 7-19、图 7-20 分别表示气凝胶的 N₂ 吸附 - 脱附和孔径分布曲线，表 7-6 表示气凝胶的比表面积与平均孔径。

从图 7-19、图 7-20 中可以看出，根据参考 IUPAC 的分类说明，所有吸附 - 脱附等温线均属于 Ⅳ 型，说明样品的平均孔径基本上在 2 ～ 50nm 之间，属于典型的介孔材料。催化剂的含量减少，样品的吸附量增加，孔径分布逐渐均匀化，孔径分布曲线由两边向中间靠拢，但当催化剂含量过低时，会出现较大的孔洞，孔径分布曲线开始向两边扩展。

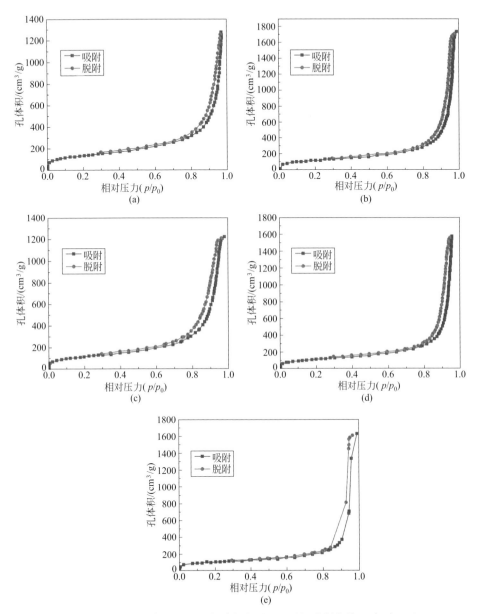

图7-19 不同催化剂含量的RF/Al$_2$O$_3$复合气凝胶N$_2$吸附-脱附曲线：（a）R/C=50；（b）R/C=100；（c）R/C=200；（d）R/C=300；（e）R/C=500

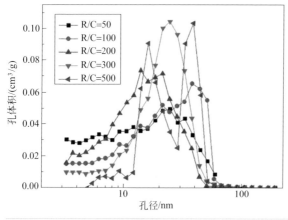

图7-20
不同催化剂含量的RF/Al₂O₃复合气
凝胶的孔径分布曲线

表7-6　不同催化剂含量的RF/Al₂O₃复合气凝胶比表面积与平均孔径

样品（RF/Al₂O₃）R/C	比表面积/(m²/g)	平均孔径/nm
50	407.21	24.79
100	423.98	37.87
200	545.31	13.89
300	432.26	24.49
500	364.59	38.48

从表 7-6 中可以看出，样品的比表面积随催化剂含量的减小呈现先增大后减小的趋势，当催化剂含量 R/C = 200 时，样品的比表面积最大，平均孔径较小，说明此时的孔径分布均匀，孔隙率较高；当 R/C = 500 时，平均孔径变大，比表面积出现下降趋势。

图 7-21、图 7-22 分别表示 C/Al₂O₃ 复合气凝胶的 N₂ 吸附 - 脱附和孔径分布曲线，表 7-7 表示气凝胶比表面积与平均孔径。从图 7-21、图 7-22 中可以看出，所有吸附 - 脱附等温线亦属于Ⅳ型，说明样品的平均孔径基本上在 2～50nm 之间，是典型的介孔材料。随着催化剂含量的不断减少，样品的吸附量呈现先增大后减小的趋势，且吸附量较热处理之前的 RF/Al₂O₃ 复合气凝胶出现明显增加，在 R/C = 200 时吸附量出现最大值；C/Al₂O₃ 复合气凝胶的孔径分布逐渐均匀化，孔径分布曲线由两边向中间靠拢，对比图 7-20 可以看出，孔径分布更加集中，热处理之前的宽峰逐渐变窄，说明孔径尺寸变小，且总体趋于均匀化。

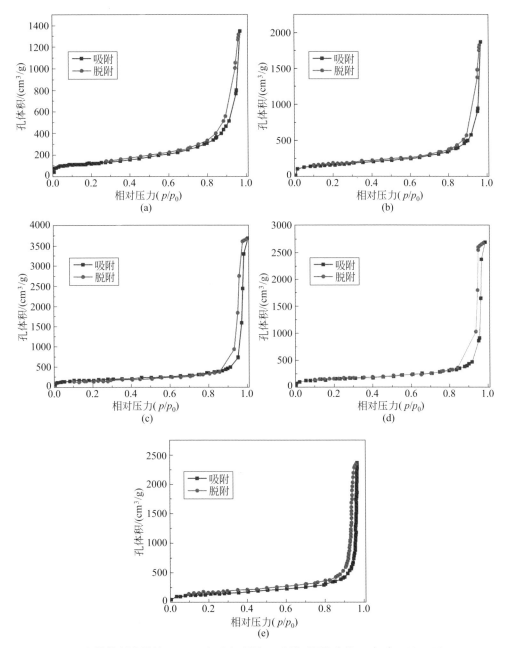

图7-21 不同催化剂含量的C/Al$_2$O$_3$复合气凝胶N$_2$吸附–脱附曲线：（a）R/C = 50；（b）R/C = 100；（c）R/C = 200；（d）R/C = 300；（e）R/C = 500

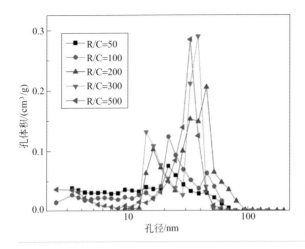

图7-22
不同催化剂含量的C/Al$_2$O$_3$复合气凝
胶的孔径分布曲线

从表7-7中可以看出，样品的比表面积随催化剂的减小呈现先增大后减小的趋势，当催化剂含量 R/C=200 时，样品的比表面积最大，平均孔径较小，说明此时的孔径分布均匀，孔隙率较高，当 R/C=300 时，平均孔径变大，比表面积出现下降趋势。

表7-7　不同催化剂含量的C/Al$_2$O$_3$复合气凝胶比表面积与平均孔径

样品（C/Al$_2$O$_3$）R/C	比表面积 /(m²/g)	平均孔径 /nm
50	456.28	21.53
100	572.45	31.53
200	613.96	24.47
300	523.69	37.87
500	482.32	32.57

2. 不同热处理温度下的孔结构

通过改变热处理温度，考察RF/Al$_2$O$_3$复合气凝胶热处理前后孔结构的变化规律，热处理温度分别为 800℃、1000℃、1200℃、1400℃、1500℃。图 7-23 为 RF/Al$_2$O$_3$ 以及不同热处理温度下 C/Al$_2$O$_3$ 复合气凝胶的 N$_2$ 吸附 - 脱附和孔径分布曲线。

从图 7-23 中可以看出，根据参考 IUPAC 的分类说明，所有吸附 - 脱附等温线均属于Ⅳ型，说明气凝胶样品的平均孔径基本在 2 ～ 50nm 之间，属于典型的介孔材料。RF/Al$_2$O$_3$ 复合气凝胶样品在热处理之前的吸附量较低，说明样品中含有大量的孔径较小的中孔和少量的微孔，热处理之后的 C/Al$_2$O$_3$ 复合气凝胶样品在相对压力接近于 1 时吸附量大幅度上升，说明样品中的孔结构主要是以较大的中孔和少量的大孔形式存在的。但当热处理温度升高到 1500℃时，样品在相对压力接近于 1 时吸附量明显降低，说明样品体积发生较大的收缩，中孔的孔径变小，同时过高的热处理温度也会造成样品内部局部孔结构发生破坏、坍塌，中孔数量大量减少，导致吸附量出现下降趋势。

从表 7-8 中可以看出，热处理后 C/Al$_2$O$_3$ 复合气凝胶的比表面积明显增大，且呈现先增加后减小的趋势，说明热处理过程使得 RF/Al$_2$O$_3$ 复合气凝胶网络骨架中的有机基团大量脱除，产生了大量的中孔和少量的大孔，也有之前被少量水分子占据的孔随着水分子的不断蒸发而不断浮现，再加上热处理使样品发生了较大的体积收缩，相应的孔体积变小，孔隙率逐渐升高。随着热处理温度的不断升高，气凝胶样品体积进一步收缩，孔结构受到挤压，使得孔体积进一步变小，平均孔径也逐渐变小。当热处理温度为 1400℃时，样品的比表面积达到最大值为 831m^2/g，在该条件下，孔结构均匀度相对达到最佳值，而从样品的 TEM、XRD 的分析来看，1400℃热处理的样品中大量氧化铝气凝胶还没有发生相转变，仍然是以颗粒较小的 γ-Al$_2$O$_3$ 形式存在的，有助于保持气凝胶内部的纳米多孔网络结构，所以在该条件下样品具有相对较大的比表面积。当热处理温度为 1500℃时，气凝胶样品的比表面积出现明显下降趋势，这主要是由于高温热处理过程中样品内部局部孔结构发生破坏、坍塌，出现了一定数量的大孔，而且介孔的数量也不断减少，再加上结晶化程度变大，共同导致了最终样品的比表面积的下降，平均孔径的变大。

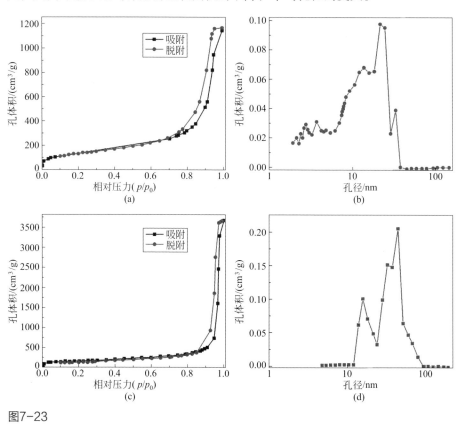

图7-23

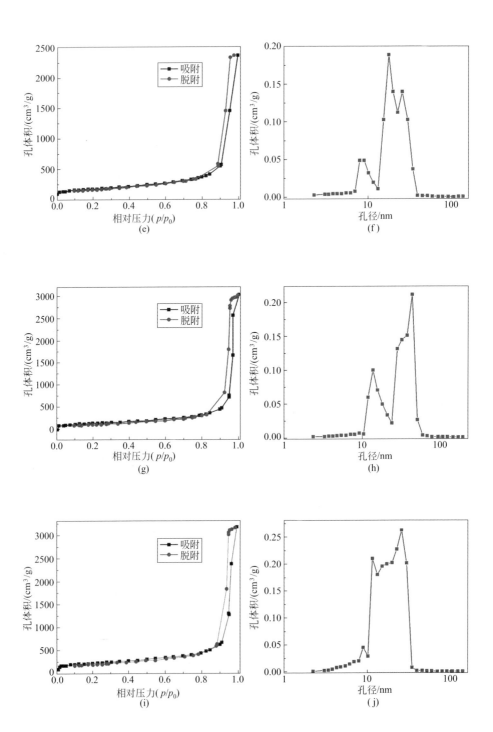

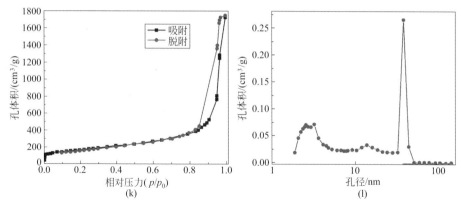

图7-23 不同热处理温度下气凝胶N₂吸附-脱附和孔径分布曲线：（a）、（b）RF/SiO₂；（c）、（d）800℃时C/Al₂O₃；（e）、（f）1000℃时C/Al₂O₃；（g）、（h）1200℃时C/Al₂O₃；（i）、（j）1400℃时C/Al₂O₃；（k）、（l）1500℃时C/Al₂O₃

表7-8 不同热处理温度下气凝胶的比表面积与平均孔径

热处理温度/℃	比表面积/(m²/g)	平均孔径/nm
未处理	477	21
800	613	45
1000	638	42
1200	653	37
1400	831	32
1500	579	38

第三节
碳纤维毡增强 C/Al₂O₃ 复合气凝胶隔热材料

　　C/Al₂O₃复合气凝胶虽然具有轻质、高强度、耐高温等特性，满足了高温隔热材料对其耐温性的要求，但由于制备工艺和生产条件的局限性，目前还不能制备出可以直接使用的纯 C/Al₂O₃复合气凝胶隔热材料。所以，目前只能以纤维毡作为载体，制备出纤维毡增强 C/Al₂O₃复合气凝胶隔热材料，使其能够在高温隔热材料领域得到实际应用。

一、碳纤维毡增强C/Al$_2$O$_3$复合气凝胶隔热材料的制备

图 7-24 为碳纤维毡增强 C/Al$_2$O$_3$ 复合气凝胶的制备工艺流程。具体制备方案如下。

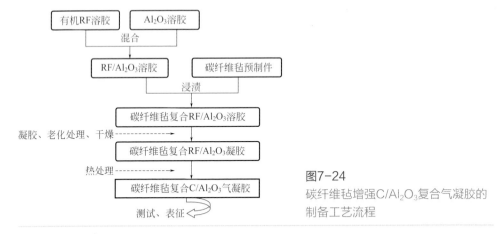

图7-24

碳纤维毡增强C/Al$_2$O$_3$复合气凝胶的制备工艺流程

首先，将 RF/Al$_2$O$_3$ 复合溶胶浸渍于事先准备好的装在模具的碳纤维毡中，室温下等待凝胶，且室温老化 2～3 天。将老化好的样品取出，采用乙醇进行溶剂置换 3～5 次，每24h 更换一次，并将样品放入65℃烘箱中进行高温老化，时间2～3天。最后对样品进行 CO$_2$ 超临界或常压干燥处理，得到碳纤维毡增强 RF/Al$_2$O$_3$ 复合气凝胶。图 7-25 为常压干燥法制备得到的碳纤维毡增强 RF/Al$_2$O$_3$ 复合气凝胶样品。

在惰性气体 N$_2$ 的保护条件下，对碳纤维毡增强 RF/Al$_2$O$_3$ 复合气凝胶进行高温 1000～1600℃处理 5h，最终得到强度较高的碳纤维毡增强 C/Al$_2$O$_3$ 复合气凝胶隔热材料，如图 7-26 所示。

图7-25　碳纤维毡增强RF/Al$_2$O$_3$复合气凝胶样品

图7-26　碳纤维毡增强C/Al$_2$O$_3$复合气凝胶隔热材料

二、微观形貌分析

图 7-27 为碳纤维毡增强 C/Al$_2$O$_3$ 复合气凝胶 SEM 照片，是常压干燥后经过 1000℃碳化处理 5h 得到的。从图 7-27（a）中可以看出，微米级的碳纤维结构紧凑，且分布相互交错，C/Al$_2$O$_3$ 复合气凝胶成小碎块状分布在碳纤维周围，且大小不等。进一步放大 SEM 照片倍数，从图 7-27（b）中可以发现每个单独的小块体气凝胶结构保持完好，但由于碳纤维比较粗，气凝胶与碳纤维相互间结合程度不是很高，可能会影响样品的强度和热导率性能。

图 7-27（c）就是挑选出来的 C/Al$_2$O$_3$ 复合气凝胶碎块，图 7-27（d）是对气凝胶放大之后的照片，可以看出，样品中的气凝胶部分具有纳米多孔网络结构特征，且孔径大小分布均匀，说明虽然粗大碳纤维破坏了气凝胶的整体块状结构，但对这些小碎块的气凝胶微观多孔结构并没有产生太大的影响，所以这些无数个小碎块状的气凝胶分布于碳纤维毡基体中，对提高复合材料的隔热性能有明显的效果。

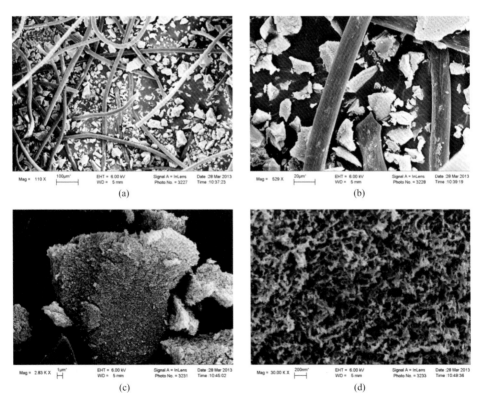

图7-27 碳纤维毡增强C/Al$_2$O$_3$复合气凝胶SEM照片：（a）、（b）不同放大倍数的SEM照片；（c）、（d）C/Al$_2$O$_3$复合气凝胶SEM照片

参考文献

[1] 杨双喜. SiO₂/C 杂化气凝胶的合成及结构研究 [D]. 北京：北京化工大学，2006.

[2] 陈亮，张睿，龙东辉，等. 炭 - 二氧化硅复合气凝胶的合成及结构分析 [J]. 无机材料学报，2009, 24(4):5.

[3] Chithra A, Rajeev R, Prabhakaran K. C/SiO₂ and C/SiC composite foam monoliths from rice husk for thermal insulation and EMI shielding[J]. Carbon Letters, 2021: 1-13.

[4] Liao J, Zhang Y, He X, et al. The synthesis of a novel titanium oxide aerogel with highly enhanced removal of uranium and evaluation of the adsorption mechanism[J]. Dalton Transactions, 2021, 50(10): 3616-3628.

[5] 仲亚，孔勇，沈晓冬，等. 高强度块状 C-Al₂O₃ 复合气凝胶的制备 [J]. 南京工业大学学报（自科版），2012(05):30-33+92.

[6] Zhong Y, Kong Y, Shen X, et al. Synthesis of a novel porous material comprising carbon/alumina composite aerogels monoliths with high compressive strength[J]. Microporous and Mesoporous Materials, 2013, 172: 182-189.

[7] Zu G, Shen J, Wei X, et al. Preparation and characterization of monolithic alumina aerogels[J]. Journal of Non-crystalline Solids, 2011, 357(15): 2903-2906.

[8] Pekala R W, Alviso C T, LeMay J D. Organic aerogels: Microstructural dependence of mechanical properties in compression[J]. Journal of Non-crystalline Solids, 1990, 125(1-2): 67-75.

[9] Alaoui A H, Woignier T, Scherer G W, et al. Comparison between flexural and uniaxial compression tests to measure the elastic modulus of silica aerogel[J]. Journal of Non-crystalline Solids, 2008, 354(40-41): 4556-4561.

[10] Worsley M A, Kucheyev S O, Kuntz J D, et al. Carbon scaffolds for stiff and highly conductive monolithic oxide–carbon nanotube composites[J]. Chemistry of Materials, 2011, 23(12): 3054-3061.

[11] Moner-Girona M, Martınez E, Roig A, et al. Mechanical properties of silica aerogels measured by microindentation: Influence of sol–gel processing parameters and carbon addition[J]. Journal of Non-Crystalline Solids, 2001, 285(1-3): 244-250.

[12] Obrey K A D, Wilson K V, Loy D A. Enhancing mechanical properties of silica aerogels[J]. Journal of Non-crystalline Solids, 2011, 357(19-20): 3435-3441.

[13] Janosovits U, Ziegler G, Scharf U, et al. Structural characterization of intermediate species during synthesis of Al₂O₃-aerogels[J]. Journal of Non-crystalline Solids, 1997, 210(1): 1-13.

[14] McHale J M, Auroux A, Perrotta A J, et al. Surface energies and thermodynamic phase stability in nanocrystalline aluminas[J]. Science, 1997, 277(5327): 788-791.

[15] Chen M, Ma E, Hemker K J, et al. Deformation twinning in nanocrystalline aluminum[J]. Science, 2003, 300(5623):1275-1277.

[16] 周洁洁，陈晓红，胡子君，等. 热处理对块状氧化铝气凝胶微观结构的影响 [C]// 全国先进功能复合材料技术学术交流会. 中国宇航学会，2010.

[17] Bagwell R B, Messing G L, Howell P R. The formation of α-Al₂O₃ from θ-Al₂O₃: The relevance of a "critical size" and: Diffusional nucleation or "synchro-shear"?[J]. Journal of Materials Science, 2001, 36(7): 1833-1841.

[18] Horiuchi T, Osaki T, Sugiyama T, et al. High surface area alumina aerogel at elevated temperatures[J]. Journal of the Chemical Society, Faraday Transactions, 1994, 90(17): 2573-2578.

[19] Horiuchi T, Osaki T, Sugiyama T, et al. Maintenance of large surface area of alumina heated at elevated temperatures above 1300℃ by preparing silica-containing pseudoboehmite aerogel[J]. Journal of Non-crystalline Solids, 2001, 291(3): 187-198.

[20] 陈玮，尹周澜，李晋峰. 氧化铝凝胶烧结过程中晶体生长及其抑制 [J]. 现代技术陶瓷，2006, 27(2):4.

第八章
碳化硅气凝胶

碳化硅（SiC）气凝胶是气凝胶家族的最新成员。与炭气凝胶类似，SiC 气凝胶也需要经历高温热处理过程，不同的是 SiC 气凝胶一般采用有机 / 氧化物复合气凝胶为前驱体，在惰性气氛下碳热还原得到。

第一节
碳化硅气凝胶制备方法

一、碳化硅气凝胶制备研究进展

2010 年，美国的 Leventis N 等[1] 使用聚丙烯腈（PAN）交联 SiO_2 气凝胶作为前驱体首次合成了块状 SiC 气凝胶（图 8-1）。Leventis 合成 SiC 气凝胶的工艺流程如图 8-2 所示，将预先合成的自由基引发剂偶氮二异丁腈 - 硅（Si-AIBN，结构见图 8-3）溶解在甲醇（MeOH）、正硅酸四甲酯（TMOS）和丙烯腈（AN）的混合液中得到溶液 A。将 MeOH、AN、去离子水（W）和氨水（NH₄OH）混合得到溶液 B。将溶液 B 加入溶液 A 搅拌均匀得到溶胶，10 ～ 15min 后形成透明的湿凝胶。湿凝胶经过室温老化、紫外光照、55℃老化后用无水乙醇进行溶剂置换得到醇凝胶，醇凝胶经 CO_2 超临界干燥得到 PAN 交联 SiO_2 气凝胶。PAN 交联 SiO_2 气凝胶经过一系列热处理（芳构化、炭化、碳热还原和煅烧）得到块状 SiC 气凝胶。可以看出，Leventis 的合成工艺较为复杂，而且所得到的 SiC 气凝

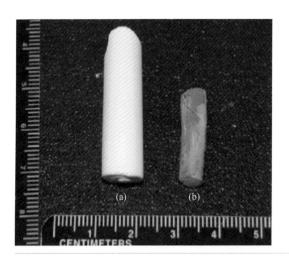

图8-1
PAN交联SiO₂气凝胶（a）和SiC气凝胶（b）

胶的表观密度约 0.5g/cm³，比表面积约 20m²/g，孔隙率 <70%，孔结构相对于典型气凝胶材料较差。表观密度较高在于 SiC 的本体特性，比表面积和孔隙率低是由于高温碳热还原导致大量体积收缩和颗粒的生长变大。

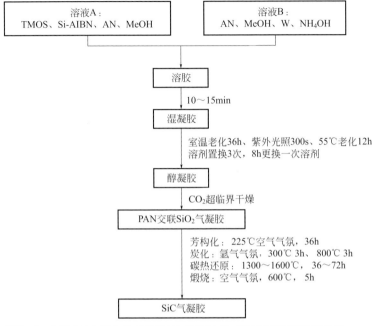

图8-2　以PAN交联SiO₂气凝胶为前驱体合成SiC气凝胶工艺路线

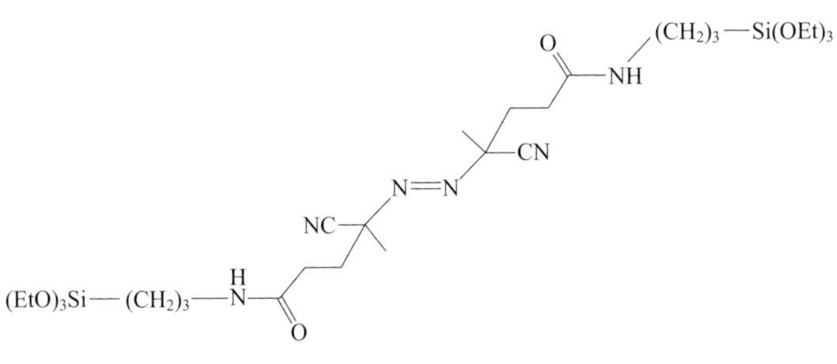

图8-3　Si-AIBN分子结构式

　　2012 年，同济大学的研究人员采用多步溶胶 - 凝胶法和超临界干燥工艺合成 RF/SiO₂ 复合气凝胶，并经过热处理、纯化等步骤得到块状 SiC 气凝胶（图 8-4）[2]。其工艺流程如图 8-5 所示，以间苯二酚（R）、甲醛（F）（37%）、盐酸（HCl）（38%）、乙腈（CH₃CN）为原料配制的溶液 A 在室温下搅拌 30min 得到 RF 溶胶作为碳源；以正硅酸四乙酯（TEOS）、去离子水（W）、乙腈为原料配制溶液 B 作为硅源；碳源和硅源混合均匀后得到二元溶胶，加入催化剂氢氟酸（HF）进行溶胶-凝胶反应即可得到 RF/SiO$_2$ 复合湿凝胶，湿凝胶经过老化、溶剂置换和 CO$_2$ 超临界干燥得到 RF/SiO$_2$ 复合气凝胶，RF/SiO$_2$ 复合气凝胶经过炭化、镁热还原、煅烧、酸洗、水洗、烘干等一系列过程后得到块状 SiC 气凝胶。该方法的优点是采用了低温（700℃）镁热还原，得到的 SiC 气凝胶材料密度较低（0.16g/cm^3），比表面积较高（232m^2/g）。

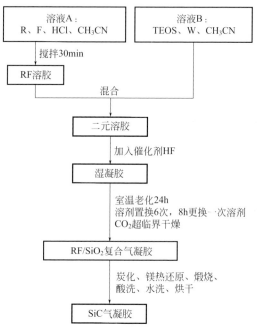

图8-5 同济大学研究人员制备SiC气凝胶的工艺流程[2]

图8-4 同济大学研究人员制备的 SiC气凝胶样品照片

2013 年，本书著者团队 [3] 开发了一种简捷的制备工艺合成了氨基杂化 RF/SiO$_2$ 复合气凝胶（AH-RFSA），并以此为前驱体经过碳热还原（1500℃，氩气气氛 5h）和煅烧（600℃，空气气氛 3h）等热处理工艺制备了表观密度、比表面积、孔体积和孔隙率分别为 0.288g/cm^3、251m^2/g、0.965cm^3/g 和 90.8% 的块状无裂纹 SiC 气凝胶（图 8-6）。其制备工艺流程如图 8-7 所示，室温下直接将间苯二酚（R）、甲醛（F）、3-氨丙基三乙氧基硅烷（APTES）、无水乙醇（EtOH）、去离子水（W）混合均匀后置于室温下进行溶胶-凝胶反应得到湿凝胶，湿凝胶经老化、无水乙醇溶剂置换和 CO$_2$ 超临界干燥得到氨基杂化 RF/SiO$_2$ 复合气凝胶。氨基杂化 RF/SiO$_2$ 复合气凝胶经碳热还原和煅烧得到 SiC 气凝胶。

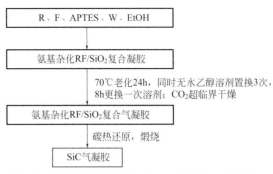

图8-6 本书著者团队制备的SiC气凝
胶样品照片

图8-7 本书著者团队制备SiC气凝胶的工艺流程

众所周知，氧化硅气凝胶大多采用硅醇盐 $[Si(OR)_4]$（如 TEOS、TMOS）为前驱体制备。$Si(OR)_4$ 中 Si 的局部电荷较小（如 TEOS 中 Si 的局部电荷为 $\delta^+ \approx 0.32$），导致反应体系的总体凝胶动力学速率较慢。因此，在溶胶 - 凝胶过程中需要使用带强负电荷的碱（如 OH^- 或者类似 F^- 的强路易斯碱），或者能够进攻醇盐中 OR 基团上 $O(\delta^-)$ 的带强正电荷的酸（H^+），促进水解和聚合反应进行。另外，正如前文提到的，RF 有机凝胶的合成也需要加入碱性或酸性催化剂促进聚合反应的进行。而本书著者团队所开发的这种氨基杂化 RF/SiO_2 复合气凝胶的溶胶 - 凝胶过程不采用任何催化剂是由于 APTES 中含有碱性的氨基基团（$-NH_2$），使其起到"内部催化剂"的作用。众所周知，TEOS 的水解反应一般是在酸性条件下进行，本体系中碱性条件下 TEOS 就可以水解是由于碱性基团 $-NH_2$ 中的 N 携带的孤对电子对 Si 的亲核活化，其反应机理如反应式（8-1）所示：sp^3 杂化的 Si 首先被再次杂化为类似 sp^{3s} 的不稳定过渡态 TS1，TS1 生成质子化的氨基（$-NH_3^+$）和五配位中间体，五配位中间体中的 Si 和 O 有很高的负电荷密度，使其可以进一步反应形成过渡态 TS2，最终，TS2 通过离去一个 ROH 分子生成 Si-OH。Si-OH 一旦生成，聚合反应就可以开始进行，其反应如反应式（8-2）所示，Si-OH(a) 在 $-NH_2$ 的作用下形成亲核的阴离子中间体 $Si-O^-$(b) 和质子化的氨基，阴离子中间体 $Si-O^-$（b）对另一个 Si-OH 亲核进攻形成 Si-O-Si（c），其总反应如反应（8-3）所示[4]。

$$\equiv Si-OR + H_2O + -\ddot{N}H_2 \rightleftharpoons \left[\underset{TS1}{H_3N\cdots H\cdots O\cdots Si-OR} \right]^{\neq} \rightleftharpoons -NH_3^+ + \left[\underset{\text{五配位中间体}}{HO-Si-OR} \right]^-$$

$$\Longrightarrow \left[\begin{array}{c} R \\ \overset{\delta^+}{\underset{}{|}} \\ -H_2N\cdots H\cdots O\underset{\delta^+}{-}Si-OH \\ \underset{TS2}{} \end{array} \right]^{\neq} \Longrightarrow \ \equiv Si-OH + -\ddot{N}H_2 + ROH \qquad (8\text{-}1)$$

$$\equiv Si-OH + -NH_2 \Longrightarrow \ \equiv Si-O^- + -NH_3^+ \qquad (8\text{-}2)$$
$$\underset{(a)}{} \underset{(b)}{}$$

$$\equiv Si-O^- + \ \equiv Si-OH + -NH_3^+ \Longrightarrow \ \equiv Si-O-Si \equiv + H_2O + -NH_2 \qquad (8\text{-}2)$$
$$\underset{(b)}{} \underset{(c)}{}$$

$$2Si-OH \Longrightarrow Si-O-Si + H_2O \qquad (8\text{-}3)$$

对于 R 和 F 而言，由于本体系呈碱性，APTES 具有与碱性催化剂无水碳酸钠相同的作用，其聚合反应机理与典型的碱催化制备 RF 凝胶的方法类似。可以看出，在本体系中，对于氧化硅凝胶而言，APTES 起到两方面的作用：一是作为"内部催化剂"，二是作为反应物参与形成凝胶网络结构的反应。

研究发现，APTES 水解的速率极快，室温下数分钟内即可完成水解 - 聚合反应。而 RF 有机凝胶的形成时间一般较长，室温下放置数月也不会形成凝胶，而在 50～85℃的温度下，其凝胶的形成也需要 1～3 天，而反应完全则需要一周以上的时间。对于氨基杂化 RF/SiO$_2$ 复合气凝胶的溶胶 - 凝胶过程，短时间内就可以形成氨基杂化 RF/SiO$_2$ 复合凝胶，这说明 RF 凝胶和 SiO$_2$ 凝胶并不是分别独立形成和存在的，APTES 和 TEOS 的水解产物 Si-OH 同样可以与间苯二酚上的羟甲基进行缩合反应形成 Si-O-C 连接。这样可以保证氨基杂化 RF/SiO$_2$ 复合气凝胶的组织结构更均一，达到分子尺寸上的复合。然而，RF 凝胶的形成速度远远低于 SiO$_2$ 凝胶的形成速度，因此最终得到氨基杂化 RF/SiO$_2$ 复合凝胶的骨架应该是以 SiO$_2$ 网络结构为主体，即 SiO$_2$ 网络结构起到支撑整体骨架的作用。

2014 年，本书著者团队 [5] 采用典型的制备 RF 和 SiO$_2$ 凝胶的工艺分别配制 RF 和 SiO$_2$ 溶胶，然后将两者混合后加入氨水得到 RF/SiO$_2$ 复合气凝胶，其制备工艺流程如图 8-8 所示。RF/SiO$_2$ 复合气凝胶经过炭化、碳热还原和煅烧除炭等一系列热处理工艺得到块状无裂纹 SiC 气凝胶（图 8-9）。所制备的 SiC 气凝胶的表观密度 0.262g/cm^3，比表面积 328m^2/g，孔体积 2.28cm^3/g，其孔体积和比表面积是目前报道的 SiC 气凝胶中最高的。显然，与氨基杂化 RF/SiO$_2$ 复合气凝胶类似，RF/SiO$_2$ 复合气凝胶中起到支撑整体骨架的也是 SiO$_2$ 网络结构。

从上述 SiC 气凝胶的制备方法可以看出，其制备基本技术路线如下：以 RF/SiO$_2$ 复合气凝胶或含碳的 SiO$_2$ 气凝胶为前驱体，经过炭化得到 C/SiO$_2$ 复合气凝胶，C/SiO$_2$ 复合气凝胶经过高温碳（镁）热还原得到含有部分游离 C 的 SiC 气凝胶，最后通过煅烧的方式除去多余的游离 C 即可得到 SiC 气凝胶产品。

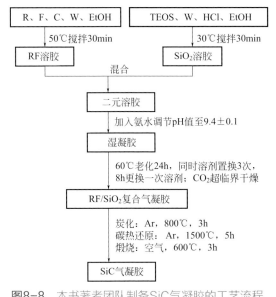

图8-8 本书著者团队制备SiC气凝胶的工艺流程

流程图内容:

R、F、C、W、EtOH		TEOS、W、HCl、EtOH
↓50℃搅拌30min		↓30℃搅拌30min
RF溶胶		SiO₂溶胶

混合

二元溶胶
↓加入氨水调节pH值至9.4±0.1
湿凝胶
↓60℃老化24h，同时溶剂置换3次，8h更换一次溶剂；CO₂超临界干燥
RF/SiO₂复合气凝胶
↓炭化：Ar，800℃，3h
碳热还原：Ar，1500℃，5h
煅烧：空气，600℃，3h
SiC气凝胶

图8-9 本书著者团队制备的SiC气凝胶样品照片

二、碳化硅气凝胶制备关键影响因素

前驱体的组织结构和热处理工艺对 SiC 气凝胶的组织结构起到十分重要的影响。要想获得完整的块状 SiC 气凝胶，其前驱体必须是完整无裂纹、组织结构均一无缺陷的块状气凝胶，如果前驱体气凝胶的组织结构不均一，哪怕局部细小的缺陷也会导致最终无法得到块状 SiC 气凝胶产物。如果要 SiC 气凝胶尽可能保持前驱体的块状结构和网络结构，则热处理过程升温速率不能太快，因此文献中大多采用 1 ～ 2℃ /min 的升温速率。然而，高温炭化裂解和碳热还原过程必定会对前驱体气凝胶的网络结构和骨架产生巨大的影响，所以 RF/SiO₂ 复合气凝胶或含碳的 SiO₂ 气凝胶前驱体在碳热还原后都会产生巨大的体积收缩，甚至高达88%[4]。其实这种大幅度的体积收缩并非消极因素，因为炭化和碳热还原过程中的有机成分的裂解和 C 的消耗会导致很大的质量损失（高达近 80%），如果没有大幅度的体积收缩，剩余的固体骨架无法支撑其宏观上的完整外形，无法得到完整的块状 SiC 气凝胶，这时的产物往往是小块或小颗粒。

由于最终的 SiC 气凝胶产品是通过除去 C/SiC 复合气凝胶中的游离 C 获得，因此对于其前驱体 RF/SiO₂ 复合气凝胶或含碳的 SiO₂ 气凝胶而言，支撑其网络结构的应该是 SiO₂ 骨架，或者说碳热还原后得到的 SiC 基气凝胶中支撑其骨架的应该是 SiC 网络结构，这样在煅烧除 C 后剩余的 SiC 仍然可以支撑其宏观外形，否则无法得到块状 SiC 气凝胶材料，这点从现有的成功制备出块状 SiC 气凝胶的文献中可以得到印证。对于 PAN 交联 SiO_2 而言，其骨架是以 SiO_2 网络结构为主体，PAN 包覆在 SiO_2 网络结构周围[1]；对于 RF/SiO_2 复合气凝胶或有机杂化 SiO_2 气凝胶而言，RF 凝胶的形成温度大大高于 SiO_2 凝胶的形成温度，其溶胶-凝胶过程中的动力学反应速率远远低于 SiO_2 凝胶形成的反应速率，所得到的含有机碳 SiO_2 气凝胶也必定是以 SiO_2 凝胶的网络结构为主体，因此以这些气凝胶为前驱体制备块状 SiC 气凝胶都存在高度的可行性。

1. 前驱体气凝胶密度

典型的氧化物气凝胶和碳气凝胶的密度一般在 $0.1g/cm^3$ 左右，对于不同种类和不同方法制备的气凝胶，获得最优结构的密度一般不会比这一数值高出很多，尽可能制备更低密度的块状气凝胶也是研究人员重点关注和研究的内容之一。然而，对于 SiC 气凝胶而言，并非所有的 RF/SiO_2 复合气凝胶样品都可以经过热处理得到完整的块状气凝胶产物。前驱体的密度对能否得到块状 SiC 气凝胶起到决定性影响，如果前驱体密度太小，网络结构在样品占据的整个空间太分散，最终得到的 SiC 骨架无法支撑前驱体的整个网络结构，导致最终得到的 SiC 气凝胶无法保持 RF/SiO_2 复合气凝胶的完整外形结构，得到如图 8-10 所示的碎裂的小块状 SiC 气凝胶。而在气凝胶制备技术领域，完整块状气凝胶一直是最高标准和研究人员多年来致力追求的，也是气凝胶制备技术中的难点。

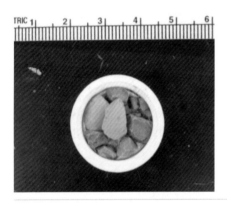

图8-10
低密度RF/SiO_2复合气凝胶得到的
SiC气凝胶

以本书著者团队所开发的 RF/SiO_2 复合气凝胶为例，如果要获得完整块状 SiC 气凝胶，其密度不能低于 $0.09g/cm^3$。如果采用其所开发的氨基杂化 RF/SiO_2 复合气凝胶为前驱体，其密度不能低于 $0.20g/cm^3$，然而制备更高密度的氨基杂化 RF/SiO_2 复合气凝胶也存在一定困难，即反应物浓度太高（溶剂量太少）时溶胶-凝胶过程中的水解-聚合速率太快，得到的气凝胶组织结构均一性差、孔大等缺陷较多，热处理过程中会出现开裂。两种前驱体气凝胶中，RF/SiO_2 复合气凝胶这种前驱体密度较低的原因是其碳热还原过程中质量损失和体积收缩更大。

2. 热处理工艺

低的热处理温度一方面可以降低能耗，另一方面可以降低对设备的要求。Leventis 研究发现 PAN 交联 SiO_2 气凝胶 1300℃热处理 36h 可以得到 SiC 纳米晶。而孔勇的研究结果表明以 RF/SiO_2 复合气凝胶或有机杂化 SiO_2 气凝胶为前驱体，低于 1500℃时无法得到 SiC 纳米晶。以有机杂化 SiO_2 气凝胶为例，当热处理温度低于 1500℃时，即使进行很长时间的热处理（1400℃保温 36h）也没有检测到 SiC 晶体产物，如图 8-11 所示；而当碳热温度升高至 1500℃，热处理 1h 即可得到 SiC 晶体产物，5h 时后无定形氧化硅已基本全部还原成 SiC，如图 8-12 所示。采用镁热还原则可以降低热处理所需温度，以 RF/SiO_2 复合气凝胶为前驱体，700℃镁热还原热处理 12h 可得到 SiC 纳米晶。

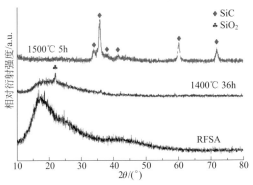

图8-11　RF/SiO_2复合气凝胶不同碳热还原温度得到的SiC气凝胶的XRD图谱

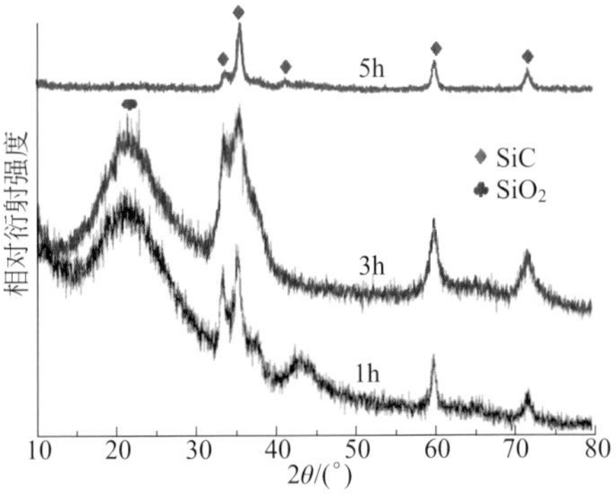

图8-12　RF/SiO_2复合气凝胶1500℃不同碳热还原时间得到的SiC气凝胶的XRD图谱

三、碳化硅气凝胶表征

为了确认碳热还原后形成了 SiC 晶体，本书著者团队采用 FT-IR、NMR、XRD、TEM 等手段对 SiC 气凝胶进行表征[6]。图 8-13 为 SiC 气凝胶的 FT-IR 图谱。对于 RF/SiO_2 复合气凝胶，$3430cm^{-1}$ 处的吸收峰源自羟基和吸附的水蒸气，$1630cm^{-1}$ 处的吸收峰来自吸附的水，$2930cm^{-1}$、$1470cm^{-1}$ 和 $1380cm^{-1}$ 分别对应 $-CH_2$、$-CH_3$ 和 $-CH_2$ 中 C-H 的伸缩振动吸收峰，$1100cm^{-1}$ 和 $690cm^{-1}$ 分别为 SiO_2 中 Si-O-Si 的伸缩振动吸收峰，$926cm^{-1}$ 为 Si-OH 的吸收峰。SiC 气凝胶中除了吸附的水的吸收峰（$3430cm^{-1}$ 和 $1630cm^{-1}$）外仅 $833cm^{-1}$ 处有一个明显的吸收峰，此峰表明 SiC 的存在。图 8-14 为 RF/SiO_2 复合气凝胶和 SiC 气凝胶

的 ^{29}Si NMR 图谱。RF/SiO$_2$ 复合气凝胶中 $\delta=-100$ 左右的共振峰分裂为三个峰，分别为 Si(OSi)$_4$（$\delta=-106.3$）、Si(OSi)$_3$(OH)（$\delta=-101.6$）和 Si(OSi)$_2$(OH)$_2$（$\delta=-97.2$）的共振峰。SiC 气凝胶的 NMR 谱图中仅在 $\delta=-17.3$ 处存在一个 SiC 共振峰，没有 SiO$_2$ 的共振峰出现。

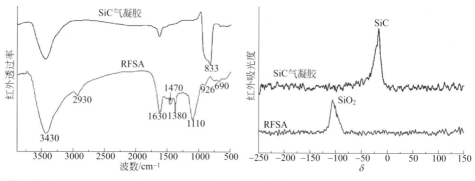

图8-13　RF/SiO$_2$和SiC气凝胶红外光谱　　图8-14　RF/SiO$_2$和SiC气凝胶的NMR图谱

图 8-15 是制备的 SiC 气凝胶的 XRD 图谱。除 SiC 的衍射峰外，SiC 气凝胶的 XRD 图中并未检测到其他物相的衍射峰，如 SiO$_2$，这表明制备的样品为纯 SiC。2θ 为 34°、35.7°、38.2°、41.4°、60°、65.6°、71.8°、73.6° 和 75.5° 处的衍射峰分别与 α-SiC 的（101）、（102）、（103）、（104）、（110）、（109）、（202）、（203）和（204）晶面相对应（PDF#29-1128）。TEM 图可以用来进一步确定 SiC 纳米晶的形成，图 8-16 为 SiC 气凝胶的高分辨率相图和选区电子衍射。从 HRTEM 图可以看出所制备的 SiC 气凝胶具有良好的结晶度，晶格条纹的间距为 0.262nm，与 α-SiC 的 101 晶面相对应。从 SAED 图中同样可以找出对应 α-SiC 的 109 和 204 晶面。结合上述分析结果表明在实验条件下合成了 α-SiC 气凝胶，碳热还原后没有残留的 SiO$_2$。

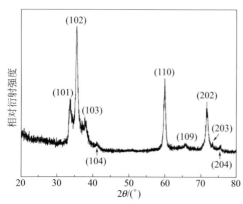

图8-15　SiC气凝胶的XRD图谱

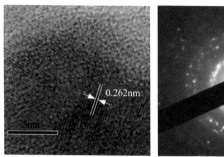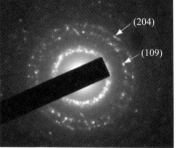

图8-16 SiC气凝胶的高分辨率相（HRTEM）图和选区电子衍射（SAED）图

第二节
碳化硅气凝胶组织结构生长演变

一、溶胶-凝胶过程组织结构生长机制

前面已经对以 RF/SiO$_2$ 复合凝胶为前驱体制备 SiC 气凝胶的工艺流程进行了阐述[4]，由于 RF 凝胶网络结构的形成速率远远低于氧化硅气凝胶的形成速率，因此在 RF/SiO$_2$ 复合凝胶形成之初的组成应该是以 SiO$_2$ 凝胶网络结构为主体，RF 凝胶网络结构包裹在 SiO$_2$ 网络结构的外围。另外，RF/SiO$_2$ 复合凝胶形成之初的孔隙中会残留一定量未凝胶的 RF 溶胶，这从 RF/SiO$_2$ 复合凝胶初步形成后的溶剂置换液可以看出（初始网络结构的置换液的红色为 RF 溶胶的颜色）。残留的 RF 溶胶在后续老化过程中继续反应会包裹在初始凝胶的外围或存在于前期形成的氧化硅骨架之间的孔隙中。因此，这里的 RF/SiO$_2$ 复合气凝胶是以 SiO$_2$ 为支撑主体、RF 包裹在 SiO$_2$ 外围的网络结构。图 8-17 为 RF/SiO$_2$ 复合气凝胶的形成过程示意图[5]。

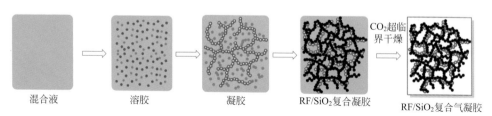

图8-17 RF/SiO$_2$复合气凝胶形成过程

二、热处理过程组织结构演变规律

1．基本物性和微观形貌

图 8-18 是 SiC 气凝胶制备过程中前驱体 RF/SiO$_2$ 复合气凝胶、中间产物 C/SiO$_2$ 和 C/SiC 气凝胶和 SiC 气凝胶的样品照片和相应的 SEM 照片[5-7]。表 8-1 给出了 RF/SiO$_2$ 复合气凝胶在整个热处理过程中的收缩率和质量收缩，以及热处理前后产品的表观密度、真密度和孔隙率。虽然 RF/SiO$_2$ 复合气凝胶在炭化后就开始出现巨大的体积收缩和质量损失，但在整个热处理过程中，无论是中间产物 C/SiO$_2$ 和 C/SiC 复合气凝胶，还是最终产品 SiC 气凝胶，都保持了 RF/SiO$_2$ 复合气凝胶的完整外形。

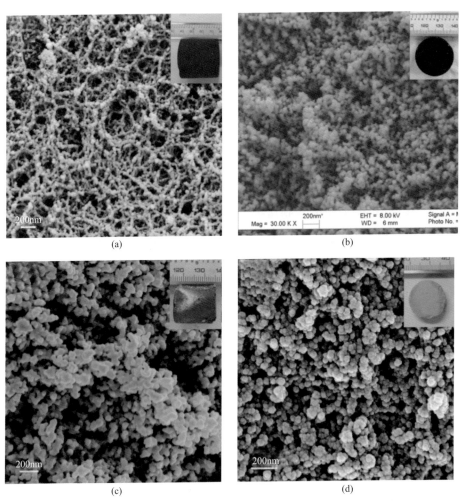

图8-18　RF/SiO$_2$（a），C/SiO$_2$（b），C/SiC（c）和SiC（d）气凝胶样品照片和SEM照片

表8-1　RF/SiO$_2$复合气凝胶热处理后的收缩率、质量损失、表观密度（ρ_a）、真密度（ρ_s）和孔隙率

样品	收缩率/%[1]	质量损失/%[2]	ρ_a/（g/cm^3）	ρ_s/（g/cm^3）	孔隙率/%
RF/SiO$_2$	—	—	0.110	1.4823	92.6
C/SiO$_2$	48.1 [87.5]	42.4	0.453	1.9566	76.9
C/SiC	51.0 [88.2]	73.4	0.331	2.9517	88.8
SiC	51.0 [88.2]	78.0	0.262	3.1911	91.8

①括号内外的数值分别为样品相对于 RF/SiO$_2$ 复合气凝胶的体积收缩和线收缩。
②热处理的样品相对于 RF/SiO$_2$ 复合气凝胶的质量损失。

　　从表 8-1 可以看出，炭化、碳热还原和煅烧过程都有明显的质量损失，特别是炭化和碳热还原过程，炭化过程的质量损失源自 RF/SiO$_2$ 复合气凝胶中有机基团的裂解，碳热还原过程的质量损失源自 C 与 SiO$_2$ 之间的反应，碳热还原反应的部分气相中间产物会被动态保护气氛带走，煅烧过程的质量损失源自 C/SiC 复合气凝胶中的游离 C。体积收缩则主要发生在炭化过程，碳热还原过程体积收缩较小，煅烧过程样品没有明显尺寸变化，说明炭化过程中有机基团的脱除对前驱体气凝胶的网络结构影响较大。热处理过程中的表观密度和孔隙率的变化源自质量损失和体积收缩的共同作用，当质量损失的影响占主导时，表观密度变小、孔隙率变大，当体积收缩的影响占主导时则相反。而孔结构则不受此变化规律的影响，因为气凝胶孔结构采用等温氮气吸附/脱附方法进行测试，而此方法的测试范围有限，目前的技术水平只能较为准确地探测 100nm 以下的孔，更大的孔则无法探测。

　　从图 8-18 中的 SEM 图可以看出，所有样品均为典型"胶粒状"气凝胶，不规则纳米孔和无序的纳米颗粒共同构成了气凝胶的连续三维纳米多孔网络结构。从 SEM 图还可以看出 RF/SiO$_2$ 复合气凝胶炭化后样品的孔隙率明显降低，碳热还原和热处理后孔隙率逐渐增加，这与表 8-1 中的数据相吻合。除 C/SiC 复合气凝胶外，其他气凝胶产物中的纳米颗粒为球状且容易分辨，而 C/SiC 复合气凝胶的颗粒相互粘连在一起，且很难分辨出单个的次级粒子，这是由于高温碳热还原后残余的游离 C 包裹在 SiC 纳米晶骨架四周，使 C/SiC 复合气凝胶中的纳米颗粒的形貌看起来是一种类似鹿角珊瑚状的结构。值得一提的是，虽然 SiC 气凝胶是经过对气凝胶网络结构有严重影响的高温热处理工艺得到的，但从 SEM 图可以看出其仍然保持了典型气凝胶的网络结构，组成网络结构的次级粒子大小均匀、没有明显团聚。

　　采用高分辨率透射电镜（TEM）可以对上述 C/SiC 复合气凝胶和 SiC 气凝胶的微观形貌和结构进行进一步确认。图 8-19 和图 8-20 分别为 C/SiC 复合气凝胶和 SiC 气凝胶的 TEM 照片[5]。可以看出，C/SiC 复合气凝胶的网络结构是以 SiC 纳米晶的骨架结构为主体、石墨化的多孔炭与 SiC 骨架相互交错的网络结构，高

分辨率照片表明除了 SiC 骨架的周围充斥的多孔炭外，SiC 纳米晶的表面也有一层石墨化的炭。这种结构保证了 C/SiC 气凝胶在除去多余的游离 C 后剩余的 SiC 气凝胶骨架仍能支撑起整个材料而不至于使样品出现碎裂，而以炭气凝胶骨架为主体的、SiC 包覆多孔炭的 C/SiC 复合气凝胶在热处理除炭后则不可能得到块状 SiC 气凝胶产品。根据 SEM 和 TEM 的测试结果给出的 RF/SiO$_2$ 复合气凝胶转化为 SiC 气凝胶的示意图如图 8-21 所示 [5]。

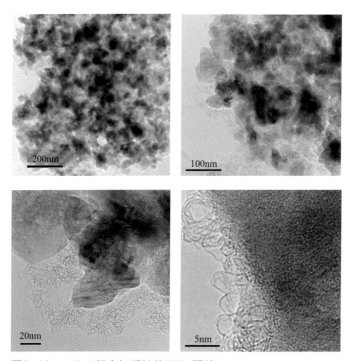

图8-19　C/SiC复合气凝胶的TEM照片

图8-20　SiC气凝胶的TEM照片

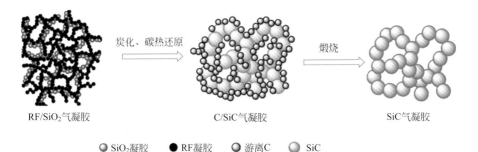

RF/SiO₂气凝胶   C/SiC气凝胶   SiC气凝胶

● SiO₂凝胶   ● RF凝胶   ● 游离C   ○ SiC

图8-21 RF/SiO₂复合气凝胶转化为SiC气凝胶示意

C/SiC 气凝胶的 TEM 图说明其孔隙主要由两部分构成：C/SiC 网络结构间较大的孔和多孔炭网络结构中较小的孔。从图 8-20 可以看出，SiC 气凝胶具有良好的纳米多孔网络结构，SiC 纳米颗粒层次分明、大小均匀（20 ～ 80nm）、没有明显团聚。SiC 气凝胶的孔隙同样由两部分组成，一部分是网络结构间较大的孔，另一部分是 SiC 纳米晶间较小的孔。从高分辨率相可以看出，SiC 纳米晶的晶格条纹清晰可辨，没有无定形区域，说明 SiC 气凝胶的纯度和结晶度较高。

2. 孔结构

等温氮气吸附／脱附是表征气凝胶孔结构最有效的手段，图 8-22 是 RF/SiO₂、C/SiC 和 SiC 气凝胶的氮气吸附／脱附等温线。所有的样品均是Ⅳ型等温线，表明所合成的气凝胶的孔以介孔或纳米孔为主。根据 IUPAC 的分类，回滞环均为 H1 类型，说明样品中的孔主要为圆柱孔。相对压力（p/p_0）<0.05 时的吸附为样品中的微孔（<2nm）表面的单分子层吸附，说明样品中含有一定量的微孔。在 p/p_0 接近 1 时，回滞环闭合后没有明显的饱和平台，说明样品中仍含有较多的大孔（>100nm）。从图 8-23 的孔径分布曲线可以更详细地了解 SiC 气凝胶形成过程中孔结构的演变[5]。RF/SiO₂ 复合气凝胶的孔径分布较宽，在微孔到大孔区域呈连续分布，其孔径主要分布在 15 ～ 30nm 的介孔范围，这一主体孔分布源自气凝胶的主体网络结构，而其他少量连续分布的孔则源自次级粒子的间隙和表面基团。RF/SiO₂ 复合气凝胶经过炭化和碳热还原后，样品的巨大收缩导致 15 ～ 30nm 的孔偏移至 2 ～ 20nm，并且大孔消失。另外，C/SiC 复合气凝胶中 0.8 ～ 1nm 出现大量的微孔，这些微孔源自热处理产生的炭气凝胶的网络结构，因此煅烧除炭后得到的 SiC 气凝胶中微孔消失。SiC 气凝胶的孔径主要分布在 12 ～ 80nm，孔径分布曲线在 12 ～ 22nm 和 22 ～ 80nm 分别出现两个峰，其中 12 ～ 22nm 的小峰是来自 SiC 纳米晶次级粒子间的间隙，22 ～ 80nm 的峰来自 SiC 主体网络结构中的孔隙，这一点已经被图 8-20 的 TEM 测试结果证明。

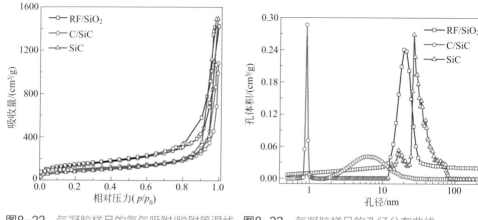

图8-22　气凝胶样品的氮气吸附/脱附等温线　图8-23　气凝胶样品的孔径分布曲线

表8-2给出了RF/SiO$_2$、C/SiO$_2$、C/SiC和SiC气凝胶的比表面积和孔体积数据。虽然RF/SiO$_2$复合气凝胶碳热还原后大孔消失，产生了更多有利于获得更大比表面积的微孔和较小的孔，但C/SiC复合气凝胶的比表面积小于RF/SiO$_2$复合气凝胶的比表面积，这说明体积收缩及其导致的密度增加和孔隙率降低等不利于比表面积增加的因素起到主导的作用。C/SiC复合气凝胶煅烧除炭后，由于不存在体积收缩，游离C所占据的空间转变为孔隙，同时游离C对比表面积的贡献也消失，这使得所得到的SiC气凝胶孔体积增加、比表面积降低。结合表8-1和表8-2的数据可以算出气凝胶样品的总体孔体积（见表8-2），计算得到的总体孔体积远大于氮气吸附测得的纳米孔体积，特别是对于RF/SiO$_2$复合气凝胶这种含有一定量大孔的样品，这也说明孔体积对于大孔比较敏感，而大孔正是氮气吸附无法探测的。

采用压汞法可以对含大量大孔的多孔材料进行有效表征。图8-24为SiC气凝胶的孔径分布曲线，可以看出除了20～50nm的孔外，其中还有大量的100nm以上的大孔。通过压汞法得到的SiC气凝胶的比表面积和孔体积分别为206m^2/g和2.26cm^3/g。由于压汞和氮气吸附/脱附所测试的对象不同，可以结合两者的数据考察不同孔径范围的孔对孔体积和比表面积的贡献。图8-25为氮气吸附和压汞测试得到的SiC气凝胶的比表面积和孔体积累积曲线。可以看出，比表面积基本由小于100nm的孔所贡献（特别是小于50nm的介孔），更大的孔对比表面积的贡献较小；而孔体积则主要由30nm以上的孔贡献。综合图8-25的各个图还可以看出，较小的孔对比表面积贡献大于对孔体积的贡献，而较大的孔则与之相反。需要说明的是，虽然氮气吸附无法表征气凝胶中100nm以上的大孔，但其仍然可以有效表征气凝胶的孔结构，因为气凝胶的孔中有利用价值的正是这些较小的纳米孔，100nm以上的孔没有太大价值。

表8-2　RF/SiO₂、C/SiO₂、C/SiC 和 SiC 气凝胶的比表面积和孔体积

样品	比表面积/（m²/g）	孔体积/（cm³/g）[1]
RF/SiO₂	513	2.37 [8.42]
C/SiO₂	235	1.18 [1.77]
C/SiC	412	1.94 [2.68]
SiC	328	2.30 [3.50]

①方括号外的为氮气吸附测得的样品的纳米孔体积，方括号内为计算得出的总体孔体积。

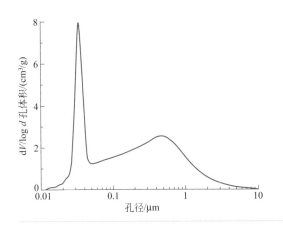

图8-24
压汞法测试得到的SiC气凝胶孔径分布曲线

　　SiC 气凝胶在不同温度的马弗炉中热处理 2h，然后对热处理后的样品进行孔结构测试，图 8-26 给出了 SiC 气凝胶及其在 800℃、1000℃和 1200℃静态空气中热处理 2h 前后的孔径分布曲线，可以看出，煅烧对样品的孔径分布基本没有变化，只是出现了 SiC 氧化所导致的孔体积的下降，这表明 SiC 的网络结构没有被破坏，在高温下具有良好的结构稳定性，但是抗氧化性能有待提高。

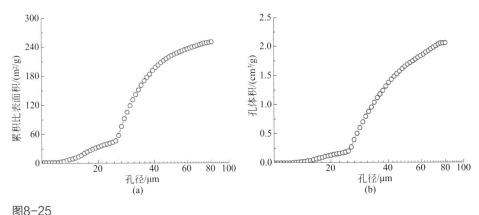

图8-25

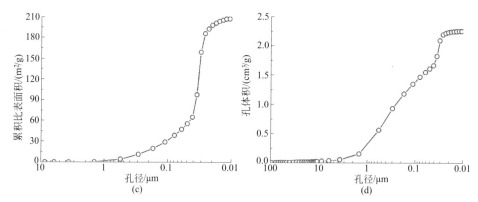

图8-25 氮气吸附和压汞法得到的SiC气凝胶的比表面积和孔体积累积曲线：（a）氮气吸附得到比表面积累积曲线；（b）氮气吸附得到孔体积累积曲线；（c）压汞得到比表面积累积曲线；（d）压汞得到孔体积累积曲线

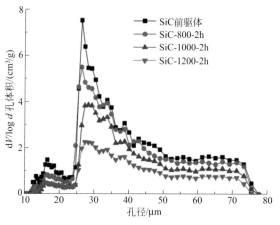

图8-26 SiC气凝胶不同温度煅烧前后的孔径分布曲线

第三节
碳化硅气凝胶形成机理

一、碳热还原机理

碳热还原形成 SiC 的反应是指 C 在高温下将 SiO$_2$ 还原形成 SiC 的反应。

碳热还原是 SiC 气凝胶制备过程中极其重要的一环，对 SiC 纳米晶的微观形貌和结构有很大影响。由于碳热还原反应过程的复杂性，目前还不能很好地认识和理解碳热还原的反应历程。一般认为，在反应温度下 C 和 SiO_2 首先发生化学反应形成气相 SiO 和 CO，然后形成的气相 SiO 与 CO 或 C 进一步反应形成 SiC，其反应历程可描述如式（8-4）

$$SiO_2(s) + 3C(s) \longrightarrow SiC(s) + 2CO(g) \qquad （8-4）$$

反应式（8-4）包含若干个基元反应，在反应温度下 C 和 SiO_2 首先发生化学反应形成气相 SiO 和 CO

$$SiO_2(s) + C(s) \longrightarrow SiO(g) + CO(g) \qquad （8-5）$$

产生的 SiO 与 CO 或 C 反应形成 SiC

$$SiO(g) + 2C(s) \longrightarrow SiC(s) + CO(g) \qquad （8-6）$$

$$SiO(g) + 3CO(g) \longrightarrow SiC(s) + 2CO_2(g) \qquad （8-7）$$

反应式（8-5）和式（8-6）生成的 CO(g) 与 SiO_2(s) 反应生成 SiO(g) 可以保证反应（8-6）和（8-7）持续进行

$$SiO_2(s) + CO(g) \longrightarrow SiO(g) + CO_2(g) \qquad （8-8）$$

反应式（8-7）和式（8-8）中 CO_2 一旦产生就立即与周围的 C 反应生成 CO(g)，参与反应式（8-7）和式（8-8）的反应

$$CO_2(g) + C(s) \longrightarrow 2CO(g) \qquad （8-9）$$

此外，SiO 气体还可发生歧化反应形成 Si 和 SiO_2，生成的 Si 与 C 反应也可生成 SiC，其反应过程为

$$2SiO(g) \longrightarrow Si(s) + SiO_2(s) \qquad （8-10）$$

$$Si(s) + C(s) \longrightarrow SiC(s) \qquad （8-11）$$

在上述过程中，SiC 的形态和形成 SiC 的反应途径有关。反应（8-7）是气 - 气反应，它涉及 SiC 晶核在气相中的形成与生长，得到的 SiC 产物的形貌与前驱体的结构密切相关，当前驱体是 SiO_2 和炭粉末的混合物时产物大多是 SiC 晶须或纤维，当前驱体是类似 PAN 交联 SiO_2 气凝胶的核壳结构时形成 SiC 纳米颗粒；反应（8-6）是气 - 固反应，生成的 SiC 的形貌与炭的形貌一致，实验中通常形成的是 SiC 纳米颗粒；反应（8-11）形成的 SiC 通常是球状颗粒。在特定的制备工艺中，SiC 形成的反应途径与实验条件密切相关。从热力学角度而言，反应（8-6）更容易进行，而高的 CO 和 SiO 气体浓度有利于反应（8-7）的进行。

大多碳热还原形成 SiC 气凝胶的反应是在动态氩气保护下进行的，体系中的 CO 和 SiO 气体浓度比较低，不利于晶须的生长和 SiO 歧化反应的进行。因此

RF/SiO$_2$ 复合气凝胶转变为 SiC 气凝胶的反应中 SiC 的形成路径应以反应（8-6）为主，相应的 SiC 纳米晶都是颗粒状。本书著者团队研究发现 RF/SiO$_2$ 复合气凝胶炭化后得到的 C/SiO$_2$ 复合气凝胶中 C/Si 摩尔比为 3.73∶1（形成 SiC 时化学计量比为 3），碳热还原后 SiC 的产率是 98.9%[5]，证明在碳热还原过程中几乎没有 SiO 气体被流动的 Ar 带走，这说明在碳热还原反应过程中，SiO 气体一旦形成就与 C 发生反应，这种高的动力学反应速率也会抑制 SiC 晶须的生长。颗粒状 SiC 纳米晶的形成也与气凝胶的结构特性有关，一方面，气凝胶的孔隙率高、孔径小，使碳热还原反应过程中产生的 CO 和 SiO 气体局部分压较低且不易扩散，不利于晶须的生成和生长；另一方面，SiC 气凝胶的前驱体气凝胶的网络结构是以 SiO$_2$ 骨架为主体，交错或包覆在 SiO$_2$ 骨架周围的 C 骨架会限制生成的 SiO 气体的扩散，也不利于晶须的生成。

美国的 Leventis 等 [1] 研究发现，C/Si 摩尔比在碳热还原过程中有着很重要的作用，C/Si 摩尔比为 4.36 时，SiO$_2$ 不能完全转变为 SiC，还原率约为 70%，而在过两倍化学计量（C/Si = 7.08）的 C 含量下，SiO$_2$ 才能被完全还原为 SiC，这是由于 PAN 交联 SiO$_2$ 气凝胶中 C 是包覆在 SiO$_2$ 气凝胶网络结构外表面，而不是像 RF/SiO$_2$ 复合气凝胶那样 C 和 SiO$_2$ 在分子水平上组成均一地相互交织在一起，这导致热处理过程中生成的 CO 气体在 SiO$_2$ 和 C 界面上会有一半的逸出损耗，导致一半的碳损耗，这也间接证明了反应（8-7）参与了 SiC 纳米晶的形成。Leventis 给出了这种情况下的碳热还原反应拓扑模型，如图 8-27 所示。根据模型，应该有一部分生成的 CO 会通过 C 包覆层扩散出去而不参与反应，由于反应（8-8）中 SiO$_2$ 气化成 SiO 需要消耗 CO，如果要使 SiO$_2$ 完全转化成 SiC，前驱体 C/SiO$_2$ 气凝胶中的 C/Si 必须大于反应的化学计量比，即 >3。在碳热还原反应过程中，C 和 SiO$_2$ 在其界面进行反应（8-4）是整个反应的开端，当 C 和 SiO$_2$ 之间的接触点被消耗掉，反应（8-4）和随后的一些基元反应都会停止，因此在碳热还原过程中很难保证 SiO$_2$ 全部转变为 SiC。事实证明，当 C/Si 比达到一定程度，几乎所有的 SiO$_2$ 都可以转变为 SiC，这要归功于反应（8-12）所示的 SiC 和 SiO$_2$ 之间的固 - 固反应

$$SiC(s) + 2SiO_2(s) \longrightarrow 3SiO(g) + CO(g) \qquad (8-12)$$

两者反应后会在其界面处生成 3mol 的 SiO 和 1mol 的 CO。1mol 的 SiO 与 3mol 的 CO 通过反应（8-7）形成 SiC 纳米晶，剩余的 SiO 扩散至 C 表面与之通过反应（8-6）生成 SiC，反应（8-12）生成的 CO 在 SiO$_2$ 表面通过反应（8-8）反应产生更多的 SiO，以保证反应顺利进行，如图 8-28 所示。由于气凝胶的多孔结构特性，上述产物的扩散和反应是能够顺利进行并在短时间内完成的。由于纳米效应，当碳热还原温度较高时（如达到 1600℃），生成的 SiC 纳米晶会以前驱体中氧化硅的骨架结构为基础，熔融后形成新的网络结构，因此根据目

前的研究形成 SiC 气凝胶的碳热还原反应温度不应超过 1600℃，理想的温度在 1300 ～ 1500℃。

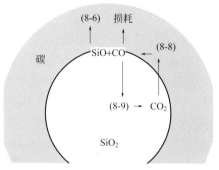

图8-27　C包覆SiO₂界面的碳热还原反应模型

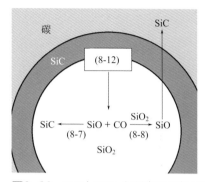

图8-28　SiC与SiO₂在两者界面处的反应

在碳热还原生成 SiC 的过程中，Ni 可以起到催化剂的作用，高温热处理过程中 SiO_2 可能被液化，它与微量的金属镍反应形成硅化镍（Ni_2Si），Ni_2Si 与固态的碳直接反应形成 SiC，其反应历程如式（8-13）和式（8-14）。

$$SiO_2 + 2Ni + 2C \longrightarrow Ni_2Si + 2CO \tag{8-13}$$

$$Ni_2Si + C \longrightarrow SiC + 2Ni \tag{8-14}$$

Ni 催化剂的含量对形成的 SiC 的结构有明显影响，当体系中镍含量较多时，会导致 SiC 的烧结。也有人认为体系中微量的镍降低了碳表面反应活化能，从而改变了生成 SiC 的反应途径。

二、镁热还原机理

C/SiO₂ 复合气凝胶通过镁热还原转变为 SiC 气凝胶的反应可描述如下：

$$SiO_2 + C + 2Mg \longrightarrow SiC + 2MgO \tag{8-15}$$

反应伊始，SiO_2 首先与 Mg(g) 反应转变为 Si

$$SiO_2(s) + 2Mg(g) \longrightarrow Si(s) + 2MgO(s) \tag{8-16}$$

Si 在 Mg 的催化下与无定形 C 反应形成 SiC 产物

$$Si\text{-}Mg(l) + C(s) \longrightarrow SiC(s) + Mg \tag{8-17}$$

所以 Mg 在整个反应过程中扮演两种角色，即反应物和催化剂。可以看出，与碳热还原相比，镁热还原所需的 C/Si 化学计量比（C/Si = 1）更低。

第四节
氨基功能化碳化硅气凝胶

如第四章所述，氨基功能化 SiO_2 气凝胶具有优异的 CO_2 吸附性能，但由于传统的浸渍法会破坏气凝胶的孔结构，CO_2 吸附性能优异的 SiO_2 气凝胶通常需通过湿凝胶的表面氨基改性和原位聚合法制备氨基杂化气凝胶两种途径获得。如采用浸渍法制备氨基功能化 SiO_2 气凝胶，需要解决其耐溶剂性差（如遇水粉化、孔结构消失）的问题。可以通过采用疏水 SiO_2 气凝胶在一定程度上解决这一问题，但疏水改性并未从根本上解决 SiO_2 气凝胶耐水性差的问题。SiO_2 气凝胶耐水性差根本上源于其稳定的网络结构。不同于传统的气凝胶，SiC 气凝胶的网络结构为纳米晶，使其具有良好的刚性和耐溶剂性。因此，可以采用简单的浸渍法制备氨基功能化 SiC 气凝胶。而且 SiC 气凝胶良好的耐温性和化学稳定性使其可以重复使用，即氨基功能化 SiC 气凝胶中的氨基基团耗尽后可以进行再次氨基功能化改性，这样可以大大避免吸附剂带来的二次污染，降低 CO_2 总体吸附成本[8]。

一、氨基功能化碳化硅气凝胶的制备与结构演变

氨基功能化 SiC 气凝胶的制备：将块状 SiC 气凝胶浸渍于去离子水（W）、乙醇（EtOH）和 3- 氨丙基三乙氧基硅烷（APTES）的混合液（体积比 APTES：EtOH：W = 1：2：0.2）中，50℃放置于烘箱干燥得到氨基功能化 SiC 气凝胶（AFMSiCA）。

氨基功能化 SiC 气凝胶的回收和二次功能化：随着吸附 - 脱附循环次数的增加，氨基功能化 SiC 气凝胶中的氨基会逐渐分解，因此氨基功能化 SiC 气凝胶的 CO_2 吸附量也逐渐衰减，这时可以对 SiC 气凝胶进行回收和再次功能化。氨基功能化 SiC 气凝胶首先在 600℃空气中热处理 2h 除去有机基团，然后在去离子水中超声洗去孔隙中的 SiO_2（源自 APTES）后进行二次氨基功能化（步骤如上所述）。科学实验中，可以直接将氨基功能化 SiC 气凝胶分批进行多次二次功能化处理以考察 SiC 气凝胶的循环回收性能。下面相关的叙述中 SiC 气凝胶以 SiCA 表示，首次氨基功能化 SiC 气凝胶以 AFMSiCA 表示，多次氨基功能化 SiC 气凝胶以 RF-MSiCA-x（x 为数字，代表氨基功能化次数）表示。

图 8-29 为 SiC 气凝胶和不同氨基功能化次数的氨基功能化 SiC 气凝胶，经过多次氨基功能化后 SiC 气凝胶仍然保持块状结构，表明 SiC 气凝胶具有良好的

耐溶剂性能和结构稳定性。18 次氨基功能化后 SiC 气凝胶颜色逐渐变白，一方面是由于氨基功能化的过程中高温热处理使 SiC 气凝胶表面的 SiC 纳米晶氧化成 SiO₂，这点从图 8-30 的 XRD 图可以证明，随着氨基功能化次数的增加，氨基功能化 SiC 气凝胶中的稳定性成分逐渐增加；另一方面是因为 SiC 气凝胶孔隙中残留的 SiC 并不能被完全洗去，这点从多次氨基功能化次数的 SiC 气凝胶样品的孔结构数据（表 8-3）和微观形貌（图 8-31）可以证明，孔结构数据表明 SiC 气凝胶的比表面积和孔体积随着氨基功能化次数的增加而降低，样品的微观形貌表明 SiC 气凝胶的孔隙随着氨基功能化次数的增加逐渐被堵塞。

| (a) | (b) | (c) | (d) | (e) |

图8-29 不同氨基功能化次数的氨基功能化SiC气凝胶：（a）SiCA；（b）AFMSiCA；（c）RF-MSiCA-6；（d）RF-MSiCA-12；（e）RF-MSiCA-18

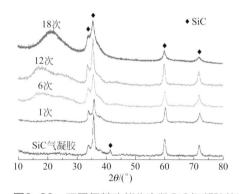

图8-30 不同氨基功能化次数SiC气凝胶的XRD图

表8-3 不同氨基功能化次数 SiC 气凝胶的孔结构数据

样品	BET比表面积/(m²/g)	孔体积/(cm³/g)
SiCA	332	2.35
AFMSiCA	108	1.27
RF-MSiCA-6	99	1.18
RF-MSiCA-12	72	0.92
RF-MSiCA-18	43	0.56

图8-31 不同氨基功能化次数SiC气凝胶的SEM照片：（a）SiCA；（b）AFMSiCA；（c）RF-MSiCA-6；（d）RF-MSiCA-12；（e）RF-MSiCA-18

　　不同氨基功能化次数 SiC 气凝胶的 N_2 吸附/脱附等温线和孔径分布曲线如图 8-32 所示。所有样品均为带 H1 型回滞环的 IV 类等温线，表明 SiC 气凝胶和氨基功能化 SiC 气凝胶具有圆柱孔介孔材料的典型特征。相对压力（p/p_0）小于 0.05 时，样品的吸附量较低，表明样品中几乎没有微孔，这点从孔径分布曲线可以得到证明。SiCA 的吸附等温线在相对压力接近 1 时没有明显的吸附饱和现象，而 AFMSiCA 和 RF-MSiCA-x 有轻微的吸附饱和，这表明 SiCA 中的大孔相对较多，这点也可以从孔径分布曲线得到证明。从图 8-32（b）所示的孔径分布曲线可以看出，随着氨基功能化次数的增加，SiC 气凝胶的孔径分布向左移动，这是由上面提及的孔随氨基功能化次数增加逐渐被堵塞导致的。

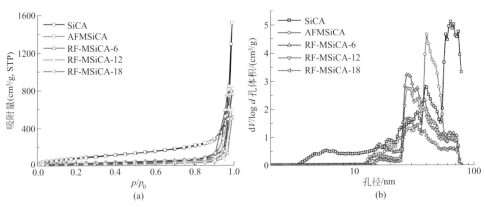

图8-32 不同氨基功能化次数SiC气凝胶 N_2 吸附/脱附等温线（a）和孔径分布曲线（b）

　　氨基功能化 SiC 气凝胶的热重曲线如图 8-33 所示。155℃以下的质量损失源自样品中吸附的水蒸气和 CO_2，155～250℃过程中的质量损失源自结合水，250℃以上的质量损失源自样品中的有机基团。热重曲线同时表明 SiC 气凝胶在 600℃下具有较好的抗氧化性能，说明上述氨基功能化 SiC 气凝胶二次功能化过程中所采用的 600℃空气气氛热处理工艺是合理的。

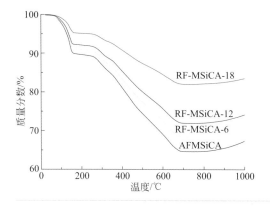

图8-33
不同氨基功能化次数SiC气凝胶在空气气氛中的热重曲线

二、氨基功能化碳化硅气凝胶CO₂吸附性能

　　氨基功能化 SiC 气凝胶的 CO_2 吸附性能测试在固定床装置上进行（具体见第四章），采用 1% 的 CO_2 气体（CO_2/N_2 混合气体），所有气体流速均保持在 300mL/min，固定床中吸附剂的质量 $0.14 \sim 0.15g$。图 8-34 为首次氨基功能化 SiC 气凝胶（AFMSiCA）在不同温度和水蒸气条件下的 CO_2 吸附动力学曲线。从图 8-34（a）温度对吸附性能的影响结果可以看出，氨基功能化 SiC 气凝胶的 CO_2 吸附量随着温度的增加而降低，这是由于氨基与 CO_2 的反应为放热反应，温度的增加不利于反应的进行。从图 8-34（b）水蒸气对吸附性能的影响结果可以看出，水蒸气的存在有利于提高吸附剂的 CO_2 吸附量，这是由氨基功能化吸附剂与 CO_2 的反应机理决定的。图 8-34 的吸附动力学曲线表明氨基功能化 SiC 气凝胶是一种

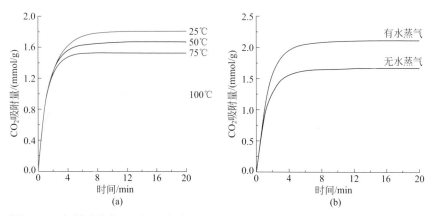

图8-34　氨基功能化SiC气凝胶（AFMSiCA）CO₂吸附动力学曲线在不同温度（a）和不同水蒸气（b）条件下

高活性的 CO_2 吸附剂，即使在低浓度（1%）CO_2 中，10min 基本达到吸附平衡，这得益于气凝胶材料的大比表面积和孔隙率以及开放的孔结构和较大的孔径。

不同氨基功能化次数 SiC 气凝胶 CO_2 吸附动力学曲线如图 8-35 所示。第 6、12、18 次回收和再次氨基功能化后，吸附剂的 CO_2 吸附量从 2.12mmol/g 分别降至 1.83mmol/g、1.57mmol/g 和 0.83mmol/g，这是由于随着回收次数的增加，吸附剂中的孔逐渐被堵塞，进而导致氨基负载量的降低。

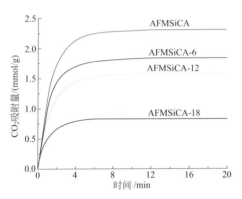
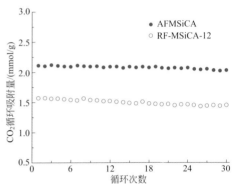

图8-35　不同氨基功能化次数 SiC 气凝胶 CO_2 吸附动力学曲线（吸附温度50℃；水蒸气含量1%）

图8-36　AFMSiCA和RF-MSiCA-12样品循环吸附量（吸附温度50℃；脱附温度100℃；水蒸气含量1%）

优质的吸附剂应该具有好的循环稳定性，这样可以大大降低总体吸附成本。AFMSiCA 和 AFMSiCA-12 样品在 50℃潮湿 CO_2 气体中的循环稳定性如图 8-36 所示。30 次循环后，吸附剂的吸附量衰减较小，表明氨基功能化 SiC 气凝胶具有可靠的循环稳定性。

第五节
纤维增强碳化硅气凝胶

开发 SiC 这种新型气凝胶的目的是克服 SiO_2 气凝胶耐温性差（<650℃）的问题，孔结构测试表明 SiC 气凝胶具有良好的结构稳定性，然而其抗氧化性能并非想象中的那么好，如图 8-37 所示，SiC 气凝胶在动态空气气氛中 650℃开始被氧化，800℃开始被急速氧化，这种由于纳米效应导致的抗氧化性能的降低是很难克服的。另外，SiC 气凝胶同样具有绝大多数无机气凝胶材料所具有的缺点，即

强度低、易碎，难以获得大尺寸产品，这都限制了其在隔热方面的应用。为了克服上述缺点，采用简捷的一步溶胶 - 凝胶法、常压干燥工艺和低温碳热还原工艺首次制备了纤维增强 SiC 气凝胶隔热材料，如图 8-38 所示[9,10]。纤维增强 SiC 气凝胶在动态空气中的抗氧化性能与纯 SiC 气凝胶相比大大提高，如图 8-37 所示。

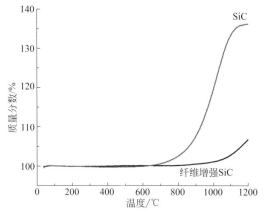

图8-37 SiC和纤维增强SiC气凝胶在空气气氛中的热重曲线（升温速率10℃/min，气体流速30mL/min）　图8-38 纤维增强SiC气凝胶

纤维增强 SiC 气凝胶在静态空气中的抗氧化性能和结构稳定性更加优秀，1200℃、1300℃和1400℃大气气氛煅烧 30min 后的质量变化（增加）为 2.6%、4.6% 和 10.8%，1200℃煅烧后样品无尺寸变化，1300℃和1400℃煅烧后线收缩率为 1.7% 和 12.1%。由于气凝碳化物隔热材料在实际使用时会在表面添加抗氧化涂层以进一步提高其耐温性，因此纤维增强 SiC 气凝胶可以在 1300℃的高温环境中长时间使用。另外，纤维增强 SiC 气凝胶的抗压强度为（0.50±0.02）MPa（GB/T 8813—2020），明显优于 SiC 气凝胶（约 0.138MPa）和纤维增强 SiO_2 气凝胶（约 0.1MPa）。表 8-4 列出了纤维增强 SiC 气凝胶材料在不同温度下的热导率，室温下的热导率比传统的纤维增强 SiO_2 气凝胶隔热材料高 [约 0.22W/(m·K)]，这是由于 SiC 本体热导率较高、纤维增强 SiC 气凝胶的孔结构（孔结构和比表面积）不如纤维增强 SiO_2 气凝胶孔结构好。

表8-4 纤维增强SiC气凝胶在不同温度下的热导率

温度/℃	热导率/[W/(m·K)]
22	0.034
400	0.06
800	0.125
1200	0.196

研究发现，碳热还原温度对纤维增强 SiC 气凝胶的组织结构有明显影响。图 8-39 为不同碳热还原温度得到的纤维增强 SiC 纳米多孔材料的 XRD 图谱。前文提到 RF/SiO₂ 复合气凝胶 1500℃时才可以形成 SiC 纳米晶，而引入纤维后 1300℃碳热还原后即可得到 SiC 晶体，这可能是由于纤维中含有的微量金属离子杂质起到催化剂的作用。

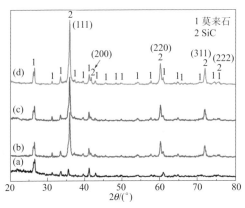

图8-39　不同碳热还原温度纤维增强SiC气凝胶的XRD图谱：（a）1200℃；（b）1300℃；（c）1400℃；（d）1500℃

从图 8-40 中不同碳热还原温度得到的纤维增强 SiC 气凝胶的 SEM 照片可以看出，1300℃碳热还原温度得到的产品中 SiC 网络结构与纯 SiC 气凝胶网络结构类似，而当碳热还原温度升高至 1500℃，SiC 纳米晶逐渐团聚在一起形成大块（1400℃），最终形成 SiC 晶须（1500℃）。1500℃碳热还原生成 SiC 晶须的原因如下：一方面，硅酸铝纤维在热处理过程中会析出 SiO₂，使碳热还原过程中反应体系中的 SiO 浓度较高；另一方面，纤维对前驱体气凝胶收缩的抑制使其具有较大的孔径，有利于晶须的形成。另外，根据 XRD 和 TEM 的测试结果，纤维增强 SiC 气凝胶中 SiC 的晶相为 β 相，β-SiC 的 [111] 晶面表面自由能较低，导致 SiC 纳米晶在 111 面的方向上生长较快，有利于形成 SiC 晶须。

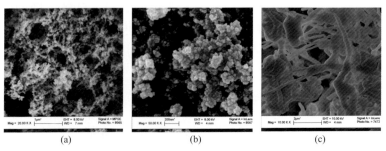

图8-40　不同碳热还原温度纤维增强SiC气凝胶的SiC网络结构：（a）1300℃；（b）1400℃；（c）1500℃

从图 8-41 所示的不同碳热还原温度得到的纤维增强 SiC 气凝胶的压汞和氮气吸附孔径分布曲线可以看出，低碳热还原温度有利于减少大孔的数量和比例。1300℃碳热还原得到的纤维增强 SiC 气凝胶的全孔分布如图 8-42 所示，与 SiC 气凝胶不同，纤维增强 SiC 气凝胶中微米孔占统治地位，这是其室温热导率远高于纤维增强 SiO_2 气凝胶的原因。作为高性能隔热材料使用，纤维增强 SiC 气凝胶的孔结构需要进一步优化。

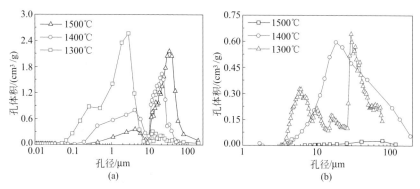

图8-41　不同碳热还原温度纤维增强SiC气凝胶的孔径分布曲线：（a）压汞；（b）氮气吸附

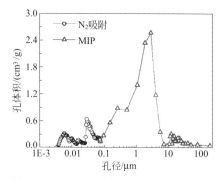

图8-42　1300℃碳热还原得到的纤维增强SiC气凝胶的孔径分布

参考文献

[1] Leventis N, Sadekar A, Chandrasekaran N, et al. Click synthesis of monolithic silicon carbide aerogels from polyacrylonitrile-coated 3D silica networks [J]. Chemistry of Materials, 2010, 22(9): 2790-2803.

[2] Chen K, Bao Z, Du A, et al. Synthesis of resorcinol–formaldehyde/silica composite aerogels and their low-temperature conversion to mesoporous silicon carbide [J]. Microporous and Mesoporous Materials, 2012, 149(1): 16-24.

[3] Kong Y, Zhong Y, Shen X, et al. Synthesis of monolithic mesoporous silicon carbide from resorcinol–formaldehyde/silica composites [J]. Materials Letters, 2013, 99: 108-110.

[4] 孔勇. RF/SiO$_2$ 复合气凝胶的制备、结构控制及应用研究 [D]; 南京：南京工业大学，2014.

[5] Kong Y, Shen X D, Cui S, et al. Preparation of monolith SiC aerogel with high surface area and large pore volume and the structural evolution during the preparation [J]. Ceramics International, 2014, 40(6): 8265-8271.

[6] Kong Y, Shen X D, Cui S, et al. Preparation of mesoporous alpha-SiC from RF/SiO$_2$ composite aerogels [J]. Chinese Journal of Inorganic Chemistry, 2012, 28(10): 2071-2076.

[7] Kong Y, Zhong Y, Shen X D, et al. Synthesis and characterization of monolithic carbon/silicon carbide composite aerogels [J]. Journal of Porous Materials, 2013, 20(4): 845-849.

[8] Kong Y, Shen X, Cui S, et al. Use of monolithic silicon carbide aerogel as a reusable support for development of regenerable CO$_2$ adsorbent [J]. RSC Advances, 2014, 4(109): 64193-64199.

[9] Kong Y, Zhong Y, Shen X D, et al. Preparation of fiber reinforced porous silicon carbide monoliths [J]. Materials Letters, 2013, 110: 141-143.

[10] Kong Y, Shen X D, Cui S, et al. Effect of carbothermal reduction temperature on microstructure of fiber reinforced silicon carbide porous monoliths with high thermal resistance [J]. Chinese Journal of Inorganic Chemistry, 2014, 30(12): 2825-2831.

第九章

聚酰亚胺气凝胶

第一节
聚酰亚胺气凝胶制备方法概述

聚酰亚胺（PI）是一种骨架中含有酰亚胺基团的高性能材料，应用范围从航空航天到微电子领域，最主要的优势在于其出色的耐温性，同时具有良好的机械强度和较高的耐化学溶剂性。其优异的耐温性和耐化学溶剂性源自由酰亚胺和刚性芳香环共同组成的骨架结构同时，芳族基团的芳香性和酰亚胺基团的缺电子性还赋予 PI 良好的氧化稳定性。

PI 气凝胶最早在美国 Aspen 公司的一篇专利中被报道，通过典型的"杜邦"合成工艺制备得到，即通过二胺与二酐在室温下缩合形成聚酰胺酸溶液，然后使用酸酐脱水形成聚酰亚胺。随后，PI 气凝胶由于其良好的力学性能，有机气凝胶范围内突出的耐热性，以及基于聚酰亚胺自身的一些特殊性质如绝缘性等，迅速引起广泛关注。PI 气凝胶的制备方法主要分为两步法和一步法。

一、两步法制备PI气凝胶

两步法制备PI气凝胶是目前研究最多的方法，最早由美国Aspen公司发明[1]，以均苯四甲酸二酐（PMDA）和 4,4′- 二氨基二苯醚（ODA）为单体，室温下在 N- 甲基吡咯烷酮（NMP）溶液中以等摩尔比反应，形成聚酰胺酸（PAA）溶液，进行化学亚胺化（乙酸酐 / 吡啶体系），得到 PI 凝胶，并在高温（190℃）下再次对 PI 凝胶进行亚胺化，最后 CO_2 超临界干燥得到线性 PI 气凝胶。但该类线性 PI 气凝胶的力学强度与聚合物增强 SiO_2 气凝胶相似，在合成过程中会产生较大收缩。

为了改善收缩率和孔结构，Kawagishi 等[2] 首次选用三元氨 1,3,5- 三（4- 氨基苯基）（TAPB）作为交联剂，均苯四甲酸二酐（PMDA）/4,4′- 氧联二邻苯二甲酸酐（ODPA）为二酐，对苯二胺（PDA）/4,4′- 二氨基二苯醚（ODA）为二胺，室温下在 NMP 溶液中反应得到 PAA 低聚物，亚胺化后得到 PI 凝胶，经过 CO_2 超临界或真空干燥得到 PI 气凝胶。研究发现单体的结构对材料最终的微观形貌影响很大，不同单体的组合总共导致三种微观形貌：碎片形结构、纳米纤维网络结构和颗粒串状结构。在聚酰亚胺凝胶的过程中，亚胺化反应和交联反应之间存在竞争关系，并诱发以下两个过程：当刚性的低聚物链亚胺化时，PI 链段在 NMP 溶液中絮凝发生结晶；当低聚物发生交联反应时，聚酰亚胺与 NMP 发生液 - 液相分离，形成富聚酰亚胺和富 NMP 的双连续结构。正是这两种过程的竞争导致了 PI 气凝胶具有不同的微观结构。

　　基于上述研究，美国 NASA Glenn 研究所的研究人员对 PI 气凝胶展开了系列的研究，受到 Kawagishi 的启发，芳香三氨 1,3,5- 三氨基苯氧基苯（TAB）被选作交联剂，与酐封端的聚酰胺酸低聚物交联，制备得到 PI 气凝胶[3]。通过调节反应单体的结构和重复单元 n，对 PI 气凝胶的微观结构和性能进行调节，得到密度低（0.14g/cm^3）、比表面积高（512m^2/g）、耐温性良好（分解温度＞600℃）的柔韧性（杨氏模量高达 102MPa）材料。同时，该 PI 气凝胶还具备成膜性，得到可以进行折叠的 PI 气凝胶薄膜，拉伸模量 4 ～ 9MPa。

　　OAPS［八 -（氨基苯基）倍半硅氧烷］是一种纳米尺寸下的笼形结构多面体低聚倍半硅氧烷，通常具有不同的活性基团，可以与聚合物发生反应，以增强耐温性、力学性能、介电性和抗氧化性。因此，考虑以 OAPS 为交联剂与酐终端的聚酰胺酸低聚物反应，获得交联型 PI 气凝胶[4]。以 3,3′,4,4′- 联苯四甲酸二酐（BPDA）和双苯胺 - 对二亚甲基（BAX）为单体，在固含量 10%（质量分数）下，获得重复单元不同的 PI 气凝胶，由于 OAPS 较 TAB 而言，可以提供更多的交联活性位点，因此使得收缩率有所降低，仅 11% 左右。具体考察了材料的耐温性能，将材料置于氮气环境下，施以不同温度（300℃、400℃和500℃），24h后，300℃失重 1%，400℃仅 2%，且微观结构几乎不变，揭示了该材料在中高温条件下使用的可能性。随后，又以 OAPS 为交联剂得到 PI 气凝胶，研究了聚合物链结构对性能的影响[5]。选用三种刚性不同的二胺［即对苯二胺（PPDA）、二甲基联苯胺（DMBZ）和 ODA］与 BPDA 反应，得到一系列具有不同密度、孔隙率、比表面积的 PI 气凝胶，并对其力学性能和热稳定性进行研究。结果表明，当 ODA 被柔性单体 DMBZ 部分代替时，收缩率有所下降，密度减小，相反，被刚性单体 PPDA 部分代替时，收缩率增加，随之密度也增加。同时发现，当 DMBZ 的含量超过 50% 时，PI 气凝胶表面产生了疏水性，这主要得益于 DMBZ 中所含的甲基。

　　随着制备方法日益完善，对 PI 气凝胶的功能化研究也逐步展开。多孔聚酰亚胺的低介电性能很早就有报道，多用于膜制备的填充料，基于此性能，研究人员对 TAB 交联的 PI 气凝胶进行了介电性能的测试和研究[6]。测试结果发现，在 X 波段和 Ka 波段内，所有样品均表现出与 SiO$_2$ 气凝胶相近的低介电常数，为 1.1 ～ 1.4，并发现以 BPDA 为二酐时的介电常数低于 BTDA（酮酐），同时发现当 DMBZ 含量增加时介电常数有所增加。以 PI 气凝胶作为衬底制备得到的贴片天线，比已经商业化的产品具有更宽的带宽、更高的增益和更轻的质量，为 PI 气凝胶在航空航天领域的应用增添了新的方向。引入含氟基团可以有效降低材料的介电常数，含氟基团不仅可以增加自由体积，同时还具有较低的极化率，因此研究人员选用含有—CF$_3$ 基团的 2,2- 二（3,4- 二羧基苯基）六氟丙烷二酐（6FDA）

与 BPDA 为混合二酐，与 ODA 进行反应，得到含氟基团的 PI 气凝胶[7]。

PI 气凝胶优异的性能使得其被广泛应用，但是耐湿性差，很大程度上限制了其应用，之前报道引入 DMBZ 单体可以改善 PI 气凝胶的疏水性，但是只能在部分交联剂交联下表现。而用一些二胺低聚物部分代替 ODA，也可以获得较为良好的疏水性能，选用聚（丙二醇）双（2-氨基丙基醚）（平均摩尔质量 230g/mol）与 ODA 构成混合二胺，与 BPDA 反应，TAB 为交联剂，可以得到疏水性 PI 气凝胶[8]。当低聚物的含量为 50% 时，获得最佳的疏水效果，接触角 80°，对材料进行耐湿性实验，室温下将样品浸泡在水中 24h，低聚物含量（疏水基团含量）和聚合物浓度（对孔隙率影响较大）对吸水量有很大影响，最低吸水量（18%，质量分数）是两个因素平衡的结果。

二、一步法制备PI气凝胶

两步法中的亚胺化过程，无论是化学法还是加热法都存在较大的弊端，例如加热法（一般在 200℃）不够环保，能耗大；化学法又易引入副产物，无法获得纯净产品。因此研究人员开发了一步法室温制备 PI 气凝胶的两种方法：以 PMDA 和 4,4′-二苯甲烷二异氰酸酯（MDI）为单体，室温下在 NMP 溶液中以等摩尔比反应，制备得到线型的 PI 气凝胶（PI-ISOs），该一步法得到的 PI 气凝胶与两步法得到的产品具有完全相同的化学结构和孔结构[9]；另一种方法是首先用纳迪克酸酐与 MDA 进行反应得到降冰片烯封端的酰亚胺（bis-NAD），然后在二代 Grubbs 催化剂 GC-Ⅱ的催化下，bis-NAD 发生开环易位聚合（ROMP），得到 PI 气凝胶，所得 PI 气凝胶耐温性可达 200℃，具有较高的压缩强度（168MPa）和比吸能（50J/g），低声速（0.39g/cm³ 下 351m/s）和低热导率 [25℃下，0.031W/（m·K）][10]。

第二节
羧基功能化聚酰亚胺气凝胶

一、羧基功能化聚酰亚胺气凝胶合成与表征

采用经典的 DuPont 合成路线[3-5]和 DABA 方法[11]结合的方法制备羧基功能化聚酰亚胺气凝胶，工艺流程如图 9-1 所示，所得到深棕色的羧基功能化聚酰亚

胺气凝胶样品如图 9-2 所示。通过改变溶胶 - 凝胶过程中的聚合物浓度和样品的重复单元得到一系列羧基功能化聚酰亚胺气凝胶，具体合成条件和相应样品的密度、孔结构、玻璃化转变温度等数据见表 9-1。

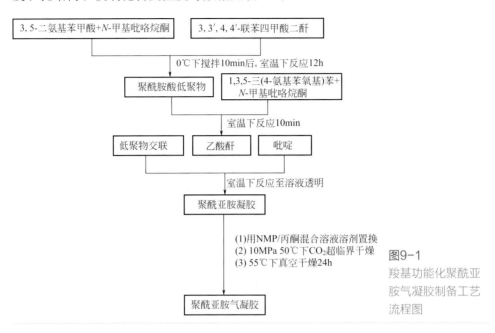

图9-1

羧基功能化聚酰亚胺气凝胶制备工艺流程图

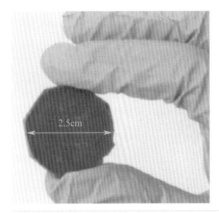

图9-2

羧基功能化聚酰亚胺气凝胶样品图

表9-1　不同羧基功能化聚酰亚胺气凝胶样品原料配比及基本性质

样品	重复单元	聚合物浓度/%	密度/(g/cm³)	孔隙率/%	比表面积/(m²/g)	玻璃化转变温度/℃
1	15	5.0	0.289	91.6	461	150.6
2	20	5.0	—	—	386	153.6
3	25	5.0	—	—	421	165.6

样品	重复单元	聚合物浓度/%	密度/(g/cm³)	孔隙率/%	比表面积/(m²/g)	玻璃化转变温度/℃
4	30	5.0	0.116	97.0	328	177.6
5	15	7.5	0.171	91.6	426	170.6
6	20	7.5	0.386	80.0	371	172.6
7	25	7.5	0.207	88.8	358	175.6
8	30	7.5	0.210	89.2	286	192.6
9	15	10.0	0.244	88.5	349	221.6
10	20	10.0	0.234	88.2	243	212.6
11	25	10.0	0.201	89.2	229	185.6
12	30	10.0	0.140	95.4	173	194.6

图 9-3 所示为合成过程中不同时期的红外光谱谱图，反映了羧基功能化聚酰亚胺气凝胶的合成机理。1351cm⁻¹（酰亚胺环 C—N 键）、1722cm⁻¹（酰亚胺环中 C═O 对称振动）及 1776cm⁻¹（酰亚胺环中 C═O 非对称振动）三个特征峰的存在说明了酰亚胺环的存在。对于 DABA 中苯环上未参与反应的羧基，其羧基振动被亚胺环中的羧基所覆盖从而在红外谱图中无法明确表示，而位于该羧基中的—OH 处于 3200cm⁻¹、3400cm⁻¹ 处的宽峰段。NMP 溶液中只有 DABA

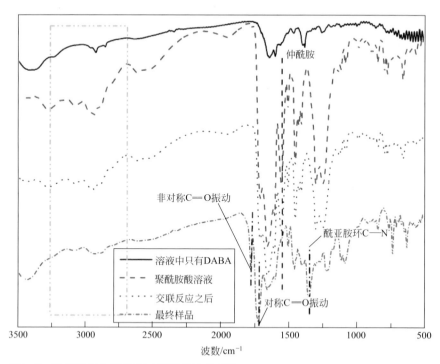

图9-3 羧基功能化聚酰亚胺气凝胶红外光谱

的存在，没有特征峰出现；紧接着二酐 BPDA 加入，两者发生缩聚反应，从而在 1557cm⁻¹ 出现仲酰胺（CONH）的特征峰；缩聚反应完全后，加入交联剂，1557cm⁻¹ 的特征峰仍然存在，说明交联反应发生；最后化学亚胺化后 1557cm⁻¹ 的特征峰消失，说明亚胺化完全。

图 9-4 为羧基功能化聚酰亚胺气凝胶 ¹³C NMR 谱图，从图中可以看出代表酰亚胺中羰基的峰位于 δ 为 165，同时也是 DABA 中羧基峰，δ 为 154 处为 ODA 和 TAB 中的醚氧键，其他芳香部分的峰则在 δ 为 115 ～ 140 之间，说明了聚酰亚胺的存在。

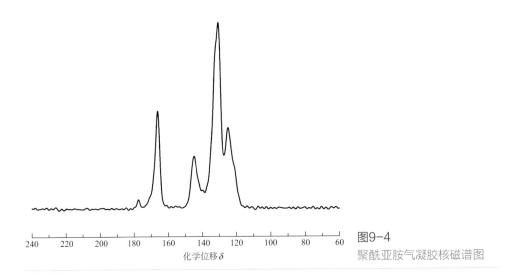

图9-4
聚酰亚胺气凝胶核磁谱图

采用差示扫描 - 热重分析（TG-DSC）仪对羧基功能化聚酰亚胺气凝胶进行测试，来观察气凝胶在热分解过程中发生失重的范围。从 TG 曲线（如图 9-5 所示）上观察到，气凝胶样品的第一次失重发生在 100 ～ 250℃之间，这主要是由于羧基的存在，吸收了空气中的 CO_2 和 H_2O，另外在 CO_2 超临界干燥时，由于样品多孔的性质，在样品内也会存储 CO_2 气体，这种现象在其他 CO_2 吸附气凝胶中也存在。继续升温至 440 ～ 550℃，发生第二次失重，这主要是 DABA 中羧基的分解造成。最后气凝胶在 550℃开始分解。

图 9-6 为不同溶胶浓度及重复单元 n 下的羧基功能化聚酰亚胺气凝胶的氮气吸附 / 脱附曲线。羧基功能化聚酰亚胺气凝胶的氮气吸附 / 脱附等温线是典型的 Ⅳ 型曲线，并伴有 H1 型回滞环，说明材料具有三维连续的介孔 / 大孔结构。从图中可以看出，在相对压力较高的区域（p/p_0>0.8），N_2 的吸附量有一个急剧的增加，这主要是由于在介孔中产生毛细管冷凝导致。此外，回滞环的产生通常认

为是毛细管冷凝和毛细管蒸发不能在相同压力下发生导致。由吸附曲线还可以计算得到 BET 比表面积，为 $140 \sim 378m^2/g$。如图 9-6(d) 所示，溶胶浓度相同时，聚合度 n（即重复单元）对比表面积的影响没有规律性，但是呈现一个整体下降的趋势，这说明低聚物的长度对孔结构有影响，但是具体影响还需要进一步探究。另一方面，随着溶胶浓度的增加，BET 比表面积也呈下降趋势，可能是因为随着溶胶浓度的增加，溶剂的含量减小，固含量增加，形成的颗粒大小不变，但是颗粒的数量增加，所以使得孔径有所减小，甚至产生部分微孔，比表面积下降。

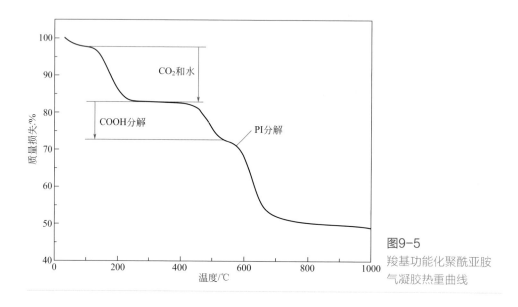

图9-5
羧基功能化聚酰亚胺
气凝胶热重曲线

样品的孔径分布通过 BJH（孔径分布）方法由其 N_2 脱附曲线计算得到，孔径分布曲线列于 N_2 吸附 / 脱附等温线内（如图 9-6 所示），详细的孔结构数据如表 9-2 所示。从孔径分布曲线中可以看出，孔径分布的范围在 $2 \sim 100nm$ 之间，说明样品的孔结构丰富，既有少量的微孔，也有介孔和大孔存在。但是聚合物浓度和重复单元 n 对孔径的影响没有规律性变化，考虑有两点原因：①反应不够充分，并不能保证在一定的反应条件下一定能得到想要的聚合度；②在形成凝胶的过程中产生宏观的相分离，从而影响微观结构，而聚合物浓度和重复单元 n 对相分离有双重影响，这可能是孔径分布杂乱的原因之一。但是从图 9-7 中可以看出孔径与孔体积具有近似相同的变化，说明用 BJH 方法对气凝胶材料的孔结构分析较为准确。另外，从表中还可以看出，样品的比表面积主要来自介孔，这也与测试方法有关，因为 N_2 吸附测试无法探测大孔的存在。

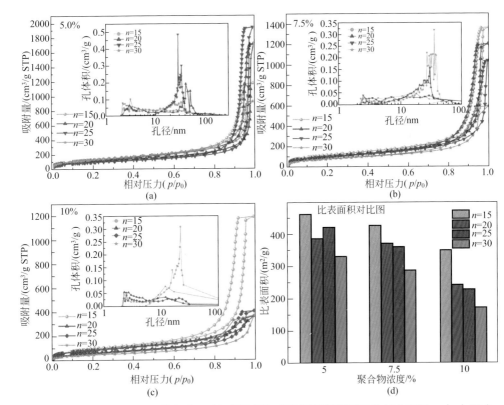

图9-6 重复单元为15～30的聚酰亚胺气凝胶氮气吸附/脱附等温线及孔径分布图：（a）聚合物浓度为5.0%；（b）聚合物浓度为7.5%；（c）聚合物浓度为10%；（d）聚合物浓度和重复单元对聚酰亚胺气凝胶比表面积的影响

表9-2　聚酰亚胺气凝胶孔结构数据

样品	重复单元	聚合物浓度/%	BET比表面积/（m²/g）	孔体积/（cm³/g）	介孔比表面积/（m²/g）	微孔比表面积/（m²/g）	孔径/nm
1	15	5.0	461	1.41	366	42	12.23
2	20	5.0	386	2.63	322	58	27.24
3	25	5.0	421	1.43	378	46	13.60
4	30	5.0	328	2.98	292	51	36.29
5	15	7.5	426	2.06	351	65	19.36
6	20	7.5	371	1.86	334	43	20.02
7	25	7.5	358	1.61	288	57	17.91
8	30	7.5	286	0.91	242	42	12.79
9	15	10.0	349	1.84	334	30	21.11
10	20	10.0	243	0.80	238	—	13.22
11	25	10.0	229	0.63	200	15	11.06
12	30	10.0	173	0.58	140	21	13.31

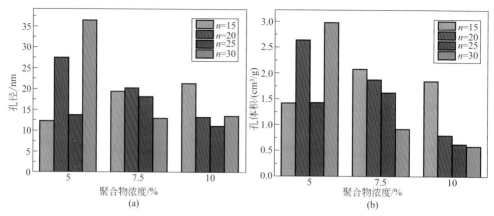

图9-7 重复单元和聚合物浓度对聚酰亚胺气凝胶的影响：（a）孔径变化；（b）孔体积变化

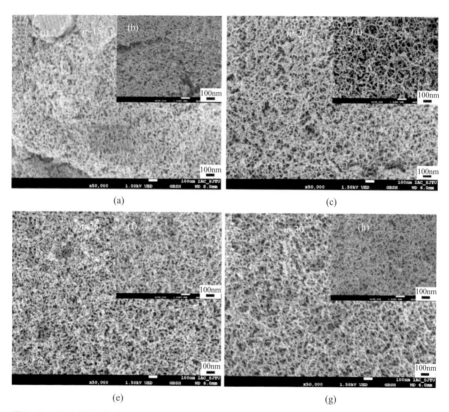

图9-8 聚合物浓度为7.5%时，不同重复单元n的聚酰亚胺气凝胶SEM照片：（a）、（c）、（e）、（g）为低放大倍数下；（b）、（d）、（f）、（h）为低放大倍数下的高放大倍数下

图 9-8 为聚酰亚胺气凝胶在聚合物浓度（质量分数）为 7.5% 时，不同重复单元 n 下的扫描电镜照片，聚酰亚胺气凝胶表现出由纳米纤维缠绕而成的三维网络结构。H1 型回滞环的存在说明材料是由刚性的结合颗粒或圆柱形几何孔组装而成，而本实验中的聚酰亚胺气凝胶表现出纳米纤维状并趋向于在两个长直链之间形成圆柱形的孔，与 N_2 吸附实验结果一致。产生这种微观形貌与合成聚酰亚胺气凝胶单体的结构有关，二胺单体 DABA 具有高度的空间平面性，通常将该类单体归为刚性单体，即它们不可以在空间以某种形式旋转。这种刚性单体，由于高度的平面性，可以使得重复单元定向生长，而这种定向生长使得材料的整体网络结构趋向于形成长直的纳米纤维[12]。同时这种微观形貌也决定该类气凝胶具有较大的收缩，主要由于链之间的紧密的堆积导致。

二、羧基功能化聚酰亚胺气凝胶CO_2吸附性能

羧基功能化聚酰亚胺气凝胶具有大比表面积、多孔网络结构、相对集中的孔径分布以及富含杂原子等特点，十分有利于作为气体吸附剂。因此以 CO_2 为探针分子对聚酰亚胺气凝胶进行吸附测试，研究其 CO_2 吸附性能。样品在 298K、1bar（1bar=0.1MPa）下进行气体吸附测试，吸附曲线如图 9-9 所示，羧基功能化聚酰亚胺气凝胶的 CO_2 吸附量最高可达 $21.10cm^3/g$。从等温曲线上可以看出，曲线有一个比较明显的上凸，表明样品与 CO_2 气体有较强的亲和力，这种亲和力源自其骨架中丰富的氮、氧原子以及均一的孔结构。另外，随着气体压力的增加，吸附量也在不断增加，当压力达到 1bar 时，吸附并未达到饱和，意味着当压力继续增加时，吸附量将进一步增加。羧基功能化聚酰亚胺气凝胶的 CO_2 吸附能力主要源于聚合物骨架上亲 CO_2 基团（羧基）的存在，羧基可以使 CO_2 分子中的 $O_{(CO_2)}$ 与羧基中的 $H_{(COOH)}$ 之间产生类似于氢键的相互作用，如图 9-10 所示。

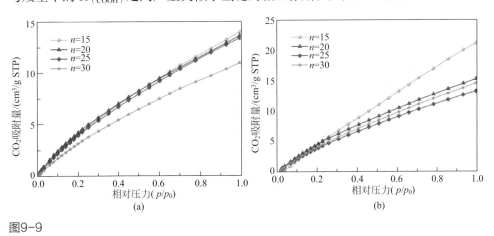

图9-9

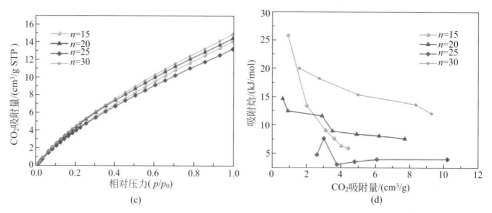

图9-9 重复单元为15~30的羧基功能化聚酰亚胺气凝胶CO_2等温吸附线：（a）聚合物浓度为5%；（b）聚合物浓度为7.5%；（c）聚合物浓度为10%；（d）聚合物浓度为7.5%下吸附焓-吸附量曲线

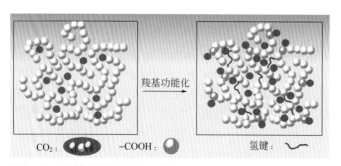

图9-10 羧基功能化聚酰亚胺气凝胶的CO_2吸附机理图

吸附热通常用来表示吸附剂与被吸附气体分子之间作用力的大小，是衡量材料气体吸附性能的一个指标。在实际实验中用等量吸附焓表示吸附热，根据不同温度下等温吸附线在同一吸附量时对应的两个压力值，即可得到该吸附量下的等量吸附焓（isosteric enthalpies），通过 Clausius-Clapeyron 方程计算得到[13,14]

$$\ln p = \frac{Q_{st}}{RT} + C \qquad (9-1)$$

式中，p 为气体压力；Q_{st} 为等量吸附焓；R 为气体常数；T 为吸附平衡时温度；C 为方程常数。

对聚合物浓度为 7.5% 的聚酰亚胺气凝胶的 Q_{st} 值进行了计算，Q_{st} 值与吸附量的关系曲线如图 9-9（d）所示。从图中可以看出，随着吸附量的增加，Q_{st} 值有一个明显的减小，这说明 CO_2 气体分子与孔壁之间的作用强于 CO_2 气体分子之间的相互作用，这种气体与材料之间的较强的相互作用主要是由于聚酰亚胺结构中含有丰富的氮原子，可以看作是路易斯碱，而 CO_2 则作为路易斯酸，与材料的相互作用增强。虽然 4 个样品具有相同的化学结构，但是它们的 Q_{st} 值却不完全相同，其中 $n=15$、20 和 25 的 Q_{st} 值的变化顺序与其比表面积、孔体积和 CO_2 吸附量相同，说明 Q_{st} 的大小不仅受 CO_2 与孔壁亲和力的影响，同时也与 CO_2 分子进入聚合物孔内的可进入能力有关。对于 $n=30$ 的样品来说，尽管其吸附量较低，但是仍具有较高的 Q_{st} 值，这可能与其相对较高的氮原子和氧原子含量有关，据文献报道，诸如氮原子和氧原子类的富电子的杂原子易于使 CO_2 分子与孔表面产生较强的偶极 - 四极作用，这种作用可以显著增加 Q_{st} 值并拥有一定的吸附能力。

除了等量吸附热以外，还有其他参数用来表示 CO_2 分子与孔壁之间的相互作用，比如亨利定律常数（K_H）、第一维里系数（A_0）和第二维里系数（A_1），这些常数都可以通过维里等式[15]［式（9-2）］进行计算得到，详细数据见表 9-3：

$$\ln (n/p)= A_0+A_1 n+A_2 n^2+\cdots \tag{9-2}$$

式中，n 为在压力 p 下的吸附量；A_0，A_1 等为维里系数。

当吸附剂表面覆盖的吸附质较少时，维里系数中的 A_2 及其后的更高项的系数可以忽略，同时 $\ln(n/p)$ 与吸附量 n 之间应该呈线性关系。在一系列的维里系数中，A_0 代表气体与材料之间的相互作用而 A_1 则反映气体与气体之间的相互作用。亨利定律常数（K_H）由式（9-3）计算得到：

$$K_H =\exp A_0 \tag{9-3}$$

从图 9-11 可以看出样品在不同温度下的维里曲线均呈较好的线性关系，从表 9-3 中的数据可以看出，A_0 与 A_1 之间相差最大可达两个数量级，说明气体与材料之间的相互作用远大于气体之间的相互作用。

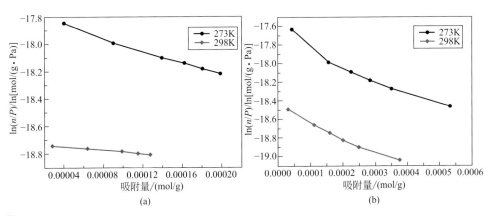

图9-11

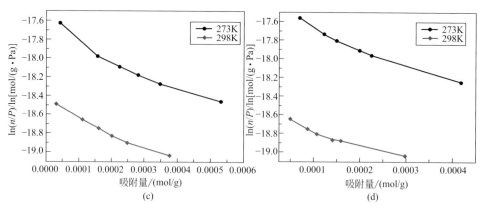

图9-11 聚酰亚胺气凝胶在273K和298K下的维里曲线：（a）重复单元为15；（b）重复单元为20；（c）重复单元为25；（d）重复单元为30

表9-3 聚酰亚胺气凝胶CO_2气体吸附实验中的K_H，A_0，A_1和Q_0值

样品	重复单元	温度/K	A_0/[mol/(g·Pa)]	A_1/(g/mol)	K_H/[mol/(g·Pa)]	Q_0/(kJ/mol)
1	15	273	-17.76	-2290.2	1.936×10^{-8}	25.97
		298	-18.72	-641.7	7.413×10^{-9}	
2	20	273	-17.67	-1624.3	2.118×10^{-8}	21.91
		298	-18.48	-1584.4	9.424×10^{-9}	
3	25	273	-18.12	-1436.2	1.351×10^{-8}	15.69
		298	-18.70	-1403.4	7.563×10^{-9}	
4	30	273	-17.45	-2183.0	2.640×10^{-8}	30.57
		298	-18.58	-1913.3	8.527×10^{-9}	

此外，CO_2气体分子与孔壁之间的相互作用还可以用零覆盖下的吸附焓Q_0衡量，Q_0可由Vant-Hoff方程［式（9-4）］计算得到：

$$\frac{d\ln K_H}{dT} = \frac{\Delta Q_0}{RT^2} \tag{9-4}$$

式中，Q_0为曲线$\ln K_H$-$1/T$的斜率；K_H为亨利定律常数。

由表9-3可知，A_0和K_H的值均随着温度的升高而减小，这是典型的物理吸附特征，说明CO_2气体与聚酰亚胺骨架之间发生物理吸附。Q_0值相对较高主要是因为酰亚胺环中含有大量的O和N原子使得骨架与CO_2分子的亲和力增强。

第三节
含酰胺基聚酰亚胺气凝胶

当以 4- 氨基 -N-（4- 氨基苯基）- 苯甲酰胺（DABA）为二胺，与二酐反应制备得到 PI 气凝胶时，由于 -NH- 的存在，可以形成聚合物链间氢键，增强链间的相互作用，对整个网络骨架的强化有一定的帮助，从而提高聚合物的耐温性和力学强度，-NH- 的存在也可以对 CO_2 气体的吸附性能有所改善。

一、含酰胺基聚酰亚胺气凝胶合成与表征

1. 合成方法

含酰胺基聚酰亚胺气凝胶的制备工艺的制定主要从两点考虑：一是如何得到聚酰亚胺低聚物，二胺与二酐单体的活性决定着反应的条件；二是如何得到聚酰亚胺凝胶，对于聚合物凝胶来说，固含量浓度最好在 5% ～ 12.5% 之间，过高会导致溶液黏度太大而无法进行下一步反应，过低则凝胶时间太短，导致骨架结构不完整，此外，对于重复单元 n 也有要求，当 n 低于 5 时，凝胶过快，来不及进行环化反应。因此，含酰胺基聚酰亚胺气凝胶的制备根据固含量分为两组，5% 和 7.5%（质量分数），每组中重复单元分别为 15、20 和 25（表 9-4），详细制备工艺如图 9-12 所示，得到的含酰胺基聚酰亚胺气凝胶样品如图 9-13 所示。

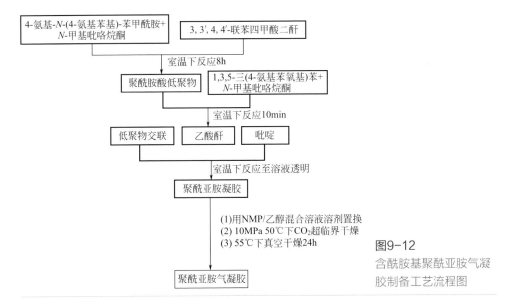

图9-12

含酰胺基聚酰亚胺气凝胶制备工艺流程图

图9-13
含酰胺基聚酰亚胺气凝胶样品图

表9-4 不同配比的含酰胺基聚酰亚胺气凝胶的基本性质

样品	n	聚合物浓度/%	样品密度/(g/cm³)	孔隙率/%	比表面积/(m²/g)
1	15	5.0	0.091	94.1	349
2	20	5.0	0.103	93.1	394
3	25	5.0	0.127	91.5	378
4	15	7.5	0.160	89.8	416
5	20	7.5	0.144	90.7	406
6	25	7.5	0.167	88.8	428

2．化学结构

图9-14为样品1的 ^{13}C NMR谱图，通过与聚合物链结构（图9-15）的对比可以看出，酰胺基中的羰基与亚胺环中的羰基处于几乎相同的位置（约 δ 166），无法明确区别，在 δ 120 ~ 145 之间为芳香部分的碳，δ 143.4 处的峰则代表与 N 原子连接的芳香碳，这些峰的存在说明聚酰亚胺结构合成成功。

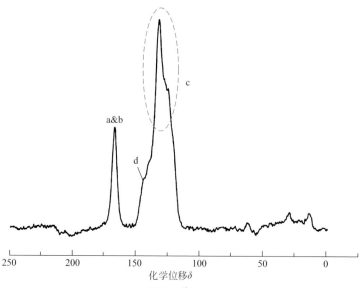

图9-14 含酰胺基聚酰亚胺气凝胶 ^{13}C NMR谱图

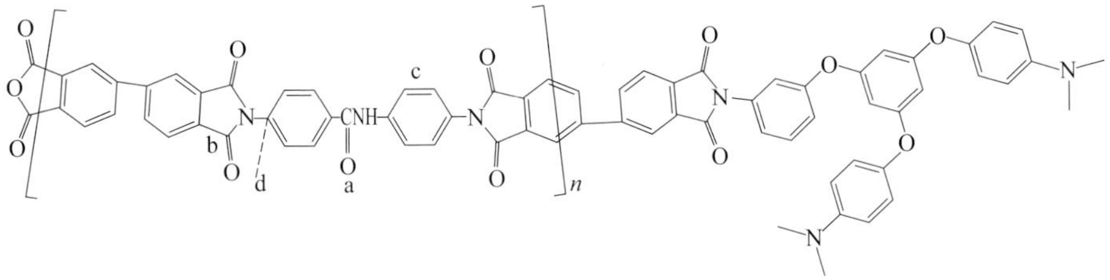

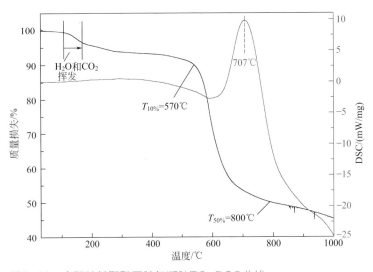

图9-15　含酰胺基聚酰亚胺气凝胶链结构

3．热物性

图 9-16 为样品 1 的 TG-DSC（热重 - 差示扫描量热法）曲线，在 150℃处的质量损失源自样品从空气中吸收的 H_2O 和 CO_2，以及 CO_2 超临界过程中吸收的 CO_2，持续升温至 570℃左右，样品再次发生失重，表明聚酰亚胺开始分解，此外也说明样品被完全亚胺化且经过 CO_2 超临界干燥之后结构内残留的溶剂被完全置换。由于在失重 5% 左右时样品中的 CO_2 和 H_2O 对失重有影响，因此观察失重 10% 的温度，约在 55℃，这与之前所报道的"DABA 聚酰亚胺薄膜"一致[16]。

图9-16　含酰胺基聚酰亚胺气凝胶TG-DSC曲线

4．孔结构

图 9-17 为含酰胺基聚酰亚胺气凝胶的 N_2 吸附 / 脱附等温曲线和孔径分布曲

线，具体孔结构数据见表 9-5。所有样品的 N_2 吸附 / 脱附等温曲线都表现为典型的 IV 型曲线，并伴有相对较窄的 H1 型回滞环，同时，在 p/p_0 约为 0.9 处，吸附量出现急剧上升，表明样品主要由介孔（2 ～ 50nm）组成，这一点从其孔径分布曲线上也可以看出，孔径分布主要集中于 15 ～ 30nm 之间。随着重复单元的增加，孔径分布向着低孔径方向移动，这可能是因为随着重复单元的增加，酰胺基含量增加，氢键作用加强，聚合物链高度取向，网络结构产生一定的收缩，整体孔径分布左移。从图 9-17（c）中可以看出，在相同聚合物浓度下，重复单元 n 对比表面积的影响并无规律，这可能是由于在链与链之间形成氢键的原因，使得材料结构复杂化；而随着聚合物浓度的增加，比表面积有增加的趋势，但幅度较小。

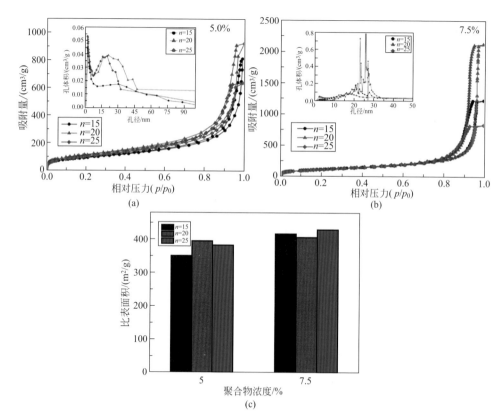

图9-17 不同重复单元15～25的含酰胺基聚酰亚胺气凝胶氮气吸附/脱附等温线及孔径分布图聚合物浓度为5.0%（a）；聚合物浓度为7.5%（b）和不同聚合物浓度和重复单元对比表面积的影响（c）

表9-5　含酰胺基聚酰亚胺气凝胶孔结构数据

样品	n	聚合物浓度/%	BET比表面积/（m²/g）	总孔体积/（cm³/g）	介孔比表面积/（m²/g）	微孔比表面积/（m²/g）	孔径/nm	CO₂吸附量（298K）/（cm³/g）
1	15	5.0	349	1.26	290	34	14.44	8.23
2	20	5.0	394	1.43	371	22	13.66	10.76
3	25	5.0	378	0.99	356	14	10.48	10.09
4	15	7.5	416	1.90	378	22	18.62	9.35
5	20	7.5	406	3.29	405	12	32.41	8.95
6	25	7.5	428	1.29	395	25	12.59	9.03

5．微观形貌

图 9-18 为样品 3 的扫描电镜照片，可以看出含酰胺基聚酰亚胺气凝胶是由纳米纤维缠绕而成的三维网络结构，纤维直径 15～50nm。虽然 4-氨基-N-（4-氨基苯基）-苯甲酰胺（DABA）不是刚性单体，但是样品却表现出刚性单体所具有的纤维状形貌，这与引入酰胺基形成氢键有关，强烈的相互作用使得聚合物分子向一定的方向堆积并形成有序的线性结构，也是因为这种有向性的生长和链间的相互作用，使得最终样品有较大的收缩。

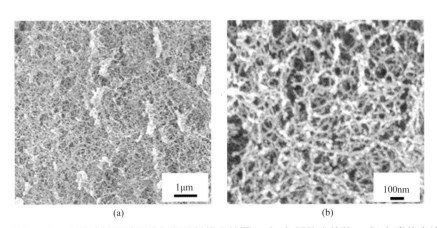

（a）　　　　　　　　　　　　　　（b）

图9-18　含酰胺基聚酰亚胺气凝胶扫描电镜图：（a）低放大倍数；（b）高放大倍数

二、含酰胺基聚酰亚胺气凝胶性能

CO₂ 吸附实验在 25℃，1.8bar（1bar＝0.1MPa）下进行，图 9-19 为聚酰亚胺

气凝胶在不同聚合物浓度下的等温吸附曲线。从等温曲线上可以看出，曲线有一个较为明显的上凸，说明吸附剂与 CO_2 气体分子有较强的亲和力，这种亲和力主要源自其骨架中丰富的氮/氧原子及均一的孔结构，氮/氧原子是一类富电子原子，易与 CO_2 分子产生偶极-四极作用，从而增强气体分子与骨架的亲和力。不同样品的 CO_2 吸附量见表9-5，结合表9-5中样品的孔结构数据可看出，CO_2 吸附量与比表面积和孔径有很大关系，比表面积越大，吸附量越高，但是7.5%的样品具有更高的比表面积，吸附量却不是最高，这主要是孔径的影响，可以看到，7.5%的样品都具有相对较大的孔径，因此吸附量略低，说明比表面积和孔径对 CO_2 有双重影响。从总体吸附量来说，低于前一章含有羧基的聚酰亚胺气凝胶，说明对 CO_2 的吸附不仅取决于其微观孔结构，还与其化学组成有很大关系。

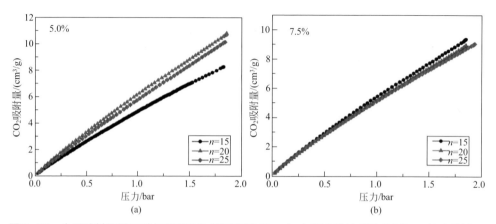

图9-19　含酰胺基聚酰亚胺气凝胶 CO_2 等温吸附线：（a）聚合物浓度为5.0%；（b）聚合物浓度为7.5%

图9-20为相同聚合物浓度（5.0%）不同重复单元下聚酰亚胺气凝胶压缩实验应力应变曲线，由图可知三条曲线具有相同的趋势，在压缩初期（5%～10%），应力应变呈现线性关系，曲线为直线；随后，应力增速慢于应变，并持续很长一段（10%～60%），这主要是随着应变的增加，聚酰亚胺纤维被相互挤压使得孔径减小；最后阶段（>60%），应力增速快于应变，孔径持续减小最终致密化。样品的压缩模量及强度等详细数据列于表9-6中，压缩模量在8～11MPa之间，高于之前报道的聚合物增强 SiO_2 气凝胶（0.1～2MPa）[17-21]，说明该聚酰亚胺气凝胶具有较好的力学性能。

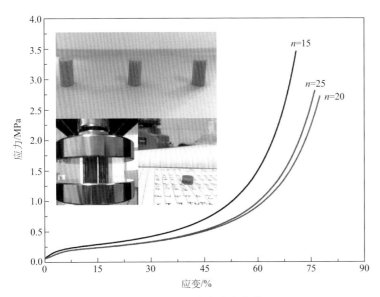

图9-20　含酰胺基聚酰亚胺气凝胶应力应变曲线

表9-6　聚合物浓度为5.0%时不同重复单元的含酰胺基聚酰亚胺气凝胶压缩强度及模量

样品	聚合物浓度/%	重复单元	密度/(g/cm³)	强度/MPa	模量/MPa
1	5.0	15	0.091	2.950	9.573
2	5.0	20	0.103	3.324	11.137
3	5.0	25	0.127	2.676	8.520

第四节
ODA/DABA共聚聚酰亚胺气凝胶

一、ODA/DABA共聚聚酰亚胺气凝胶合成与表征

1. 合成方法与基本物性

　　这里使用芳香族的 4- 氨基 -N-（4- 氨基苯基）- 苯甲酰胺（DABA）与 ODA 作为混合二胺，与二酐反应得到共聚聚酰亚胺气凝胶。ODA 与 DABA 的摩尔比选为 1:1，1:3，1:5，3:1 和 5:1。ODA/DABA 共聚聚酰亚胺气凝胶的合成工艺流程图和样品照片如图 9-21 和图 9-22 所示。一系列样品的合成条件和性能参数见表 9-7。

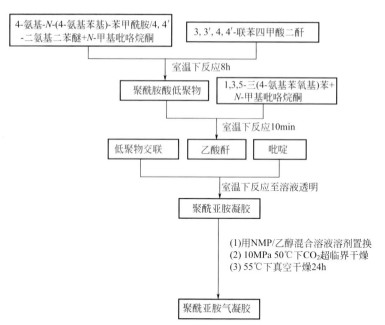

图9-21　共聚聚酰亚胺气凝胶制备工艺流程图

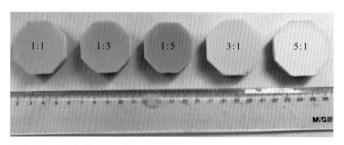

图9-22　共聚聚酰亚胺气凝胶样品

表9-7　共聚聚酰亚胺气凝胶配比及基本性质

样品	聚合物浓度/%	重复单元	ODA/DABA	密度/(g/cm³)	孔隙率/%	收缩率/%	比表面积/(m²/g)	热导率/[W/(m·K)]
I1	5.0	15	1:1	0.069	95.86	28.08	428.2	0.029
PI2	5.0	15	1:3	0.072	90.32	31.59	307.5	0.033
PI3	5.0	15	1:5	0.091	88.52	40.41	460.4	0.035
PI4	5.0	15	3:1	0.057	97.32	15.75	424.1	0.030
PI5	5.0	15	5:1	0.047	97.23	7.89	386.2	0.028

2．化学结构及对密度的影响

不同二胺比的共聚聚酰亚胺气凝胶的红外光谱如图 9-23 所示，从图 9-23（a）

可以看出所有样品在3470cm⁻¹处都存在酰胺基中—NH基团的伸缩振动。对于PI1、PI2及PI3来说，DABA的含量逐渐增加，—NH键的强度逐渐变弱且峰形变宽，表明—NH基团与羧基反应形成氢键，此外，由于—NH峰的形状不够尖锐，因此其向低波段的位移很难从图中观察到；相反，从PI3、PI4和PI5来看，DABA的含量逐渐减小，ODA含量逐渐增加，可以明显看到—NH的振动峰有增强和尖锐化的趋势，说明ODA的增加，会减弱氢键作用的发生。2000～500cm⁻¹为聚酰亚胺的特征峰区域［如图9-23（b）］，所有样品在位于1779cm⁻¹（亚胺环中C═O非对称振动）、1724cm⁻¹（亚胺环中C═O对称振动）及1375cm⁻¹（芳香环中C—N振动）处均有较强的振动峰，说明聚酰亚胺成功合成。酰胺基中的C═O振动位于1660cm⁻¹处，也进一步说明在聚合物主链上含有酰胺基。

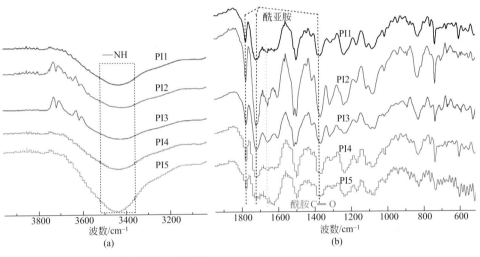

图9-23　共聚聚酰亚胺气凝胶红外谱图

图9-24为不同二胺比例的聚酰亚胺气凝胶的体积收缩率和密度对比图，无论是体积收缩率还是密度都随DABA的增加而增加。这是由于DABA结构中的酰胺键的O原子与—NH之间易形成链间氢键（如图9-25所示），从而产生收缩，随着DABA含量的增加，氢键作用增加，因此收缩率增加，密度也随之增加。

3. 热物性

图9-26为ODA∶DABA=1∶1共聚聚酰亚胺气凝胶的TG-DSC曲线。室温至约180℃的失重源自样品中的 H_2O 和 CO_2；180～270℃的失重是由于分子链由冻结状态到运动状态的转变过程；之后样品逐渐分解，568℃、612℃和819℃处产生明显的化学变化。

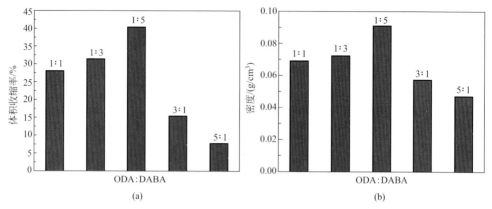

图9-24 不同二胺比例的共聚聚酰亚胺气凝胶体积收缩率和密度对比

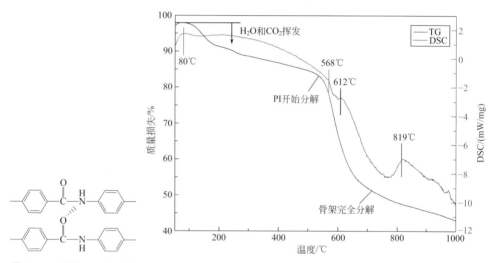

图9-25 共聚聚酰亚胺
链间氢键形成原理

图9-26 共聚聚酰亚胺气凝胶TG-DSC曲线

4. 孔结构

不同二胺比聚酰亚胺气凝胶的孔结构数据如表 9-8 所示。图 9-27 所示的不同二胺比时共聚聚酰亚胺气凝胶的吸附 / 脱附等温曲线为典型的 Ⅳ 型曲线，同时伴有 H1 型回滞环，表明材料由介孔和大孔构成。从图 9-27 所示的孔径分布曲线可以看出，2 ～ 5nm 有较多的孔，这是由于在凝胶过程中混合二胺导致的宏观相分离使得在粗糙的骨架内形成具有纳米孔结构的分层结构[22]。

表9-8　共聚聚酰亚胺气凝胶孔结构数据

样品	聚合物浓度/%	重复单元	ODA/DABA（摩尔比）	BET比表面积/（m²/g）	孔体积/（cm³/g）	介孔比表面积/（m²/g）	微孔比表面积/（m²/g）	孔径/nm
PI1	5	15	1∶1	428.2	0.86	361.5	46.7	8.0
PI2	5	15	1∶3	307.5	0.64	261.4	40.2	8.27
PI3	5	15	1∶5	460.5	1.07	378.7	57.6	9.29
PI4	5	15	3∶1	424.1	0.82	325.4	80.7	7.75
PI5	5	15	5∶1	386.2	2.12	299.5	77.4	22.0

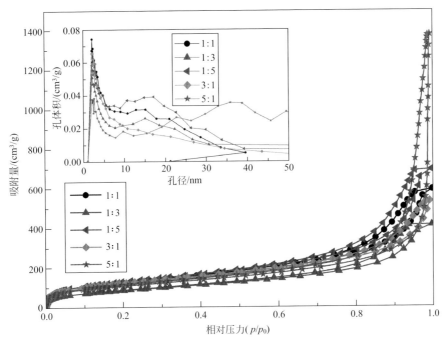

图9-27　共聚聚酰亚胺气凝胶氮气吸附/脱附等温线及孔径分布

5．微观形貌

共聚聚酰亚胺气凝胶微观形貌如图9-28所示，所有样品均表现出聚合物气凝胶独有的由纳米纤维缠绕而成的三维网络结构，且随着DABA含量的增加，气凝胶样品网络结构中的纳米纤维排列逐渐密集。这是由于链间氢键作用使得聚合物分子向一定的方向堆积并形成有序的线性结构，DABA含量增加，氢键作用加强。

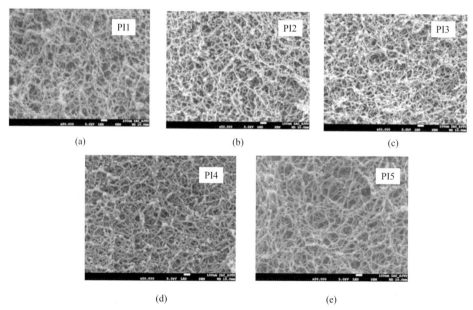

(a)　　　　　　　　　　　　(b)　　　　　　　　　　　　(c)

(d)　　　　　　　　　　　　(e)

图9-28　不同DABA含量共聚聚酰亚胺气凝胶SEM图：（a）ODA/DABA=1:1；（b）ODA/DABA 1:3；（c）ODA/DABA＝1:5；（d）ODA/DABA＝3:1；（e）ODA/DABA＝5:1

二、共聚聚酰亚胺气凝胶性能

图9-29为不同二胺摩尔比下，共聚聚酰亚胺气凝胶的常温热导率与密度变

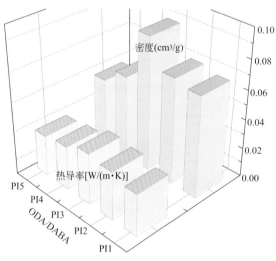

图9-29　共聚聚酰亚胺气凝胶热导率与密度变化对比

化规律对比。可以看出热导率与密度呈相同的变化趋势，密度最低的 PI5 具有最低的热导率 0.028W/(m·K)，密度最高的 PI3 具有最高的热导率 0.035W/(m·K)。

不同二胺比的共聚聚酰亚胺气凝胶的应力应变曲线如图 9-30 所示，应力应变曲线可以分为三个阶段：第一阶段为线性区域（<10%），应力应变呈线性关系，符合胡克定律，试样做弹性形变；第二阶段线性关系结束（10%～60%），应力的增长速度慢于应变增长，这一阶段主要是气凝胶样品中聚酰亚胺纤维堆积紧密孔径减小的过程；第三阶段（>60%）应力增加迅速，而应变增加缓慢，主要是孔径持续减小甚至消失，产生致密化的过程。不同于 SiO₂ 气凝胶，压缩后

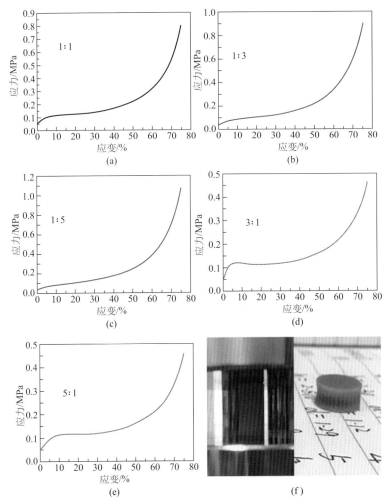

图9-30 不同二胺比共聚聚酰亚胺气凝胶应力应变曲线：（a）1:1；（b）1:3；（c）1:5；（d）3:1；（e）5:1；（f）聚酰亚胺实物照片

粉碎成碎片，聚酰亚胺气凝胶压缩后，则沿着径向形成致密化的"单片"状。结合表9-9可知，样品的压缩强度与模量的变化与密度有关，密度越高骨架强度增加。此外，压缩强度还与二胺比有一定的关系，随着DABA含量的增加，分子间氢键作用增强，使得骨架强度进一步增加，因此PI1的压缩强度高出PI4和PI5很多，尽管它们的密度相差并不是很多。同时，由数据比较发现，共聚聚酰亚胺气凝胶的压缩强度与单一的聚酰亚胺气凝胶相比，有所降低，这可能是由于混合胺导致在内部产生分层结构。

表9-9 不同二胺比共聚聚酰亚胺气凝胶压缩强度及模量

样品	聚合物浓度/%	重复单元	ODA/DABA	密度/(g/cm³)	强度/MPa	模量/MPa
PI1	5.0	15	1:1	0.069	0.802	2.367
PI2	5.0	15	1:3	0.072	0.897	3.273
PI3	5.0	15	1:5	0.091	1.073	3.356
PI4	5.0	15	3:1	0.057	0.463	2.031
PI5	5.0	15	5:1	0.047	0.457	1.253

第五节
聚酰亚胺/SiO₂复合气凝胶

将 SiO_2 气凝胶引入聚酰亚胺气凝胶中的方法主要有以下两种：一是将 SiO_2 气凝胶粉末作为填料加入聚酰胺酸溶液中，通过适当的亚胺化方法得到凝胶[23,24]；二是通过化学键将两个体系连接起来，即通过特定的"两亲性"交联剂，在交联聚酰亚胺网络的同时，将其与 SiO_2 网络结构联系起来[25]。在此选择方法二合成聚酰亚胺 $/SiO_2$ 复合气凝胶。

一、聚酰亚胺/SiO₂复合气凝胶合成与表征

1. 合成方法与基本物性

聚酰亚胺部分选用 4,4′-二氨基二苯醚（ODA）和 3,3′,4,4′-联苯四甲酸二酐（BPDA）为单体，SiO_2 部分选择氨基杂化 SiO_2 气凝胶[26]。聚酰亚胺部分固含量选 5%、重复单元 n 为 15，加入的 SiO_2 溶胶以其—NH_2 含量与聚酰亚胺固含量的百分比计，为 0.5%、1.0%、1.5% 和 3.0%（详见表 9-10），具体计算方法见图 9-31，详细的制备工艺如图 9-32 所示，得到的样品如图 9-33 所示。

聚酰亚胺/SiO₂复合气凝胶配比计算过程

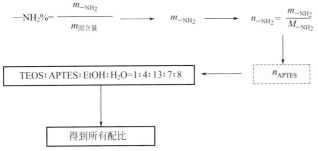

图9-31 聚酰亚胺/SiO₂复合气凝胶配比计算

m—质量

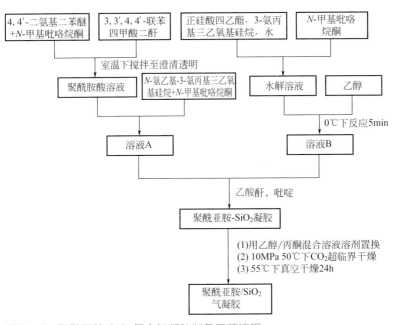

图9-32 聚酰亚胺/SiO₂复合气凝胶制备工艺流程

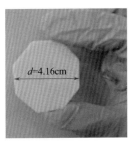

图9-33 聚酰亚胺/SiO₂复合气凝胶样品图

表9-10　聚酰亚胺/SiO₂复合气凝胶配比及基本性质

样品	聚合物浓度/%	重复单元	—NH₂含量/%	密度/（g/cm³）	收缩率/%	比表面积/（m²/g）	热导率/[W/(m·K)]	失重10%温度/℃
PI-05	5	15	0.5	0.049	20.1	341.1	0.032	344
PI-10	5	15	1.0	0.057	21.2	278.1	0.035	384
PI-15	5	15	1.5	0.063	21.9	293.7	0.036	498
PI-30	5	15	3.0	0.071	23.8	335.9	0.038	453

2. 化学结构及对密度的影响

以 PI-30（—NH₂ 含量为 3.0%）为例，聚酰亚胺/SiO₂ 复合气凝胶红外光谱如图 9-34 所示。聚酰亚胺的特征峰明显存在：$1774cm^{-1}$ 和 $1719cm^{-1}$ 处分别为 C═O 的非对称和对称伸缩振动，$1388cm^{-1}$ 为亚胺环上 C-N 的伸缩振动，这三个峰的存在说明了聚酰亚胺的存在。$3431cm^{-1}$ 处的峰主要是由于吸收的水和加入 SiO₂ 溶胶后 APTES 所含的—NH₂ 所致，这也说明，该部分—NH₂ 不会随着亚胺化而被反应。$1089cm^{-1}$ 处的峰为 Si-O-Si，来自 SiO₂ 溶胶中的 TEOS 的水解。

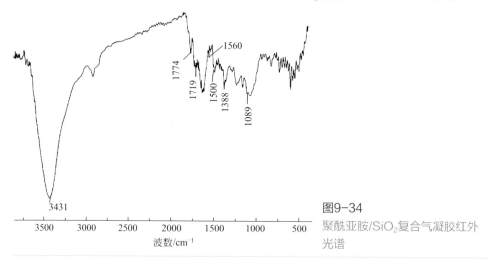

图9-34
聚酰亚胺/SiO₂复合气凝胶红外光谱

图 9-35 为不同—NH₂ 含量聚酰亚胺/SiO₂ 复合气凝胶体积收缩率和密度对比图，从中可以看出，无论是体积收缩率还是密度都随着—NH₂ 含量的增加而增加。与之前文献报道的 ODA-BPDA 聚酰亚胺气凝胶（体积收缩率 24.5%）相比，聚酰亚胺/SiO₂ 复合气凝胶体积收缩率有所降低（20.1%～23.8%），这可能是因为 SiO₂ 的纳米颗粒有效地阻止了凝胶过程中聚合物链的紧密堆积，这些颗粒的存在"堵塞"了原本聚合物链之间的空间，形成"空间效应"。与纯聚酰亚胺气凝胶相比（0.206g/cm³），聚酰亚胺/SiO₂ 复合气凝胶密度（0.049～0.071g/cm³）有较大幅度的减小，这是由于 SiO₂ 的加入可以改善复合气凝胶的孔结构以及减小收缩率。

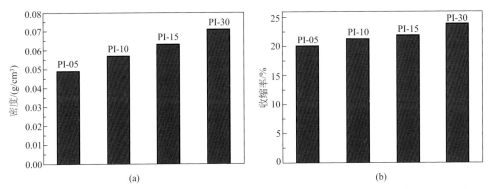

图9-35 不同—NH₂含量聚酰亚胺/SiO₂复合气凝胶：（a）密度对比图；（b）体积收缩率对比图

3. 热物性

图 9-36 为不同氨基含量聚酰亚胺/SiO₂ 复合气凝胶热重曲线，样品在 120 ～ 150℃的质量损失源自样品中吸附的 H_2O 和 CO_2。以失重 10% 时的温度（$T_{10\%}$）考察复合气凝胶的热稳定性，由表 9-10 可知，—NH₂ 含量（质量分数）0.5% ～ 1.5% 时 $T_{10\%}$ 随氨基含量增加逐渐升高，当氨基含量继续增加至 3.0% 时 $T_{10\%}$ 略有下降，这可能是由于过多的 SiO_2 使聚合物链之间的堆积变得很弱，相互作用减小，导致分解温度下降。另一方面，—NH₂ 含量对热分解温度没有明显影响，所有样品的热分解温度均在 500℃以上，说明样品的热稳定性较好。

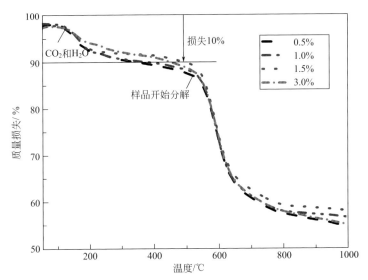

图9-36 不同氨基含量聚酰亚胺/SiO₂复合气凝胶TG曲线（N₂气氛）

4. 孔结构

图 9-37 为不同—NH$_2$ 含量聚酰亚胺 /SiO$_2$ 复合气凝胶的 N$_2$ 吸附 / 脱附等温曲线和孔径分布曲线，所有等温曲线均属于 Ⅳ 型，且氨基含量对复合材料孔结构影响不大。

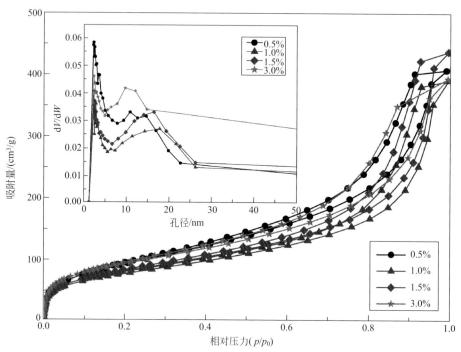

图9-37　不同—NH$_2$含量聚酰亚胺/SiO$_2$复合气凝胶氮气吸附/脱附等温线及孔径分布

5. 微观形貌

不同—NH$_2$ 含量聚酰亚胺 /SiO$_2$ 复合气凝胶的 SEM 照片如图 9-38 所示。低放大倍数可以看出样品表现出三维多孔网络结构，由直径在纳米级的聚合物纤维链 "编织" 而成；高放大倍数可以看出复合气凝胶纳米纤维直径在 15 ～ 20nm 之间，在纤维周围有许多开孔，并不是紧密堆积，这可能是由于加入 SiO$_2$ 气凝胶所导致，纳米颗粒阻碍了聚合物链的紧密堆积，增加了孔隙率，使得密度大大降低。

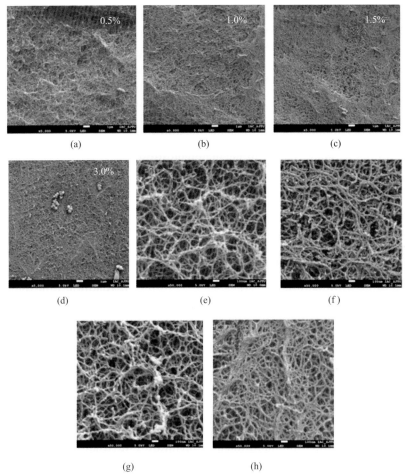

图9-38　聚酰亚胺/SiO$_2$复合气凝胶扫描电镜图：（a）、（b）、（c）、（d）为不同—NH$_2$含量复合气凝胶在低放大倍数下扫描电镜图；（e）、（f）、（g）、（h）为不同—NH$_2$含量复合气凝胶在高放大倍数下扫描电镜图

二、聚酰亚胺/SiO$_2$复合气凝胶性能

图 9-39 为不同—NH$_2$ 含量聚酰亚胺 /SiO$_2$ 复合气凝胶的室温热导率与密度变化规律的对比。热导率与密度有相同的变化，密度最低样品具有最低的热导率，为 0.032W/(m·K)，相反密度最高样品具有最高热导率为 0.038W/(m·K)。这是由于采用 Hotdisk 热导率仪测得的室温热导率主要反映气凝胶在室温下的固体热传导。

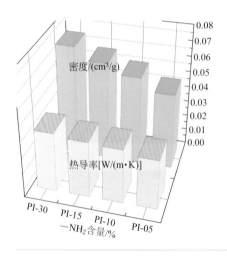

图9-39

聚酰亚胺/SiO₂复合气凝胶热导率与密度变化对比

图 9-40 为不同—NH₂ 含量聚酰亚胺 /SiO₂ 复合气凝胶样品的压缩应力应变曲线。聚酰亚胺 /SiO₂ 复合气凝胶表现出典型聚合物的应力应变行为，曲线整体可以分为三个阶段：弹性形变阶段，样品表现胡克弹性行为，应力应变呈线性关系；应力增速慢于应变阶段，聚酰亚胺纳米纤维堆积逐渐紧密，孔径逐渐减小；"硬化"阶段，应力急剧增加，材料逐渐密实化。不同—NH₂ 含量复合气凝胶的压缩强度数据如表 9-11 所示，其压缩强度低于纯聚酰亚胺气凝胶，这可能是由于复合 SiO₂ 后样品密度过低所致（聚酰亚胺 /SiO₂ 复合气凝胶密度仅为纯聚酰亚胺气凝胶的 1/5），而且 SiO₂ 气凝胶本身的强度也大大低于聚酰亚胺气凝胶。压缩模量的大小与密度变化规律不明显，可能是因为气凝胶中的一些质量并不能算

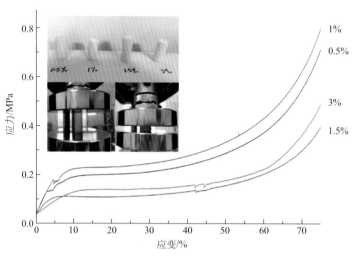

图9-40 聚酰亚胺/SiO₂复合气凝胶应力应变曲线

作真正意义上的质量，属于"悬空质量"，这部分质量对于材料的整体强度不做任何贡献，虽然密度大，但是强度不高；另一方面，可能与加入的 SiO_2 气凝胶有关，加入量多，纳米颗粒产生团聚形成簇，破坏聚合物链的有序排列，从而降低了骨架强度。

表9-11　不同—NH_2含量聚酰亚胺/SiO_2复合气凝胶的压缩强度及模量

样品	密度/（g/cm³）	强度/MPa	模量/MPa
PI-05	0.049	0.721	3.356
PI-10	0.057	1.008	3.209
PI-15	0.063	0.497	1.102
PI-30	0.071	0.400	2.092

参考文献

[1] Wendall R, Wang J, Begag R, et al. Production of polyimide aerogel for carbon aerogel, involves contacting diamine and aromatic dianhydride monomers in solvent, contacting resulting poly(amic acid) with dehydrating agent, and drying resulting polyimide gel[P]. USA patent, WO2004009673-Al,2004.

[2] Kawagishi K, Saito H, Furukawa H, et al. Superior nanoporous polyimides via supercritical CO_2 drying of jungle-gym-type polyimide gels [J]. Macromolecular Rapid Communications, 2007, 28(1): 96-100.

[3] Meador M A B, Malow E J, Silva R, et al. Mechanically strong, flexible polyimide aerogels cross-linked with aromatic triamine [J]. ACS Appl Mater Interfaces, 2012, 4(2): 536-544.

[4] Wu Y, Qiu H, Sun J, et al. A silsesquioxane-based flexible polyimide aerogel with high hydrophobicity and good adsorption for liquid pollutants in wastewater [J]. Journal of Materials Science, 2021, 56: 3576-3588.

[5] Guo H Q, Meador M A B, Mccorkle L, et al. Tailoring properties of cross-linked polyimide aerogels for better moisture resistance, flexibility, and strength (vol 4, pg 5422, 2012) [J]. ACS Appl Mater Interfaces, 2013, 5(1): 225-225.

[6] Meador M A B, Miranda F A, Wright S, et al. Low dielectric polyimide aerogels as substrates for lightweight patch antennas [J]. Abstracts of Papers of the American Chemical Society, 2012, 4(11): 6346-6353.

[7] Meador M A B, Mcmillon E, Sandberg A, et al. Dielectric and other properties of polyimide aerogels containing fluorinated blocks [J]. Acs Applied Materials & Interfaces, 2014, 6(9): 6062-6068.

[8] Meador M A B, Agnello M, Mccorkle L, et al. Moisture-resistant polyimide aerogels containing propylene oxide links in the backbone [J]. ACS Appl Mater Interfaces, 2016, 8(42): 29073-29079.

[9] Chidambareswarapattar C, Sotiriou-leventis C, Leventis N. One-step polyimide aerogels from anhydrides and isocyanates [J]. Abstracts of Papers of the American Chemical Society, 2010.

[10] Leventis N, Sotiriou-leventis C, Mohite D P, et al. Polyimide aerogels by ring-opening metathesis polymerization (ROMP) [J]. Chemistry of Materials, 2011, 23(8): 2250-2261.

[11] Maya E M, Lozano A E, De Abajo J, et al. Chemical modification of copolyimides with bulky pendent groups: Effect of modification on solubility and thermal stability [J]. Polymer Degradation and Stability, 2007, 92(12): 2294-2299.

[12] Wu S, Du A, Huang S, et al. Effects of monomer rigidity on the microstructures and properties of polyimide

aerogels cross-linked with low cost aminosilane [J]. RSC Advances, 2016, 6(27): 22868-22877.

[13] Krungleviciute V, Heroux L, Migone A D, et al. Isosteric heat of argon adsorbed on single-walled carbon nanotubes prepared by laser ablation [J]. Journal of Physical Chemistry B, 2005, 109(19): 9317-9320.

[14] 罗亚莉. 用于二氧化碳捕获与封存的微孔聚合物材料 [D]. 武汉：华中科技大学，2013.

[15] Shen C J, Bao Y J, Wang Z G. Tetraphenyladamantane-based microporous polyimide for adsorption of carbon dioxide, hydrogen, organic and water vapors [J]. Chemical Communications, 2013, 49(32): 3321-3323.

[16] Luo L B, Pang Y W, Jiang X, et al. Preparation and characterization of novel polyimide films containing amide groups [J]. Journal of Polymer Research, 2012, 19(1): 9783 (2012).

[17] Meador M A B, Capadona L A, Mccorkle L, et al. Structure-property relationships in porous 3D nanostructures as a function of preparation conditions: Isocyanate cross-linked silica aerogels [J]. Chemistry of Materials, 2007, 19(9): 2247-2260.

[18] Nguyen B N, Meador M A B, Medoro A, et al. Elastic behavior of methyltrimethoxysilane based aerogels reinforced with tri-isocyanate [J]. ACS Appl Mater Interfaces, 2010, 2(5): 1430-1443.

[19] Meador M A B, Fabrizio E F, Ilhan F, et al. Cross-linking amine-modified silica aerogels with epoxies: Mechanically strong lightweight porous materials [J]. Chemistry of Materials, 2005, 17(5): 1085-1098.

[20] Meador M A B, Weber A S, Hindi A, et al. Structure-property relationships in porous 3D nanostructures: Epoxy-cross-linked silica aerogels produced using ethanol as the solvent [J]. ACS Appl Mater Interfaces, 2009, 1(4): 894-906.

[21] Meador M A B, Scherzer C M, Vivod S L, et al. Epoxy reinforced aerogels made using a streamlined process [J]. ACS Appl Mater Interfaces, 2010, 2(7): 2162-2168.

[22] Guo H, Meado R M A B, Mccorkle L S, et al. Poly(maleic anhydride) cross-linked polyimide aerogels: Synthesis and properties [J]. RSC Advances, 2016, 6(31): 26055-26065.

[23] Kim S Y, Noh Y J, Lim J, et al. Silica aerogel/polyimide composites with preserved aerogel pores using multi-step curing [J]. Macromolecular Research, 2014, 22(1): 108-111.

[24] Wu S A, Du A, Xiang Y L, et al. Silica-aerogel-powders "jammed" polyimide aerogels with excellent hydrophobicity and conversion to ultra-light polyimide aerogel [J]. RSC Advances, 2016, 6(63): 58268-58278.

[25] Zhang Z, Wang X D, Liu T, et al. Properties improvement of linear polyimide aerogels via formation of doubly cross-linked polyimide-polyvinylpolymethylsiloxane network structure[J]. Journal of NON-crystalline Solids, 2021, 559: 120679.

[26] Kong Y, Shen X D, Fan M H, et al. Dynamic capture of low-concentration CO_2 on amine hybrid silsesquioxane aerogel [J]. Chemical Engineering Journal, 2016, 283: 1059-1068.

石墨烯基气凝胶

在社会对能源需求日益增长的今天，人们对于化石能源的消耗仍旧与日俱增，这不仅会带来温室气体增加的问题，也不符合可持续发展的理念。相比于高能耗、低输出且不可再生的传统化石能源而言，氢能[1-4]由于其能量密度高、质量轻、含量丰富、易获取、清洁且对环境无污染等而得到广泛的关注。现在主要的制氢手段还是依赖于天然气、丙烷或石脑油等化石能源的热反应所得副产物氢气[5,6]，并不能够减少CO_2的排放。利用风能、太阳能等可再生能源转化的富余电进行电解水制氢[7-11]是一个极具代表性的绿色制备方法，不仅制得的氢气纯度高，还可以减少对环境的影响，通过对水进行电解制得氢气与氧气，接着又将其应用于能够进行高效转换的燃料电池中，使之又生成水，从而形成一个良性的循环。

在酸性条件下进行电解水，一般是质子交换膜电解水，这种方法制氢效率高，但是由于使用的电解液一般为H_2SO_4溶液，腐蚀性较强，因此通常采用耐腐蚀性能较强的贵金属作为电极材料[12]。而碱性条件一般使用KOH溶液为电解液，不仅可以使用贵金属作为电极材料，还可以采用含量丰富的非贵金属及其氧化物，是目前应用广泛的电解水制氢方法[13-15]。但由于OER反应极为复杂，需要电催化剂的推动才能提高电解水制氢的效率。电催化的实质是促进电极与电解质界面上的电荷转移。电催化剂可以表述为[16-19]：在电场作用下，存在于电极表面或溶液相中的某物质能促进或抑制电极上发生的电子转移反应，而物质本身并不会发生变化的一种化学物质。OER催化剂是一种吸附反应物生成中间体，从而促进电极反应物失去电子，并生成O_2的物质。优异的OER电催化剂具有降低OER能垒、提升OER动力学[20]的性质，从而提高制氢效率，因此需要开发高效稳定且廉价的OER电催化剂。

另一方面，近年来，随着人们对环境问题的持续关注，CO_2的减排逐渐引起人们的重视。二氧化碳属于惰性气体，这给活化二氧化碳带来了很大的困难。其中光催化技术对CO_2进行还原具备工艺简单、成本低廉及不会带来二次污染等优异特点，在使温室效应问题得到缓解的同时碳资源得以有效转换利用，因此光催化还原CO_2技术（CRR）[21]受到国内外的广泛关注。

目前对于电解水的研究越来越多，也越来越深入，催化剂的分类方法也是多种多样，本文仅对较为典型的石墨烯基气凝胶催化剂进行讲述。非贵金属氧化物大多不能导电，因此需要与石墨烯等导电碳材进行复合，从而实现其OER性能的显著提升。利用气凝胶巨大的表面积和稳定的物理化学性质将光催化剂固定，高度分散光催化剂，增加光接收面以及反应位点，从而提高材料CRR光催化性能。除此以外，本文对三维石墨烯基气凝胶用作检测低浓度NO_2气体的气体传感器方面加以研究，允许石墨烯基气凝胶直接集成到功能器件中，并为功能器件的制造开辟了新的前景。

第一节
磁性铁钴LDH负载氧化石墨烯气凝胶

一、磁性铁钴LDH负载氧化石墨烯气凝胶制备

分别称取一定质量的 $CoCl_2 \cdot 6H_2O$ 和 $FeCl_3 \cdot 6H_2O$ 溶于 8.6mL 的乙醇中，再加入 9mL 的石墨烯（GO）水溶液，其中石墨烯掺入量与磁性铁钴 LDH 负载氧化石墨烯的质量比分别为（0/0.004/0.008/0.011/0.015）：1；在室温下用 400r/min 的磁力搅拌器搅拌 0.5h 使之均匀混合后，加入 4.2mL 的环氧丙烷，继续在室温下搅拌 5min 待其凝胶，取出磁转子，将其静置；12h 后，将湿凝胶放入乙醇老化液中进行 9 次置换，每次间隔时间约为 8h；置换完成后，进行 CO_2 超临界干燥，其中高压反应釜内压强为 10MPa，反应温度为 45℃，放气速率为 5L/min，干燥时间为 8h，即可得到磁性铁钴 LDH 负载氧化石墨烯气凝胶材料（图 10-1）。

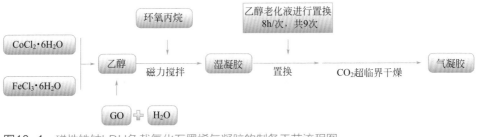

图10-1 磁性铁钴LDH负载氧化石墨烯气凝胶的制备工艺流程图

二、工艺参数的确定

1. Co/Fe 摩尔比的确定

实验针对 Co/Fe 的摩尔比进行了探索，分别制备了 Co/Fe 摩尔比为 1:2 和 2:1 的磁性铁钴 LDH 气凝胶样品，并在相同外部条件下分别进行线性扫描伏安（LSV）测试，通过对相关数据进行处理得到其 OER 的 LSV 曲线对比图（如图 10-2 所示）。由图 10-2 可以看出，当电流密度 J 达到 10mA/cm² 时，Co/Fe 摩尔比为 1:2 的气凝胶催化剂材料所需过电势为 352mV，Co/Fe 摩尔比为 2:1 的磁性铁钴 LDH 气凝胶催化剂材料所需的过电势为 342mV。由此可知，OER 电催化性能最优的 Co/Fe 摩尔比为 2:1。

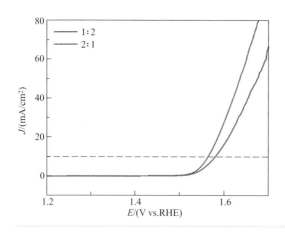

图10-2

Co/Fe摩尔比为2︰1和1︰2的LSV曲线

2．GO掺入量的确定

在确定了最优 Co/Fe 摩尔比为 2︰1 的前提下，实验针对 GO 的掺入量进行了探索，制备了 GO 掺入量分别为 0mL、2.25mL、4.5mL、7.0mL 和 9.0mL 的磁性铁钴 LDH 负载氧化石墨烯气凝胶样品，并在相同外部条件下与采用水热法制备的石墨烯气凝胶进行对比，通过对相关数据进行处理得到其 OER 的 LSV 曲线对比图（如图10-3 所示）。由图10-3 可以看出，掺杂了 GO 的磁性铁钴 LDH 气凝胶样品，由于石墨烯与金属元素之间的协同作用，其 OER 活性比水热法制备的 GA 高得多。当电流密度达到 10mA/cm² 时，GO 掺入量为 0mL、2.25mL、4.5mL、7.0mL 和 9.0mL 的催化剂材料所需的 OER 过电势分别为 342mV、338mV、300mV、328mV 和 330mV。由此可知，OER 电催化性能最优的 GO 掺入量为4.5mL。

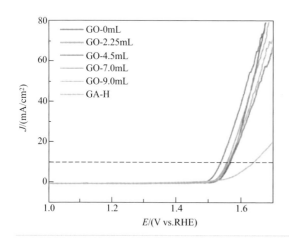

图10-3

GO掺入量分别为0mL（GO-0mL）、2.25mL（GO-2.25mL）、4.5mL（GO-4.5mL）、7.0mL（GO-7.0mL）和9.0mL（GO-9.0mL）的磁性铁钴LDH负载氧化石墨烯气凝胶以及采用水热法制备的石墨烯气凝胶（GA-H）的LSV曲线

3．热处理温度的确定

在得到了最优 Co/Fe 摩尔比 2:1 和最优 GO 掺入量 4.5mL 的前提下，本实验又将石墨烯负载铁钴 LDH 气凝胶样品置于氮气氛围下的管式炉中，进行不同温度的热处理。并透过对其相关数据进行分析，判断出温度对气凝胶催化剂 OER 性能的影响。本实验在保持氮气氛围，且热处理时间为 3h 的前提下，设置了 0℃、100℃、200℃、300℃和 600℃共 5 个温度点，将得到的热处理后的样品与标准样品 RuO_2/C 进行对比，通过处理相关数据得到其 OER 的 LSV 曲线对比图（如图 10-4 所示）。由图 10-4 可以看出，当电流密度达到 $10mA/cm^2$ 时，热处理温度为 0℃、100℃、200℃、300℃和 600℃的催化剂材料所需的过电势分别为 300mV、360mV、373mV、355mV、427mV，本实验所采用的标样 RuO_2/C 的过电势为 363mV。由此可知，未进行热处理的磁性铁钴 LDH 负载氧化石墨烯气凝胶样品的 OER 性能最优，且 OER 活性比本实验采用的标样 RuO_2/C 要好。

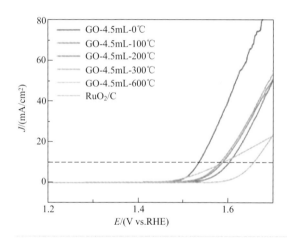

图10-4

热处理温度为0℃（GO-4.5mL-0℃，即样品制备后未做热处理，对应热处理温度为0℃）、100℃（GO-4.5mL-100℃）、200℃（GO-4.5mL-200℃）、300℃（GO-4.5mL-300℃）、600℃（GO-4.5mL-600℃）的气凝胶样品以及标样$RuO_2/$C的LSV曲线

三、掺杂GO的磁性铁钴LDH负载氧化石墨烯气凝胶样品表征

1．扫描电镜分析

表 10-1 ～表 10-3 和图 10-5 是对 GO 掺入量为 4.5mL、未进行热处理但 Co/Fe 摩尔比分别为 2:1 和 1:2（2:1-4.5mL-as-dried、1:2-4.5mL-as-dried），以及 GO 掺入量为 0mL、未进行热处理且 Co/Fe 摩尔比为 2:1（2:1-0-as-dried）的气凝胶样品进行元素定性和半定量成分分析。可以看出，样品 2:1-4.5mL-as-dried、1:2-4.5mL-as-dried 和 2:1-0-as-dried 中的主要元素为 Fe 和 Co（Cl 的存在是由于本实验中样品制备采用的是氯盐，在湿凝胶的置换过程中 Cl 未被清洗彻底），且 Co/Fe 摩尔比分别为 2:1、1:2 和 2:1，与之前制备配方中的 Co/Fe 摩尔比相符合。

表10-1　样品2:1-4.5mL-as-dried

元素种类	C	O	Cl	Fe	Co
含量/%	12.71	20.51	10.45	18.31	38.02

表10-2　样品1:2-4.5mL-as-dried

元素种类	C	O	Cl	Fe	Co
含量/%	9.56	23.50	6.97	40.34	16.63

表10-3　样品2:1-0-as-dried

元素种类	C	O	Cl	Fe	Co
含量/%	13.26	12.47	10.53	19.98	43.76

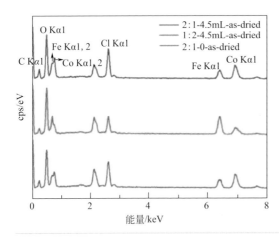

图10-5

样品2:1-4.5mL-as-dried、1:2-4.5mL-as-dried和2:1-0-as-dried的EDS能谱图

图10-6是不同样品的SEM图。从整体上看,样品2:1-4.5mL-as-dried、1:2-4.5mL-as-dried 和 2:1-0-as-dried 表现为颗粒团簇,并可观察到明显孔洞存在,且可看到样品 2:1-4.5mL-as-dried 和样品 1:2-4.5mL-as-dried 中有明显的片状氧化石墨烯气凝胶。

(a)　　　　　　　　　(b)　　　　　　　　　(c)

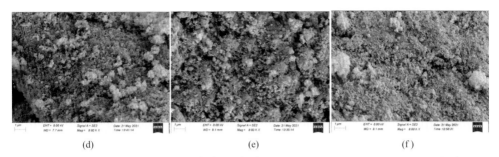

图10-6 不同样品的扫描电镜图：（a）、（d）为样品2:1-4.5mL-as-dried；（b）、（e）为样品1:2-4.5mL-as-dried；（c）、（f）为样品2:1-0-as-dried

2．比表面积及孔径分析

从孔径分布图中可以看出，两种样品的孔径主要都分布在 2～50nm 之间，属于典型的介孔结构。两种样品的氮气吸附 - 脱附曲线上为Ⅳ型的吸脱附曲线和 H1 型的回滞环曲线。曲线上没有明显的饱和吸附平台，是因为有一部分超出 BET 检测范围的大孔没有被检测到。

从表 10-4 可以看出，掺杂了 GO 的磁性铁钴 LDH 气凝胶的孔体积、平均孔直径均有所增加，但相应的其比表面积下降了 $7.33cm^2/g$，可用式（10-1）和式（10-2）解释。比表面积的变化仅为 $7.33cm^2/g$，变化不大，说明加入 GO 对孔径尺寸和比表面积没有什么影响。

假设一单位质量内的孔体为理想且大小均匀的球体，则如式（10-3）所示：

$$V = \frac{4}{3}\pi \left(\frac{d}{2}\right)^2 \tag{10-1}$$

$$S = 4\pi \left(\frac{d}{2}\right)^2 \tag{10-2}$$

$$V = \frac{d}{6}S \tag{10-3}$$

式中，V 为单位质量内孔体积，cm^3/g；S 为单位质量内比表面积，cm^2/g；d 为孔直径，cm。

根据磁性铁钴 LDH 负载氧化石墨烯气凝胶材料的 SEM 形貌图和 BET 数据分析可知，样品中存在孔径小于 2nm 的小孔，既可以为电子传输提供通道，又存在丰富的介孔结构，促进了电解液和催化剂的扩散，推动反应进行，再加上它的纳米孔结构和大的比表面积，增加了电子的传输路径。这些都增强了气凝胶催化剂的 OER 性能。

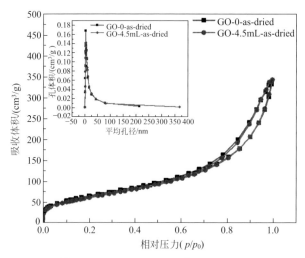

图10-7　样品GO-0-as-dried和样品GO-4.5mL-as-dried的孔径分布图和氮气吸附-脱附曲线

表10-4　GO掺入量为0mL（GO-0-as-dried，GO-0）和4.5mL（GO-4.5mL-as-dried，GO-4.5）的气凝胶样品的孔体积、比表面积和平均孔直径的详细数据

样品	孔体积/（cm³/g）	比表面积/（cm²/g）	平均孔直径/nm
GO-0	0.513	230.85	8.889
GO-4.5	0.529	223.52	9.461

注：所有样品 Co/Fe 的摩尔比均为 2:1。

3. X 射线表面光电子能谱分析

图 10-8 为样品 GO-4.5mL-as-dried 的 XPS 图。其中，（a）为样品 GO-4.5mL-as-dried 的总谱，（b）为 O 1s 的精细谱，（c）为 C 1s 的精细谱，（d）为 Co 2p 的精细谱，（e）为 Fe 2p 的精细谱。由总谱（a）可知，样品 GO-4.5mL-as-dried 中存在 C、O、Co 和 Fe。（b）O 1s 精细谱中，529.6eV 对应金属氧化物，说明样品中有铁和钴的氧化物，531.3eV 对应 C＝O 键；（c）C 1s 精细谱中 286.4eV 对应 C-O 键，284.8eV 对应 C-C 键；（d）Co 2p 精细谱中，781.0eV 和 782.9eV 为 Co^{2+}，786.6eV 为 Co^{2+} 的卫星峰，789.4eV 为 Co^{2+} 的多重分裂峰；（e）Fe 2p 精细谱中，710.8eV 对应 Fe_2O_3，从 710.8eV 和 712.9eV 看出 Fe 元素为 Fe^{3+} 氧化状态，719.1eV 为 Fe^{3+} 的卫星峰，表明样品中 Fe 和 Co 分别以三价和二价状态存在。

4. 红外光谱分析

样品 GO-4.5mL-as-dried 和 GA-H 的红外吸收光谱图如图 10-9 所示。可以看出，样品 GO-4.5mL-as-dried 上，$3550cm^{-1}$ 和 $3412cm^{-1}$ 为 O-H 基团的伸缩振动峰，可能是因为在测试过程中，空气中的水被气凝胶吸附导致的；$1632cm^{-1}$ 为 C＝C 基团的伸缩振动峰；1462cm^{-1}、1338cm^{-1} 和 1054cm^{-1} 为 C-C/C-O 基团的伸缩振动峰，说明材料中的确有氧化石墨烯的存在；726cm^{-1} 为金属氢氧化物的振动峰，说明材料中有钴铁氢氧化物。样品 GA-H 上，3452cm^{-1} 为 O-H 基团的伸缩振动峰，猜测与样品 GO-4.5mL-as-dried 情况相同，都是因为空气中的水极易被气凝胶材料吸附导致；1640cm^{-1} 为 C=C 基团的伸缩振动峰，1198cm^{-1} 为 C-C 基团的伸缩振动峰。

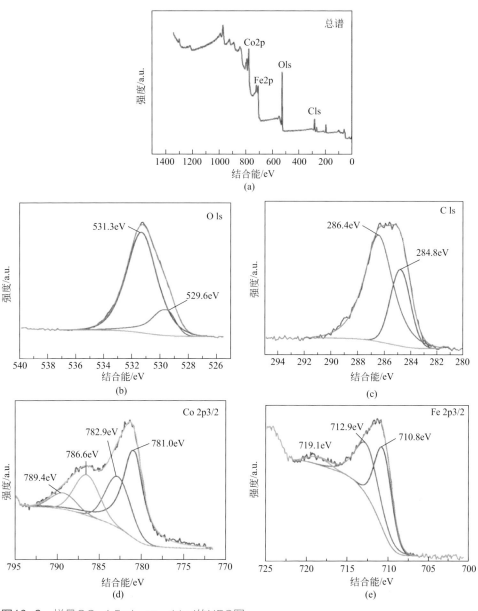

图10-8　样品GO-4.5mL-as-dried的XPS图

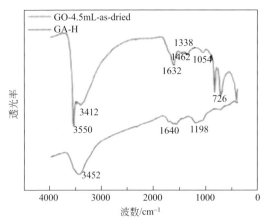

图10-9　样品GO-4.5mL-as-dried和GA-H的红外吸收光谱图

5.电化学性能测试

（1）塔菲尔斜率　图 10-10 是 GA-H、标样 RuO₂/C 和 GO-4.5mL-as-dried 样品的塔菲尔（Tafel）斜率对照图。如图所示，GO-4.5mL-as-dried 样品相比于 GA-H 和标样 RuO₂/C 表现更小的 Tafel 斜率（56mV/dec），表明其具有更好的 OER 动力学。

（2）电化学阻抗谱图　图 10-11 为不同材料的 EIS 谱图。由图可知，电解液

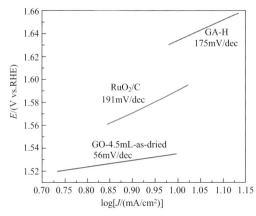

图10-10　水热法制备的石墨烯气凝胶（GA-H）、标样RuO₂/C和GO掺入量为4.5mL但未进行热处理的铁钴LDH气凝胶（GO-4.5mL-as-dried）的塔菲尔斜率图

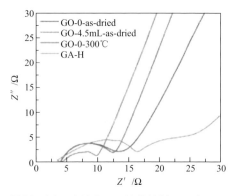

图10-11　未掺杂GO的纯钴铁LDH气凝胶（GO-0-as-dried），GO掺入量4.5mL但未进行热处理（GO-4.5mL-as-dried）和热处理温度为300℃（GO-0-300℃）的气凝胶催化剂材料以及水热法制备的石墨烯气凝胶（GA-H）的阻抗（EIS）谱图

溶液电阻约为4Ω。GA-H的阻抗（电荷传递电阻）最大，GO-0-as-dried，GO-0-300℃，GO-4.5mL-as-dried的阻抗依次减小。因为样品GO-4.5mL-as-dried中掺入了氧化石墨烯，提升了材料的导电性，且材料的介孔结构更有利于电子转移，导致了阻抗的降低，所以样品GO-4.5mL-as-dried的阻抗最小。

（3）恒电流极化　图10-12是采用计时电位法对样品GO-4.5mL-as-dried，在10mA/cm^{2}的恒定电流条件下进行的催化剂电化学性能的稳定性测试结果。如图所示，在经过约8h的稳定性测试后，该催化剂的OER所需过电势增加至350mV，OER活性仅衰减了50mV，表明该催化剂稳定性良好。

（4）环盘极化测试　图10-13是采用旋转环盘电极（RRDE）对样品GO-4.5mL-as-dried进行测试的结果。如图所示，在环盘电极上检测到了可以忽略的电流密度，证明该过程的OER是理想的四电子途径。

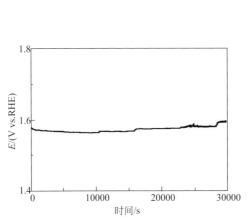

图10-12　GO-4.5mL-as-dried样品的恒电流极化

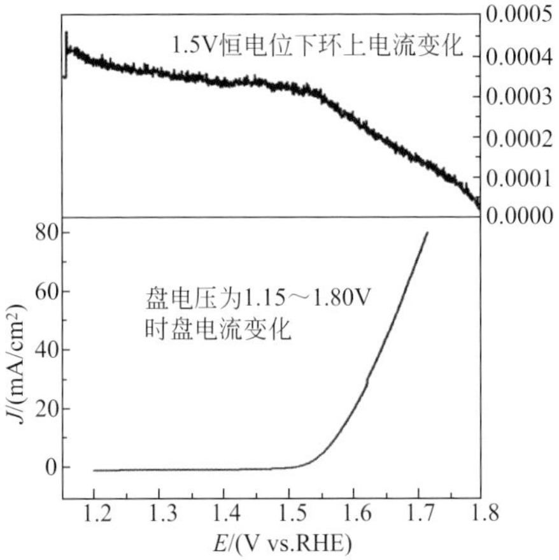

图10-13　样品GO-4.5mL-as-dried的旋转环盘电极测试

第二节
金属单原子气凝胶

一、金属单原子气凝胶的制备

采用水热法和抗坏血酸（VC）法两种方法来制备金属单原子气凝胶（图10-14），

通过对比来优化金属单原子气凝胶的制备方法。

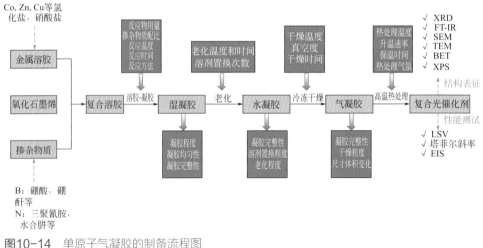

图10-14 单原子气凝胶的制备流程图

1．水热法制备金属单原子气凝胶

水热法制备金属单原子气凝胶的步骤为：

（1）称取一定量的金属原料溶解于水中，配制成一定浓度的金属离子溶液备用；

（2）分别取0～1%的金属离子溶液，按一定比例加入氧化石墨烯水溶液，以三聚氰胺作为氮源，在磁力搅拌机上搅拌30min后使用数控超声波清洗器超声30～60min，将超声后的混合溶液置于水热反应釜中，在95℃烘箱中放置6h，等待凝胶；

（3）将凝胶取出，用去离子水置换3天，每天3次，将置换好的凝胶冷冻干燥72h，得到金属单原子气凝胶。

2．VC法制备金属单原子气凝胶

VC法制备金属单原子气凝胶的步骤为：

（1）称取一定量的金属原料溶解于水中，配制成一定浓度的金属离子溶液备用；

（2）分别取0～1%的金属离子溶液，按一定比例加入氧化石墨烯水溶液及抗坏血酸（VC），以三聚氰胺作为氮源，在磁力搅拌机上搅拌30min后使用数控超声波清洗器超声30～60min，将超声后的混合溶液置于菌种瓶中，在95℃烘箱中放置6h，等待凝胶；

（3）将凝胶取出，用去离子水置换3天，每天3次，将置换好的凝胶冷冻干燥 72h，得到金属单原子气凝胶。

二、工艺参数的确定

1. 元素的选择

实验过程中对金属单原子气凝胶的制备方法进行了探索，本实验针对 Ag、Au、Cu、Fe、Ir、Mn、Ni、Pd、Pt、Ru、Zn、Co 采用 VC 法和水热法分别制样。采用 VC 法制样，当从 95℃烘箱中取出时，样品大小均匀，表面形貌较为光滑；采用水热法制样，当从水热反应釜中取出时，样品大小不一，并且个别样品并未成型，制备成催化剂后进行电化学测试，从图 10-15 中可以看出 VC 法所制备出的催化剂的总体电流密度显著高于水热法，综上所述，选取 VC 法作为制备金属单原子气凝胶的方法。

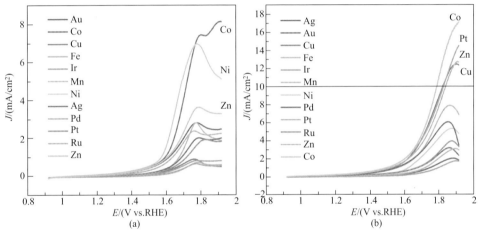

图10-15　不同金属元素单原子气凝胶的LSV曲线：（a）水热法；（b）VC法

如图 10-15（b）所示，VC 法中电流密度达到 10mA/cm² 的金属元素是 Co、Pt、Zn、Cu，过电势越小越有利于氧化反应的发生，因此，按照反应发生的难易程度依次为 Co、Cu、Pt、Zn，但是由于 Pt 前人已做了大量的研究工作，缺乏创新性，所以本实验选择 Co、Zn、Cu 三种元素进行下一步改性。

2. 最佳配比的选择

实验过程中针对 Co、Zn、Cu 三种元素采用 VC 法，且选取三种金属元素与氧化石墨烯的质量分数分别为 0%、0.25%、0.5%、0.75%、1% 的比例分别制样。根据电化学测试结果显示（见图 10-16），金属元素 Co 的电流密度普遍高于 Zn

和 Cu，且在金属 Co 与氧化石墨烯的不同质量比的对比下，Co 与氧化石墨烯质量比为 0.5% 时具有最高的电流密度以及最低的过电势，所以本实验选取 Co 与氧化石墨烯质量比为 0.5% 进行下一步的改性。

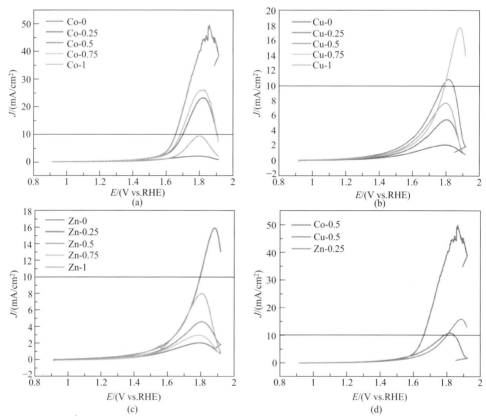

图10-16　不同配比优选元素的LSV曲线：（a）Co；（b）Cu；（c）Zn；（d）最优样对比

3. 掺杂物质和热处理的选择

实验过程中对优选样品继续进行下一步的改性，通过调控加入掺杂物质 B 和 N 与氧化石墨烯的比例（质量分数），分别为 0%、0.25%、0.5%、1%、2%、5%。电化学测试结果如图 10-17 所示，可以发现 N(1%) 具有最高的电流密度以及最低的反应过电势，有利于催化反应的发生。分别选取过电势较低的 B(0.5%)、B(2%)、B(5%)、N(0.25%)、N(0.5%)、N(1%) 进行热处理后，可以发现样品的过电势均有不同程度的增大，相比于热处理前性能反而下降，所以后续测试不考虑热处理。即 Co(0.5%)-N(1%)-GA 为最优样品。后续所有的测试表征皆以 Co(0.5%)-N(1%)-GA 为主。

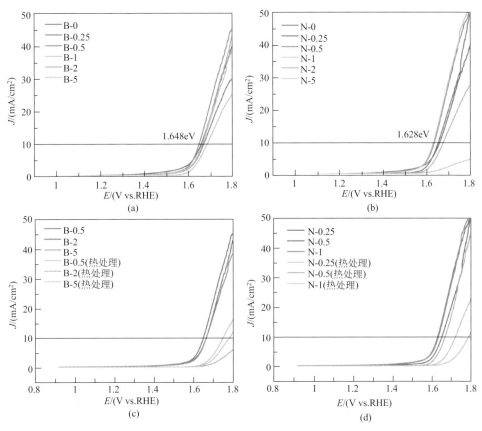

图10-17　不同配比B和N掺杂的Co单原子气凝胶的LSV曲线：（a）B掺杂；（b）N掺杂；（c）B热处理；（d）N热处理

三、Co（0.5%）-N（1%）-GA表征

1．X射线衍射分析

图 10-18 为 GA、Co-GA、Co-NGA 的 XRD 图。从图中可以看出 2θ 在 25° 处的衍射峰为一处鼓包峰，此处指的是无定形碳的存在，2θ 在 43° 处的衍射峰对应石墨碳的（101）晶面，进一步观察发现，Co 和 N 的引入使得图中峰位向右偏移，晶面间距变小，这可能是因为 Co 和 N 的引入使得石墨烯骨架发生了部分坍塌。

2. 红外光谱分析

图 10-19 为 GA、Co-GA、Co-NGA 的红外光谱图。如图所示，3452cm⁻¹ 和 1640cm⁻¹ 为 O-H 基团的伸缩振动峰，这可能归因于有部分结合水的存在，因为在测试过程中空气中的水会很容易地吸附在气凝胶材料中；图中 1080cm⁻¹ 和 1726cm⁻¹ 处存在较弱的吸收峰，其中，1080cm⁻¹ 为 C-O 基团的伸缩振动峰，1726cm⁻¹ 为 C＝O 基团的伸缩振动峰，这两处谱峰较弱，说明氧化石墨烯已经大部分被还原成了还原氧化石墨烯。图中没有出现 C-N、Co-C、Co-N 等谱峰，这可能是因为 Co 和 N 的含量太低导致谱峰太弱，没有被检测出来。

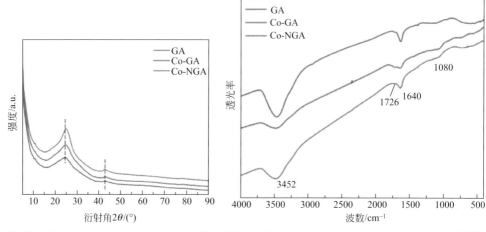

图10-18 GA、Co-GA、Co-NGA的 XRD图　　**图10-19** GA、Co-GA、Co-NGA红外光谱图

3. X 射线光电子能谱分析

图 10-20 为 GA、Co-GA、Co-NGA 的 X 射线光电子能谱图。从总谱（a）中可以看出，样品中存在 C、N、O，C 为石墨烯，N 为后期掺入的物质，Co 未检测出来，可能掺入量过少；在 C1s 精细谱（b）中，284eV 对应石墨烯的 sp² 杂化碳，284.47eV 对应 C-O 键，285.79eV 对应的是 C-N 键，287.57eV 对应的是 C＝O 键；在 N1s 精细谱（c）中，结合能从小到大依次为 398.86eV、399.73eV、401.52eV，分别对应吡啶氮、吡咯氮、石墨氮。

4. 扫描电镜分析

图 10-21 为 GA、Co-GA、Co-NGA 的扫描电镜图。从整体上看，如图 10-21（a）～（c）所示，GA、Co-GA、Co-NGA 都是以石墨烯片层组装的三维多孔结构，

Co 和 N 的引入在一定程度上阻碍了石墨烯片层的自组装，使得孔径和孔体积有所减小；但从更小尺度看，如图 10-21（d）～（f）所示，Co 和 N 的引入并没有破坏石墨烯原有的片层结构。

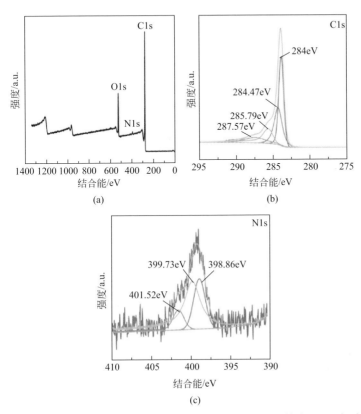

图10-20　GA、Co-GA、Co-NGA的X射线光电子能谱图：（a）GA、Co-GA、Co-NGA总谱；（b）C1s精细谱；（c）N1s精细谱

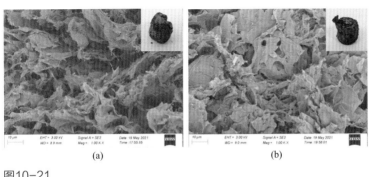

图10-21

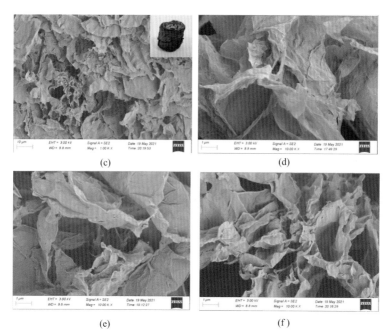

(c) (d)

(e) (f)

图10-21 不同样品的扫描电镜图：（a）、（d）GA；（b）、（e）Co-GA；（c）、（f）Co-NGA

5. 透射电镜分析

图 10-22 为 GA、Co-GA、Co-NGA 的透射电镜图，图 10-22（a）为低分辨率下的透射电镜图，可以看出低分辨率下是一个典型的石墨烯堆叠褶皱结构；图 10-22（b）为高分辨率情况下的透射电镜图，但图中并没有拍出 Co 以单原子形式存在于石墨烯片层中，后期寄希望于在球差电镜中检测出；图 10-22（c）为两个同心圆的电子衍射环，靠近圆心的环对应 XRD 中 2θ 为 25° 的衍射峰，另一个衍射环则对应 XRD 中 2θ 为 43° 的衍射峰；图 10-22（d）为 Co、N、C 三种元

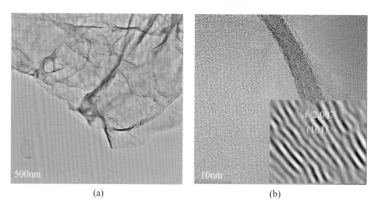

(a) (b)

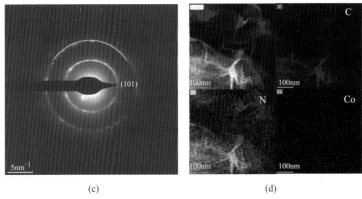

(c)　　　　　　　　　　　(d)

图10-22　GA、Co-GA、Co-NGA的透射电镜图：（a）低分辨率；（b）高分辨率；（c）电子衍射环；（d）实际分布

素的实际分布，可以从图中清晰看出，N 和 C 分布接近，而 Co 不同，也就印证了主体结构为 N 掺杂石墨烯，而 Co 为单原子分散在基体上。

6. 比表面积及孔径分析

图 10-23 为 GA、Co-GA、Co-NGA 的孔径分布图和氮气吸附 - 脱附曲线。从孔径分布图中可以看出，GA 和 Co-GA 的孔直径分布大概在 2 ~ 10nm，Co-NGA 的孔直径分布大概在 10 ~ 100nm。从 GA、Co-GA、Co-NGA 材料的氮气

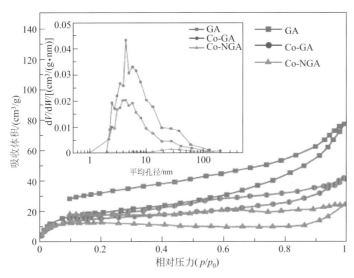

图10-23　孔径分布图和GA、Co-GA、Co-NGA材料的氮气吸附-脱附曲线

吸附 - 脱附曲线中可以发现材料是不规则的，其是处于Ⅱ型和Ⅳ型等温线之间的混合类型，说明材料中有大量的大孔结构，但还是存在少量的微孔和介孔结构。GA、Co-GA、Co-NGA 的回滞环类型是类似于 H3 和 H4 的，没有明显的饱和平台，再次表明孔结构是很不规整的，也佐证了 GA、Co-GA、Co-NGA 大部分是大孔，但是也有微孔和介孔的存在，与上述分析相一致。图中三条等温线未闭合，原因可能是材料的骨架结构太软，在吸附脱附时发生形变，孔体积不一样，导致吸附脱附时气体吸附量是不一致的。

从表 10-5 中可以看出，纯石墨烯气凝胶有最大的孔体积、比表面积以及平均孔直径，加入 Co 后孔体积、比表面积、平均孔直径都有所下降，再加入 N 后相比于加入 Co 后又有所下降，这是因为 Co 和 N 阻碍了石墨烯的自组装，使得孔体积、比表面积以及平均孔直径更小，这与上述 SEM 的分析结果相呼应。表中数据是在机器测试范围之内所能测得的孔体积、比表面积和平均孔直径，并不能代表材料样品的全部属性。

表 10-5　各样品孔体积、比表面积和平均孔直径的详细数据

样品	孔体积/（cm³/g）	比表面积/（m²/g）	平均孔直径/nm
GA	0.12	69.73	6.81
Co-GA	0.06	56.29	4.51
Co-NGA	0.04	42.93	3.50

7．电化学性能测试

图 10-24 为 GA、Co-GA、Co-NGA 的电化学性能测试图，图 10-24（a）为 LSV，图 10-24（b）为塔菲尔斜率，图 10-24（c）为阻抗。从 LSV 曲线可以发现，如图 10-24（a）所示，在 10mA/cm² 处，Co-NGA 具有最低的过电势 0.378eV（1.628 - 1.23 - 0.02 = 0.378eV，其中 1.23 为水氧化电势电位，0.02 为反应器补偿电位），更有利于催化反应的发生；从塔菲尔斜率曲线中可以发现，如图 10-24（b）所示，斜率从低到高依次是 Co-NGA（95mV/dec），Co-GA（135mV/dec），GA（533mV/dec），即 Co-NGA 具有最低的塔菲尔斜率，斜率越低越有利于催化反应的进行；从阻抗曲线中可以看出，如图 10-24（c）所示，起始段为溶液电阻，大概在 8Ω 左右，GA 的阻抗是最小的，加入 Co 后，虽然 Co 是金属元素具有导电性，但 Co 的掺入量相比于 C 微乎其微，会使得整体导电性比纯碳的要差一点，即如图中所示 Co-GA 的阻抗有轻微的增大，但增大的不明显，掺入氮后，由于氮不具有导电性，使得 Co-NGA 阻抗显著增大，但仍处于导电范围。

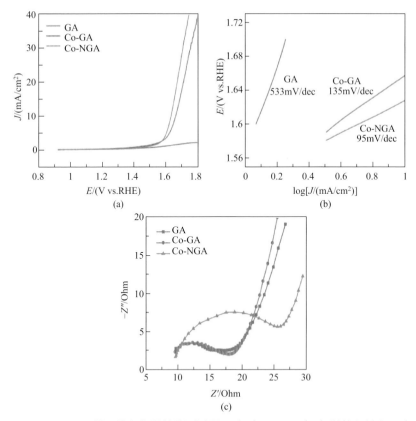

图10-24 不同样品的电化学性能测试图：（a）LSV；（b）塔菲尔斜率；（c）阻抗

四、密度泛函理论计算

事实上，由于电催化剂析氢（HER）反应是一个阴极得电子的反应，那么在对电极必然会发生水氧化的过程，也就是析氧（OER）反应，该反应是一个失电子的反应，即在阳极上失去的电子通过外部导线的传导，将电子转移到阴极，从而可以源源不断地供给 HER 反应。对于一个典型的 OER 反应来说，一般认为主要包括四个基元步骤，其中在酸性条件下为：

$$* + H_2O \longrightarrow OH^* + H^+ + e^- \tag{10-4}$$

$$OH^* \longrightarrow O^* + H^+ + e^- \tag{10-5}$$

$$O^* + H_2O \longrightarrow OOH^* + H^+ + e^- \tag{10-6}$$

$$OOH^* \longrightarrow O_2 + * + H^+ + e^- \tag{10-7}$$

其总反应为 $2H_2O \Longleftrightarrow O_2(g) + 4H^+ + 4e^-$，因此可知典型的 OER 反应是一个四电子转移反应，其中涉及三个中间体，分别是吸附态 *OH、*O 和 *OOH。另外可以发现上述四步基元反应每一步都是涉及一个电子和一个质子的转移，和 HER 的反应过程一致，因此依旧可以使用 Norskov 的标准氢电极近似来进行每一步基元反应的吉布斯自由能的计算。由于在热力学上，水分解成 O_2 和 H_2 的标准电极电势为 1.23V，因此对于每一步基元反应都是 1.23eV，对于一个完整的 OER 反应，总的吉布斯自由能变为 4.92eV。同样地，在碱性条件下，由于没有氢质子，相反溶液中却存在着大量的氢氧根离子，因此总的反应式为 $4OH^- \Longleftrightarrow O_2(g) + 2H_2O + 4e^-$，其每一步的基元反应为：

$$OH^- + * \longrightarrow OH* + e^- \tag{10-8}$$

$$OH* + OH^- \longrightarrow O* + H_2O(l) + e^- \tag{10-9}$$

$$O* + OH^- \longrightarrow OOH* + e^- \tag{10-10}$$

$$OOH* + OH^- \longrightarrow O_2(g) + H_2O(l) + e^- + * \tag{10-11}$$

因此不论是对于酸性条件的 OER 反应还是碱性条件的 OER 反应，其中间体均包括吸附态 *OH、*O 和 *OOH，只是在酸性条件下对 HER 较为有利，在碱性条件下对 OER 较为有利，因为对于酸性条件下的 OER 反应，在第一步反应中会涉及 H_2O 的裂解，因此如果水的裂解具有较大的活化能，就会使该反应速率降低。需要注意的是，当 pH=0 时才会有 $G(H^+) + G(e^-) = 0.5GH2$，而当 pH 不等于 0 时，此时 $G(H^+) + G(e^-) = 0.5GH2 - 0.0592pH$，因此可以发现当 pH=14 时，对每一步基元反应而言，其吉布斯自由能将下降 $0.0592 \times 14 = 0.8288eV$，因此对于一个理想的碱性条件 OER 反应催化剂，每一步基元反应的吉布斯自由能为 0.401eV，总反应的吉布斯自由能变为 1.60eV。但是，无论计算酸性条件还是碱性条件下的 OER 反应，对于速率控制步骤的结论是不会有变化的，只是在每一步基元反应上同时加减一个相同的量。下面针对本书著者团队对所制备的石墨烯基气凝胶进行了相关理论计算，结果表明，CoN_4C、FeN_4C 和 NiN_4C 气凝胶的总反应的吉布斯自由能变化均为 4.92eV，这是由热力学所决定的。需要注意的是，在本次计算中引入了 $*O_2$ 中间体，即假设在催化剂表面形成吸附态的 ·OOH 后，·OOH 形成 ·O_2 是一个热催化的基元步骤，并不涉及电子和质子对的转移，不属于电化学的过程，因此在计算电子化学势时需要注意 ·O_2 和最终的光洁催化剂表面均具有 $4e^-$。图 10-25 为 Fe 单原子气凝胶材料在 OER 反应转变过程中的结构变化示意图，经历的六个阶段分别为光洁催化剂表面、吸附态 *OH、吸附态 *O、吸附态 *OOH、吸附态 *O_2 和重生的光洁催化剂表面。从图 10-26 中可以看到，对于 NiN_4C 而言，其五步反应的吉布斯自由能分别为 2.14eV、2.06eV、0.88eV、0.24eV 和 -0.40eV，说明这五步反应中速控步骤为第一步反应，该步反应的吉布斯自由能

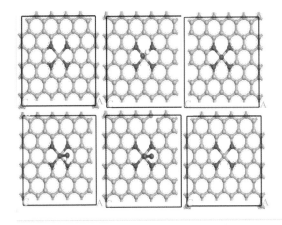

图10-25
石墨烯基Fe单原子气凝胶材料OER
各基元过程结构图

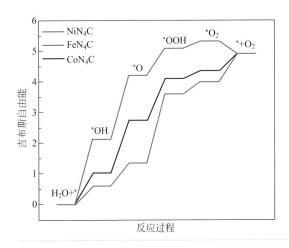

图10-26
几种不同石墨烯基单原子气凝胶材料
OER各基元过程吉布斯自由能变

变最大，这表明在 NiN_4C 表面，H_2O 分子失去电子形成吸附态 *OH 并且释放出一个电子的过程是很困难的，也就是说 *OH 与光洁催化剂表面的结合较难，不易结合。对于 CoN_4C 而言，其五步反应的吉布斯自由能分别为 1.02eV、1.69eV、1.36eV、0.25eV 和 0.58eV，说明这五步反应中速控步骤为第二步反应，该步反应的吉布斯自由能变最大。说明对于 CoN_4C 而言，*OH 可以较为稳定地存在于其表面，其并不容易通过释放氢离子和电子形成吸附态 *O 存在于催化剂表面，也可以理解为 *O 和催化剂的结合较难，不容易结合。对于 FeN_4C 而言，其五步反应的吉布斯自由能分别为 0.60eV、0.74eV、2.25eV、0.39eV 和 0.90eV，说明这五步反应中速控步骤为第三步反应，该步反应的吉布斯自由能变最大。说明对于 FeN_4C 而言，当在催化剂表面形成 *O 后，不容易通过和水分子反应从而释放质子和电子形成吸附态 *OOH，也可以理解为 *OOH 和催化剂表面的结合能较正。

图 10-27 显示的是几种不同石墨烯基单原子气凝胶材料在 $U=1.23V$ 时不同基元过程吉布斯自由能变，此时每一步反应的吉布斯自由能变若为正，该数值即等于该步反应的过电势，若该步反应的吉布斯自由能为负，也就意味着在该电压下每一步基元反应都是自发进行的，不需要输入额外的功。从图 10-27 中可以看出，对于 CoN_4C、FeN_4C 和 NiN_4C 来说，其过电势分别是 0.46eV、1.02eV 和 0.91eV。因此可以推断出在这三种单原子气凝胶材料中，CoN_4C 具有最好的 OER 性能。

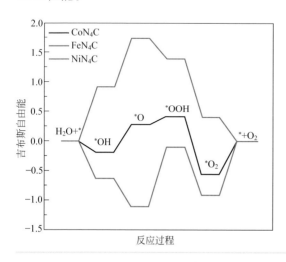

图10-27
几种不同石墨烯基单原子气凝胶材料
OER各基元过程吉布斯自由能变

第三节
rGO-TiO$_2$气凝胶材料

一、rGO-TiO$_2$气凝胶材料制备

将 12mL GO 分散液（5mmol/mL）与 18mL 去离子水混合，然后超声处理 10min。将不同量的 $TiCl_4$ 溶液（1mmol、15mmol、20mmol 和 25mmol）添加到石墨烯溶液后进行多次搅拌和超声分散的交替操作形成稳定的 Ti^{4+}/GO 分散液。如式（10-12）和式（10-13）所示，$TiCl_4$ 易与氧和水反应生成盐酸和次氯酸，从而影响 TiO_2 的结构生长。因此，需要通过添加适量的氨水来调节反应液的 pH 值，搅拌 0.5h 后将所得溶液密封在聚四氟乙烯衬里高压釜中，在 140℃ 的烘箱中进行

10h 的水热反应。随后，高压釜自然冷却至室温。将所得的成形湿凝胶或未成形糊状凝胶转移至烧杯中，用去离子水和乙醇浸泡／洗涤 3 次，以除去多余的 Cl$^-$ 和其他杂质离子，最后在 -40℃冷冻干燥机中干燥 24 ～ 56h，得到不同 TiO_2 引入比例的 rGO-TiO_2 气凝胶复合材料（图 10-28）。

$$TiCl_4 + 2H_2O \longrightarrow TiO_2 + 4HCl \qquad (10\text{-}12)$$

$$TiCl_4 + O_2 + 2H_2O \longrightarrow TiO_2 + 2HCl + 2HClO \qquad (10\text{-}13)$$

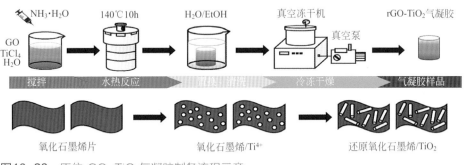

图10-28 原位rGO-TiO_2气凝胶制备流程示意

二、可见光催化CO$_2$还原测试结果

前文对 rGO-TiO_2 气凝胶的制备和微观结构进行了详细讨论，本小节对所制备的材料进行可见光催化 CO_2 还原测试。每个样品测试三次，取平均值并绘制误差图。4h 反应后的测试结果如图 10-29 所示，光催化 CO_2 还原的主要反应产物为甲醇（MeOH）、甲烷（CH$_4$）、乙醇（EtOH）和二甲醚（DME）。P25 材料的反应产物单一且产率很低，而 P25 掺杂的 rGO 复合材料的产物中检测到 CH$_4$，且 MeOH 和 CH$_4$ 的产率都相应增加，说明 rGO 的引入对光生电子的快速转移起着重要的作用。对于原位合成的 rGO-TiO_2 气凝胶材料，可见光催化后的产物种类增多且产率显著提高。为了更直观地表示不同催化剂的效率，将 MeOH 和 EtOH 这两种主要产物考虑在内，计算总碳转化率。由图 10-29（b）可见，P25 掺杂 rGO 复合材料的碳转化率是纯 P25 的 6 倍以上。而对于原位 rGO-TiO_2 气凝胶材料，其碳转化率由高到低排名为 G-25Ti>G-20Ti>G-15Ti。当 $TiCl_4$ 的引入量为 25mmol 时，rGO-TiO_2 复合气凝胶的最高碳转化率为 21.38μmol/g，是纯 P25 的 15.7 倍。当 $TiCl_4$ 用量减少时，催化活性降低，这是因为更多的石墨烯会阻止光照射到 TiO_2 纳米颗粒表面，减少电子和空穴的产生，从而降低 CO_2 的催化还原效率。

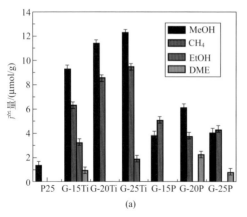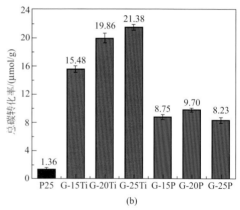

图10-29 不同气凝胶的光催化CO₂还原结果：（a）所有产物的产量；（b）总碳转化率

图 10-30 为甲醇和甲烷两种主要产物在不同材料催化下随时间的产量变化，研究表明，在反应的前 3h，G-20Ti 和 G-25Ti 的 MeOH 产率与辐照时间呈线性关系，两种催化剂的甲醇产生速率分别为 3.23μmol/（g·h）和 3.37μmol/（g·h）。随着时间的增加，G-25 反应体系逐渐失去催化活性，其原因主要是催化饱和，但原位合成的 rGO-TiO₂ 催化剂仍然保持稳定的催化产物输出。对于 CH₄ 生成物，其在不同催化剂上的产率也有相同的趋势。纯 P25 材料产量过低，在反应开始后的 2h 以上便出现了催化饱和现象，产物生成速率放缓，对于该紫外响应催化剂，延长可见光照时间对产量增加几乎不起作用。

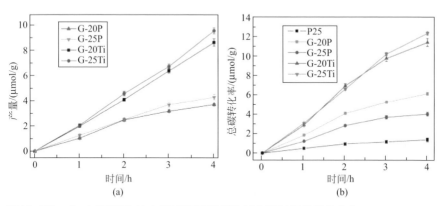

图10-30 （a）甲醇和（b）甲烷在不同催化剂上随时间的产量变化

为了研究 GO-Ti 复合分散液的 pH 值对复合材料中 TiO₂ 形貌的影响，本书著者团队选择了光催化活性最高的 G-25Ti 复合材料，并在催化剂制备过程中使用氨水将分散体的 pH 值分别调节为 1、3、5 和 7。光催化还原试验结果如图

10-31 所示。当 pH 值为 1 时，石墨烯由于酸度过大而难以交联，不能形成湿凝胶而呈现出泥状物质形态。此外，由于内部团聚也降低了催化效率。当 pH 值为 3 时，石墨烯湿凝胶可以形成完整的三维网状结构，其中棒状 TiO_2 在石墨烯片层上均匀分布，此时的 G-25Ti 材料具有最高的催化还原效率。随着 pH 值的进一步升高，TiO_2 由棒状变为颗粒状，石墨烯 TiO_2 之间的活性中心减小，光催化效率随之降低。

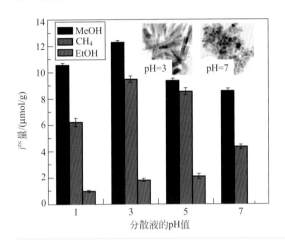

图10-31

不同pH合成条件下rGO-25Ti气凝胶的各催化产物对比图

三、催化性研究

1．催化机理研究

以原位制备的 rGO-TiO_2 复合气凝胶和 P25 掺杂的 rGO 复合材料为光催化剂，研究了其将 CO_2 转化为烃类燃料的光催化机理。如图 10-32 所示，在紫外 - 可见光照射下，激发电子从 TiO_2 纳米颗粒的价带（VB）跃迁到导带（CB），这些电子能很快与空穴结合。在 rGO-TiO_2 复合气凝胶中，由于 TiO_2 纳米晶体与还原氧化石墨烯纳米片之间的化学键合作用，TiO_2 中的电子很容易转移到石墨烯表面，延缓了电子与空穴的结合。TiO_2 价带上的空穴与水反应生成 O_2 和 H^+。被吸收的二氧化碳分子被石墨烯表面富集的电子还原为含碳有机物。在光催化转化过程中，CO_2 的还原过程中的主要反应步骤可用式（10-14）～式（10-17）概括。

$$rGO\text{-}TiO_2 \longrightarrow rGO(e^-) + TiO_2(h^+VB) \tag{10-14}$$

$$TiO_2\,(2h^+VB) + H_2O \longrightarrow TiO_2 + 2H^+ + 1/2\,O_2\,[E^\theta = +0.82V] \tag{10-15}$$

$$CO_2 + 8H^+ + rGO\,(8e^-) \longrightarrow CH_4 + 2H_2O + rGO[E^\theta = -0.24V] \tag{10-16}$$

$$CO_2 + 6H^+ + rGO\,(6e^-) \longrightarrow CH_3OH + H_2O + rGO \tag{10-17}$$

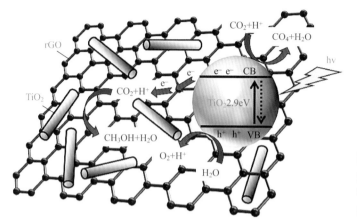

图10-32
rGO-TiO₂催化剂的能带结构和光催化电子转移示意图

2．循环稳定性测试

在相同的反应条件下进行了 6 次光催化转化实验，测试了 G-25Ti 的稳定性和重复使用性。每个循环结束后，将样品放入烘箱中干燥，然后进行下一个循环。如图 10-33 所示，在重复的六次光催化反应中，甲醇、甲烷和乙醇的产量相较于初始值，性能下降不超过 5%。结果证实了所制备的原位 rGO-TiO₂ 复合气凝胶在 CO_2 光催化转化系统中的高稳定性。

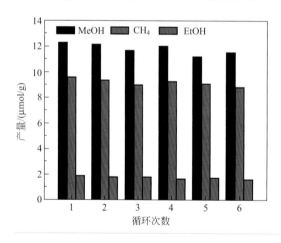

图10-33
G-25Ti气凝胶作为催化剂的循环使用性能

由于不同研究人员进行光催化转化 CO_2 的装置与实验条件不尽相同（温度、压力、体积、光照条件等），很难将本材料的实验数据与其进行直接比较。因此，本文综述了几种光催化 CO_2 还原用的石墨烯增强 TiO_2 催化剂，结合本项工作，总结了催化剂材料的制备方法、测试方法以及提高光催化活性的途径，如表 10-6 所示。可以看出，有几种方法可以提高 TiO_2 的光催化活性，但没有一种能很好地起作用，简单掺杂样品的烷烃转化率提高幅度甚至不到两倍。Tu 等[22]成功地制备了由分子级 $Ti_{0.91}O_2$ 纳米片和石墨烯纳米片交替组成的新型空心球结构，$Ti_{0.91}O_2$ 和石墨烯的结合使得纳米球的催化活性显著增强（表 10-6）。与纯 P25 相比，该光催化剂的总碳转化率高 11.8 倍，低于本文的 15.7 倍。尽管 $Ti_{0.91}O_2$-rGO 对光转化产品具有高选择性，但作为潜在的化石燃料，其产物 CO 的价值不及 CH_4 和 MeOH。而且，其制备过程对于大规模生产而言过于复杂。

表 10-6 本文和最新研究中石墨烯/TiO_2 基光催化材料在 CO_2 转化中的效率对比

催化剂	光源	测试条件	主要产物及产率	催化效率对比结果
本书著者团队 G-25Ti	500W，Xe 灯（$\lambda > 420nm$）	20mg 催化剂；CO_2 压力 0.4MPa；4mL H_2O；反应时间 4h	G-25Ti 产物：12.26μmol/g MeOH，9.46μmol/g CH_4，1.83μmol/g EtOH；P25 产物：1.36μmol/g MeOH	G-25Ti 总碳转化率为 21.38μmol/g，是 P25 的 15.7 倍
Ce–TiO_2	450W，Xe 灯	200mg 催化剂；鼓泡法反应 4h	0.03Ce-1Ti 产物：1.0μmol/g CO；P25 产物：0.25μmol/g CO 和 0.05μmol/g CH_4	1% At、3% Ce 引入量的材料，CO 产率是纯 P25 的 4 倍
TiO_2-石墨烯	250W，Hg 灯	0.1g 催化剂分散于 100mL KOH 溶液	Cat-3 产物：2.20 μmol/（g·h）MeOH 和 2.10μmol/（g·h）CH_4；纯 P25 产物：1.83μmol/（g·h）MeOH	直接掺杂法限制了催化效率的提升
rGO/TiO_2	15W，日光灯泡	常压下 CO_2 连续流动反应 5h	rGO/TiO_2 产物：0.675μmol/g CH_4；纯锐钛矿产物：0.1μmol/g CH_4	引入石墨烯可使锐钛矿 TiO_2 的 CH_4 产率提高 6 倍以上
（$Ti_{0.91}O_2$）纳米片-石墨烯	300W，Xe 灯	10mg 催化剂；0.4mL H_2O	TiO_2–G 产物：8.9μmol/g CO 和 1.14μmol/g CH_4；纯 P25 产物：0.69μmol/g CH_4 和 0.16μmol/g CO	纳米 $Ti_{0.91}O_2$ 和石墨烯的结合显著提高了电子-空穴对的寿命

四、rGO-TiO_2 气凝胶的表征

1．X 射线表面光电子能谱分析

使用 XPS 分析了制备的 rGO-TiO_2 气凝胶的相对组成和化学键合条件。图 10-34（a）为 G-15P、G-15Ti 和 G-25Ti 三个样品的宽谱 XPS 图，在 281eV、456eV 和 527eV 处观察到三个不同的峰，分别对应于 C 1s、Ti 2p 和 O 1s。较强的 Ti 2p 峰说明样品中钛含量较高，由于石墨烯含量较少，相应的 C 1s 峰强度也较小。对 Ti 2p 和 C 1s 特征峰进行分峰处理并获得对应的特征谱，根据文献结果[23]，rGO-TiO_2 气凝胶样品的 C 1s 谱 [图 10-34（b）、（c）和（d）] 可分为四个峰值，分别对应于碳元素的 C—C/C≡C、C—O（环氧和羟基）和 C≡O（羰基）。相对较低强度的 C—O 和 C≡O 峰表明大部分含氧官能团被有效去除，大部分 GO 通过水热过程被还原为 rGO。值得注意的是，在 284.8eV 处检测到的峰值在三个

样品中表现出较大强度差异，这个特征峰对应于 O=C—O—Ti 基团，与 TiO₂ 和 rGO 之间的相互作用有关。该基团的出现是水热过程中含氧基团与 TiO₂ 纳米晶之间反应的关键证据。如图 10-34（d）所示，G-25Ti 样品具有最强的 O=C—O—Ti 峰，因此，由于 TiO₂ 和 rGO 之间的活性中心较多，G-25Ti 应具有较高的

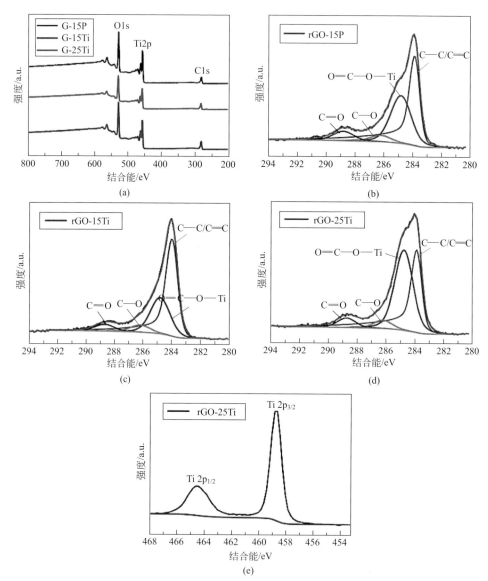

图10-34 （a）G-15P、G-15Ti和G-25Ti材料的XPS宽谱分析；G-15P（b）和 G-15Ti（c）的C 1s XPS图谱；G-25Ti的C 1s图谱（d）和Ti 2p图谱（e）

光催化效果。由典型 G-25Ti 的 Ti 2p 谱图可见，在 464.4eV 和 458.6eV 的结合能下的强度峰对应于 Ti 2p$_{1/2}$ 和 Ti 2p$_{3/2}$，说明材料中的 Ti 元素化学状态为 +4 价。Ti 2p$_{1/2}$ 和 Ti 2p$_{3/2}$ 的结合能信号之间 5.8eV 的峰值距离与文献中报道的值一致[24]。

2. 红外光谱分析

通过傅里叶红外光谱进一步探讨了纯 rGO 气凝胶、原位 rGO-TiO$_2$ 复合气凝胶材料和 P25 掺杂石墨烯气凝胶的官能团差异。如图 10-35 所示，3410cm^{-1} 处的峰是由典型—OH 伸缩振动得到的，1623cm^{-1} 和 1398cm^{-1} 处的峰可对应于 C—OH 的变形振动，而 1725cm^{-1}、1232cm^{-1} 和 1107cm^{-1} 处的峰可归因于 C═O、C—O—C 的拉伸振动，四种样品的特征吸收峰均不强，表明水热反应过程中的大部分含氧基团被有效去除。原位引入 Ti^{4+} 后，G-15Ti 和 G-25Ti 中的 C═O 和 C—O 信号完全消失，这可归因于 GO 和 TiO$_2$ 之间的化学反应。此外，在 1000 ~ 400cm^{-1} 的宽波范围内观察到的新峰可以对应于 TiO$_2$ 的 Ti—O—Ti 伸缩振动。与 G-15P 相比，G-15Ti 和 G-25Ti 中 Ti—O—Ti 带的蓝移可归因于 C—O—Ti 键的形成，两个键对应的峰位相同，从而产生了重叠偏移[25]。结合 XPS 结果，可得出结论：在原位 rGO-TiO$_2$ 复合气凝胶中，TiO$_2$ 和 rGO 之间形成了更多的活性位点。

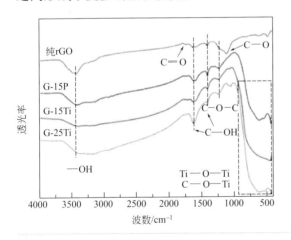

图10-35

纯rGO气凝胶、原位rGO-TiO$_2$气凝胶和P25掺杂石墨烯气凝胶的FT-IR图谱

3. 光学性能表征和能带计算

用紫外-可见漫反射光谱（DRS）研究了 P25 及 rGO-TiO$_2$ 气凝胶催化剂的光吸收性质。如图 10-36（a）所示，纯的 P25 颗粒主要吸收紫外线，在可见光范围内几乎没有活性。正如预期的那样，rGO 增强过的催化剂，特别是原位 rGO-TiO$_2$ 气凝胶，具有从紫外光到可见光的光催化能力。此外，特征吸收边缘出现轻微的红移，表明光响应范围的扩大和太阳能利用率的提高。使用改进 Kubelka-

Munk 算法对 P25 和 G-25Ti 的禁带宽度进行了计算，结果如图 10-36（b）所示，纯 P25 里的带隙近似值为 3.2eV。相比之下，随着石墨烯的引入，G-25Ti 的带隙值降低到 2.9eV，与观察到的 TiO_2-rGO 复合气凝胶吸收边缘红移的结果一致。晶体结构上的应变改变了 O (2p) 和 Ti (2p) 轨道的重叠，从而改变了光催化剂的价带和条件带的位置。此外，水热过程中 TiO_2 与石墨烯之间形成了特定的化学键合位点，XPS 分析也讨论了这一点，是导致带隙变窄的原因之一。

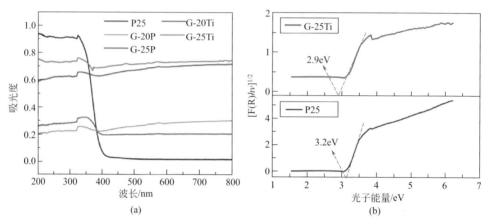

(a)

(b)

图10-36　rGO-TiO_2气凝胶的紫外-可见漫反射吸收光谱（a）和Kubelka‐Munk能带计算结果（b）

4．光致发光分析

光催化活性在一定程度上取决于电子和空穴的寿命和俘获。光致发光（PL）技术通常被用来协助理解材料的激发态和表面结构。对于光催化材料的表征，采用光致发光跟踪电子/空穴在光催化剂的表面过程。因此，本实验使用 PL 技术对 TiO_2 和 rGO 气凝胶之间的电子交换或能量转移进行检测。如图 10-37 所示，所有材料主要包含五个能量发射峰，分别位于 469nm、483nm、493nm、513nm 和 551nm 处。与商用 P25 相比，G-20P 和 G-25P 样品在几个特征峰的位置表现出明显较弱的发射能量，电荷复合行为较少，这表明与 rGO 气凝胶的引入可以有效地减轻 TiO_2 光生电子 - 空穴对的复合。这种增强效果在 G-20Ti 中比 G-20P 更明显，由于 P25 的粒径比原位 TiO_2 大得多，因此 G-20Ti 比 G-20P 复合材料具有更好的附着力。此外，三维 rGO 网络可以提供额外的非辐射衰减通道作为电子受体，从 TiO_2 纳米棒转移电子而实现 PL 强度的猝灭。G-25Ti 在 450 ～ 600nm 范围内的发光信号最弱，与光催化转化实验结果一致。

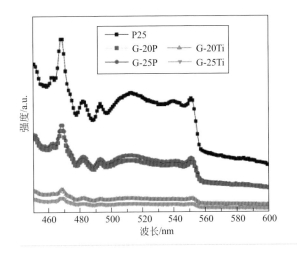

图10-37

纯P25颗粒和不同rGO-TiO₂复合气
凝胶的光致发光光谱

第四节
W₁₈O₄₉/rGA气凝胶

一、W₁₈O₄₉/rGA气凝胶的制备

称取 WCl₆ 粉末，将其溶解在无水乙醇中，充分搅拌 10 ～ 30min 后，形成淡黄色的溶液，再添加聚乙烯吡咯烷酮（PVP），并充分搅拌 10 ～ 30min；然后将制得的溶液转入反应釜中进行溶剂热反应，反应温度为 160 ～ 200℃，反应时间为 12 ～ 48h；将反应产物 W₁₈O₄₉ 纳米线经无水乙醇和去离子水反复洗涤后备用。再配制食人鱼溶液 Piranha，将器件置于食人鱼溶液 Piranha 中，并在 90℃下处理 30min，然后用超纯水彻底冲洗并用流动的氮气干燥以获得干净的表面。将制得的 W₁₈O₄₉ 纳米线与氧化石墨烯水溶液按照一定质量比混合，超声分散 15 ～ 60min 后，加入吡咯单体，再超声分散 15 ～ 60min；然后将混合溶液逐滴转移到羟基化的器件表面进行原位组装，反应温度为 20 ～ 40℃，反应时间为 12 ～ 36h，在器件表面获得聚吡咯耦合 W₁₈O₄₉ 纳米线 / 石墨烯水凝胶 PrGOWH。将含聚吡咯耦合 W₁₈O₄₉ 纳米线 / 石墨烯水凝胶 PrGOWH 的器件放入老化溶液中老化 24 ～ 72h 后，放入 -20 ～ -80℃ 的条件下冷冻 12 ～ 24h，取出放入冷冻干燥设备中干燥 12 ～ 72h，得到聚吡咯耦合 W₁₈O₄₉ 纳米线 / 石墨烯气凝胶

PrGOWA。将聚吡咯耦合 $W_{18}O_{49}$ 纳米线 / 石墨烯气凝胶 PrGOWA 放置管式炉中，在气氛保护下，按照 1 ~ 5℃/min 的升温速率升至 200 ~ 300℃保温 1 ~ 3h，然后自然降温，得到聚吡咯耦合 $W_{18}O_{49}$ 纳米线 / 氮掺杂石墨烯气凝胶 PGWA。图 10-38 是具体制备流程。

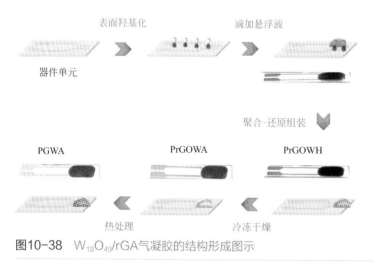

图10-38 $W_{18}O_{49}$/rGA气凝胶的结构形成图示

二、气体传感测试系统

采用课题组自制装置进行气体测试（图 10-39）。为了测量传感器电阻的动态变化，本书著者团队使用了一种传感基板，该基板由 0.6mm 厚的多晶 Al_2O_3（长 2.5cm，宽 4mm）组成，基板两侧有 15μm 厚的 Pt 电极，通过电子束蒸发法沉积。基板一侧的电极用于传感目的，另一侧的电极用于基板和传感器的欧姆加热。传感电极之间的间距为 2mm。将测试材料原位生长在制备好的传感器基板上后，将制备好的传感器安装到自制的气敏装置上。传感器的温度通过向加热电极供电来控制。温度计算公式：

$$T = \frac{\frac{U}{(\frac{I}{R_0} - 1)}}{\alpha} + 25 \qquad (10\text{-}18)$$

式中，T 为加热器温度；U 为加热器的外加电压；I 为电流；R_0 为加热器在室温下的电阻；α 为以 Pt 为参考的电阻温度系数。

流量由一组质量流量控制器（Bronkhorst EL flow Prestige 系列）精确控制，以获得所需的气体浓度。总流量保持在 150mL/min 的恒定值。使用一套万用表（Tektronix DMM 4050 和 Keithley DMM 7510）测量所研究传感器的电阻信号，自动量程和过滤器关闭，采样率设置为 1/s。电源（Manson SSP-8160 和 Keysight U8001A）连接至传感器的加热器电极。大多数设备连接到 PC 机，并使用 Labview 进行编程，以实现协同功能化。传感器信号在此定义为 R_0/R_{NO_2}，相对响应为（R_0 R_{gas}）$/R_0$。

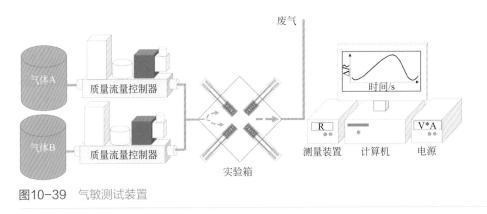

图10-39　气敏测试装置

三、$W_{18}O_{49}$/rGA气凝胶的晶体结构

如图 10-40（d）和（e）所示，生长态 $W_{18}O_{49}$ 由平均长度为几微米、宽度为 10～20nm 的缠结纳米线组成。经 HRTEM 证实，导线为单晶［图 10-40（f）］。与单斜 $W_{18}O_{49}$ 的（010）面相对应，可以辨别出间距为 0.38nm 的清晰晶格条纹。这意味着在 [010] 方向上优先生长，与 XRD 相对应。

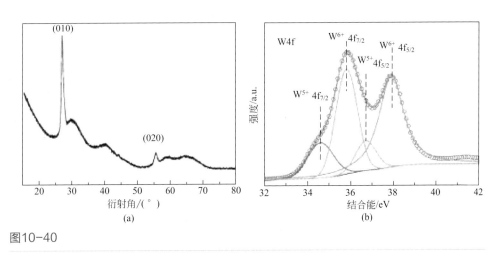

图10-40

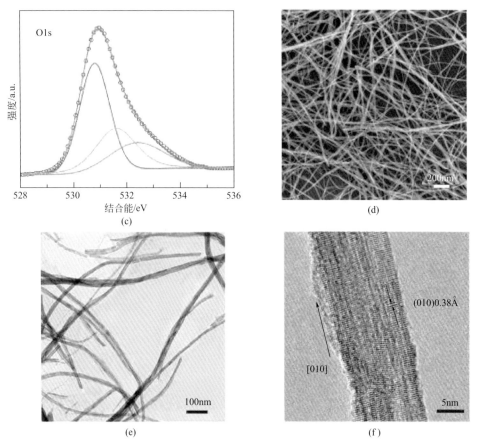

图10-40　PrGOWA的XRD（a）；XPS（b）、（c）；HRTEM（d）～（f）测试分析图

四、$W_{18}O_{49}/rGA$气凝胶的微观结构

图 10-41（a）～（d）显示了 Al_2O_3 衬底交指 Pt 电极上 PGWA 的 SEM 图像。它们呈现了 PGWA 和器件之间紧密黏附的特征［图 10-41（a）］和具有数十至数百微米互连孔的高多孔结构［图 10-41（b）］，这赋予传感材料低电阻和 $396m^2/g$ 的高比表面积。与石墨烯片的光滑表面相反，$W_{18}O_{49}$ 纳米线随机地散布在网络的微米级石墨烯片壁上［图 10-41（c）～（e）］，其由 PGWA 中的 PPy 薄层耦合。此外，该结构可被描述为叶组织样结构：PPy 是表层皮质，$W_{18}O_{49}$ 纳米线是叶脉，石墨烯片是叶肉。对于 N 掺杂石墨烯气凝胶，即使当退火温度达到 900℃时，气凝胶在具有典型 3D 互连多孔结构的器件上仍表现出强大的黏附力。显然，该方法适用于原位组装杂原子掺杂 / 缺陷石墨烯气凝胶和纳米材料功能化石墨烯气凝胶，它们需要后处理过程，如高温退火或等离子体处理。

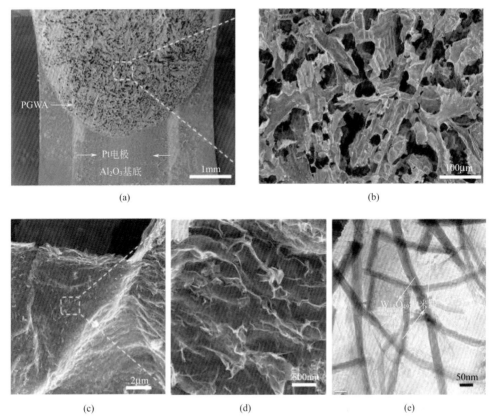

图10-41　不同放大倍数下PGWA的SEM图像（a）～（d）和PGWA的TEM图像（e）

五、W₁₈O₄₉/rGA气凝胶的气敏性能

$$五、W_{18}O_{49}/rGA气凝胶的气敏性能$$

　　基于上文所述可以得出结论，所制备的三维石墨烯基气凝胶可直接用作检测低浓度 NO_2 气体的气体传感器。图 10-42（a）显示了基于石墨烯的气凝胶传感器对不同 NO_2 浓度（200 ～ 975ppm）的时间依赖性响应，工作温度为 140℃，这是传感器信号和响应/恢复时间的最佳值。在低温下，NO_2 的吸附量很大，并在气体暴露期间持续吸附，而由于 NO_2 与 PGA 以及 PGWA 之间的强键合，其解吸量可忽略不计。NO_2 解吸在较高温度下增强，这加快了在气体暴露和回收期间达到吸附和解吸平衡的时间。虽然在较高温度下响应和恢复时间可能更快，但在考虑传感器信号时，140℃ 被视为有效温度。在 140℃ 下暴露于 NO_2 时，PGWA传感器对 0.975ppm NO_2 气体的响应高于 PGA 传感器，表明通过 $W_{18}O_{49}$ 纳米线功能化可显著改善响应。此外，为了研究气凝胶传感器的重复性和稳定性，PGA

和 PGWA 传感器连续七个周期暴露于 0.975ppm 的 NO₂ 中。测量 PGWA 传感器的平均响应（$\Delta R/R_0 = 25.4\%$），标准偏差为 1.9%［图 10-42（b）］，验证传感器的可靠重复性。此外，与通过传统沉积方法获得的石墨烯基气凝胶的气敏性能相比，组装在芯片上的 PGWA 不仅表现出更高的响应，而且还表现出源自其低电阻的传感器信号的低噪声。

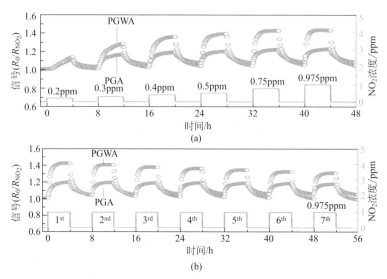

图10-42 （a）$W_{18}O_{49}$/rGA气凝胶对不同NO₂浓度的时间依赖性响应；（b）$W_{18}O_{49}$/rGA气凝胶对NO₂响应的重复性

综上所述，原位组装的三维石墨烯气凝胶的传感性能主要来自：

（1）传感器高效运行所需的三维互连石墨烯气凝胶的高导电性；

（2）具有高比表面积的高度多孔结构，提供可靠检测低 NO₂ 浓度所需的大量表面活性位点；

（3）n 型 $W_{18}O_{49}$ 纳米线和 p 型石墨烯以及 p 型 PPy 之间的异质结，有助于提高化学电阻器的气敏性。

本书著者团队通过聚合 - 还原路线和退火工艺在芯片上成功地原位组装了 3D 互连多孔 PPy 耦合石墨烯 /$W_{18}O_{49}$ 纳米线气凝胶。PPy 以一种简便、环保和可扩展的路线，启动并协调 GO 片层和 $W_{18}O_{49}$ 纳米线组装成 3D 网络。作为概念证明，所制备的三维石墨烯基气凝胶用作检测低浓度 NO₂ 气体的气体传感器。这里开发的策略允许石墨烯基气凝胶直接集成到功能器件中，并为功能器件的制造开辟了新的前景。

参考文献

[1] 田江南，蒋晶，罗扬，等. 绿色氢能技术发展现状与趋势 [J]. 分布式能源，2021, 6(02): 8-13.

[2] 郭利. 氢能源的研究现状及展望 [J]. 化工设计通讯，2021, 47(05): 147-148.

[3] Dawood F, Anda M, Shafiullah. Hydrogen production for energy: An overview[J]. International Journal of Hydrogen Energy, 2020, 45(7): 3847-3869.

[4] Abe J O, Popoola A P, Ajenifuja E, et al. Hydrogen energy, economy and storage: Review and recommendation[J]. International Journal of Hydrogen Energy, 2019, 44(29): 15072-15086.

[5] 袁丽只，田占元，邵乐. 浅谈制氢技术现状与发展前景 [J]. 陕西煤炭，2020, 39(S1): 163-165.

[6] 俞红梅，邵志刚，侯明，等. 电解水制氢技术研究进展与发展建议 [J]. 中国工程科学，2021, 23(02): 146-152.

[7] 骈松，赵燕晓，杨泽鹏，等. 可再生能源大规模制氢前景概述 [J]. 清洗世界，2021, 37(03): 3-5.

[8] 谭静. 煤气化、生物质气化制氢与电解水制氢的技术经济性比较 [J]. 东方电气评论，2020, 34(03): 28-31.

[9] Kumar S S, Himabindu V. Hydrogen production by PEM water electrolysis–a review[J]. Materials Science for Energy Technologies, 2019, 2(3): 442-454.

[10] Sui J, Chen Z, Wang C, et al. Efficient hydrogen production from solar energy and fossil fuel via water-electrolysis and methane-steam-reforming hybridization[J]. Applied Energy, 2020, 276: 115409.

[11] Landman A, Halabi R, Dias P, et al. Efficient hydrogen production from solar energy and fossil fuel via water-electrolysis and methane-steam-reforming hybridization [J]. Joule, 2020, 4(2): 448-471.

[12] 陈坚，刘耀昌，刘万林，等. 电解水制氢的实验研究 [J]. 物理通报，2013(07): 96-98.

[13] 杨阳，张胜中，王红涛. 碱性电解水制氢关键材料研究进展 [J]. 现代化工，2021, 41(05): 78-87.

[14] Bos M J, Kersten S R A, Brilman. Wind power to methanol: Renewable methanol production using electricity, electrolysis of water and CO_2 air capture[J]. Applied Energy, 2020, 264: 114672.

[15] Kannah R Y, Kavitha S, Karthikeyan O P, et al. Techno-economic assessment of various hydrogen production methods–a review[J]. Bioresource Technology, 2021, 319: 124175.

[16] 梁馨元，施筱萱，赵悦君. 电催化析氢反应及析氢催化剂研究进展 [J]. 化工管理，2019(07): 68-69.

[17] Zhu Z, Yin H, Wang Y, et al. Coexisting single‐atomic Fe and Ni sites on hierarchically ordered porous carbon as a highly efficient ORR electrocatalyst[J]. Advanced Materials, 2020, 32(42): 2004670.

[18] Kuang P, Sayed M, Fan J, et al. 3D graphene‐based H_2‐production photocatalyst and electrocatalyst[J]. Advanced Energy Materials, 2020, 10(14): 1903802.

[19] 潘致宇. 过渡金属基电催化析氢材料的研究进展 [J]. 当代化工研究，2019(02): 143-144.

[20] 郭亚肖，商昌帅，李敬，等. 电催化析氢、析氧及氧还原的研究进展[J]. 中国科学：化学，2018, 48(08): 926-940.

[21] Ren X, Gao M, Zhang Y, et al. Photocatalytic reduction of CO_2 on BiOX: Effect of halogen element type and surface oxygen vacancy mediated mechanism[J]. Applied Catalysis B: Environmental, 2020, 274: 119063.

[22] Tu W, Zhou Y, Liu Q, et al. Robust hollow spheres consisting of alternating titania nanosheets and graphene nanosheets with high photocatalytic activity for CO_2 conversion into renewable fuels[J]. Advanced Functional Materials, 2012, 22(6): 1215-1221.

[23] Liu Y, Gao T, Xiao H, et al. One-pot synthesis of rice-like TiO_2/graphene hydrogels as advanced electrodes for supercapacitors and the resulting aerogels as high-efficiency dye adsorbents[J]. Electrochimica Acta, 2017, 229: 239-252.

[24] Mollavali M, Falamaki C, Rohani S. High performance NiS-nanoparticles sensitized TiO_2 nanotube arrays for water reduction[J]. International Journal of Hydrogen Energy, 2016, 41(14): 5887-5901.

[25] Zhang Y, Zhang N, Tang Z R, et al. Improving the photocatalytic performance of graphene–TiO_2 nanocomposites via a combined strategy of decreasing defects of graphene and increasing interfacial contact[J]. Physical Chemistry Chemical Physics, 2012, 14(25): 9167-9175.

索引